電子商務與網路行銷

e-Commerce & e-Marketing

第八版

序

　　再次感謝讀者們對前面七版的熱烈支持，使本書可以有機會快速改版。本書第 8 版增加許多新零售＋OMO＋MarTech+元宇宙概念，亦修改了各章的導讀案例。

　　雖然，網際網路進入「新零售」+「元宇宙」的時代，但電子商務的本質並沒有改變，只是從虛擬進入實體並加以整合（O2O）與融合（OMO）而已，因此本書依然強調應從策略與經營的觀點切入，將內容分為三大篇介紹「電子商務基礎篇」、「電子商務策略篇」、「網路行銷篇」。

　　在「電子商務基礎篇」，因電子商務的內容非常廣泛，要掌握商機，必須先對整體架構有一全盤的了解。本書先介紹電子商務的基本概念、商業模式、Web 3.0 與雲端商務、元宇宙，再進而介紹電子商務基礎建設、金流、安全機制、倫理及法律議題。

　　面對後電子商務時期，企業應體認到唯有深入瞭解電子商務經營的模式與策略，才能找到電子商務經營的獲利方程式。因此，本書特別規畫「電子商務策略」一篇，分別介紹「線下到線上電子商務策略」與「從策略到行動：網路消費者行為與 AI 大數據」。

　　在「網路行銷」方面，隨著 MarTech 的興起，依然是較新的行銷範疇，但大部分仍傳承自傳統行銷理論，而網路上的行銷環境與傳統有所不同，甚至完全相反，因此仍有許多值得探討的地方。為此，本書特別規劃七章，先探討網路行銷的基本概念與網路行銷規劃，接著介紹網路行銷的核心 —— 網路行銷組合（產品、定價、通路、推廣）與網路行銷工具（社群媒體-回應行銷組合 5P 的 People），最後則探討行動商務與跨境電商。

　　本書以「理論」與「實務」為主要設計，並以企業「策略與經營」的角度深入淺出的探討電子商務與網路行銷，非常適合企業管理系、資訊管理系、行銷管理系、電子商務系或餐旅管理系做為「電子商務與網路行銷」的教學用書，也非常適合對電子商務或網路行銷有興趣的社會人士作為自修學習之用。

　　筆者才疏學淺，雖力求完善，仍難免有疏漏之處，尚祈各位先進不吝指正。聯絡E-mail：vougeliu@gmail.com

劉文良

2023/5/10

目 錄

第 4 章　電子商務基礎建設

第 5 章　電子商務金流與安全機制

第 6 章　電子商務倫理及法律議題

Part II 〉〉 電子商務策略篇

第 7 章　線下到線上電子商務策略

第 8 章　從策略到行動：網路消費者行為與 AI 大數據

Part III >> 網路行銷篇

第 9 章　網路行銷導論

第 10 章　網路行銷規劃

第 11 章　網路行銷組合 ─ 產品（Product）

第 15 章　網路行銷工具 — 社群媒體

第 16 章　行動商務與跨境電商

▶線上下載

本書相關資源請至 http://books.gotop.com.tw/download/AEE040800 下載，若檔案為 ZIP 格式，請讀者自行解壓縮即可。其內容僅供合法持有本書的讀者使用，未經授權不得抄襲、轉載或任意散佈。

電子商務基本概念

導讀：電子商務再進化 ── 無人商店+元宇宙

亞馬遜 2018 年 1 月 22 日開超市，「Amazon Go」東西「拿了就走」。亞馬遜以智慧科技打造「Amazon Go」超市，運用感應器、電腦視覺與人工智慧深度學習演算法，就能自動判讀消費者在哪一個貨架、拿下或是放回何種商品，亞馬遜稱這項科技為「Just Walk Out Technology」。消費者選購完成後，可直接走出超市，Amazon Go 就會自動從登錄的信用卡或提款卡扣款，並寄出收據。消費者唯一要做的，就是在進入超市時，刷一下 app 的 QR Code。

Amazon Go 超市是亞馬遜結合電商走入實體零售通路的策略布局之一。所有購物類型中，生鮮食品日用雜貨網購比例極低，消費者仍習慣到實體店內購買。Amazon Go 超市販售的商品，有店內主廚製作的即食產品，麵包、牛奶等日常基本主食，各種零食，以及高檔的起司與巧克力。另外，也提供套餐食材組合，讓消費者可在三十分鐘內做出兩人份的餐。

第一家 Amazon Go 超市，空間大約五十坪，位於美國西雅圖市中心，地點鄰近亞馬遜總公司，2016 年試營運，僅對亞馬遜內部員工開放，預計將會開放對外營運。像 Amazon Go 這樣自動化、智慧化的超市帶來很多方便，無論是上班短短午餐時間，想趕緊買個鮪魚三明治填飽肚子，或是在車站、機場趕著搭車、搭飛機的時候，都不必再排隊苦等。不過，超市結帳櫃員可能就要面臨失業的壓力。

統一超商（7-ELEVEN）2022 年 9 月 12 日在世新大學管理學院 1 樓推出 X-STORE 6 號店。X-STORE 6 號店分為「複合體驗區」、「自助體驗區」二大區域。自助體驗區導入六家科技大廠狂點、微軟、巧禾、NEC、PTC、PIC 的 10 項專業技術。透過與六家科技大廠合作，在 6 號店中導入 AR（擴增實境）、VR（虛擬實境）購物

功能，推出「元宇宙購物體驗」。消費者走進 X-STORE 6 號店，透過智慧型手機開啟遊戲化 X-STORE App，並登入 OPEN POINT 會員後，就可以體驗元宇宙 AR/VR 購物情境。在擴增實境「AR」體驗方面，除了可透過智慧型手機看到 OPEN! 家族化身虛擬店長、店員，為消費者介紹店內功能。在虛擬實境「VR」體驗方面，透過 X-STORE App 串連 i 預購電商平台，讓消費者可以透過智慧型手機購買 3C、家電、家具、精品專櫃等商品。

1-1　電子商務的基本概念

一、電子商務的定義

簡單來說，電子商務（Electronic Commerce）就是網際網路（Internet）加上商務（Commerce）。亦即，電子商務就是把傳統的商業活動搬到新興的網際網路（Internet）上來進行。也因此經濟部商業司將電子商務定義為：「電子商務（Electronic Commerce, 簡稱 e-Commerce）是指任何經由電子化形式所進行的商業交易活動」。

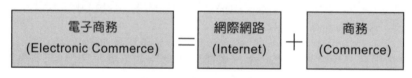

圖 1-1　電子商務的簡單定義

Kalakota & Whinston (1997)認為，所謂「電子商務」是指利用網際網路進行購買、銷售或交換產品與服務。功能在降低成本、減低產品的生命週期、加速得到顧客的反應，及增加服務的品質。電子商務是個人與企業線上交易的流程，其中包括了企業對消費者（B2C）及企業與企業（B2B）之間的交易。同時，Kalakota & Whinston (1999)，認為由不同的角度來看，企業對電子商務的定義會有所不同。整理如下表 1-1：

表 1-1　不同角度的電子商務之定義

觀察角度	對電子商務之定義
從通訊的角度	電子商務是利用電話線、電腦網路來傳遞資訊、產品及服務。
從電子技術的角度	電子商務是透過一組中間媒介，將數位的輸入轉換成加值輸出的處理過程。
從企業流程的角度	電子商務是商業交易及工作流程自動化的技術應用，即所謂 e-corporation。

觀察角度	對電子商務之定義
從上網者的角度	電子商務提供網際網路上購買與銷售產品和資訊的能力，讓消費者有更多選擇。
從服務的角度	電子商務是企業管理階層想要降低服務成本，及想要提高產品的品質，且加速服務傳遞速度的一種工具。

　　電子商務是商業活動的主流，不論傳統產業或是新興產業都難逃電子商務這潮流的衝擊。電子商務乃是「一種透過網際網路的方式，企業可將其產品、服務、廣告及所要提供之資訊等訊息，透過網際網路，提供給消費者或合作夥伴，他們可以藉由企業所建置的網站伺服器獲得所需的資訊，並且也能直接在企業的網站上訂購商品或是從事相關商務活動」。

二、電子商務的本質是「商務」而非「電子」

　　電子商務可以拆開為「電子」與「商務」。「電子」強調的是網際網路科技；而「商務」強調的是正確的商業模式（Business Model）。然而網際網路科技可以有辦法取得，但好的商業模式卻不是可以強求的，因此電子商務的本質在「商務」而不在「電子」。如圖 1-2 所示。

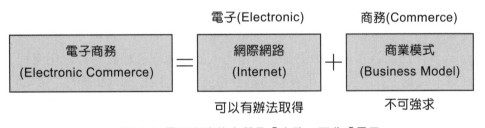

圖 1-2　電子商務的本質是「商務」而非「電子」

三、電子商務的構面

　　Whinston, Stahl & Choi 在 1997 年合著的《電子商務學》一書中探討電子商務核心與電子商務的成長時，以市場的三個構面來分析電子商務的發展方向，精簡地將企業運用電子商務之流程解析出來。他們認為，市場是由三個要素所組成：❶產品、❷處理流程、❸參與的個體。市場的參與個體包括買方、賣方、仲介者等；產品相關處理程序包括了產品選擇、生產、行銷研究、搜尋、訂購、付款、運送、售後服務等；該三個市場要素可能是實體的，也可能是數位的。透過該三個構面，可以看出企業電子商務可能的成長方向。換言之，其依據❶銷售的產品（服務）、❷銷售

流程、❸參與者之數位化程度可將電子商務分成八種商業模式，其存在兩個極端：
❶傳統實體商務與、❷純電子商務，如圖 1-3 所示。

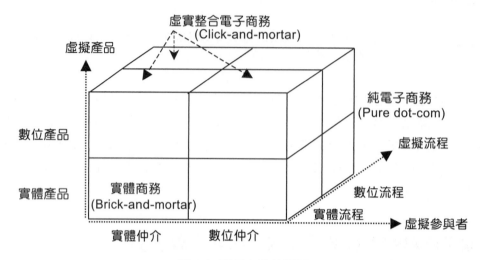

圖 1-3 電子商務的構面

其中最右上角因為所銷售的產品為數位產品，處理流程亦為數位化流程，配送亦
是經由網路傳送而不是由經銷商配送，故為「純電子商務」（Pure dot-com），例如上
網看電影、下載音樂等即屬此區塊的商務範疇。「實體商務」（Brick-and-mortar）則
是以實體流程拜訪客戶處理訂單並有實體物流之交貨。國外把擁有土地廠房等資產的
傳統實體企業稱為「紅磚與灰泥」（Brick and Mortar）。除此二區塊外的其他區塊，
如 Amazon 因其所出售書本是經由快遞公司運送，故其處理流程雖為數位化流程，但
並非屬「純電子商務」是所謂的「虛實整合經營模式」（Click and Mortar）。Click and
mortar 係指企業結合虛擬與實體的經營模式。「Click」是滑鼠點按，用來表示虛擬商
務；而「Mortar」是灰泥之意，用來表示實體商務。

四、電子商務的七流

透過 e 化的角度，可將電子商務分為七個流（Flow）來探討，其中包括 4 個主要
流（商流、物流、金流、資訊流）及 3 個次要流（人才流、服務流、設計流），如圖
1-4：

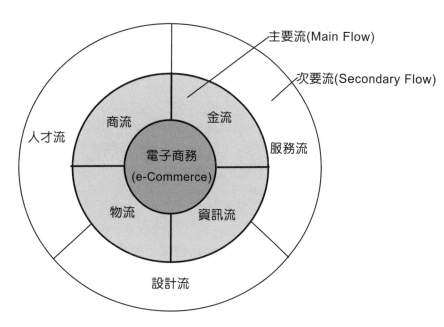

圖 1-4　電子商務的七流（flow）

商流

　　電子商務上的「商流」係指資產所有權的轉移，亦即商品由製造商、物流中心、零售商到消費者的所有權轉移過程，如商品企劃、採購、銷售管理、通路管理、賣場管理、消費者服務等，而在此的主要重點係偏向網站的設計。因為企業網站本身就代表是一種店面，所以網站的規劃也就等於店面的規劃。

物流

　　「物流」係指實體物品流動或運送傳遞，如由原料轉換成完成品，最終送到消費者手中之實體物品流動的過程。包含有，產品開發、製造、儲運、保管、供應商管理與物流管理等。電子商務上的物流與實體上的物流相似，主要重點應著重在廠商如何將產品送至消費者手上。因為，當消費者透過網路，在該廠商的網站上直接下單，此時除了非實體商品外，廠商無法直接透過網路，將實體的產品送給消費者，而必須透過物流系統，將產品運送至消費者處。

金流

　　「金流」係指電子商務中錢或帳的流通過程，亦即因為資產所有權的移動而造成的金錢或帳務的移動，包含應收、應付、會計、財務、稅務等。電子商務上的金流，主要的重點在付款系統與安全機制。因為當消費者直接透過網路進行消費時，常用的信

用卡付款方式,就是將信用卡資料直接傳送給廠商,而在傳送的過程當中,難免會產生安全性的問題,因此,金流在電子商務中所扮演的角色亦是十分重要。

📦 資訊流

「資訊流」係指資訊的交換,即為達上述三項流動而造成的資訊交換,包含有各項資訊交換、經營決策與管理分析等。電子商務上的資訊流是透過網站上的留言板、會員資料、監測軟體等,來收集有關的消費者資訊。

📦 人才流

「人才流」的主要重點在培訓網際網路暨電子商務的人才,以滿足現今電子商務熱潮的人力資源需求。基本上,這類人才必須同時瞭解「電子」— 科技與「商務」— 商業經營模式,因此培養不易。

📦 服務流

「服務流」的重點在將多種服務順暢地連接在一起,使分散的、斷斷續續的網路服務變成連續的服務。

📦 設計流

「設計流」的重點有二,一是針對 B2B 的協同商務設計;另一是針對 B2C 的商務網站設計。在 B2B 協同商務設計方面,強調企業間設計資訊的分享與共用。在 B2C 商務網站設計方面,則強調顧客介面的友善性與個人化。

五、電子商務的特性

1. **全年全天無休**:透過網路伺服器的運作,可提供全天二十四小時的全年性、全時性服務,減少時間及空間因素的影響。

2. **全球化市場**:網際網路可跨越國界的限制,增加全球性行銷與交易,迅速擴大市場通路及供應鏈到全世界的潛在客戶。

3. **個人化需求**:利用網路,企業可提供滿足使用者個人化需求的資訊、產品及服務等,同時達到推式與拉式的不同行銷策略。

4. **成本低廉具競爭性**:透過網路的商品銷售可縮短銷售通路、降低營運成本及達成規模經濟,提供較具競爭性的價格給顧客。

5. **創新性的商業機會與價值**：可開發傳統形式之外的商品及服務，如虛擬市場、數位錢包、個人新聞及網路認證服務等。商品及服務的內容與形式也不必固定，可隨需求的彈性不同加以組合及改變。

6. **快速有效的互動**：透過多媒體使用者介面可提供更具親和性的互動式操作環境，方便使用者執行查詢、瀏覽、傳輸等作業及交易支付功能。線上即時處理及回應、過程及進度查詢、收貨回覆、意見反應及問題詢答等功能，可縮短整體商業交易的企業流程及時間。

7. **多媒體資訊**：透過多媒體技術，可使商品型錄、電子商品及交易資訊等有更豐富的內容及展現格式。

8. **使用方便且選擇性多**：個人電腦瀏覽器與智慧型手機已成為共通的介面，上網容易方便，且網路市場不斷擴大，消費者選擇的機會增加。

六、電子商務的效益

電子商務的應用，可以產生許多效益，不論是對企業、對消費者或對社會。

◼ 電子商務對消費者的效益

- 更多的選擇。
- 更多的主導權與控制權。
- 更好的價格。
- 更貼心的服務。
- 數位商品或服務的取得更加方便。
- 更個人化的商品與服務。
- 人與人之間更方便的互動。

◼ 電子商務對企業的效益

- 可接觸更多的潛在顧客。
- 可獲得更多更直接的顧客資訊。
- 銷售時間與地點更不受限制。
- 與顧客互動溝通的更直接更省成本。
- 有助於降低存貨。
- 增加回應顧客的時效與能力。
- 更低的資訊產生、傳播、儲存和使用成本。

電子商務對社會的效益

- 創造新的商機與就業機會。
- 公共資訊可以更方便的傳播。
- 改變工作方式與型態，例如在家工作。
- 使落後國家有機會迅速獲取先進知識、商品或服務。
- 資訊流通更加方便，更能滿足知的權利。

1-2　電子商務的新經濟法則

　　電子商務的興起，衝擊原有的經濟學思維，改變了原有的經濟典範與經濟特質，並使一些經濟特質更為明顯。然而，即使資訊科技不斷的進步，基本經濟原理卻仍然是最佳的指引。若想對一個正盛行的新產業觀察其競爭環境時，最重要的是必須先瞭解這個新產業的市場的經濟特質，才能根據對市場經濟特質的瞭解透視電子商務發展現象。本節歸納出網路所具備的經濟特性，詳細說明如下：

一、摩爾定律：網際網路成長動力

　　英特爾（Intel）前董事長戈登・摩爾（Gordon Moore）首先觀察到，電腦晶片上電晶體電路的數目每 18 個月會成長一倍。這個定律在過去 50 年廣為流傳，一些世界級專家判斷，在未來 50 年內這個定律仍會風行不衰。摩爾定律（Moore's Law）所隱含的意義為：電腦的記憶容量和運算能力每五年會增加十倍，每十年增加百倍，每十五年增加一千倍，這種驚人的速度在科技發展史上前所未見。然而，網路通訊科技的發展，速度之快讓摩爾定律不得不相形見絀。因此又有學者提出所謂新的摩爾定律（New Moore's Law）— 光纖定律：網際網路頻寬每九個月就會增加一倍的容量、而成本降低一半。如圖 1-5 所示。

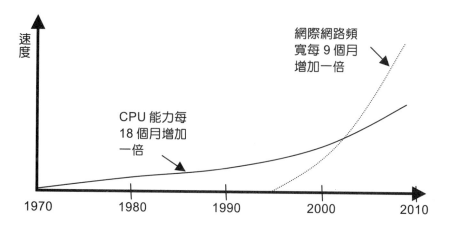

圖 1-5 摩爾定律：網際網路成長動力

二、梅特卡菲定律

3Com 創辦人，也是乙太網路（Ethernet）協定的設計者羅伯‧梅特卡菲提出「網路的效用將與使用者數目的平方成正比」，也就是數位經濟的「邊際報酬遞增法則」。梅特卡菲定律反映出所謂「網路效應」，亦即網路每加入新節點或使用者，其價值便大幅增加，進而衍生為某項商業產品之價值隨使用人數而增之定律。如圖 1-6 所示。

梅特卡菲定律（Metcalfe's Law）：網路效用與使用者數目的平方成正比。

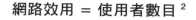

網路效用 = 使用者數目 ²

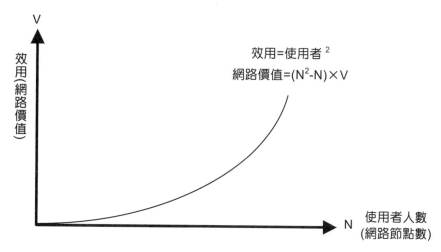

圖 1-6 網路價值與使用者人數的相對關係。資料來源：修改自 Ward Hanson (2000)

　　梅特卡菲定律背後的理論，即所謂「網路外部性」（Network Externality）。使用者愈多對原來的使用者而言，不僅其效果不會如一般經濟財（人愈多分享愈少），反而其效用會愈大。

　　圖 1-7 表示，隨著網路的發展而出現的可能交談數目。如果網路上只有兩個人，就只有一組對話；當三個人時，就有三組對話；當四個人時，有六組對話；當五個人時，有十組對話。梅特卡菲定律指出，隨著上網人數的增加，網路對話（價值）將以網路規模平方的速度增加。

　　摩爾定律加上產業匯集現象形成到處資訊化，梅特卡菲定律再把到處資訊化的企業，以網路外部性的乘數效果加以連結，造就一個規模可與實體世界相媲美，充滿無數商機及成長潛力驚人的全球化電子商務市場。

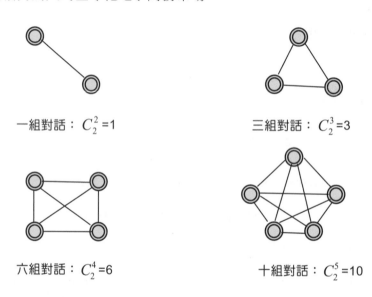

一組對話：C_2^2 =1　　　　　三組對話：C_2^3 =3

六組對話：C_2^4 =6　　　　　十組對話：C_2^5 =10

圖 1-7　網路對話數目。資料來源：修改自 Ward Hanson (2000)

三、擾亂定律

　　唐斯及梅振家提出，結合了摩爾定律與梅特卡菲定律的第二級效應稱為擾亂定律（Law of Disruption），如圖 1-8 所示。科技是以快速的、突破性的跳躍而進步著，但商業結構體制、社會結構體制及政治法律結構體制的演化卻是漸進的，其速度遠遠落後於科技變化速度，因此在這期間產生了鴻溝（Gap）。

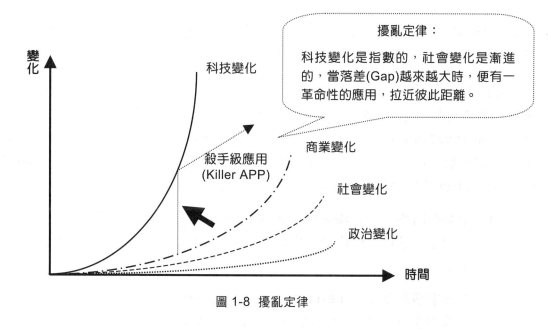

圖 1-8　擾亂定律

四、網路外部性

　　網路效應（Network Effect）意指一項產品對個別使用者的價值取決於總使用人數，此即在市場上佔有優勢地位，並建立具技術標準與領導地位的高科技產品，其所製造出來的效果，經濟學稱之為網路效應。網路效應來自於網路外部性（Network Externality），也就是一項產品對個別使用者的價值取決於總使用人數。學者 Kevin (1999)指出，網路的價值隨著成員數目的增加而呈等比級數增加，提升後的價值又會吸引更多成員加入，反覆循環，形成大者恒大、弱者愈弱的情況。上網的價值在於上網人數的多寡，愈多人加入此一網路，對使用者的價值也愈高。

　　Katz (1985)認為網路外部性主要決定於：

1. **直接實質影響（Direct Physical Effect）**：當使用相同或相容產品的消費者越多所產生的直接網路外部性便越大。

2. **間接影響（Indirect Effect）**：意指互補性或是其他周邊產品的使用者人數，當使用者越多，所產生的間接網路外部性效應也越大。

3. **售後服務（Post-purchase Service）**：售後服務的優劣可以決定產品銷售的持久性與名聲，而售後服務要靠產品銷售量以拓展服務網的範圍，並增加服務的經驗。

　　網路外部效應具有正面與負面兩種，正面的外部性以「網路經濟」為最佳例子，通訊技術是最明顯的具有網路效應特質的產業 — 包括電子郵件、網際網路，甚至大家熟悉的電話、傳真機及數據機等，網路效應會導向需求面的規模經濟與正反饋循環。

依梅特卡菲定律：網路價值是隨著使用者數目的平方而成長。當有 n 位使用者時，網路價值對所有人而言是 $n \times (n-1) = n^2 - n$。

正向網路外部性（Positive Network Externality）：係指許多人都已擁有或購買某種商品的情況下，消費者希望能夠擁有或購買擁有此商品的意願增加。而負向網路外部性（Negative Network Externality）係在網路購物環境中，若消費者會因購買或擁有某商品的人數增加，而減少擁有或購買該商品的意願謂之。Liebowitz 與 Margolis (1994)、Varian (1996)區分網路外部性為直接與間接二種：

1. **直接網路外部性（Direct Internet Externality）**：係指消費者購買產品享受其產品的品質，隨著更多消費者的加入，能使產品價值更加增加或減少的情形。

2. **間接網路外部性（Indirect Internet Externality）**：隨著互補品或耐久品之售後服務的增加，消費者享受的價值愈增加的情形。

五、正反饋循環

在網路效應下，會啟動正反饋循環，所謂正反饋循環是隨著使用人數的增加，產品的價值愈來愈受青睞而吸引更多人使用，最後達到關鍵多數，在市場取得絕對優勢。簡而言之，正反饋循環導致大者恆大，弱者愈弱定律。這就是為什麼科技會在爆炸性成長後展開長期領導期的原因。麥金塔與為微軟 Windows 作業系統之爭是正反饋循環的最著名的例子，微軟因為經營策略是開放系統策略，啟動了網路效應，引發正反饋循環，而使得微軟「大者恆大」；相對的，麥金塔則採取了封閉式的系統策略，因此無法引發網路效應，而造成「弱者愈弱」。

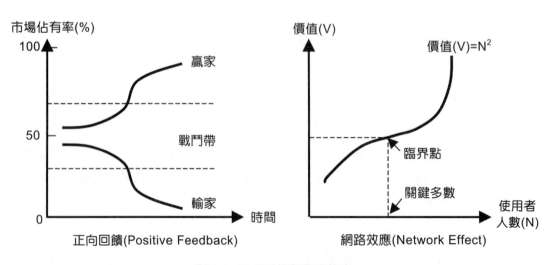

圖 1-9 正向回饋與網路效應

六、報酬遞增

傳統經濟學上說的「報酬遞減法則」（Law of Diminishing Returns）指出，物質世界裡相同的生產投入終究會得到遞減的報酬。但在網路經濟下，所有的資訊終究可被以數位形式予以創造、傳遞及儲存，一夜之間把所有的產業某種程度上都變成「知識產業」，如網路上的文章、新聞或某種娛樂內容，當它的讀者愈多，力量就愈大，利益也愈大；當越過某一門檻後，其報酬即可隨每個單位的投入而不斷增高（如圖1-10）。「報酬遞增法則」（Law of Increasing Returns）遂成為網路經濟時代下一個普遍的現象。

經濟導至報酬遞增定律，產品或服務的使用單位愈多，每一單位的價值就會變高。報酬遞增的產生是由於「網路外部性」，所創造的良性反饋迴路，報酬遞增可以產生累積和強化的效應，這個模式初期的營收增長相當緩慢，經過一段時間之後，營收會突然遽增，同時單位成本也會穩定下降。網際網路的價值隨著成員數目的增加而增加，然後價值的增加又將吸引更多成員加入，進而造成報酬遞增，而報酬遞增及網路外部性造成明顯的壟斷。報酬遞增型的企業以思科（Cisco）、甲骨文（Oracle）或微軟（Microsoft）等網路贏家為主要代表。

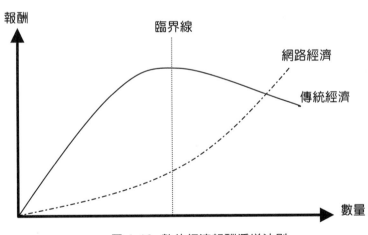

圖 1-10 數位經濟報酬遞增法則

七、需求面的規模經濟

實體世界講求「供給面的規模經濟」（Supply-side Scale Economy），也就是當生產數量（規模）愈大，「單位生產成本」就愈低，也就愈有經濟效益。然而，在數位世界中講求「需求面的規模經濟」，因為數位產品雖然開發成本很高，但再製成本很低，甚至接近於零，故生產數量（規模）的大小，不大會影響「單位生產成本」。因此為了降低很高的開發成本，就需要有更多的消費者採用，才能降低「單位開發成本」，

這也就形成了需求面規模經濟。有愈多的人採用，「單位開發成本」就愈低，也就愈有價值。

需求面規模經濟是資訊市場的常態。當需求面經濟啟動時，會產生消費者預期心理，意即如果消費者預期產品會成功，會形成一窩蜂使用的情況，造成更多的人使用此產品。反之，如果消費者預期產品不會被廣泛使用，則會展開惡性循環，因此，在消費者預期心裡中，會造成受歡迎的產品愈受歡迎，被摒棄的商品會被淘汰。微軟的成功最重要的就是因為它引發了消費的預期心理，建立了在需求面的規模經濟，也就是說，消費者選擇微軟的產品並不是因為這個作業系統是最好的作業，而是大家預期這個作業系統會被廣泛使用，因此造成一窩蜂使用的情形，最後形成了產業的標準。

八、明顯獨占（贏者通吃）

因為網路效應所產生的正反饋現象與需求面的規模經濟效應，企業為了搶奪短暫的市場控制權，一家獨大與「產業標準」戰爭成為網路常態。報酬遞增及網路外部性因素形成明顯的壟斷。如果透過競爭取得控制權，可能被控壟斷。但是，由於資訊製造與網路效應、正反饋現象、需求面規模經濟等相關，當市場規模較小而維持最低效率的生產規模較大時，有時由單一企業供應整個市場可能是比較經濟的。由於報酬遞增率，會產生自然專賣者，也就是明顯獨占。

由於這個特性，造成 1999 年至 2000 的第一代電子商務的泡沫化。例如：入口網站主要剩下 Yahoo!、拍賣網站主要剩下 eBay 與 Yahoo!、網路書店主要剩下 Amazon。其實網路並不是泡沫化，只是達到一種贏者通吃的「穩定狀態」。因此，電子商務的發展不應由還有多少網站生存來決定（供應面），而是應該由多少人上網來決定（需求面）。

九、外顯供給增加

現實生活中，每個消費者所能觸及的「市場」都是有限的。但網路的出現可以大幅增加消費者的選擇，而且又有比價搜尋網站（Price-comparison Engine），可以幫助消費者在數以百計的網路商店中，找出最便宜的選擇。

十、客製化定價

在經濟學上，資訊品有兩種製造成本：高昂的製造成本與低廉的變動成本。資訊產品的製造成本很高，但再製成本很低，當再製成本趨近於零時，應該以消費者的價值為定價基礎。但是，一項產品對每一個人的價值都是不同的，所以，差別定價便成

為更適當的策略。因此，依據不同的市場區隔設計不同的產品版本與售價是必須的。於是產品與價格差異化成為定價方式，大量量身訂作、內容個人化、產品分版等都是常用的策略。

十一、動態交易

隨著網路的成熟，消費者市場將會變得更有流動性，對供需改變的回應，也會更加敏銳，變得更加動態。動態交易對消費性產業所帶來的改變幅度，並不容易掌握。然而，如果公司不能掌握動態交易的性質，並調整自己去適應這種新環境，在愈來愈多的消費者上網購物之後，它將會失去對價格、收益及利潤的控制。

十二、套牢效應

所謂套牢效應（Lock-in Effect）係指資訊產品有強烈系統化特質，若市場沒有統一的標準，消費者若要轉換單一的產品，便需要付出極大成本。例如，轉換軟體時，會發現檔案無法完全轉移；使用的工具不相容，或者甚至必須重新將整個系統更換。因此，若市場上有一個統一的產業標準，便可以有效的減輕套牢現象，所以，競爭型態成為「統一標準」，以擴張市場占有率。在統一的標準下，消費者可以避免被套牢；但是，市場如果只由一個單一的供應商建立統一標準，提供消費者產品（不論軟體或硬體），這樣最後會不會被造成市場的壟斷？實有待商榷。

十三、從重視市場佔有率移轉到重視顧客荷包佔有率

以往企業著重在市場佔有率的極大化，它所強調的是企業角度下的「商品」。不過在顧客經濟時代，企業著重的不在是「產品的市場佔有率」，而是以顧客為中心，思考如何提升「顧客的荷包佔有率」。如圖 1-11 所示。

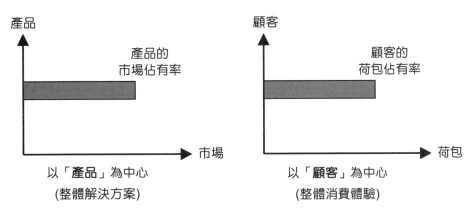

圖 1-11 產品市場佔有率與顧客荷包佔有率

十四、史特金定律

史特金定律（Sturgeon's Law）認為：「任何事物，其中90%都是垃圾」。在網路社群中，只有1%的人在貢獻內容，10%的人參與評價，而大多數90%以上是沉默的。因此，在茫茫網海中，只有少數1%的人所貢獻內容中的10%是具有價值的。換言之，只有0.1%微小機會值的關鍵內容（1%的人貢獻×10%具有價值的內容），能夠帶來網路的微革命；另外，1%機會值的關鍵內容（10%的人參與評價×10%具有價值的內容），具有數位傳播影響力。

十五、距離經濟理論

在傳統經濟模式下，「距離」是商業經營的主要保護與障礙。若能利用網際網路的特性與優勢，解決「某些距離問題」，就能找到商機和盈利點，誰先發現到「距離」市場的空白，尋找到適合網路經濟發展的有效場域，誰就抓住美好的未來。所謂的「距離」，包括實體空間和虛擬世界中時間、空間、文化、需求等方面的差異；距離的長短決定著市場需求的大小；經濟行為在多大程度上縮短了距離，就能在多大程度上創造出經濟效益。

距離經濟理論的核心精神有三點：一、要最大限度地發現並縮小網路與用戶需求之間的距離（如經營思維距離、信用距離、產品運輸距離）；二、要創造與傳統經濟模式下不同的「距離」市場，找出目標市場的空白點；三、要透過拉動「距離」建立穩固的全球合作範疇。實現這一切的根本在於最大限度地發揮網路優勢。

基本上，依據距離經濟理論可很容易找出網路公司業績不佳的原因，許多入口網站、搜索引擎的新聞板塊、搜索引擎的內容與設計幾乎一樣，與電視、報紙的內容大同小異，沒能真正解決傳統經濟模式下因「距離」問題而帶來的不同需要與慾望（Needs and Wants）；許多電子商務公司沒有找到準確的市場需求和商業切入點。電子商務的開展，首先要從最容易產生「距離」的市場開始。

1-3　電子商務的架構

一、以產業的角度來看

Kalakota & Whinston 的電子商務架構

Kalakota & Whinston (1997)以產業區隔為導向，將電子商務的產業架構分為幾個層級，如圖 1-12 所示，依序為：

1. **電子商務應用（EC Application）**：包含各種不同領域的應用服務產業，如供應鏈管理、隨選視訊、遠端金融服務、採購與購買、線上行銷及廣告、居家購物等服務提供者。

2. **一般商業服務架構（Common Business Service Infrastructure）**：提供有效支援線上商業交易流程的一般商業服務為主，含安全技術、驗證服務、電子支付工具、電子分類目錄等服務提供者。

3. **訊息及資訊傳送技術（Messaging and Information Distribution Infrastructure）**：以提供格式化及非格式化資料交換中介軟體服務的產業為主，含電子資料交換、電子郵件、超媒體傳輸協定等。

4. **多媒體內容及網路出版基礎架構（Multimedia Content and Network Publishing Infrastructure）**：主要的產業為屬網路傳輸交換主體的多媒體內容製作及出版者，含 HTML、JAVA、WWW 等發展工具及應用服務提供者（ASP）。

5. **資訊網路基礎架構（Network Infrastructure）**：主要的產業為資訊傳輸供應者，含電信公司、有線電視公司、無線通訊服務公司、網際網路及私人或公眾資料網路連線服務公司，以及路由器相關產業等。

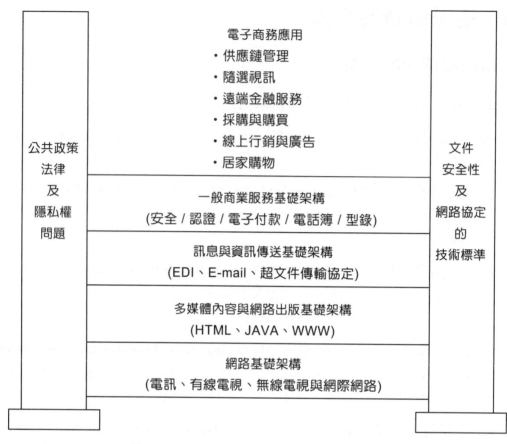

圖 1-12 Kalakota & Whinston 的電子商務架構

另一方面，電子商務的兩大支柱，也同樣有著不可或缺的重要性。

1. **公共政策**：以便將使用權、隱私權、資訊定價等問題納入管理。

2. **技術標準**：以便將文件安全性、網路協定、網路傳輸方式等納入管理，達到整個網路上的相容性。

對電子商務應用及各種基礎建設的推展而言，公共政策的配合和技術標準的研擬是兩大重要支柱。關於著作權、隱私權的保障、消費者的保護、非法交易的偵察、網路資訊的監督，以及交易糾紛的仲裁等，都須要制定相關的公共政策及法律條文來配合。此外，為了確保整體網路的相容性，在發展各項基礎建設及電子商務應用時，各種工具、使用者界面及傳輸協定的標準化是絕對必要的。

二、以企業的角度來看

如圖 1-13 所示,從企業的角度來看,電子商務可分為企業間網路(Extranet)、企業內網路(Intranet)與網際網路(Internet),而其又對應到兩大對象 ─ 企業與顧客,因而可分為企業對企業(B2B)電子商務與企業對消費者(B2C)電子商務。

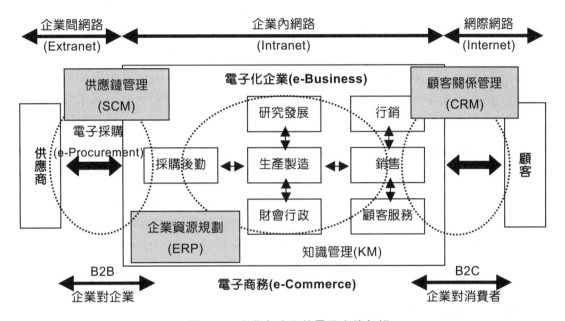

圖 1-13 企業角度下的電子商務架構

1-4 電子商務的沿革

一、網際網路的起源與發展

整個網際網路的起源與發展,可以分為以下幾個時期:

1. **蘊育期,1957 年~1967 年**:網際網路起源於 60 年代,最初只是由美國國防部所設立的 ─ 尖端研究企畫署(ARPA),初期研究主力放在太空計畫及戰略飛彈上,後來一直從事與國家安全有關的高科技研究,在 1969 年發展出軍事用的網路 ARPANet。網路就此蘊育。

2. **發芽期,1969 年~1979 年**:由於軍事網路 ARPANet 的誕生,連結了美國國防部與大學等研究單位,主要作為流通研究成果和通訊之用;而後在 1973 年 ARPANet 邁向國際拓展到英國和挪威。雖然 BBN 在 1974 年開放了 Telenet,也就是商業版的 ARPANet,但是商業機構和一般百姓仍少有機會一試。另外,這個時期檔案傳輸協定(File Transfer Protocol, 簡稱 FTP)、

TCP 通訊協定（Transmission Control Protocol）相繼出現。而讓電腦可以透過電話撥接連線上網的數據機（Modem），也由 Ward Christensen 發明。

3. **成長期，1982 年~1993 年**：網際網路（Internet）這個名詞在 1982 年首次被使用。ARPANet 分為兩個部分：ARPANet 和 MILNet，前者用於研發和學術界，後者則專屬國防資料傳輸之用。網域名稱在「網域名稱制度」（Domain Name System, 簡稱 DNS）的提出後，有了此規範，相繼創造出如.edu、.gov、.com、.org、.net 等網址。這個階段美國政府開放網際網路給一般民眾及商業使用。全球資訊網（World Wide Web, 簡稱 WWW）的概念被提出，網際網路走入產業、家庭和人們的生活。1993 年美國國會更制訂了國家資訊基礎建設法；民間也成立了網際網路協會。

4. **綻放期，1993 年之後**：1994 年網路書店亞馬遜（Amazon.com）開張成為發展電子商務的先驅。網際網路就此普及而且蓬勃發展，第一家瀏覽器公司「網景」（Netscape）創立，拍賣網站、網路銀行也相繼出現，Yahoo!創立、eBay、Dell 等，讓網路商務飛快成長。1997 年美國總統柯林頓發表電子商務政策白皮書，電子商務成為美國重要國策。Amazon.com、Dell、eBay 等，顯然是全球網際網路發展與電子商務的典範。

二、電子商務的沿革

經濟部商業司出版的「1999 中華民國電子商務年鑑」中，將電子商務之發展沿革提前至 1970 年代開始，分為五個階段，摘要如下：

1. **第一階段，1970 年代**：銀行間利用本身自有的網路，進行電子資金轉換（Electronic Funds Transfer, 簡稱 EFT）作業，藉由電子的匯款資訊來提供電子付款的最佳路徑。在美國，每天有四兆美元以上金額的 EFT 透過連接銀行、自動票據交換所與公司的電腦網路進行交換。

2. **第二階段，1970 年代末至 1980 年代初**：電子資料交換（Electronic Data Interchange, 簡稱 EDI）與電子郵件（Email）是這個階段企業間最流行的電子訊息技術形式表達的電子商務；而電子郵件也是 Internet 所提供的工具中，最被廣泛使用的一種。電子訊息的技術，在其後幾年裡發展出許多不同的技術：例如文件工作流程系統（Document Workflow Systems）、桌上視訊會議（Desktop Video Conferencing），以及工程上的技術資料交換（Technical Data Interchange）等。

3. **第三階段，1980 年代中**：以線上服務的形式提供消費者新的互動（如聊天室 Chat Room）與知識分享的方式（如新聞群組 News Group 與檔案傳輸

FTP），如此的互動方式發展出網路世界虛擬社群（Virtual Community）的想法，同時也就有了地球村（Global Village）的觀念。

4. **第四階段，1980 年代末至 1990 年**：電子資訊的技術轉化成工作流程系統或群組軟體（Groupware）之一部份，最有名的就是 Lotus Notes。

5. **第五階段，1990 年代全球資訊網的出現**：Internet 上的全球資訊網（WWW）提供商業使用是一個關鍵性的重大突破，因其在應用程式和使用上的便利性有重大進展，而成為電子商務的轉捩點。

表 1-2　電子商務的發展

發展階段	年代	代表技術
第一階段	1970 年代	電子資金轉換（EFT）
第二階段	1970 年代末~1980 年代初	電子資料交換（EDI）與電子郵件（Email）
第三階段	1980 年代中	線上服務與知識分享
第四階段	1980 年代末~1990 年代初	工作流程系統（Workflow Systems）與群組軟體（Groupware）
第五階段	1990 年代之後	網際網路（internet）與全球資訊網（www）

三、從第一代電子商務到第二代電子商務

第一代電子商務是一個成長期，從 1995 年首次廣泛地使用 Web 來宣傳商品開始，到 2000 年純達康（pure dot.com）公司泡沫化結束。在這一波失敗的企業名單中，包括 eToy.com（玩具）、FogDog.com（運動用品）、Furnture.com 與 Eve.com （美容用品）等都已結束營業，而存活下來的有雅虎（Yahoo.com）及亞馬遜網路書店（Amazon.com）。

第二代電子商務開始於 2001 年 1 月，電子商務公司開始著重獲利。第一代和第二代電子商務間存在著許多不同點，如表 1-3 所示：

表 1-3　第一代與第二代電子商務的比較

第一代電子商務	第二代電子商務
技術導向	商務導向
著重成長	著重獲利
完全市場	不完全市場，存在品牌與網路效應
純達康（pure dot.com）策略	虛擬整合（Clicks and Bricks）策略
先佔優勢	政策跟隨者見長

資料來源：修改自高卉芸譯 (2003)

1-5 電子商務的經營模式

一、電子商務經營模式的分類

1. **企業對消費者（B2C）電子商務模式**：企業直接將商品或服務推上網路，並提供充足資訊與便利的介面吸引消費者選購，是網路上最常見的銷售模式。例如：亞馬遜。一般 B2C 交易流程如圖 1-14。

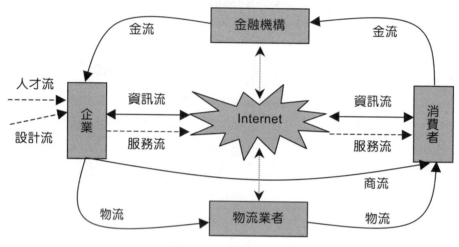

圖 1-14　一般 B2C 交易流程

2. **企業對企業（B2B）電子商務模式**：係在電子商務交易中，組成份子為企業與其相關夥伴。例如：企業直接在網路上與另一家企業進行交易活動，如 Commerce One。一般來說，B2B 佔整個電子商務市場中交易金額最高。B2B 交易流程如圖 1-15 所示。

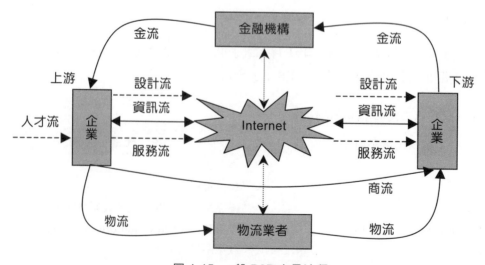

圖 1-15　一般 B2B 交易流程

3. **消費者對消費者（C2C）電子商務模式**：係在電子商務交易中，由消費者直接與消費者交易，例如 eBay 拍賣網站。一般 C2C 交易流程，如圖 1-16。

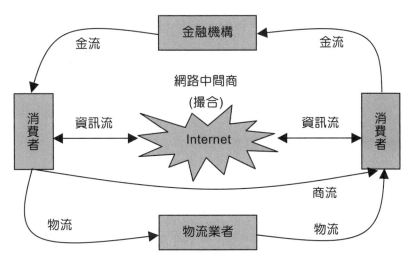

圖 1-16　一般 C2C 交易流程

4. **點對點（P2P）電子商務模式**：係在電子商務交易中，組成份子主要以物易物的方式來交易。例如 ezpeer。

二、B2C 電子商務

企業對消費者（B2C）的電子商務，就是企業透過網路銷售產品或服務給個人消費者。例如台灣本土電商兩大龍頭 momo 集團的「momo 購物網」，以及 PChome 集團的「PChome 線上購物」，這些都是台灣知名的 B2C 電子商務網站。

表 1-4　台灣前九大網路購物電商平台排名 2022 年 7 月

排名	購物平台	模式
1	Shopee 蝦皮購物	C2C+B2C
2	momo	B2C
3	PChome	B2C
4	露天拍賣	C2C
5	Rakuten 台灣樂天	B2C
6	東森購物	B2C
7	Pcone 松果購物	B2C
8	生活市集	B2C
9	Yahoo 奇摩	C2C+ B2C

三、B2B 電子商務

企業間的電子商務可以讓整個「供應鏈」與「配銷鏈」管理進一步自動化，透過網際網路，節省成本，增加效率與效能。B2B（Business to Business），顧名思義，就是企業對企業的電子商務。企業與企業之間的交易與資訊流動，過去受限於地理與空間的限制，必須靠人的移動或傳真才能處理，但是在數位時代，網際網路可以處理一切，而且更準確、更快速、更便宜。

B2B 電子商務的四個發展階段

Morgan Stanley 認為 B2B 電子商務的演進可分為四個發展階段：

1. **第一階段**：電子資料交換（EDI）：在此階段，企業間各自形成封閉網路，只透過既有的各種通訊標準來管制資料傳送工作。

2. **第二階段**：基礎的電子商務：在此階段，買賣雙方直接一對一在網站上進行交易，並不仰賴任何中間商。

3. **第三階段**：電子交易市集：在此階段，有一個新興的中介商產生，並促成一個電子交易市集，提供一個讓買賣雙方交易的環境。

4. **第四階段**：協同商務：此階段將第三階段推進到企業運作的範疇，在企業的作業流程中，將事前、事中、事後的觀念引入此階段，除了注重自己本身企業內部的流程運作之外，並透過上、下游一起協同合作，整合企業內外流程。

B2B：阿里巴巴 B2B

阿里巴巴 B2B 是全球領先的跨境貿易 B2B 電子商務平台，也是全球知名的 B2B 成功案例。阿里巴巴創立於 1993 年 3 月，創辦人「馬雲」，1999 年 7 月在香港成立總公司，中國總部設在杭州。阿里巴巴的 B2B 網站由英文站（www.alibaba.com）、中國站（china.alibaba.com）和日文站（japan.alibaba.com）組成。阿里巴巴擁有超過 1.5 億註冊會員，每天在 B2B 平台上發佈超過 30 萬筆跨境採購需求，橫跨 200 多個國家或地區，16 種語言，讓中小企業沒有難做的生意。集團的子公司包括阿里巴巴 B2B、淘寶網、天貓、一淘網、阿里雲計算、支付寶、螞蟻金服等。

B2B 電子市集經營模式

Morgan Stanley 認為電子市集經營模式，可分成四種：

1. **由買方建立（Buy-side）**：此經營模式是由大型買方所建立的交易市集，在此市場中大都是私人廠商，為增加自己的競爭力，以及節省研發成本，通常向外界與技術提供者進行策略聯盟。例如台塑網。

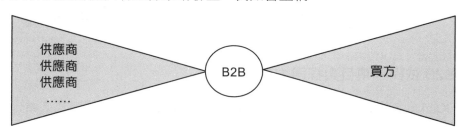

2. **由賣方建立（Sell-side）**：此經營模式是由大型賣方所建立的交易市集，此類賣方大多具有市場獨佔優勢。此市集能創造獨佔及難以模仿的進入障礙。例如 CISCO。

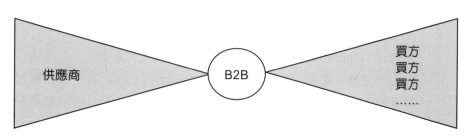

3. **交易市集（Marketplace）**：此經營模式中，交易行為不被買賣雙方所支配，為一個獨立公開交易市集，其主要收益為訂單撮合與仲介費，幫助買賣雙方快速進行交易，減少交易成本，為一個多對多的架構。

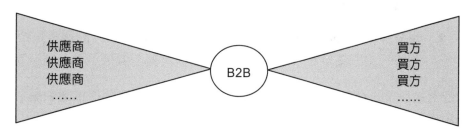

4. **內容整合（Content Aggregator）**：此經營模式建構並維護多個供應商所需的產品目錄，讓供應商能在交易市集中購足所需的產品與服務，節省採購的成本。

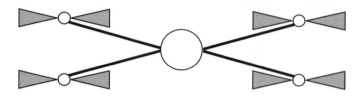

B2B 依採購項目與採購方式分類

Kaplan & Sawhney (2000)認為 B2B 可依採購項目與採購方式來做分類。廣義而言，企業的採購項目可分為製造所需物料及營運所需物料兩大類：

1. **製造所需物料（Manufacturing Inputs）**：是指未經加工過的原料、或可被直接製成完成品的零件。通常是向特定垂直產業供應商採購。而這些物料的採購流程也需要獨特的運籌管理及後援機制。

2. **營運所需物料（Operating Inputs）**：通常是指保養維修及運作（Maintenance、Repair、Operating，亦即 MRO）所需的產品或服務，包括辦公設備、備用物品、機票、電腦、影印機、清潔服務等。這些營運所需物料是任何企業都需要的，因此無須向特定垂直產業供應商採買，而可由特定水平產業供應商來供應。

依企業的採購方式，則可分為系統性採購及現貨採購兩大類：

1. **系統性採購（Systematic Souring）**是指那些需要買賣雙方經過反覆協商而簽訂合約的交易。

2. **現貨採購（Spot Souring）**的採購方式中，買方的目的通常是希望以最低的價格、立即滿足需求，買賣雙方甚少擁有緊密關係，彼此甚至互不相識。

依上述不同的企業採購模式，可將 B2B 電子市集分為營運維護中樞、型錄中樞、收益經理人及交易中心等四大部分。

1. **營運維護中樞（MRO Hubs）**：是指提供交易成本較高，但產品或服務價值較低的 B2B 電子市集。此類 B2B 電子市集的價值是建立在提升企業客戶採購流程的效率。例如 Ariba、Commerce One 等。

2. **型錄中樞（Catalog Hubs）**：是指提供非商品之製造所需物料的電子市集，其價值是建立在降低交易成本。型錄中心是針對特定產業，以買方為主，扮

演與賣方協商的角色；要不就以賣方為主，扮演虛擬配銷的角色。例如 Chemdex、PasticsNet.com 等。

3. **收益經理人（Yield Managers）**：是指提供能讓企業在短時間內拓展營運所需資源的現貨市場（Spot Market），例如製造產能、勞力及廣告等。此類 B2B 電子市集的價值是建立在提供高度可變動的價格及需求量、或大量不易變現（或快速取得）的固定資產上。

4. **交易中心（Exchanges）**：類似傳統的交易中心，線上交易中心讓企業採購主管能藉由快速取得生產所需的商品或半商品，達到舒緩銷售尖峰產能不足、或銷售淡季產能過剩等供需不平衡困境的電子市集。交易中心同時與買賣雙方建立良好合作關係，買賣雙方能因此省卻互相協商合約的麻煩，讓生意更容易進行。例如 e-Steel、PaterExchange.com 等。

	營運所需物料 (Operating Inputs)	製造所需物料 (Manufacturing Inputs)
系統性採購 (Systematic Souring)	營運維護中樞 (MRO Hubs)	型錄中樞 (Catalog Hubs)
現貨採購 (Spot Souring)	收益經理人 (Yield Managers)	交易中心 (Exchanges)

圖 1-17 B2B 電子市集

B2B 依水平與垂直來分

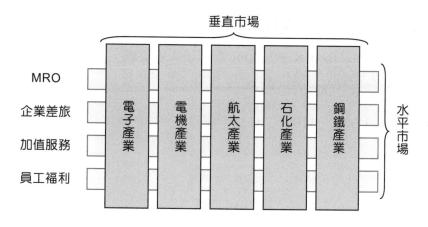

圖 1-18 B2B 水平市場及垂直市場

Goldman Sachs 將 B2B 再細分為「水平市場」（Horizontal Market）及「垂直市場」（Vertical Market）。「水平市場」的服務對象是跨產業，所交易的產品／服務是任何產業都有需求的；而「垂直市場」則是提供特定所需的產品／服務。每一種電子市集都有不同的營業收入，「水平市場」的營業收入除了每筆交易的佣金收入之外，還包括廣告刊登收入、競標佣金收入、產品上架收入，以及客戶架站開設店面的收入等。「垂直市場」的營業收入大致和「水平市場」相似；此外，還包括授權與客戶後端企業資源規劃（ERP）系統相整合的軟體權利金收入、提供有價值內容的訂閱收入等。

B2B 電子商務之利益

以買方的角度來看：減少採購流程中的成本、減少存貨成本、減少繁瑣的採購、更多選擇和更好的價格。

以賣方的角度來看：減少相關的銷售成本、藉著接觸新的客戶同時獲取新的利益、降低訂單處理成本。

學習評量

1. 何謂電子商務？

2. 請簡述電子商務的構面？

3. 何謂電子商務的七流？請簡述之。

4. 電子商務的特性為何？請簡述之。

5. 請任舉五個電子商務的新經濟法則，並簡單說明之。

6. 請簡單說明 Kalakota & Whinston 的電子商務架構。

7. 請簡單說明電子商務的沿革。

8. 請簡述何謂 B2C、B2B、C2C 電子商務？並舉例說明其應用。

電子商務商業模式

2

導讀：蝦皮店到店 2.0 — 蝦皮智取店

「蝦皮購物」憑藉免運補貼策略在台灣迅速崛起，2021 年首創「蝦皮店到店」服務，設立實體門市，將電商戰場從線上拉到線下。2022 年更推出「蝦皮店到店 智取門市」，將門市升級智取店面，蝦皮智取店內沒有店員，只有自助報到機、自助繳費機以及智取櫃，主打自助繳費、自助取件等更便利、不受限的取件體驗，新奇服務吸引網友嘗試。蝦皮智取店被譽為蝦皮店到店 2.0，首家門市選在台北市松山區。

2-1 電子商務的經濟思維與新興議題

一、宅經濟

宅經濟（Stay at Home Economic）是隨著網際網路興起而出現，減少出門消費的新現象與新商機，主要的意思是在家中上班，在家中兼職，在家中辦公或者在家中從事商務工作，同時在家中利用網路進行消費。宅經濟又稱為閑人經濟。宅在家，吃飯叫網路外賣、消費在網路購物宅配，催熱宅經濟，只要能夠送貨上門，很多甘願宅在家中，享受空調帶來的涼爽而遠離室外高溫。「宅」一詞源於「御宅族」，原指沉迷而專精某樣事物的人。在此影響下，宅經濟亦包括「御宅經濟」（Otaku Economy），「御宅經濟」是一連串滿足御宅族需求的經濟活動。

二、共享經濟

共享經濟（Sharing Economy）是指在網路時代，所有的產品或服務都能被眾人共同使用、甚至共享出租。共享經濟起因於社會中眾多個人或企業無法負擔高額的產品購買費用或高額的維修費用。因此，藉由網路作為信息傳輸平台，個人或企業能透過共享出租、或共同使用的方式用合理的價格與他人共享資源。換言之，就是使用者用「租賃」取代「購買」，和社會上的其他人共用資源。

「共享經濟」為閒置資源的再分配，讓有需要的人得以較便宜的代價借用資源，持有資源者也能或多或少獲得回饋。共享經濟具有弱化「擁有權」，強化「使用權」的作用。在共享經濟體系下，人們可將所擁有的資源有償租借給他人，使未被充分利用的資源獲得更有效的利用，從而使資源的整體利用效率變得更高。

共享經濟的核心理念，是「閒置資源」的再使用。擁有閒置資源的個人或企業，透過有償租賃的方式，讓無法負擔此一費用的個人或企業以相對便宜的價格獲得使用權。過去，出租必須透過文書或口頭承諾才有效力，但由於網路、物聯網、行動支付方式的發展，終端使用者能夠以「個人」對「個人」的方式共享使用資源、減少閒置資源的浪費。

雲端運算（Cloud Computing）是共享經濟體制內不可或缺的一環。在雲端平台上，個人或企業透過共享的信息傳輸平台（例如 UBER、Airbnb）能夠分享資訊給特定的消費者，並線上收付款項。網路環境的改善與智慧型手機的快速崛起，有效地提供產權擁有者和需求者直接連結的平台，扣除掉中介商的仲介費用，供需雙方都能有效節省成本。

共享經濟已經不再侷限於實體的分享、租借，而延伸到知識、智慧財產權的分享、交換。群眾外包（Crowdsourcing）便是另一個共享平台。企業利用網路平台公開招募視覺設計者、程式工程師，將相對零碎的企業問題發包給這些專業工作者。而「群眾」則利用業餘時間（閒置產能）協力解決問題並獲得報酬。透過群眾外包，企業能夠節省招募人力的人資成本，專業工作者也能獲得額外報酬。

三、零工經濟與微工作

《MBA 智庫百科》定義，零工經濟（Gig Economy）是指由工作量不多的自由職業者構成的經濟領域，利用網際網路和行動商務技術快速媒合匹配供需雙方，主要包括群體工作和經 App 接洽的按需工作兩種方式。

整體來說，零工經濟可分為兩大類：1.知識為主體的零工（例如顧問、作家等）以及 2.服務為主的零工（例如外送員、Uber 司機等）。

「零工經濟」的興起，代表著「鐵飯碗」的安全感不在，傳統朝九晚五的「工作」定義逐漸轉變，專業「技能」才是最有力的籌碼。「零工經濟」也代表著，工作碎片化，這些從事零工工作的人，必須有多個「微工作」（Micro-jobbing）才能養活自已。

四、互聯網＋

互聯網＋是將互聯網做為一種生產要素或基礎設施，如同水、電、瓦斯一樣，深度融合於經濟社會產業各領域中，提高創新力及生產力，形成全新生活方式、商業模式及生產方式。互聯網＋影響各行各業：

1. **互聯網＋交通**：「滴滴打車」等叫計程車的 App，幫助乘客和司機進行有效匹配，避免了空駛和疲勞駕駛，也方便民眾叫到計程車。

2. **互聯網＋醫療**：互聯網與醫療業結合，可以解決民眾在醫院看病時經常遇到的排隊時間長、看病等待時間長、結帳隊時間長、醫生看病時間短的問題。

3. **互聯網＋零售**：網路購物作為互聯網＋的切入口，帶動了傳統零售、物流快遞、生產製造等行業的數位升級轉型。

五、物聯網掀起工業 4.0 與工業 5.0 革命

工業 4.0 的定義，是透過虛實整合系統（CPS），時時掌握與分析終端使用者，來驅動生產、服務，甚至是商業模式的創新。換句話說，工業 4.0 是「從服務顧客驅動研發、供應鏈和生產，整個價值鏈的全生命週期管理與服務」。

工業 4.0 的技術基礎是智慧感知系統及物聯網。工業 4.0 的精神是「連結」與「優化」，連結製造相關元素，進行優化，以增進企業競爭力與獲利。工業 4.0 簡單來說，就是大量運用自動化機器人、感測器物聯網、供應鏈互聯網、銷售及生產大數據分析，以人機協作方式提升全製造價值鏈之生產力及品質。

工業 4.0 主要將智慧技術置於製造體系與供應鏈，而工業 5.0 又稱作「人機協作式工業」，是為了強化數位轉型，讓人類與機器和系統在數位生態體系的環境中，能夠更加有意義地、有效率地協同合作。換句話說，工業 5.0 讓人類重新加入自動化與智慧化過程，使人和機器能夠更緊密地協同工作。

六、工業 4.0 的虛實整合系統（CPS）

工業 4.0 的核心在於以數位化的資通訊科技（ICT）輔助自動化的實體製造，因此，「虛實整合系統」（Cyber Physical System, 簡稱 CPS）是「工業 4.0」的核心課題。所謂「虛實整合系統」就是網際網路世界（虛擬世界）與實體工廠世界（實際世界）完美整合後的系統。所謂「完美整合」，就是將虛擬世界的優勢（即時性、零距離、分散式、去中心化、去中間化等）與實體世界的優勢完全利用，完全發揮。

七、工業 4.0 的四大特質

「工業 4.0」有四大特質，分別為基於網際網路的、基於個性化服務的、基於數據決策的、基於高效節能的。

1. 「工業 4.0」是基於網際網路技術：「工業 1.0」是基於工業革命，瓦特發明蒸汽機，人類第一次開始運用動力系統。「工業 2.0」是基於電力與流水線生產，人類開始大規模大量製造。「工業 3.0」是基於電腦與自動化技術，電腦運算與邏輯控制（PLC）逐漸滲透到工廠每個環節。「工業 4.0」是基於網際網路技術，也可以說，工業 4.0 是基於網際網路的工業生產模式。網際網路的諸多特徵與效益，將讓工業生產重新改觀。

2. 「工業 4.0」是基於個性化服務：當 C2B 商業模式成為產業發展的未來，C2B 商業模式將使得傳統大量製造，產品供給推動的 B2C 商業模式轉變成 C2B。C2B 是個性化的服務、客製化的服務。C2B 商業模式屬於「小量、多樣」的生產，未來 C2B 也屬於無庫存與訂製生產的。「工業 4.0」有別於「工業 3.0」的關鍵是提供「以客戶為核心的服務」，滿足客戶的真實需求才是關鍵。C2B 與個性化服務，也會將企業的疆界打破，讓客戶參與公司的商品開發、生產製造與銷售服務。因此，「工業 4.0」某種程度上是「開放創新」的。

3. 「工業 4.0」是基於數據決策：因為網際網路技術、行動網路技術與物聯網技術，生產設備與企業經營提升了企業數位化程度，未來所有的經營決策都是基於數據的。基於數據決策也是智慧製造或智慧商務的基礎。

4. 「工業 4.0」是基於高效節能：因為資源的逐漸缺少，例如水、電、氣體與石化資源等。資源的減少將讓所有的生產與製造行為朝向綠色製造或節能製造方向前進。綠色製造不僅是生產過程的節能減碳，甚至所生產的產品也要節能減碳或綠色環保，例如再生紙、可回收塑料或是可回收材料製品等。

圖 2-1　工業 4.0 的四大特質

八、紅色供應鏈與一帶一路

「紅色供應鏈」是指中國將原本需要從國外進口的中間財轉為國內生產，將整個供應鏈建立在中國內部，又中國喜好紅色，故稱「紅色供應鏈」。其相關政策包含要求外商在地化，以及限制當地零件採購須達 30%以上，並更進一步的投資國內相關產業鏈。例如試圖建立「陸版台積電：中芯國際」就是一例。

台灣對中國貿易依存度很高，台灣對中國出口佔台灣出口的 40%。因此，紅色供應鏈對台灣衝擊相當大，但中國發展紅色供應鏈並非針對台灣，而是一國經濟發展必然的方向。

一帶一路（The Belt and Road, 簡稱 B&R）是指，絲綢之路經濟帶和 21 世紀海上絲綢之路，是中國政府在 2013 年倡議並主導的跨國經濟帶。中國主導的一帶一路計畫包含 66 個國家，佔全球人口數的 66.9%，佔全球 30%GDP 經濟規模。為了能夠讓中國和鄰國緊密連結，中國決定用串聯海陸交通的方式，把鄰國的交通緊緊地抓在一起。海陸交通合起來的五條大幹道，就是中國這 10 年主打的一帶一路計畫。

【一帶】：絲綢之路經濟帶。過去有張騫通西域，當時他所走過的這一段絲綢之路，就是中國現在西進的道路，也就是一帶。一帶的計畫中，中國規劃三條超級鐵路❶中國→歐洲、❷中國→地中海、❸中國→南海，直接貫串到歐亞大陸的各個角落，其中「西安」就是一帶計畫中，中國境內最大的轉運站。

【一路】：21 世界海上絲綢之路。絲綢之路是商業繁榮的代名詞，在海上，中國也要建立它的絲綢之路。海上一路最主要有兩條航道❶中國→南太平洋、❷中國→印度洋→歐洲。

2-2　電子商務的商業模式

一、基本概念

商業模式（Business Model）是一系列有規劃的活動，用以從市場上得到利潤。商業模式是整個商業計畫的核心。

商業計畫（Business Plan）是說明企業商業模式的文件。電子商業商業模式（e-Business Business Model）的目標在於使用和產生網際網路及電子商業的正面效應。

二、商業模式的八個主要成份

成功的電子商業的商業模式包括八個主要元素，如表 2-1 所示。

表 2-1　商業模式的八個主要元素

主要元素	關鍵問題
1. 價值主張	消費者的需求與慾望是什麼？消費者想要怎樣的整體消費體驗？
2. 收益模式	您（企業）將如何獲利？
3. 市場機會	您（企業）滿足哪一種市場（區隔），這個市場（區隔）的規模有多大？
4. 競爭環境	有誰已經存在於您想要加入的市場（區隔）？
5. 競爭優勢	您（企業）可為這個市場（區隔）帶來什麼特殊的利益？
6. 市場策略	您（企業）計劃如何滿足這個市場（區隔）需求，並從中獲取利潤？
7. 組織發展	您（企業）需要搭配什麼樣的組織結構，才能實現商業計畫？
8. 管理團隊	您（企業）的高階管理團隊必須具有什麼樣的經驗與背景？

📦 價值主張（Value Proposition）

一家企業的價值主張是其商業模式的核心。價值主張定義一家企業的解決方案（產品/服務）如何滿足顧客的需求或慾望。要發展和分析價值主張，企業必須先回答下列問題：

1. 為什麼消費者要選擇跟您（企業）交易，而不選擇其他企業？

2. 您（企業）提供了什麼其他企業所沒有或無法提供的服務或產品？

由消費者的角度來看，成功的電子商業價值主張包括：產品的個人化與客製化、產品搜尋成本的降低、價格發現成本的降低、可視的交貨運送流程、簡化的交易流程等。

🔷 收益模式（Revenue Model）

收益模式主要在描述企業如何獲取收益、產生利潤。雖然目前已經發展出許多不同的收益模式，不過大多數仍離不開下列主要收益模式的組合：

1. **廣告收益模式（Advertising Revenue Model）**：網站藉由提供訪客內容、服務或產品資訊，也提供一個廣告場所，然後向廣告主收取費用。例如早期的雅虎（Yahoo!）。換句話說，網站之所有人提供了許多內容與服務以吸引訪客，藉由收取網站上面的橫幅廣告費、固定性按鈕或其他能將顧客的訊息帶給網站訪客之廣告費收入。

2. **訂閱收益模式（Subscription Revenue Model）**：到網站存取某些資料並不是完全免費，更確切地說，會員要繳會費以便得到更高品質的內容。網站藉由提供內容或服務給會員，然後向這些會員收取訂閱費用。

3. **手續費收益模式（Ttransaction Fee Revenue Model）**：消費者依其使用活動的多寡來付費，各項活動都被量化，然後依其消費的服務量付款。網站藉由促成或執行交易而向會員或廠商收取手續費用。例如電子海灣（eBay）的二手商品刊登費、線上券商 E-Trade 收取股票交易手續費。

4. **銷售收益模式（Sales Revenue Model）**：網站藉由銷售商品、資訊或服務給消費者從中賺取價差。

5. **合作收益模式（Affiliate Revenue Model）**：網站藉由為「合作夥伴」介紹生意收取介紹費，或為其帶來任何銷售結果而收取某部份收益。例如 MyPoints.com 就靠著提供特別折扣給會員，藉以撮合合作夥伴與會員達成交易而獲取收益。有時亦稱為結盟模式：經銷商有一群盟友，可由他們的網站點選便能連結至該經銷商。

6. **商情媒介模式**：企業蒐集了關於消費者及其消費習慣的寶貴資訊，並將其販賣給那些需要得知顧客情報的企業，以使這些企業可以藉此進一步挖掘顧客行為模式及其他有用的訊息，來提供更好的商品與服務給顧客。

7. **經紀模式**：企業扮演市場製造者的角色，將買賣雙方聚集起來，並從交易中抽取費用。

8. **經銷商模式**：批發商與零售商可在網際網路上銷售商品或服務。

9. **製造商模式**：製造商利用網際網路試著直接與最終消費者聯繫，而不透過批發商或零售商。

10. **社群模式**：社群是建立在社群的忠誠度上而不是網路流量。其中社群成員往往已投資在發展社群成員的關係上，這使他們願意常常光顧該網站，此種社群成員可以是非常好的銷售目標。

📦 市場機會（Market Opportunity）

市場機會代表企業企圖進入的交易空間，以及從這個交易空間中可獲取的潛在利潤機會。交易空間代表一個具有真實或潛在商業價值的領域。而實際的市場機會則是以企業與其競爭者對的每個市場利基的收益潛力。

📦 競爭環境（Competitive Environment）

一家企業的競爭環境代表在同一個交易空間運作，販售滿足相同或類似顧客需求的產品之競爭者回應。基本上，競爭環境會受到幾個因素影響：

1. 這個交易空間有多少積極的競爭者？

2. 這些競爭者做的生意有多大？

3. 這些競爭者有多少的顧客荷包佔有率？它們的顧客關係程度如何？

4. 這些競爭者的獲利程度如何？

5. 這些競爭者如何為它們的產品或服務定價？

6. 這些競爭者如何為它們的產品或服務行銷推廣與促銷？

一般而言，企業可能會面對四種基礎的競爭者：

1. **慾望競爭者（Desire Competitor）**：消費者希望立刻能夠滿足的其他慾望。例如：同樣一筆錢，消費者可能用來「買一輛交通工具」、「買一組音響」、「到歐洲旅行」，這三者間就存在所謂的慾望競爭。

2. **產品類競爭者（Generic Competitor）**：消費者可藉以滿足相同慾望的其他基本方式。例如：若消費者想買一輛交通工具，則消費者可能會買「汽車」、「機車」、「自行車」，這三者之間就存在所謂的產品類競爭。而提供這三種產品類的廠商就可視為產品類競爭者。

3. **產品型式競爭者（Product Form Competitor）**：消費者可以藉以滿足相同慾望之其他產品型式。例如：若消費者已選定要購買自行車，那麼「三段變速」、「五段變速」、「十段變速」…等產品型式之間就形成所謂的產品型式競爭，而提供這些產品型式的廠商就可視為產品型式競爭者。

4. **品牌競爭者（Brand Competitor）**：消費者藉以滿足相同慾望之其他品牌。例如：捷安特（Giant）、功學社（KHS）、速立達（Strida）等。

競爭優勢（Competitive Advantage）

競爭優勢是企業擁有有價值的資源，可以建立與競爭者一較高下的競爭力，進而達成維持競爭地位的局面。然而，什麼是有價值的資源？一般而言可以分成實體資產、無形資產、能力等三大類。什麼是實體資產？就是具有有形的土地、廠房、機器、設備等。什麼是無形資產？就是商譽、形象、理念等。什麼是能力？就是企業可以有效配置其資源的一種才能。

每一家企業都同時擁有這三種資源，卻不一定有價值，若要讓這三種資源產生價值，必須比其他競爭者更快速、更直接、更符合顧客意願的去贏得顧客的滿意、支持與忠誠，讓自己可以在顧客心目中成為更可靠的夥伴，這種信任感可以讓企業擁有競爭優勢，特別在顧客心理與行為上都可以形成一種競爭障礙。

市場策略（Market Strategy）

市場策略係指企業將其如何進入交易空間，吸引顧客並從中獲取利潤的所有方法與細節整理起來寫成的計畫。

組織發展（Organizational Development）

任何企業都需要一個好的組織結構以有效實行其商業計畫和市場策略。第一代電子商業的泡沫化，就是缺乏適當的組織結構和企業文化與之搭配。企業想要成長茁壯就必須有完善的組織發展計畫，以描述企業要如何整合其所需完成的工作。

管理團隊（Management Term）

商業模式中最重要的一個執行元素，是負責推動這整個商業模式的管理團隊。一個有力的管理團隊可以有效推行商業模式，卻無法拯救一個不好的商業模式，但他們可以改變這個商業模式，甚至在必要時重新定義這個商業模式，找尋利基。

三、商業模式的分類

1. 以企業內外來分類

- 網際網路（Internet）係透過公眾網路網路相連的技術或概念。

- 企業內網路（Intranet）是企業將 Internet 平台及其技術應用在企業內部事務的 e 化。

- 商際網路（Extranet）是運用 Internet 平台及其技術與企業的供應商及合作夥伴等分享資訊的概念。

2. 以交易對象來分類

以交易對象來分類，電子商務可分為 B2C、B2B、C2C、P2P 等四種型態：

- 企業對消費者（Business-to-Consumer, 簡稱 B2C）模式：B2C 是指企業透過網際網路對消費者所提供的商業行為或服務，包括線上購物、證券下單、線上資料庫等應用。這也是最早的電子商務經營模式。

- 企業對企業（Business-to-Business, 簡稱 B2B）模式：B2B 主要是指企業間的整合運作，如電子訂單採購、投標下單、客戶服務、技術支援等。一般來說，B2B 佔整個電子商務市場中交易金額最高。

- 消費者對消費者（Consumer-to-Consumer, 簡稱 C2C）模式：在電子商務交易中，由消費者直接與消費者交易。C2C 為消費者之間自發性的商品交易行為，例如一般個人式的拍賣網站或二手跳蚤市場等應用。

- 點對點（P2P）模式：係在電子商務交易中，組成份子主要以物易物的方式來交易。

這四類雖會有重疊，但基本上的定位及運作方式有所差別；B2B 重視的是「關係的建立」，例如：電子訂單採購是要跟企業往來的廠商或商業夥伴合作；而 B2C 及 C2C 則一視同仁，不需顧慮交易對象是誰，反倒是「交易安全及身分驗證」比較重要。

2-3　企業對消費者（B2C）商業模式

Laudon & Traver (2004)認為主要的 B2C 商業模式，包括有：

1. **入口網站（Portal Site）**：例如美國線上（AOL）、雅虎（Yahoo!）、網路家庭（PChome）、谷歌（Google）。

2. **電子零售商(e-Tailer)**：例如亞馬遜(Amazon)、邦諾書店(Barnes & Noble)、沃爾瑪（War-Mart）等。

3. **網際網路內容提供者（Internet Content Provider）**：例如華爾街日報的線上新聞（WSJ.com）、哈佛管理評論（Harvard Business Review, 簡稱 HBR）、CNN 線上新聞（CNN.com）等。

4. **交易仲介商（Transaction Broker）**：例如 E-Trade.com、Ameritrade.com、Schwab.com 等線上券商。

5. **市場創造者（Market Creator）**：例如 Priceline.com、eBay 等。

6. **服務提供者（Service Provider）**：例如 104 人力銀行、1111 人力銀行。

7. **社群提供者（Community Provider）**：例如愛情公寓（i-part.com）。

一、入口網站

　　入口網站（Portal Site）是到其他網站的轉介站，通常都會提供搜尋引擎讓你找到想要去的地方，大多數的入口網站都致力朝目的網站（Destination Site）邁進，因為廣告主若知道顧客在網站上待上一段時間，而非只是經過入口網站，廣告主則願意支付較高的廣告費用。入口網站提供了搜尋引擎服務、免費電子信箱，以及包括新聞、財經、求才、購物等各式各樣的內容服務。

　　入口網站即為一般網際網路使用者一登上網路首先接觸的網站。綜觀各大入口網站，可以發現彼此間差異性不大，因此如何在浩瀚網海中脫穎而出，與其網路品牌經營與品牌定位有很大的關係，網際網路使用者對於入口網站的品牌定位，乃根據其本身的使用偏好程度與網站品牌的國際化程度所產生的。入口網站的日漸普及與市場新利基的建立，使得上網者對專業化網站的需求提高；而配合新行銷時代的來臨，新科技行銷已從以往的大眾行銷走向一對一個人化行銷，在網際網路發達，入口網站進入成熟期，如何提高會員註冊率，與如何保留住已註冊的會員，是網站經營者所需考量的兩個重要課題。

基本上，入口網站須具備以下之特性：具大量顧客基礎、顧客對品牌信任、具行銷能力、具管理合作夥伴能力、具資訊技術經驗、具創新力、須承擔風險。

二、電子零售商

線上的零售商店一般稱為電子零售商（e-Tailer），其有著各種規模和型態，大至亞馬遜，小至有網站的地方性商店。

值得注意的是，電子零售商的「陣亡率」超過三成。資策會 MIC 比較 2003、2004 年的電子商店家數，前三大「陣亡」類型為美容保養、3C 與花卉藝品，陣亡率分別為 45%、43%與 38%。資策會 MIC 研究發現，電子零售商有兩極化的趨勢，規模大、有網路品牌者逐漸拓展實體通路，邁向虛實整合。而規模小的業者積極運用網拍通路，希望以網拍流量帶動營收，並且克服網路行銷的難題。

三、網際網路內容提供者

網際網路內容提供者（Internet Content Provider, 簡稱 ICP）即是以販賣內容，或以內容來吸引會員收取會費，吸引廣告為業務目標者，為跨資訊、廣播兩大領域下的新產業，提供網友即時、互動及個人化的資訊，以吸引網友至其網站瀏覽。內容網站的營收來源主要有：網路廣告、電子商務、會員入會費、內容授權金。

內容網站一旦起初免費提供內容給使用者，之後就很難要求使用者付費，假如網路內容提供者要求使用者付費，只會促使多數的網站到訪者離開，進而減少了廣告商。

四、交易仲介商

交易仲介商（Transaction Broker）係提供線上交易的服務功能，包括資訊流、金流甚至物流等，讓買賣雙方透過網站方便、快速完成繁複的交易程序。舉例來說，網路下單購買股票共同基金，如 E*Trade、Charles Schwab 都是交易仲介商。

五、市場創造者

市場創造者（Market Creator）係建立一個數位化的交易空間，讓買賣雙方可以會面、展示商品、搜尋商品，並可相互議價訂定商品價錢。在過去市場創造者仰賴實體的交易空間來建立市場。然而，網際網路作了改變，將交易空間的實體與虛擬切割開來。最知名的例子就是 Priceline.com 讓顧客自已設定願意支付的價錢，來購買旅遊住宿和其它產品；另一家是 eBay，創造一個電子環境讓買賣雙方可以數位化交易空間中，會面、議定價錢、然後交易。

六、服務提供者

服務提供者（Service Providers）：透過提供改善零售商及顧客之間的互動以降低成本的服務來賺取收入。例如：聯邦快遞（FexEX）的 interNetShip 服務，讓使用者可以隨時免費追蹤貨物的情形。電子零售商在線上販賣商品，而服務提供者則在線上提供服務，有的會收取費用，有的從其他來源獲利。服務提供者基本的價值主張，就是提供消費者一個比傳統服務提供者更具有價值、更便利、更省時、更低成本的選擇。

七、社群提供者

社群提供者（Community Provider）係創造數位化線上環境，讓有類似興趣的人可以互動、想法相近的人可以交談，進而取得相關資訊甚至相互交易（買賣商品）。社群提供者的基本價值主張，是創造一個快速、方便、集中的據點，讓使用者可以專注他們最重要的議題與興趣。社群提供者一般仰賴混合式的收益模式，包括訂閱費、銷售收入、手續費、合作費或從其他公司的廣告費收入。

2-4　企業對企業（B2B）商業模式

Laudon & Traver (2004)認為主要的 B2B 商業模式，包括有：

一、電子配銷商

電子配銷商（e-Distributor）係直接為每家企業提供產品或服務的公司。是一家想要服務許多企業客戶的公司，對他來說在企業網站上提供愈多樣的產品或服務，這個網站對可能的企業客戶就愈有吸引力。對企業客戶來說，在一個地方一次購足（one-stop），遠比必須瀏覽好幾個網站來找出特定零件或商品要好的多。

基本上，電子配銷商將來自許多供應商的型錄或產品資訊，聚集在此中間商的網站。在過去，這類中間商是以紙本型錄在運作。對買方的企業客戶而言，電子配銷商提供了一個下單和一次購足的場所。而所購買的品項多為維修及作業項目（Maintenance, Repair, and Operation Items, 簡稱 MROs）— 即通常不會與供應商訂定固定合約的品項（非直接原料）。

二、電子採購商

由於電子採購商的產品資訊均放入網路的儲存庫中,所以就賣方而言加入採購鏈系統就如同商品在網路或社群上進行大規模的宣傳一般,不但為公司打廣告並可藉由此模式來獲得大量的訂單。更因電子採購鏈系統平台與買方的直接連線來確認商品細節或是內容,如此一來可以減少不必要的錯誤,待雙方彼此均已熟悉且信任對方,賣方即可針對買方公司作商品的下單預測。

例如 Ariba.com 與 CommerceOne.com 這類公司,創造線上的電子採購市集,讓買家與賣家可以在此進行交易,藉由市場媒合服務賺取利潤。對於買家 Arbia.com 為其整合線上採購的分類目錄,以協助其挑選商品或服務;對於賣家 Arbia.com 提供處理建立目錄、運送、保證及金融等方面的軟體來協助賣方賣東西給採購商。

三、交易市集 / 交換市集(**Marketplace/Exchange**)

B2B 交易市集又稱為 B2B 中樞(B2B Hub)。B2B 交易市集係由聚集大量買賣雙方及自動化交易流程,使得買方可擴產品及服務可供選擇的空間、賣方可以擴展新市場/新客戶,並降低雙方的交易成本。B2B 交易市集是傳統市集的電子版,代表買賣雙方能聚集在一起交易的單一地點。交易市集具有下列幾項特性:

1. 交易市集是一開放式的網路交易環境。

2. 市場的參與者最少有買賣雙方,以及市場的建構者所組成。

3. 買賣雙方可在這公平的市場上自由買賣。

B2B 交易市集主要又可分為垂直交易市集與水平交易市集:

1. **垂直交易市集**:係提供商品或服務給特定產業,例如鋼鐵業、汽車業、化學業、園藝業、木材業等。

2. **水平交易市集**:係提供特定商品或服務給不同產業的公司。特定商品或服務,例如行銷、財務金融或資訊系統等等。

四、產業聯盟

產業聯盟(Industry Consortia)最典型的例子就是結合美國三大汽車廠通用(GM)、福特(Ford)和克萊斯勒(Daimler Chrysler)成立的汽車零件產業聯盟電子市集 Covisint。由於買家(企業大客戶)大部份產品組件可能都來自同樣的供應商,建立共同的交易平台,可以達到採購的規模經濟,降低成本,並且找到更多的供應商。

以 IBM 為例，如果單獨建立一個交易平台的效果可能是 5:10，找其他同類型的公司一起分攤成本，反而可以達成 1:10 的效果，這也是企業願意合資產業聯盟電子交易市集的原因。

五、私人產業網路

私人產業網路（Private Industrial Network）把焦點鎖定在合作夥伴和供應鏈管理之間連續的業務流程協調。一個私人產業網路標準地由大企業使用企業間網路來跟供應商和自己的商業夥伴連結。網路是屬於買家的，而買家允許指定的供應商、經銷商以及其他工業夥伴來分享產品設計與研發、生產、配送、行銷、銷售，甚至顧客服務與支援，還有其他未結構化的通訊，包括：圖形和電子信件。另一個關於私人產業網路的專有名詞是「私人交換」（Private Exchange），私人交換是快速成長的 B2B 產業型態。

私人產業網路係企業利用數位網路（不一定是網際網路，絕大部份企業使用電子資料交換（EDI））處理其與各供應商或合作夥伴之間的資訊流與金流。這類私人產業網路一般由一家超大型的採購公司所擁有，例如，沃爾瑪和克萊斯勒（Chrysler）。舉例來說，沃爾瑪針對它的供應商運作了全球最大的私人產業網路，這些供應商藉由沃爾瑪所提供的私人產業網路，可以在網路上監控他們自己產品在沃爾瑪的銷售狀況、運送狀況與庫存狀況。約有 70%的私人產業網路仍使用電子資料交換（EDI）這類舊技術。

六、產業網路

產業網路（Industrial Network）通常是依產業聯盟關係而發展。這些網路通常是由產業中大型企業所聯合擁有，且具有以下共同目標：在網路上提供一套公正的商業溝通標準；共享及開放技術平台來解決產業的問題。

產業網路中最知名的例子是全球零售交易所（World Wide Retail Exchange, 簡稱 WWRE）。WWRE 為通路商主導的產業網路電子市集。WWRE 的目的為建立一個以滿足通路商與其供應商，在供應鏈中商業交易的社群。換句話說，其主要是被設計來簡化零售商、供應商、合作夥伴與配銷商之間的交易。WWRE 的主要會員有 JC Penny、CVS Corp、Safeway、SUPPERVALU INC.、Tesco 等知名的賣場或超市。WWRE 有來自非洲、亞洲、歐洲、北美洲的 61 個會員，總共約 9,000 億美金的交易。

基本上，產業網路提供比產業聯盟還要多的功能，不過這兩類的 B2B 商業模式似乎愈來愈相近了。

2-5　演變中的電子商業模式

一、消費者對企業（C2B）商業模式

　　消費者對企業（Consumer to Business, 簡稱 C2B）商業模式是企業對消費者（B2C）商業模式的變形。顧客對企業的電子商務模式，重點雖然還是在企業與顧客之間，但其進行的方向與傳統的販賣商品及服務行為不同。傳統的購物行為或稱為「推」（Push）式的販售方式，是由企業將其生產的產品賣（推）給消費者，企業有較多的自主權；而消費者對企業（C2B）的商業模式則是由消費者要企業生產符合消費者需求的產品，再由消費著購買，也就是購物行為由傳統的「推」轉為「拉」（Pull），消費者握有較多的自主權。簡單的說，C2B 的模式可算是消費者導向的行銷方式，美國的 Priceline.com 就是屬此類的電子商務模式。

　　Priceline.com 主要業務是讓消費者自訂所需的機票、旅館、日用品…等的價位再尋求相關的企業來滿足消費者的需求。其提供一個方便有效率的「交換機制」，讓想要訂機票和旅館消費者自行出價，由廠商提供可符合價格的「庫存票」，一方面滿足消費者需求，另一方面也讓廠商有機會減輕未利用率、降低庫存。該公司於成立一年內就吸引的約一百萬的會員，以每季增加 30 萬會員的速度成長。

二、消費者對消費者（C2C）商業模式

　　消費者對消費者（Consumer to Consumer, 簡稱 C2C）商業模式，是消費者可用來建立與其他消費者間的商業連結模式，拍賣網站是最好的 C2C 例子，如電子海灣（eBay）。

　　eBay 是 C2C 的典型範例，交易的雙方都是消費者，網站經營者提供的是「交易的大會堂」— 系統機制，扮演的角色是「市場促進者」。整個 eBay 就像是把實體世界的跳蚤市場搬到網路上來（平均每日有 200 萬種商品），網站經營者不負責物流，而是協助市場資訊的匯集，以及建立信用評等制度。買賣兩方消費者看對眼，自行商量交貨及付款方式。

三、點對點（P2P）商業模式

　　簡單來說，P2P 是一種讓個人電腦同時具備伺服器（Server）與使用者（Client）的技術。過去，網際網路是建立在「主從架構」之上，所有資料及搜尋引擎都架構在伺服器上，使用者登上網路、向伺服器請求，資料才會從彼端傳輸過來。P2P 技術則

打破這樣的規則，它讓個人電腦同時擔任伺服器與使用者的角色。好比是一個大型的區域網路，將數以億計的 CPU 以及硬碟空間，整合在網路上，供眾人分享。

在一些應用軟體，例如 Napster 及即時通訊軟體受到歡迎後，點對點（Peer to Peer，簡稱 P2P）的技術開始受到大眾的注意。早期的 Internet 實際上是一個點對點的環境，只是後來隨著網際網路的發展，伺服器為依據的系統才逐漸發展來應付愈來愈多的使用量。但是目前，電腦已經具有愈快的處理速度和較大的儲存量，這使得點對點的使用者可透過電腦的直接連結來分享電腦資源和交換資料。

點對點技術，就是藉由系統間的直接交換來進行電腦資訊和服務的分享，最廣為人知的應用模式就是訴訟纏身的 Napster，以及即時傳訊（Instant Messenger）服務。P2P 的應用除了一般人最為熟知的音樂、電影、文字檔案交換外（例如 ezPeer、Kuro），Yahoo!即時通、微軟的 MSN 也是 P2P 技術的一環，不過這些現在都消失了。

四、O2O 商業模式

何謂 O2O

O2O 是 Online to Offline 的英文縮寫，又稱離線商務，是指線上行銷線上購買帶動線下經營和線下消費。換句話說，就是「消費者是在線上購買、線上付費，再到實體商店取用商品或享受服務」。經過這幾年的發展，O2O 也出現許多變形，包括 O2O 的反向，從線下到線上（Offline to Online）。因此可將 O2O 廣義的定義為「將消費者從網路線上帶到線下實體商店」或是「將消費者從線下實體商店帶到網路線上消費」。

團購的基本概念

O2O 商業模式的要角「團購」（Group Buying）。團購是指消費者集合親朋好友，增加購買數量，藉此向賣方議價。團購對於買賣雙方都可降低彼此的交易成本，是一種對於買賣雙方互利之行銷方式。團購通路的蓬勃發展更為企業開啟行銷通路的新思維，團購通路利用宅配方式送達於消費者手中，或是將貨品指定送達家裡附近的超商門市，直接使用轉帳或是貨到付款，這種交易模式，由繁複的過程簡化到直接生產端與消費端的交易，與過去的運銷模式大有不同，對消費者而言更加方便。網路團購在國際上稱為「Business To Team」，簡稱 B2T，是繼 B2B、B2C、C2C 後，又一電子商務模式。網路團購是指相互不認識的消費者，藉助網際網路的「網聚力量」來聚集人與資金，加大與商家的談判能力，以求得最優的價格。儘管網路團購的出現只有短短幾年時間，卻已經成為在網友中流行的一種新消費方式。

　　Anand & Aron (2003)認為，團購是藉由聚集消費者需求，使價格隨著需求增加而下降的一種數量折扣形式，其主要兩元素為「需求聚集」與「數量折扣」。團購的過程，通常是由一群對相同產品或服務有共同需求的消費者聚集形成聯盟，以較大的需求量，對廠商進行議價，要求給予價格折扣或其它經濟利益（例如贈品）。因此，理論上參與團購的消費者愈多，其議價能力將會愈高。

◤ 團購對消費者帶來的好處

1. **消費者能享受到更多優惠**：參加團購，通常會比市面上實際的價格來得便宜 2 至 3 成。因為透過團購，可以將「被動的分散購買，變成主動的購買」，所以購買同樣的產品，能夠享受更低的價格和更佳的服務。

2. **提高消費者的購物效率**：面對複雜繁多的商品，不知道該如何選擇，這是大多數消費者，在進行消費時常會遇到的疑惑，這降低了消費者的購物效率。而團購這樣的消費模式，可以協助消費者在很短時間內做出決定，同時又避免了重複操作等問題。

3. **消費者掌握主動權**：傳統消費過程中，因市場資訊不對稱問題，導致消費者地位處於弱勢，只能被動接受。消費者可以在網路上進行良性的交流和互動，增進彼此的了解，並透過參加團購來了解產品的規格、性能、價格，藉由其他購買者對產品客觀的評價，達到了省時省力的目的。

五、閃購

　　所謂「閃購」（Flash Sale），是以網際網路為媒介的 B2C 電子商務零售交易活動，起源於法國網站「Vente-Privée」，是指購物網站在極短的時間內臨時性做出大幅降價優惠，時間非常短，一般只有 1~7 天，過了這個時間就沒有這個優惠價，故稱為「閃購」，下手要快才能買到大降價的商品。全球最知名的就是雙十一購物節。

「閃購」模式的特徵：

1. **品牌豐富**：推出知名品牌商品，供消費者選購。

2. **時間短暫**：每次推出時間短暫，一般為 1~7 天，先搶購者先買，限量銷售，售完即止。

3. **折扣超低**：一般為商品原價的 1~5 折銷售，折扣力度大。

2-6　網際網路產業

網際網路產業主要可分為五個層次，分別是：基礎建設提供者（ISP）、應用軟體提供者（ASP）、網際網路中介服務提供者、電子商務企業、網際網路內容提供者。分別介紹如下：

一、基礎建設提供者/網際網路服務提供者

是指提供產品與服務用以建構 IP 為基礎的網路基礎建設公司。這些公司不僅屬於網際網路的基礎建設，部份還與資通訊（ICT）有相關。知名的網際網路服務提供者如美國的 AT&T、台灣的中華電信（HiNet）。網際網路服務提供者 ISP（Internet Service Provider）雖然享有頻寬優勢，但要留住用戶並將人流轉換成金流並不容易，因此與異業結盟是 ISP 擴張的方式之一。

二、應用軟體提供者（ASP）

網際網路的應用軟體是架構在 IP 網路基礎建設之上，提供應用服務用來進行網路商業活動。應用軟體提供者（Applications Service Provider, 簡稱 ASP）主要以網路應用軟體為主。

三、網際網路中介服務提供者

網際網路中介商藉由媒合採購者和銷售者以提升電子市場的效率。入口網站代表性的公司，包括 Google 與 Yahoo!都是值得注意的公司。

線上旅遊經紀商（Online Travel Agency, 簡稱 OTA）是指將開團、收單、旅客支付、出團操作等傳統旅行社核心業務線上化，比起傳統旅行社，OTA 在網路提供更即時性與更互動性的服務。換句話說，OTA 將傳統旅行社的業務應用資通訊科技和網路，線上化、透明化，透過 Open API 與更多傳統旅行社相關業務單位串接，還能擴大自己的產品線與通路。美國著名 OTA 有 Priceline、TripAdvisor 與 Expedia；中國前三大 OTA 為攜程、去哪兒與藝龍。台灣知名的代表有易遊網（ezTravel）、易飛網（ezfly）、燦星旅遊網（startravel）等是晚近直接以 OTA 開始經營以外，台灣多數傳統 OTA 公司（雄獅旅遊、可樂旅遊）皆是由傳統旅行社轉型，各家都有其特別的服務模式與主力產品。

四、電子商務企業

只要是透過網際網路進行的商業活動，都可以算是電子商務企業。即使像是利用網際網路來改善企業間與客戶間的關係，例如行銷、銷售、顧客服務與技術支援等都是電子商務的範疇。在電子商務企業中，最具代表性的是全球網路霸主亞馬遜。

五、網際網路內容提供者（ICP）

透過網際網路提供各種資訊內容產品和製造內容的服務給消費者與企業都是「網際網路內容提供者」（Internet Content Provider, 簡稱 ICP），其主要提供有智慧財產權的數位內容產品與娛樂，包括新聞、雜誌、期刊、音樂、影片、線上遊戲等。「網際網路內容提供者」的主要收益來源，包括廣告收入、下載收入、訂閱收入、仲介佣金收入、導購收入等。例如 Netflix 起源於美國、在多國提供網路隨選串流影片的 OTT 服務公司。

《維基百科》定義，OTT 是「over-the-top」的縮寫，辭彙源自於籃球運動的「過頂傳球」之意。通常是指內容或服務建構在基礎電信服務之上，而不需要另外透過網路營運商。該概念早期特別指影音內容的分發，後來逐漸包含了各種基於網際網路的內容和服務。典型的例子有 Skype、Google Voice、微信、Netflix 等。

2-7　共享經濟商業模式

一、台灣共享汽機車

台灣共享汽機車三強鼎立，車輛最多的 WeMo（威摩科技）、佈點最廣的 iRent（和雲行動服務）、用戶最死忠的 GoShare（睿能數位服務）。

WeMo 成立於 2015 年 10 月 26 日，為台灣最早投入無樁式共享機車領域的業者，2016 年 10 月 7 日率先於台北市部分區域推出 WeMo 機車共享服務，迄今服務範圍已擴展至台北市、新北市以及高雄市，用戶數量超過 30 萬戶，截至 2019 年累積使用次數超過 500 萬次，總投放車輛約 7,000 輛。WeMo 採用的車款為光陽工業製造的綠牌輕型電動機車 Candy 3.0，時速約每小時 50 公里，續航力約 45 公里。WeMo 營運模式，採不具固定站點提供租賃服務，並搭配專用 APP 作為租賃媒介。

最早投入台灣共享機車的 WeMo，把佈點重心放在台北市、新北市與高雄市，2020 年 8 月營運區域擴大至高雄市前鎮區及三民區，涵蓋統一夢時代購物中心、高雄 Costco 與高雄 IKEA 等地標，漸進式滿足在地交通移動與轉乘需求。

iRent 成立於 2019 年 1 月 16 日成立，由和泰汽車與日本豐田金融服務合資成立，初期業務為提供共享汽車租賃服務，共享電動機車租賃服務則於 2019 年 3 月 18 日上線，截至 2019 年 8 月的用戶數（含汽機車）約 20 萬。截至 2019 年，iRent 在六都約投放 4,000 輛電動機車，其中雙北約 2,000 輛，而桃園、台中、台南、高雄各約 500 輛。iRent 採用光陽工業製造的 New Many 110 EV 綠牌輕型電動機車，時速約每小時 54 公里，續航力約 50 公里。iRent 營運模式採無樁式共享，並搭配專用 APP 作為租賃媒介。

iRent 是台灣唯一同時擁有共享汽車與共享機車的業者，屬「和運租車」旗下。iRent 的優勢在於可用城市最多，註冊會員後可租借共享汽車與共享機車，彈性最大。iRent 共享汽車看準台灣國旅噴發，2020 年 8 月進駐離島澎湖。營運範圍最廣的 iRent 共享機車完成台灣六都佈局，2020 年 8 月進駐宜蘭縣。

GoShare 為電動機車製造廠睿能創意旗下的行銷子公司，2019 年 8 月 29 日開始提供電動機車共享服務，截至 2019 年有超過 40 萬註冊用戶，採用車種為睿能創意的白牌普通重型電動機車 Gogoro 2 與綠牌輕型電動機車 Gogoro VIVA，投放總數約 4,000 輛，其中 1,000 輛為 Gogoro 2，3,000 輛為 Gogoro VIVA。Gogoro VIVA 極速約每小時 54 公里，續航力約 40 公里；Gogoro 2 極速約每小時 84 公里，續航力約 61 公里。GoShare 營運模式採無樁式共享，並搭配專用 APP 作為租賃媒介。

GoShare 屬 Gogoro 車系，主要營運區域在台北市、新北市與桃園市，走都會路線。GoShare 的服務最大特色為結合 Gogoro 現有的全台 1,551 座換電站，可提供用戶換電服務，宣稱台灣唯一可以藉由換電完成環島的共享電動機車。

台灣這三家共享汽機車業者，有三大共同點，第一，初期投入營運區域都以都會區為主；第二，車種以輕型電動機車為主力車款；第三，採時間計價收費為主，以「分鐘」計價。

二、線上叫車平台：Uber 與 Line Taxi

Uber

Uber 成立於 2009 年 3 月，總部位於美國加利福尼亞州舊金山，屬於 C2C 經營模式，以行動 App 連結乘客和私家車司機，提供載客車輛租賃及媒合共乘的共享經濟服務。乘客可以透過傳送簡訊或是使用行動 App 來預約這些載客的車輛，利用行動 App 時還可以追蹤車輛的位置。營運據點分布在全球超過 785 個大都市。

Uber 財報顯示，Uber 的業績主要由乘車業務帶動，2019 年全年虧損 85 億美元，送餐業務 Uber Eats 虧損 4.61 億美元。整體而言，Uber 的虧損仍十分巨大，但營收卻呈現快速成長。為此，Uber 對各地經營採取「斷捨離」與「減法」策略，以控制成本。對各服務地區，只做第一大或第二大的業者，否則收攤。在這個準則下，相繼出售中國、俄羅斯、東南亞的 Uber 乘車業務，以及韓國、印度的 Uber Eats 外送業務。

美國加州公共事業委員會裁定，要求 Uber 必須在 2020 年 7 月 1 日將合作司機聘為正式雇員，否則撤銷 Uber 在美國加州的營運權。2020 年 8 月 10 日美國加州法院頒布禁令，要求 Ubert 不可將其合作的司機視為獨立承攬人（契約員工），該禁令將於公布 10 天後生效。因應這個政策，Uber 表示，將在加州暫停服務數月。Uber 估計將工作者歸類為雇員的成本，往往比歸類為承攬人的成本高 20％至 30％。平台業者大都依賴這種歸類，以避免高昂的人事成本，如果各國法律要求將這些人員歸為雇員，整個「零工經濟」將會因此瓦解，但這種做法引發與日俱增的爭議。

Line Taxi 多元計程車

Line Taxi 多元計程車網路叫車平台於 2019 年 10 月正式上線。2020 年 7 月 22 日 Line 宣布啟動台灣 Line Taxi 多元化計程車及「Line Taxi Plus」相關營運服務。Line 將積極招募優質多元計程車司機，並先以台北市作為多元計程車推廣試行區域，再逐步擴展到新北市與全台其他縣市。Line Taxi Plus 多元計程車非黃色車體的計程車，平均車齡不到 4 年。Line Taxi 網路叫車平台，營運方式採取用戶透過 Line 應用程式叫車、付款、分享行程，合作車隊司機已超過 6,000 人，註冊會員數現已超過 80 萬。

Line Taxi 通過台灣主管機關審核（2020 年 7 月 22 日）後，以免跳錶的數位化計費方式，加速台灣計程車產業的數位轉型，未來亦將持續運用科技，提供更創新更便利的網路叫車體驗。Line Taxi 為開放叫車平台，未來將吸引更多優質司機與車隊加入 Line 生態圈。Line Taxi 叫車平台不需額外安裝刷卡機，並且提供司機培訓制度。Line Taxi Plus 車資計算免裝錶，費率經台灣主管機關審核通過，將沿用官方規範的基本下限費率，即現行一般計程車運價，並可依乘客需求輔以加成費用，例如夜間加成時段、叫車尖峰時段、偏遠地點等。

乘客叫車時，若選擇 Line Taxi Plus 多元計程車，亦可預設上下車地點並預告固定車資，下車地點單趟最多可設定三個，且固定車資可免除擔心繞路或塞車漲價的情況，該服務強調只提供平台叫車專屬，不接路招客人，全面綁定自動付款，趕時間下車時不用等司機結帳。

三、Airbnb

Airbnb 成立於 2008 年 8 月，總部位於美國加利福尼亞州舊金山。屬於 C2C 經營模式，鼓勵全球房東將自己閒置不用的房間或房屋，透過日租的方式出租給其他人。

全球有超過 3 億名旅客透過 Airbnb 平台訂房、在 200 個國家/地區提供超過 500 萬個住宿選擇，Airbnb 針對旅宿市場發展出一套全新的共享經濟商業模式、讓屋主將家裡多餘的空間，發揮最大程度的經濟價值，

2019 年第一季，Airbnb 的虧損較 2018 年第一季多了一倍，達到 3.06 億美元（約新台幣 90 多億元）。2019 年 9 月 19 日 Airbnb 表示，2019 年第 2 季收入突破 10 億美元，2020 年 12 月 11 日在美國正式掛牌上市（IPO）。2019 年 Airbnb 估值約 300 億美元。

2020 年是 Airbnb 成立以來最黑暗的時刻，Airbnb 在 2020 上半年的訂單大幅下降 40%，導致 IPO 計畫延遲，為降低營運成本裁員 1,900 名員工，佔全球員工 25%。

四、共享辦公室：WeWork

共享辦公室（Co-Working Space），有別於以往的商務中心及辦公室租借，共享空間融合各式各樣的設計風格，通常有著大坪數交流空間，無限供應的茶水、咖啡、點心，完整的辦公室設備以及透明的會議室，所有軟硬體設備一應具全，只要帶著一台筆電就能輕鬆辦公，還不時舉辦商務社交活動。月租通常一個座位有 3,000-6,000 元新台幣不等，也有分日租、月租。

共享經濟當道，共享辦公室改變了辦公室租賃業，Wework 成為最火熱的共享辦公室獨角獸。WeWork 2010 年成立於美國紐約，截至 2019 年 11 月，WeWork 全球已在 33 國家、超過 125 城市，擁有 625 個據點。

WeWork 有兩點值得注意的商業模式：

1. **主力租客（Anchor Tenant）**：瞄準大型企業的全球辦公室需求，舉凡 Microsoft、Google、Facebook、IBM 等公司，都是他們的用戶，這些企業客戶是中長期穩定的租客。

2. **抓到企業客戶痛點，提供最佳的辦公室解決方案**：WeWork 在辦公空間的租賃方案上，十分的具有彈性，除了時間彈性之外，甚至可以一張會員卡，在全球的 WeWork 到處使用，對於常出國的公司主管、創業家或是跨國工作者等，都是很棒的誘因。

2019 年 7 月 18 日 WeWork 宣布，進駐台灣的台北信義區，在台灣打造創新社群辦公空間，2020 年 12 月 19 日正式開幕，一共 8 層樓全新社群空間，滿足各種規模的商務辦公空間需求。

WeWork 一直有著「科技業還是地產業」的爭論，然而本質是「出租辦公室」的 WeWork，並沒有顯而易見的獨特核心技術。WeWork 是「二房東」模式，即租房 — 裝修 — 出租，從中間賺取差價，租金收入為主要來源。2018 年虧損 19 億美元（約新台幣 590 億元），2019 年上半年虧損 9.04 億美元

學習評量

1. 何謂 Business Model、Business Plan？

2. 商業模式的八個主要成份是哪八個？請簡述之。

3. 主要的 B2C、B2B 商業模式有哪些？請舉實例說明之。

4. 何謂 C2B 商業模式？請舉實例說明之。

5. 何謂 P2P 商業模式？請舉實例說明之。

6. 何謂 O2O 商業模式？請舉實例說明之。

Web 3.0 與雲端商務

導讀： Google 發佈紅色警戒，應對 ChatGPT 崛起

聊天機器人 ChatGPT 快速竄起，Google 發佈「紅色警戒」（Code Red），擔憂這項 AI 技術將引領顛覆以往的搜尋技術，讓搜尋龍頭 Google 陷入危機，如同當年的 Yahoo！。有別於傳統搜尋引擎只能呈現網路資訊，ChatGPT 透過 AI 技術理解用戶的語意，進而能夠提供資訊或解答問題，甚至可以依照設定的條件進行文章創作、提供建議、發想主意。

2023 年 1 月人工智慧研究實驗室 OpenAI 與微軟 Bing，將 ChatGPT 加入 Bing 搜尋，試圖顛覆 Google 搜尋！微軟 Bing 與 OpenAI 共同開發具備人工智慧（AI）對話能力的新版 Bing 搜尋引擎，預計將於 2023 年 3 月底發佈。該版本將融合人工智慧對話 ChatGPT 模組，與以往「Google 搜尋」單純羅列網頁鏈接的搜尋模式不同，ChatGPT 可以直接回答搜尋查詢。

搜尋引擎其實很早就開始嘗試 AI 技術。在查詢過程中，搜尋引擎利用自然語言處理（Natural Language Processing, 簡稱 NLP）分析和理解用戶輸入的查詢詞語。在搜尋過程中，利用深度類神經網絡（Deep Neural Networks, 簡稱 DNN），解決「語義搜尋」問題。讓搜尋不再是單純的字面搜尋，而是利用 AI 分析用戶關鍵詞語的深層意思。

3-1　Web 2.0

Musser & O'Reilly (2006)在《Web 2.0：Principles and Best Practices》一書提出 Web 2.0 的定義：「Web 2.0 是由一系列經濟、社會、技術趨勢所共同形成的次世代網路的基礎，是一個更成熟且特殊的媒介，其特徵為使用者參與、開放以及網絡效應」。

表 3-1　Web 1.0 演化到 Web 2.0 的現象

現象	Web 1.0	Web 2.0
行為模式	下載、閱讀（Read）	上傳、分享
內容單位	網頁（page）	Post / record
基礎架構	Client/Server	Web Services
內容創造者	網頁編寫者（Web Developers）	群體中的任何人（Everyone Within Group）
主導者	電腦玩家（Geeks）	大量業餘人士（Mass Amatuerization）
主導權	網路企業	你（You）
線上新聞	入口網站的新聞服務	RSS 訂閱
社群媒介	聊天室	部落格
商業模式	販賣「產品」為主	提供「服務」為主

Web 2.0 將造成社會主導權的移轉：

1. **媒體的詮釋權**：由「大眾媒體」轉向「部落客與公民記者」。

2. **專業的把關者**：由「專家學者」轉向「眾人智慧」。

表 3-2　Web 1.0 與 Web 2.0 的代表案例

	Web 1.0	Web 2.0
廣告方式	DoubleClick	Google AdSense
相簿	Ofoto	Flickr
資料傳送	Akamai	BitTorrent
音樂	mp3.com	Napster
百科全書	Britannica Online	Wikipedia
社交軟體	Evite	Upcoming.org and EVDB
個人媒體	Personal Website	Blogging
網站宣傳	Domain Name Speculation	Search Engine Optimization
網站效益評估	Page Views	Cost Per Click

	Web 1.0	Web 2.0
網路應用	Screen Scraping	Web Services
互動方式	Publishing	Participation
內容管理	Content Management System	Wikis
分類方式	Directories(Taxonomy)	Tagging("Folksonomy")
聯播聚合	Stickiness	Syndication

資料來源：修改自 Tim O'Reilly, "What Is Web 2.0", 2005

　　Osimo 認為 Web 2.0 涵蓋三個層面，分別是價值層面、應用層面和技術層面，如表 3-3 說明：

表 3-3　Osimo 的 Web 2.0 三個層面

層面	說明
價值 （Value）	1. 使用者兼具生產者（User as Producer） 2. 集體智慧（Collective Intelligence） 3. 不斷創新改良（Perpetual Beta） 4. 使用極為便利（Extreme Ease of Use）
應用 （Application）	1. 部落格（Blog） 2. 維基（Wiki） 3. 播客（Podcast） 4. 簡易資訊聚合（RSS Feeds） 5. 標籤（Tagging） 6. 社交網絡（Social Networks） 7. 搜尋引擎（Search Engine） 8. 大型多人網路遊戲（Multiple Player Online Games）
技術 （Technologies）	1. Ajax 互動式網頁應用程式 2. 可擴展標記語言（XML） 3. 開放式應用程序介面（Open API） 4. 微格式（Microformats） 5. 多媒體動畫（Flash/Flex）

資料來源：Osimo (2008)

一、Web 1.0 發展至 Web 2.0 的五大驅動力

Web 1.0 發展至 Web 2.0 的五大驅動力，主要如下：

1. **真實全球連結（Truly Global Connected）**：由於網路連結了全世界，因而帶來：網路應用軟體（Online Application）、網路社群效應（Network Effects）、全球小眾市場（Global Micro-market）、青少年市場（Youth Market）等改變。全球十億上網人口中，85%是經常性使用者，而其中 Web 2.0 使用者的年齡層普遍是三十歲以下，這些三十歲以下的網路使用者，又稱為「數位原生族」（Digital Natives），其中的涵義為：以電腦網路為成長過程至今的玩伴，孩提或青年時期就已接觸過並熟悉運用網際網路，而在這樣的前提下，網際網路造就了全球性的市場。

2. **長駐線上（Always On）**：由於頻寬的大幅提升，上網成本大幅下降，無論何時、何地、何人都可以輕易的連上網路，而且在上面長期駐足。在網路時代將所有原本舞台上的角色做了轉換，舞台從「窄頻」變成了「寬頻」，「類比產品」多被「數位產品」所取代，電腦桌前的資訊、知識，消費者就像在現實生活中的多重角色一般，同時扮演消費者，也是資訊、知識生產者或出版者。

3. **廣泛的網際網路存取（Pervasive Internet Access）**：不論在任何時間，任何的網路，使用任何的工具或裝置，在任何的地點，都可以得到任何所需的網路內容。

4. **低創業成本（Low Startup Cost）**：這是最適合創業的年代，創業成本低。由於開放源碼軟體以及相關硬體的成熟，加上個人電腦與伺服器價格的大幅下降、企業資訊系統委外服務的成熟，透過網路所帶來的行銷成本降低，這些種種都促使 Web 2.0 時代的創新與創業之起始成本變得相對低廉許多。

5. **使用者參與（Customer Engaged）**：由於 Web 2.0 中的部落格、相簿分享、影音分享等網站，讓使用者得以透過創造與分享內容，以及與其他使用者互動等方式彼此交流，因而此類網站不論造訪人次與會員註用人數均不斷增加。使用者的行為與其所生長的背景息息相關，很有趣的現象是，對中國和日本的網路使用族群做行為調查，中國 Web 2.0 的使用者主要是在上網交朋友，而日本的使用者則多為網路購物。

二、Web 2.0 的核心概念

Web 2.0 的核心概念在於「U.S.E.R」：

🧊 U = Unconstraint

U 代表「無限制」（Unconstraint）。指的是使用者從原本被限制、缺乏主控權、只是被動接受訊息的角色轉變成訊息的主導者。這意味著，在自由提供網站內容與自我管理的情形下，網站的內容會呈現動態的成長。在這樣的趨勢之下，造成了 Web 2.0 的使用者出現明顯的轉變：

1. **「使用者角色」的轉變**：使用者由「消費者」轉變為「協力者」。使用者由被動轉主動，自己決定網站內容，並且透過彼此間的分享，來豐富網站內容。透過參與、分享的分式，使用者成為網站服務與內容產生的協力者。從過往「有限選擇中接受」轉變為「主動參與創造內容」。

2. **「使用者關係」的轉變**：使用者以彼此間的信賴為前提，並透過相互監督與審核的機制，在開放的討論架構下，使用者的知識得以累積，並藉以凝聚強大的力量。奠基於互信所產生的團結力量，讓使用者不再只是「個人」，而是在共同願景之下，每個人都具有登高一呼的號召力，這同時呼應美國時代雜誌評選年度風雲人物—「You」所彰顯的個人價值。

🧊 S = Service

S 代表「服務」（Service）。過去許多網路公司，都提倡網路應該是一種平台，但是以「獲利」為導向的企業本質，或以控制網路內容呈現與應用標準的發展策略。始終無法真正讓網路成為一個平台。但 Web 2.0 時代，網站內容服務化，各式的網路服務猶如百花齊放，多以服務使用者為導向，並重視使用者體驗與感受的網路服務。其善用網路的無疆界性與開放性，從提供內容轉為提供「服務」，真正實踐「網路平台」的精神。

🧊 E = Externality

E 代表「外部性」（Externality）。網路外部性原是指一個相容的系統，可以經由眾人的參與，增加使用的方便性，隨著越來越多人的加入，方便性就會越來越提高，進而引起更多人的加入使用。這種相容系統所創造的市場正面外部性，稱為網路外部性。Web 2.0 本身就是一種相容系統的概念，每一個人都可以透過網路進行各類操作，不會因為使用的瀏覽器不同，而發生不相容的情況。在使用者越來越多的情況下，會帶來方便與熱潮，吸引更多人瀏覽。

R = Reward

R 代表「報酬」（Reward）。每一個企業的最終目的都是為了營利，網路公司也不例外。總結目前全球 Web 2.0 服務，可歸納出七大獲利來源，分別是：商務（Commerce）、會員（Membership）、廣告（Advertisement）、行動（Mobile）、拍賣（Auction）、內容（Content）及虛擬物品（Avatar）。雖然現今許多網路服務尚未尋找出最佳的獲利模式，但無庸置疑的是，只要能滿足使用者需求，即可創造該網路服務的價值。網路服務在使用者心中的價值，即等同於潛在的獲利能力。

三、Web 2.0 的服務型態

1. **服務提供型**：「服務提供型」網站提供 Web 2.0 性質的服務，例如部落格（Blog）、社交網絡服務（Social Network Service, 簡稱 SNS）、口碑式網站、影像分享網站等，是較普遍的型態。此類服務型態的收入來源多為廣告、置入式行銷、資料分析及販賣或版權販賣等收入。

2. **服務支援型**：是指活用本身的平台，提供不同業者 Web 2.0 的網站支援服務。此類服務型態的收入來自於服務平台提供，也有可能透過「服務提供型」業者間接向終端使用者收取費用。

3. **服務利用型**：是指利用 Web 2.0 服務為企業發揮更大的效益，提高企業的效率及機能，例如讓使用者參與商品企劃、開發廣告、販賣、宣傳，或是利用「服務提供型」為企業進行人力資源或知識管理等服務。此類服務型態本身沒有收入，多是藉由活用 Web 2.0 與商品研發等企業功能結合來尋求利益。

四、Web 2.0 的應用服務

1. **混搭服務（Mashup）**：是把多種物件搭配在一起，運用創意與巧思，產生出別具一格的創新產物。藉由將幾個其他優秀網站的功能整合到自己的網站，來提供使用者一個全新的服務，提升網站的附加價值。混搭服務的重點在於網站的內容與功能大多來自其他網站。例如：UrMap。

2. **網路軟體（Webware）**：是指網站本身會提供使用者一套自製的軟體供下載，而使用者可以利用所下載的軟體，享受一些新的服務。

3. **社群媒體（Social Media）**：簡單來說就是網友把內容上傳到網站，進而形成該網站的內容，上傳的內容基本上是指像文字、圖片、影音等類型的檔案。例如：痞客邦 PIXNET、YouTube、FB、IG。

4. **社群網絡服務（Social Network Service, 簡稱 SNS）**：網友間依據各項理念、主題在社群網站中成立不同的團體，並藉此進行聯絡、溝通與分享。例如：愛情公寓。其實 SNS 有三個意思，分別為：「社交網絡服務」（Social Network Services）、「社交網站」（Social Network Site）、「社交軟體」（Social Network Software），全球有名的 SNS 有 Myspace 和 Facebook，也被網路業者視為未來的明星服務，有專家提出 bbs→ blog→SNS 的進化論。

5. **播客服務（Podcast）**：是由「iPod」與「Broadcast」兩字組合而成，即是 MP3 Player 與廣播機能的結合，而 Podcast 與傳統廣播最大的不同是，它能夠透過 RSS 訂閱的功能，讓聽眾即時下載電台或網站上最新的 MP3 檔案，以手邊的「Pod」即可進行收聽。

五、Web 2.0 應用的技術

1. **AJAX**：全名 Asynchronous JavaScript and XML。當使用者檢視網頁或輸入資料的同時，AJAX 可以非同步的方式傳送及接收伺服器送來的資訊，馬上驗證使用者輸入的資料或是更新網頁，不用反複地瀏覽、展示。如此一來，網頁裡也可以做到像 Windows 程式的自動完成、拼字檢查、立即校正…等功能。AJAX 是一個 Web 互動的新方式，能讓客戶端與伺服器之間僅傳遞或接收小量資訊，儘可能讓使用者體驗到有效率的回應。

2. **RSS**：全名 Really Simple Syndication，是一種將網頁最新訊息以及頭條新聞同步發送予訂閱者的新機制。它透過 XML 語法來表現資訊內容，讀者自行訂閱想看的新聞內容且不需提供自己的基本資料、電子信箱，避免垃圾信件的困擾，更方便的是可在同一個介面下瀏覽各個篩訂的網站資訊，RSS 躍然成為改變網路出版的新技術。RSS 的特點：

   ■ **即時性（Timely）**：對於 RSS 的訂閱者而言，可以最快的方式得到最新訊息以及頭條新聞，而不用被動式的去每個網站上去搜索。

   ■ **具有成本效益（Cost-effective）**：在大量減少傳輸和發送的成本。對於訊息的發送者不需要花費太多的金額。

   ■ **統一標準的<Tag>**：RSS 有其標準定義的<Tag>，提供 RSS 的網站都依循此標準，方便解讀以及管理。

   ■ **隱私性和安全性**：對訂閱者而言，並不需要提供自己的電子信箱，就可以訂閱最新訊息，對訂閱者而言具有安全以及隱私。

3. **Ruby on Rails**：是以 Ruby 語言所開發的開放原始碼程式開發框架，其設計概念為「別重複同樣事」（Dont Repeat Yourself）與「慣例優於設定」（Convention Over Configuration），並按照 MVC（Model-View-Controller）結構所開發，可支援網路應用程式的功能、生命週期，並具備齊整劃一的觀點。基於上述理念，RoR 在程式開發方面相當簡潔，省卻了了解與配置基礎框架的時間，而專注於應用程式本身，有助於提高開發人員生產力。同時，隨著 AJAX 技術在 Web 2.0 時代的流行，有人將 AJAX 與 RoR 結合稱為「AJAX on Rails」，利用 Rails 所提供的工具，將 Ruby 程式轉為 AJAX 程式碼，相當便利。

六、Enterprise 2.0

哈佛商學院教授 Andrew McAfee 在發表的一篇論文中，首創「Enterprise 2.0」的說法，來形容 Web 2.0 科技逐漸蔓延到企業應用領域的趨勢。其核心概念強調企業若能活用具有「SLATES」（Search 搜尋、Links 連結、Authoring 寫作、Tags 標籤、Extensions 擴充、Signals 信號）特質的 Web 2.0 應用，可以對企業資訊管理產生極大助益；企業內外資訊將更容易被產生與記錄，更方便的閱讀和使用。藉由這種協同合作的企業資訊環境，可以有效進行企業知識管理並提高員工生產力。「Enterprise 2.0」不是一種特定的產品，而是一種概念。

1. **Search（搜尋）**：搜尋在網際網路扮演著相當重要的角色，能將使用者想要的資源透過關鍵字挖掘出來，但是反觀企業，使用者往往沒辦法輕易地在企業內部搜尋到想要的資源。一般網際網路上的搜尋透過 PageRank 演算法產生出資源的重要性排名，並非所有資源一律平等看待。排得越前面的搜尋結果，愈有商機。雖然企業的入口網站會設計導覽工具，引導使用者取得所需資源，但輸入關鍵字搜尋往往是使用者在茫茫資料大海中，快速找到資料的方式。

2. **Links（連結）**：是網頁的關鍵功能，而網頁彼此的連結，不但構成複雜的知識網絡，同時也產生資源重要性的權重。由於網際網路的連結是由不特定的人士所生產、指定的，但在企業內部卻是由少數的人來決定，因此開放製作企業內部連結的權力，將使得企業網頁產生更多的價值。

3. **Authoring（寫作）**：多數人都具有發表意見、分享看法的意願，這種行為是人們上網開部落格的原因，發表評論的原因，也是撰寫 Wiki 的原因。線上寫作這樣的機制，才容易串接起彼此的看法。

4. **Tags**（標籤）：是社群分類機制，人們可以自行用簡短的詞句，自行定義相片、書籤或是文章。這個機制最重要的意義在於開放分類權限，不再由系統管理者這些少數人決定，改由任何參與網路活動來定義、分類。這樣的改變，或許會付出定義不夠精確、或者產生重複冗餘的字眼，但它最大的價值在於反映知識工作者實際使用資訊的結構與關係，一旦累積足夠的量，就會產生極豐富的意義。標籤也能保留平台拜訪軌跡。使用者可以利用它來記錄有用的內網或網際網路的頁面，並指派個人化的標籤來提醒自己對這些內容的想法。如果有人使用相容的標籤，使用者就可以利用這個標籤看看這些人去看過哪些相關頁面。

5. **Extensions**（擴充）：使得一般人可以結合不同的軟體工具來創作，例如使用 Amazon 時，找到自己想要的書，系統還會回應給使用者可能會喜歡的書。

6. **Signals**（信號）：動態地掌握知識內容的改變，例如 RSS 機制。信號著重在 RSS 機制，資訊如果可以主動傳送給使用者，降低檢查資訊異動的頻率，自然減輕知識工作的負擔。而 RSS 剛好提供這種情況的解法。使用者可以利用 RSS 機制訂閱所需的內容，一旦有新的異動，使用者即可收到最新資訊，而無須反覆檢查內容是否更新。

檢視 McAfee 教授提出的六個元素中，除了「連結」是 Web 1.0 就已經存在的元素，其他 5 個元素都在 Web 2.0 時代被突顯與強調。「搜尋」來自於 Google 對於頁面的特殊排序；「書寫」是 Web 2.0 強調互動性、可寫網頁的特徵，不論是部落格或 Wiki 都在這個範圍中；「標籤」是社群分類的技術；「延伸」讓網路以過去的知識提供進一步的智慧；「信號」讓訊息的傳遞主動化、即時化。若企業想要打造 Enterprise 2.0，必須掌握上述的 6 個元素，形成一個可以將人員知識整合在一起的平台，以提升知識工作的執行與產出。

McAfee 教授強調 Enterprise 2.0 的三大元件是「軟體」、「資料」、「網路」；而這三大元件要如何升級到 2.0，應該是任何一家企業要主動面對的課題。

七、維基

早在 Web 2.0 之前就有維基（Wiki）一詞，Wiki 是一種網站應用技術，使用 Wiki 系統的網站稱為 Wiki 網站，Wiki 是一種可在網路上開放許多使用者建立與連結網頁，共同創作的編輯平台。

Wiki 系統也可以包括各種輔助工具，讓使用者能輕易追蹤 Wiki 的持續變化，或是讓使用者之間討論解決關於 Wiki 內容的爭議。同時 Wiki 的寫作者構成一社群，Wiki

系統並對社群提供交流工具，讓成員之間可以彼此進行交流。此類網站最著名的莫過於維基百科（Wikipedia），透過全世界各地的編輯者的合作與努力，已經創造出內容超過百萬條的英文版線上百科全書，並已有多國語言版本。

3-2　Web 3.0

一、Web 3.0 時代

「雲端運算」、「行動網路」及「行動裝置與個人電腦（PC）互動」三類服務出現後，整個產業生態出現巨變，進入一個全新的 Web 3.0 時代。隨著「雲＋端」共存及多元互動，無論是人和人之間，人和物之間，甚至人與社群間的互動也將更加緊密連結。網路的發展也將由過去的 Web 1.0、Web 2.0 進入 Web 3.0 時代。未來的 Web 3.0 時代，將是「雲＋端」技術與網際網路緊密結合的時代。Web 3.0 包含了結合識別感應與網際網路的物聯網、雲端運算以及行動網路。

二、Web 2.0 到 Web 3.0

Web 2.0 講求的是使用者自創內容（User Generated Ccontent, 簡稱 UGC），隨之而來的就是網路資訊的爆炸，更慘的是資訊品質的低落。Web 3.0 講求的是篩選（Curation），並且把內容依據使用者的喜好和社交行為來呈現。

Web 2.0 的「分享」，是單方向的。從「噗浪」把內容轉貼到「臉書」後，就不知道發生了什麼事情。到了 Web 3.0 時代，內容是跨平台同步的。你的文章在各大網站的留言、讚等回饋，將會被匯集在一起，方便你觀看、回覆。

基本上，Web 2.0 使用者端仍以使用電腦的瀏覽器為主要思維，但 Web 3.0 時代的網路服務，將不再只是電腦使用，它將會是無所不在的（Ubiquitous）— 你可以在任何地方、任何時間、任何裝置，得到類似的使用經驗。

表 3-4　Web 2.0 演化到 Web 3.0 的現象

現象	Web 2.0	Web 3.0
內容	使用者自己創造的（UGC）	個人化篩選過的（Curated）
分享	轉貼	跨平台同步
使用者端	電腦	無所不在的（ubiquitous）

三、Web 3.0 的特色

Web 3.0 有三個重要的特色：

1. **虛擬和真實世界的融合**：過去主要是虛擬的，現在要把物理的實體世界融合進來，其實就是結合網路與觸控感應的物聯網。

2. **愈來愈行動化**：透過雲端技術提供一個溝通的平台，隨時隨地都能與網路連結，達到無縫式上網的情境。使用者不但可以連接各種服務、應用以及設備，也能夠跟其他使用者、社群與企業快速連接。

3. **服務個性化**：未來的服務是根據使用者的個性所設計，透過雲端運算，將各種服務無縫式的銜接，達到最方便使用者的目標。

四、Web3

2014 年以太坊共同創辦人 Gavin Wood 提出「Web3」的概念，其認為 Web3 是一種全新的網際網路運作模式，去中心化（Decentralized）、去許可化（Permissionless）、去信任（Trustless）、高度自治（Self-governing）、講求共識，強調用戶有絕對的掌控權，不受單一機構或組織所掌控。Web3 根基於區塊鏈，資訊會發佈在公共分類賬上，由用戶共同擁有及維護，不需要中央管理。Web3 已成為加密貨幣、元宇宙和 NFT 等科技的底層運作架構。

五、元宇宙

元宇宙（Metaverse）是由「Meta」與「Universe」兩個英文字合成的全新名詞。Meta 的字意是指自我超越或自我描述，Universe 的字意是指宇宙，有無窮無盡的含意，沒有人能全部主導或掌控的意思。元宇宙內的人、物件、地方、空間等，融合虛擬世界（Virtual World）與實質世界（Physical World）。

元宇宙能為使用者提供隨時隨地臨場感體驗的 Web 服務，能夠透過虛擬實境（Virtual Reality, 簡稱 VR）、擴增實境（Augmented Realit, 簡稱 AR）、個人電腦、行動設備例如智慧型手機或遊戲主機等各種不同的平台進行訪問，獲得有如臨場體驗的效果。

元宇宙利用多種新型技術，打破 3D 虛擬世界與真實世界的界線，電影《一級玩家》中將這概念具體詮譯，使用者戴上 VR/AR 裝置後，即可創造分身進入 3D 虛擬世界與其他人交流互動，可自由穿梭各 3D 虛擬平台與 3D 虛擬空間。

當第 6 代通訊技術（簡稱 6G）與元宇宙的結合，將使得構建超現實的虛實融合環境更為可能。6G 將提供超頻寬性與超連接性，支持隨時隨地連接，促進持久的虛擬世界與真實世界互連。而真實世界中的數位孿生技術（Digital Twin Technology）和智能表面技術（Smart Surface Technology）也將支持真實與數位交互相連。

六、非同質化代幣（NFT）

非同質化代幣（Non-Fungible Token, 簡稱 NFT）是一種用來表示獨特數位資產（Digital Asset）所有權的代幣，這些數位資產的所有權是在區塊鏈上進行交易並紀錄，這個代幣不能分割成更小的單位，因此 NFT 不能分割交易。每個 NFT 的價值因應其獨特性而有所差異，如藝術品般沒有統一價值。

NFT 目前使用在畫作、聲音、影片、遊戲等藝術作品最為廣泛。NFT 的價值在於去中心化、不可篡改、具高度可信任性，保證獨一無二，且有專屬的身分識別，每經過轉手，交易資訊都會被寫在區塊鏈上，交易透明，買家交易 NFT，等於買下數位檔案的「虛擬所有權」。

3-3 　長尾理論

「長尾效應」（Long Tail）簡單地說，就是經由網路科技的帶動，過去一向不被重視、少量多樣、在統計圖上像尾巴一樣的小眾商品，卻能變成比一般最受重視的暢銷大賣商品（Big Hits）有更大的商機。

美國連線雜誌（Wired Magazine）總編輯安德森（Chris Anderson）在 2004 年 10 月發表的「長尾」（Long Tail）一文，引起了全球廣大的迴響。Chris Anderson 觀察到一個現象。傳統上，企業都受到 80/20 定律的影響，所以企業將主要資源放在 20% 核心客戶或市場、通路經理則將主要行銷補助放給 20% 主力經銷商⋯，甚至必要時候，可以放棄貢獻度較低的 80% 市場。Chris 卻驚人的發現，只要市場或通路夠大，上架成本夠低，就能讓商品垂手可得，那冷門的市場也不容小覷。如圖 3-1 所示。

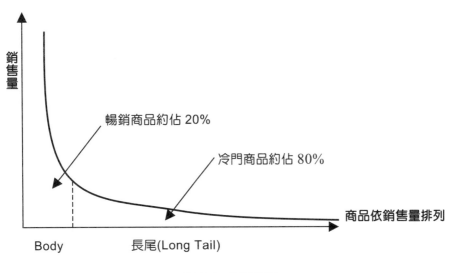

圖 3-1　長尾效應

一、長尾精神

　　長尾理論顛覆了傳統暢銷品的觀念（80/20 法則），轉而專注在利基商品的小眾市場上，照顧好小眾市場就有商機，集合數量龐大的小利基商品便能創造出驚人的利潤。

二、如何會有長尾效應

　　從音樂 CD 的例子可以看出，網路是長尾效應的主要動力，因為它大幅降低了「通路」及「廣告」的成本；更因它無遠弗屆，可使銷售對象遍及全球，提供了各種特殊品味的小眾媒合機會。其實網路並不是唯一的因素，任何其他能使少量多樣商品的「供應」及「銷售」效率大幅提高的方法或技術都很重要。

三、長尾的商機何在

　　將少量多樣的商品變成長尾市場大商機。但並不是所有「產業」或「產品」都會具有長尾效應，例如差異化較小的大宗貨品（Commodity）或原物料，如石油、鋼鐵、礦產、大豆等，或是標準化的工業基本元件是不易有長尾效應的。

四、長尾能變更長嗎

　　Web 2.0 的興起更進一步催化了長尾效應。由於開放及互動式的參與，使得更多不同的買方及賣方加入，也提供了更多樣化的商品交易，這使得長尾不斷地增長，而其市場規模也跟著擴大。

五、長尾與藍海策略的關係

不論是傳統 Porter 的差異化競爭，或是藍海策略，都是在於迴避商品與服務同質化的困境，但事實上，如果企業要創造出更多的差異化，通常代表需要經營更多的小眾市場；而更多的小眾市場，則是傳統企業上想要避開的 80%低獲利+高成本的市場。

3-4 協同商務與集體智慧

一、協同商務的定義

協同商務（Collaborative Commerce）係「將企業由內至外之所有資源如企業資源規劃（ERP）、供應鏈管理（SCM）、顧客關係管理（CRM）等整合起來以達企業分享知識及經驗之效果」。

協同產品商務（Collaborative Product Commerce）則是「一套將數個以產品為中心之商業流程整合成一個單一、封閉迴路的解決方案之軟體和服務」。

二、協同商務的四大功能領域

META Group 將協同商務分為四大功能領域：

1. **設計（Design）協同商務**：包括一切分散式生產及生產客製化與上游廠商間資訊流程的共享。

2. **行銷／銷售協同商務**：係指行銷／銷售階段與通路廠商間之關係，強調和通路廠商之間資訊、訂單、價格與品牌等流程的共享。

3. **採購協同商務**：由數家廠商聯合採購，以提高議價能力，節省採購成本。

4. **規劃與預測協同商務**：協助企業與企業間在規劃、預測階段的合作，以減少供應鏈的長鞭效應。

三、協同商務的三大層級

Goldman Sachs 將協同商務分為三大層級：

1. **非結構性溝通層級**：係指和合作夥伴間透過非正式管道，例如：電話、傳真或電子郵件等進行相互溝通。

2. **商務交易中心層級**：係指進行產品或服務交換的過程，包括下單、付款、送貨等。

3. **知識 / 流程交易中心層級**：係指企業各部門、合作夥伴與顧客間商業流程、內容及專業領域之知識的交換。

圖 3-2 協同商務層級及發展方向

四、集體智慧

由於每一個人思維有限，無法用單一個人的思考模式來解決各種問題，而要經由與其他人合作所創造的集體智慧（Collective Intelligence），進而突破個人的思考方式。此時，協同便是藉由此種不同角度處理問題的集體智慧，來提升組織的創造力。

例如，Dell 運用網路平台廣納全球客戶意見，IBM 透過 Wiki 與 Podcast 讓內部員工知識得以留存，這些企業善用 Web 2.0 集體智慧特性，發展出全新學習模式－數位學習 2.0，鼓勵員工主動學習與知識共享。

Don Tapscott & Anthony D. Williams 認為，集體智慧是大規模協同作業。為了使這一概念能夠發生，需要存在四項原則：開放、對等、共享、全球行動。

3-5 雲端運算與雲端商務

一、何謂雲端運算

基本上，「雲端運算」（Cloud Computing）並不是「新技術」也不是「技術」，是在實現「概念」的過程中，產生出相對應的「技術」。「雲端運算」是一種概念，

代表的是利用網路使電腦能夠彼此合作或使服務更無遠弗屆。簡單來說，「雲端運算」＝「網路」+「網路運算」。

其實所謂「雲端」就是泛指「網路」，名稱來自工程師在繪製示意圖時，常以一朵雲來代表「網路」。因此，「雲端運算」說白一點就是「網路運算」。舉凡運用網路溝通多台電腦的運算工作，或是透過網路連線取得由遠端主機提供的服務等，都可以算是一種「雲端運算」。因此，「雲端運算」不是一種新技術，更嚴格的說，甚至不能算是「技術」。「雲端運算」是一種概念，代表的是利用網路使電腦能夠彼此合作或使服務更無遠弗屆。

事實上，「雲端運算」的概念也不算新，其本質來自於「分散式運算」（Distributed Computing）與「網格運算」（Grid Computing）。所謂「分散式運算」，顧名思義，就是將大型工作區分成小塊後，分別交由眾多電腦各自進行運算再彙整結果，以完成單一電腦無力勝任的工作。而「網格運算」則是分散式運算加以延伸的一支，其主要特點在於將各種不同平台、不同架構、不同等級的電腦透過分散式運算的方式做整合運用。所謂「網格」是指以公開的基準處理分散各處的資料。基本上，「雲端運算」與「網格運算」並沒有顯著的不同。兩者都是分散式運算的延伸，但「網格運算」著眼於整合眾多異構平台，而「雲端運算」則強調在本地端資源有限的情況下，利用網路取得遠方的運算資源。

二、雲端商機

雲端的意義不在技術，而在商業模式的改變。在雲端世界裡，競爭無國界，要做到高度差異化，才有機會存活。雲端衍生出的商機可粗分為三大類：設備服務（Infrastructure as a Service, 簡稱 IaaS）、平台服務（Platform as a Service, 簡稱 PaaS）及軟體服務（Soft as a Service, 簡稱 SaaS）等。

1. **設備服務（IaaS）商機**：企業內部雲需求多。IaaS 是指專門提供設備或專業，協助企業建置或使用雲端運算服務的廠商。在做法上，第一步是先將伺服器整合，進行虛擬化工程，進而衍生龐大商機。其中，VMware 專攻伺服器虛擬化技術，全球占率超過九成。例如：全國加油站在 VMware 協助下，整合八台資料庫伺服器至兩台高可靠度架構伺服器上，並成功建置異地備援系統，進而省下 50% 的成本支出。

2. **平台服務（PaaS）商機**：軟體大廠之戰。PaaS 是將多種不同的應用軟體整合在同一個介面下。Google 從搜尋引擎出發，逐漸將雲端服務擴增為 Google Maps、Google Docs、Gmail、Picasa 等，滿足客戶所有需求。而微軟啟動藍

天計畫（Window Azure），微軟的策略是，軟體＋服務，將針對現有軟體，發展對應的雲端服務。

3. **軟體服務（SaaS）商機**：創新機會更多。SaaS 是指，各類軟體安裝在網路上，只要上網就可使用，客戶不需再下載至自己電腦，增加負擔。Google 是目前全世界提供最多雲端軟體服務的公司，從郵件信箱 Gmail、影片 YouTube，到地圖 Google Map 等，這些都已成為使用率最高的雲端服務。

三、雲端服務

簡單來說，「雲端服務」就是「網路服務」。舉凡運用網路溝通多台電腦的運算工作，或是透過網路連線取得由遠端主機提供的服務等，都可以算是一種「雲端服務」。使用雲端服務的好處是，企業不需投入大量資金採購 IT 軟硬體，也不需要增加資訊管理人員，只要透過雲端服務供應商所提供的服務，在很短的時間內就可以迅速取得服務。這對一些分秒必爭的企業營運來說，將會產生相當大的助益。

其實，雲端服務的成熟來自兩大關鍵因素：❶虛擬化技術的普及，以及❷連網裝置及速度的增加。有了虛擬化的技術，企業放在雲端的資料備份及備援將會得到相當程度的保障。這讓企業願意將資料及應用程式放在雲端，透過網路讓各分公司能夠即時取得服務，達到隨選服務的需求（Service on Demand），加快整體企業的營運效率。

四、雲端服務的分類

雲端服務的分類，主要可分為私有雲、虛擬私有雲、公用雲、社群雲及混合雲等。依據維基百科的解說如下：

1. **私有雲（Private Cloud）**：是將雲端基礎設施與軟硬體資源建立在防火牆內，以供機構或企業內各部門共享數據中心內的資源。私有雲完全為特定組織而運作的雲端基礎設施，管理者可能是組織本身，也可能是第三方；位置可能在組織內部，也可能在組織外部。

2. **虛擬私有雲（Virtual Private Cloud, 簡稱 VPC）**：是存在於共享或公用雲中的私有雲，亦即一種網際雲（Intercloud）。

3. **公用雲（Public Cloud）**：是第三方提供一般公眾或大型產業集體使用的雲端基礎設施，擁有它的組織出售雲端服務，系統服務提供者藉由租借方式提供客戶有能力部署及使用雲端服務。

4. **社群雲（Community Cloud）**：是由幾個組織共享的雲端基礎設施，它們支持特定的社群，有共同的關切事項，例如使命任務、安全需求、策略與法規遵循考量等。管理者可能是組織本身，也能是第三方；管理位置可能在組織內部，也可能在組織外部。

5. **混合雲（Hybrid Cloud）**：由兩個或更多雲端系統組成雲端基礎設施，這些雲端系統包含了私有雲、公用雲、社群雲等。這些系統保有獨立性，但是藉由標準化或封閉式專屬技術相互結合，確保資料與應用程式的可攜性，例如在雲端系統之間進行負載平衡的雲爆技術。

3-6 網路行銷手法

一、搜尋引擎行銷

面對「大部分網站新訪客來自搜尋引擎」的事實，搜尋引擎行銷（Search Engine Marketing）的概念應運而生。搜尋引擎行銷縮寫成「SEM」，是一種以透過增加搜尋引擎結果頁（Search Engine Result Pages, 簡稱 SERPs）能見度的方式來推銷網站的網路行銷模式。搜尋引擎行銷的手法主要包括「搜尋引擎最佳化」（SEO）、「付費排名」及「付費收錄」。

step 01：到搜尋引擎去登記網址。

這是消費者擁有控制權的年代，行銷模式從過去的「主動發出廣告訊息」變成「當消費者需要某種服務，我第一個出現並提供」。網友運用搜尋引擎找商品資訊，正是這種精神的體現。然而很多網站從頭到尾就沒有被搜尋引擎找到過，網頁內容當然不會被收到搜尋引擎資料庫中。網友找不到，就更別談要出現在搜尋結果的頁面上。

step 02：藉由連結提高網頁分數。

基本上，搜尋引擎幫每個網頁打分數的高低，會決定搜尋結果的排列順序，而你的網頁被別人的網頁連結的次數越多，這個分數越高。因此你能做的第一件事情：增加自己網站內頁相互連結的機會。與其期待別的網站來連結你，不如自己先連自己。

step 03：以關鍵字來進行網站分類。

網站經營者必須以使用者角度想事情。「當使用者腦海裡想到什麼字眼時，會到我的網站來？」以這些關鍵字將網站上的頁面分類，並且把所有跟這些關鍵字有關的文章集合到這個分類頁面下。

step 04：重整您的網站設計概念。

大體上 Web 1.0 的網站設計都是假設訪客是從首頁進來的。這是十分錯誤的概念，事實上在類似 Google 的全文檢索式搜尋引擎當道的今天，有很大一部分的網路使用者是直接從搜尋引擎連進網站內頁，然後根本沒想過要連結到首頁，就離開你的網站了。因此，重要的事情必須讓訪客在內頁完成，而不要期待他們會連到首頁。

step 05：購買關鍵字廣告以彌補不足。

搜尋引擎行銷的核心精神在於「觀察網路使用者採用什麼關鍵字來搜尋」，網站經營者據以重新設計網站並建立與搜尋引擎間的關連。但萬一有個關鍵字是網友常用的、而你的網站無法提供怎麼辦？此時關鍵字廣告就派上用場了。此種廣告方法可以讓你跟搜尋引擎購買特定的關鍵字，當網友搜尋這個關鍵字的時候，你的網站廣告就順勢被帶出，顯示在搜尋結果的最前面。根據台灣網站的運作經驗，此種廣告的點選率大約在 3%~5%之間，也就是說，你的關鍵字廣告被顯示一百次，大約有五次會被點擊，並且連到你的網站。這個比例高不高？很高！其他傳統的網路廣告連這種水準都達不到！

step 06：沒事少用 Flash 這類的多媒體網頁。

搜尋引擎最主要是以蒐羅網頁上的「文字資料」為主，因此才要如此著墨在關鍵「字」上面。但是，很多網站是以大量的圖片構成，這些網頁被搜尋到的機會因此大大降低。此外，有些網站以 Flash 製作，但這些充滿聲光效果的網頁，上面的文字卻無法被搜尋引擎紀錄（搜尋引擎只能紀錄一般網頁文字），這種網站的曝光率能有多少？這並不是要大家停用圖片或 Flash，而是網站經營者必須注意，重要的內文頁、分類頁、關鍵字頁，必須以文字呈現並且建立連結。如果非用圖片或 Flash 不可，記得在該網頁上同時加上文字描述。

二、搜尋引擎最佳化（SEO）

搜尋引擎最佳化（Search Engine Optimization, 簡稱 SEO）是一種利用搜尋引擎的搜尋規則來提高目的網站在有關搜尋引擎內的排名的方式。研究發現，搜尋引擎的用戶往往只會留意搜尋結果最前面的幾個項目，所以不少網站都希望透過各種形式來影響搜尋引擎的排序。當中尤以各種依靠廣告維生的網站為甚。

所謂「針對搜尋引擎作最佳化的處理」指的是為了要讓網站更容易被搜尋引擎接受。搜尋引擎會將網站彼此間的內容做一些相關性的資料比對，然後再由瀏覽器將這些內容以最快速且接近最完整的方式，呈現給搜尋者。

對於任何一家網站來說，要想在網路用戶中取得成功，搜索引擎最佳化都是至為關鍵的一項任務。同時，隨著搜尋引擎不斷地變換它們的排名演算規則，每次算法上的改變都會讓一些排名很好的網站在一夜之間名落孫山，而失去排名的直接後果就是失去了網站固有的可觀訪問量。所以每次搜索引擎演算規則的改變都會在網站排名的世界中引起不小的騷動與焦慮，SEO 也變成愈來愈複雜而困難的任務。

三、何謂關鍵字行銷

因網際網路的興起，改變了人類的經濟商業行為，消費模式及廣告呈現方式，進而促使了世界二大龍頭入口網站 Google 及 Yahoo 投入數十億美金研發了新一代的網路產品行銷新創舉 ─「搜尋行銷」（Search Marketing），可使在眾多的搜尋資料列中，能讓搜尋者快速找到最精確且又排前的優質廠商。

對於行銷的產品、經營的行業及公司的屬性…等，列出最會被消費者及採購者選用去搜尋的文字詞彙群組，簡稱為「關鍵字」（Keywords）。二大入口網站 Google 與 Yahoo!的「關鍵字搜尋行銷」的廣告推廣方案應運而生。

關鍵字行銷的特色在於「精準」、「效率」與「低預算門檻」。其實，關鍵字行銷還有一項最大的特點就是：廣告主可「隨時操控」的廣告。廣告主可依據當日最新「廣告成效報表」，隨時決定廣告是否繼續、暫停、修正、重啟或調整支出預算高低…等。也就是說，雖然已經預付一筆廣告費用，但費用未「被點完」用盡前，廣告主可以隨時針對已經進行的廣告進行檢討、修正，讓廣告效益發揮最大化。與一般傳統媒體廣告或第一代網路「刊登付費」廣告，幾乎無法中途終止或修正，截然不同。

四、關鍵字行銷構成要素

如圖 3-3 所示,基本上,關鍵字行銷是包括四個構成要素:

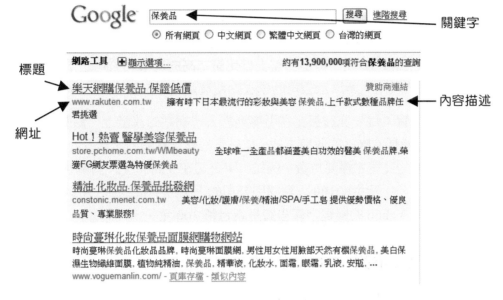

圖 3-3 關鍵字行銷構成要素

1. **關鍵字(Keywords)**:任何有關促進商品銷售的文字詞組,包括商品介紹或促銷活動的內容,預先將消費者會查詢的字詞設定在搜尋引擎內,則這些字詞通稱為「關鍵字」。例如:保養品、化妝品、結婚婚紗、美白…等。

2. **標題**:以公司市場定位及競爭優勢為核心,包括公司形象、品牌核心、行銷通路…等,並且使用目標客群熟悉之語言用詞來描述。例如:葛洛莉 SPA 美學館或英國泰勒花卉香氛生活館。

3. **內容描述**:包括所設定之關鍵字(詞),並實在描述公司特色避免使浮誇用詞,再順勢帶入相關周邊以增加豐富感。例如:加拿大天然保養品,心曠神怡乳油木果油,甜蜜溫馨的感覺,同時保護潤澤肌膚。

4. **網址**:設定關鍵字(詞)欲讓消費者,實際連結的網站網頁。

五、關鍵字行銷收費方式

1. **競價排序**：讓企業對關鍵字的價格有更多主導權。若是有甲、乙、丙三家公司都選擇關鍵字「手機」，則出價最高的「關鍵字廣告」排在最上方，每個關鍵字的最低出價是新台幣 3 元，最低增幅是 0.5 元。例如：目前最高出價者乙公司出價 10 元，丙公司出價 5 元，甲公司出價 3 元，最高出價的乙公司雖然出價 10 元，但是僅需支付比第二高的出價丙公司之 5 元多一個增幅 0.5 元的費用，所以乙公司的單次點閱費用為 5.5 元。

2. **點閱計費**：每一塊錢都花在引導到您公司網站的流量上。點閱制（Cost Per Click, 簡稱 CPC）的收費方式，是只有當網友點閱到您刊登的「關鍵字廣告」時，您的公司才需要付費。例如：甲公司在 Yahoo 上，對關鍵字「手機」出價 3 元，今天共有 100 人點閱甲公司的「關鍵字廣告」，所以甲公司今天的應付給 Yahoo 的關鍵字廣告費是新台幣 300 元。

六、關鍵字行銷的字串比對方式

關鍵字行銷最常使用的字串比對方式有三種：

1. **標準比對**：又稱為「完全比對」，設定的關鍵字和消費者輸入的文字完全吻合。例如：設定的關鍵字為「美白」，當消費者輸入「美白」搜尋資訊時，則購買「美白」關鍵字的該公司相關資訊，即會被優先顯示在搜尋結果頁。

2. **進階比對**：又稱為「加強比對」，消費者所輸入的文字（詞），若和關鍵字設定的字（詞）符合時，即也會顯示出在結果頁面上。例如：設定關鍵字「保濕美白」，當消費者輸入「美白保濕」時，則該「保濕美白」的關鍵字也會優先顯示在搜尋結果頁。

3. **內容比對**：關鍵字出現在 Yahoo 首頁內的頻道中，如新聞、知識+、生活+、氣象…等。當相關的報導或文章內容符合關鍵字屬性時，若您有開啟內容比對功能，則自動帶出熱門關鍵字。例如：「明星代言美白保養品」的新聞內容中則會出現（保養品）、（保濕）、（左旋 C）…等相關熱門查詢的關鍵字。

七、病毒式行銷

病毒式行銷（Viral Marketing）是指以非常具有創意或加入驚人的聳動元素，穿插融入在產品或服務，並以 E-mail 傳播。所以，病毒式行銷主要係以電子郵件行銷為基礎，通常是指在電子郵件內容最後加上「與好朋友一起分享」、「轉寄給親朋好友」

等字眼的按鈕，只要填上 E-mail 地址，按下按鈕便可將信件轉寄出去。當網友發現一些好玩的事情，常會再以 E-mail 或 BBS 討論區告訴網友們而一傳十、十傳百像流行病毒很快就傳播出去。這種靠網友的積極性和人際網路間分享的行銷方式，就是病毒式行銷。

病毒式行銷最知名的案例就是「我心遺留在愛琴海」。這是一位聯電工程師 Justin 在 2003 年 5 月初到希臘自助旅行 12 天，拍攝 1 千 400 多張希臘風景照片。網址一公開 E-mail 不斷被轉寄，馬上造成轟動，7 月初就突破 100 萬人次上網，至 8 月中已被 160 萬人次瀏覽。

病毒式行銷最早由網路創投業者 Steve 在 1997 年提出，他認為「病毒式行銷」是一種透過趨近於零的轉移成本，讓客戶在使用產品時將產品訊息傳遞並加以背書。而利用使用者的背書，可以更輕易地將產品訊息傳遞給周遭的人，進而達到行銷的效果。

電子郵件行銷和病毒式行銷的差別？基本上，病毒式行銷＝電子郵件＋網站＋故事行銷；病毒式行銷與電子郵件行銷的最大不同，在於電子郵件行銷強調一對一行銷，而病毒式行銷則可藉由網友的轉寄力量把電子郵件寄送規模擴大。圖 3-4 即在說明傳統行銷手法與病毒式行銷手法的差異。

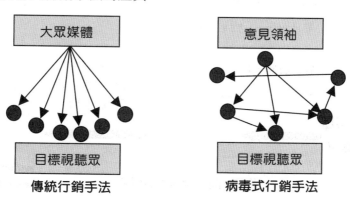

圖 3-4 傳統行銷手法與病毒式行銷手法的差異

病毒式行銷的步驟如下：

step 01：創造有感染力的「病源體」，成為爆炸性傳播話題（例如：無傷大雅的八卦事件，流傳最快），透過感染網友不斷蔓延。

step 02：挖掘意見領袖成為病毒最初感染者和傳播者。

step 03：創造消費者日常生活中頻繁出現的「病毒」感染途徑。

八、許可式行銷

許可式行銷（Permission Marketing）是指先向消費者取得許可，再傳送資訊或促銷訊息給他的一種行銷策略。例如：在申請電子郵件信箱時，通常消費者會被訊問是否願意收到電子廣告郵件，這種讓消費者選擇願不願意收到廣告的網路行銷方式，即屬於許可行銷。

如何取得顧客允許？這是許可式行銷推動的重點與難處。常見網站透過贈獎或其他方式取得的消費者的 E-mail，就是網站開始進行許可式行銷的首要階段。網站往往藉由電子折扣券，或是利用低價好康訊息來鼓勵消費者慢慢地將個人喜好或資料留在網站，利用循序漸進地的方式與消費者不斷溝通後，來分析資料與意見得到所需的訊息。最終目的希望以此資訊來了解消費者的內在慾望。

九、聯盟網站行銷

「聯盟網站」（Affiliated Web Sites）是網站協助與其合作的網路商店產生營業額時，按交易筆數支付其一定比例金額的一種機制。聯盟網站是由多個知名網站結盟為合作夥伴以擴大市場規模，讓廣告達到最佳的曝光效果。一般來說，聯盟網站行銷（Affiliated Web Sites Marketing）機制如圖 3-5 所示。

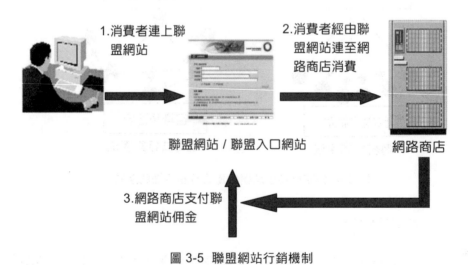

圖 3-5　聯盟網站行銷機制

例如消費者若經由非亞馬遜書店網站的鏈結而成功採購亞馬遜書店網站的商品，提供亞馬遜書店網站的鏈結的聯盟網站將可獲取 5~15%的佣金，其運作流程如圖 3-6 所示。與其他專業領域網站或討論群組建立聯盟網站行銷，不只可發揮行銷綜效，更可提高網站對消費者的價值，並且把傳統口耳相傳（Word-of-Mouth）的行銷傳播模式轉換成滑鼠相傳（Word-of-Mouse）的效果。

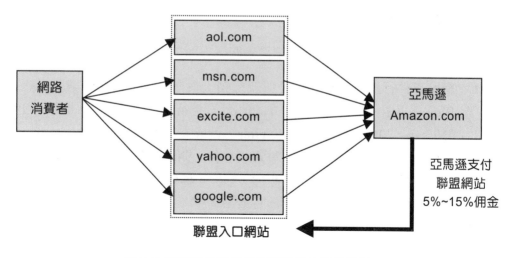

圖 3-6 亞馬遜網路書店的聯盟網站行銷機制

十、部落格行銷

部落格（Blog）簡介

部落格是英文 Blog 的中文譯名，是由英文的 Web Log 簡化而來，而寫部落格的人被稱為部落客（Blogger）。Blog 於 1997 年開始在美國以線上日誌的型式出現，通常超連結網路新聞再加上 Blogger 的簡短介紹或個人評論，以及讀者的回應。Blog 其實是一個網站，只是這個網站是將資訊或新聞依日期新舊順序排列，而且 Blogger 通常會提供相關的超連結；與一般網站不同的是，讀者看完 Blog 上的內容後，可以加以回應或加入討論。

部落格是繼 BBS、E-mail、即時通後，第四個改變世界的網路殺手級應用。從 2005 年以來，Google、Yahoo!、微軟等網路龍頭鼓勵網友成立個人部落格，各大企業也逐漸把生意頭腦動到部落格身上，運用部落格來推展行銷、廣告與公關任務。

傳統上，企業行銷公關人員將精心設計的訊息，透過大眾媒體傳遞給社會大眾；但在部落格出現後，每一個部落客都可以發表自己的言論，透過網路無遠弗屆的特性，廣泛的轉寄、連結，吸引人潮上部落格觀看且造成自發性地討論。

最常見的部落格行銷方式，是企業將試用品或產品活動放到部落格上，吸引消費者上站瀏覽、討論，例如 Nissan 在推出新車時，就設立部落格邀請車主分享相關心得，讓車主或潛在消費者彼此互動，這些討論也是企業十分珍貴的參考資料。Nike 更是運用部落格行銷的經典案例，利用創新的手法，獲得媒體廣泛的矚目與報導，創造了數萬人次的點閱，成功地提升企業品牌形象。

部落格是一種網路行銷工具

基本上，部落格可以協助網路行銷從事四個方面工作：

1. **網路事件行銷**：這有點像是傳統行銷人員在操作「事件行銷」一般，透過 Blog 可以對一群有特殊同好的網路社群進行線上事件行銷，例如：日產汽車（Nissan）2005 年重量級新車 Tiida，就成立部落格（http://blog.nissan.co.jp/TIIDA/），邀請車主上來分享駕駛心得、開車旅遊經驗、試駕會活動感想、車隊活動照片等各種文字、照片、影片，讓車主或潛在消費者彼此互動，部落格上的討論也可直接反映給日產參考。

2. **線上服務重度使用者**：一般來說，對您企業商品有高度好感的這些人，都是您的免費宣傳者，也是您企業商品的死忠派。基本上，這群人對您的商品也最有話說，因此如果在網路上為他們建立一個特區，讓他們有機會為您發聲，對他們來說是一種線上服務，對您企業來說則是一種免費的宣傳。

3. **深耕社群**：以書商為例，可以在 Blog 張貼新書書評、排行榜、得獎書單，邀請讀者參與式寫作，分享書評或閱讀心得。建立線上讀書會，請讀者推薦導讀等等。

4. **支援與連結社群**：Blog 可以為各類網路社群量身訂做，也為特定網路社群提供特殊服務。以民宿業者來，可以為該地方建立觀光部落格張貼該地相關美美的旅遊照片或相關旅遊服務資訊，這都有利於該地區整體的民宿發展。

十一、微網誌行銷

微網誌的使用者透過「140 字元（70 個中文字）」的短文，輕鬆、即時地向眾人傳達心情、發佈資訊、得到陪伴、獲得生活中的安慰。微網誌不同於一般的網誌，是一種自我抒發的管道，使用者在這個平台上不只抒發自己的感受，還會加入大家的話題，與眾人說早安、晚安更是必備習慣之一。

微網誌最大的特色在於：

1. **簡短**：不需像部落格般地長篇大論。

2. **即時**：只要透過手機等移動式通訊設備，隨時隨地都能發抒感言，不需要被綁在電腦前。

3. **接觸面廣**：不像即時通訊軟體那樣，會有私密性的考量，讓人們可以自在地與陌生人在平台上自由互動。

4. 有即時性，又沒有維護網誌的壓力。

微網誌最明顯的特色，除了限制文字字數外，就是粉絲與好朋友的概念。成為粉絲是無需經對方同意，因此，是自願性接受對方的訊息。反之，成為朋友需對方同意，同意後，除了會授受到對方訊息外，自己的訊息亦可以傳達給對方。更簡單地說，粉絲是單向地接受訊息，相反地，朋友則是彼此雙向地接受與傳達訊息。這個概念，給企業的網路行銷帶來了一個不討人厭的效果。

微網誌是一種即時性的網路溝通媒介，與即時通訊軟體有點像，您可以跟這些網友們成為更進一步的線上好友。但不同的是，即時通訊軟體是一對一的，而微網誌是一個開放性的公共場域，因此，這種貼近感不是一對一的，而是可以形成一對多的貼近感。您可以想像一下，當您有一百位、一千位、一萬位，甚至像泰勒絲那樣有超過百萬位朋友加粉絲時，等同於您的一篇訊息發在微網誌，就會同時有上百萬人可能接受到此訊息。但是，要達到這種效果的前題是，您的粉絲與朋友數量要夠大，要讓人願意成為您的粉絲與朋友。

微網誌行銷與部落格行銷有何不同

「微網誌行銷」與「部落格行銷」有所不同異。部落格是單向的獨立發聲管道，讓企業恣意揮灑的行銷媒體平台。冠上了一個「微」字後，除了意謂更簡短的內容，也更強調雙向的溝通。透過發起一個引人入勝的話題，吸引網友踴躍討論、回應，培養出一群互動密切的忠實粉絲。還能藉由社群串聯，接觸到朋友的朋友，讓群眾範圍無限延伸，使個人媒體不斷壯大成穩固的社交圈。

因此「微網誌」與「部落格」不同的是，企業加入微網誌世界時，重要的不是寫出一篇吸睛的好文章，而是如何和網友展開對話，怎麼維持溝通的品質。關於這點，戴爾電腦（Dell）是成功案例。企業最常見的微網誌行銷手法是發佈官方公告或促銷訊息。據路透社報導，Dell 透過在 Twitter 上發送訊息，已賺進超過 300 萬美元。其在 Twitter 上共註冊了 34 個帳號，並依功能分成了六大類，每個帳號皆由專人負責管理，像一個一對多的線上客服窗口，讓客戶能得到豐富而即時的訊息，還能同時看到其他用戶的問題做為參考。

其實，140 字的限制，讓微網誌的文章產量大且時效短，加上網友們可以隨時隨地透過行動裝置掌握最新訊息，傳播速度快得驚人，也大大縮短網路行銷的反應時間。其實，微網站行銷有點像是「在人多的地方，拿著大聲公攬客」。

微網誌所重視的不是點閱率，而是影響力

進入 web 2.0 的時代，社群影響力的衡量指標主要有二：

1. 微網誌的朋友與粉絲數
2. RSS FEED 訂閱數

簡單的說，假若該部落格排行在前二十大，但是，噗浪好友加粉絲數低於 100 位、RSS FEED 訂閱數低於 500 位。這可以很肯定的說，這個部落格的排行，就口碑行銷的角度來看影響力是不足的。因為，其所象徵的意義在於該部落客的忠誠讀者群過少，並且疏於經營個人的社群。以此狀況觀之，即便該部落格的搜尋引擎優化做的不錯，因此搜尋引擎來的散客很多。但真正信任他或者會受到他的文章影響者，絕對不若噗浪好友加粉絲數高於 1,000 位、RSS FEED 訂閱數高於 500 位之部落客。

注意，要成為網站關鍵的影響人物，有些事必須做：❶必須讓人認識你，❷塑造迷人的特質與風格讓人追隨，❸要交很多很多的網路朋友，❹能夠不斷回應、建立社群關係。這四個條件成熟才能夠開始運用你各種想做的公關行銷方法，什麼口碑行銷、活動、體驗行銷等等才施展的出來。

把微網誌當成線上客服中心

實際上「微網誌」不像「網誌」（部落格），反而比較像是公開給大眾看的即時通訊息。因此，就本質來看，可將微網誌看作通訊系統，而非是像部落格一樣的內容管理系統。就通訊的角度來看，具有獨特的一對多之特質。品牌能利用此一對多的特質來建立一個線上的單一服務窗口，使得客戶不致於搞亂了與品牌連絡的方式。因此，「微網誌」是一個絕佳的線上客服中心工具。Dell（戴爾電腦）就是善用微網誌當成線上客服中心的成功案例。

3-7　微電影行銷

一、微電影行銷的興起

回顧網路行銷的發展，從最早的「關鍵字行銷」到「部落格行銷」，以及「社群平台行銷」，到「微電影行銷」。

網際網路興起時，由於入口網站的搜尋服務方便，是大眾蒐集資訊的熱門管道，因此累積不少搜尋關鍵字。入口網站抓住機會，讓「字流」變成「錢流」，開始做起關鍵字購買的業務；各大品牌逐一響應，也將關鍵字搜尋 bar 加入於平面與電視廣告中，讓關鍵字搜尋成為熱門的行銷工具之一。但時間一久，網友開始明白，搜尋結果頁面的上方與右方的連結都是廣告，而使得這些廣告的點擊率下滑，關鍵字廣告的效用因而減弱。

接著，部落格網站出現，圖文部落客也隨之興起。不少廠商相中這些部落客的影響力，希望他們幫忙撰寫產品試用心得，進而產生口碑行銷的功效，並激起觀眾的購

買慾望。部落客名氣越大，越容易受到廠商的青睞，隨著部落格的商業色彩越來越濃重，部落格行銷的影響力已不如早期。

社群平台「臉書」（Facebook）的問世，又為網路行銷掀起一波新的風潮，各企業、店家都想要經營自己的粉絲專頁。但粉絲數量只是假象，若無法讓粉絲願意幫忙將訊息傳遞出去，便無法將宣傳範圍拓展至潛在客戶。因此，不少商家採用「你打卡，我打折」的優惠方案，讓消費者在無意間為該活動進行宣傳，同時店家提升知名度。

近年來，更由於智慧型手機與平板電腦日漸普及，Wi-Fi 熱點設置也日趨完善，網路行銷出現更具娛樂性、更具可看性的新宣傳模式 — 微電影；不論大企業、小商家、政府、學生組織等，都漸漸往此方向發展，YouTuber 與網紅竄起。

二、何謂微電影

所謂「微電影」是指在經過完整策劃後，具有完整的故事情節的視頻短片；放置於各種新媒體平台上，並適合在移動、休閒狀態下觀看。此外，微電影還有微時放映、微週期製作、微規模投資等特性。

三、微電影的內在意涵

「微電影除了能行銷情感，更是對傳統電視廣告模式的一種補充。」與傳統電視廣告相比，微電影除了能夠推廣產品外，還因為時間長度彈性較大，而更重視故事架構，也更能涵括情感訴求；透過故事詮釋企業願景、社會責任等抽象精神與理念，進而達到品牌行銷的功用；其目的在於激發觀眾的共鳴，以達到較好的傳播成效，而非單純強調產品特色。

其實，如果不計算名人代言費用，傳統電視廣告的製作成本不見得會很高，然而卻必須編列大筆預算向媒體、通路購買曝光機會；而且一旦廣告宣傳期結束後，廣告影片便隨之石沉大海。但業者其實可以低成本，便將傳統電視廣告放置於網路上。

網際網路提供網友充分的自主選擇權，廣告的強制性降低，要先吸引觀眾主動點選觀看，才能發揮其效用，因此廣告影片「內容」的重要性上升；唯有具有創意或令人驚艷的出色影片，才能構成網友的觀看動機。加上網路社群平台興起，讓網友不知不覺養成了轉貼、分享的習慣；若廣告影片能讓瀏覽網友自願轉發，其觸及對象在不斷累積之下，將不亞於穿插於電視節目間的電視廣告影響力。網路微電影廣告這種低花費，又能達到長時間擴散效應的特質，使得微電影行銷因為宣傳效益佳而興盛。

微電影行銷的概念其實很早就有了。例如：唐先生打破花瓶、熱血環島的不老騎士等廣告，以類似電影的敘事手法來包裝商業訊息內容，並將完整長度與內容的廣告版本放置於網路上，讓被電視短版廣告引起興趣的觀眾點擊收看。這些廣告的做法便與微電影相近，但微電影的名詞與概念，直到 2010 才真正形成與興起。

網友收看微電影時無須付費，因此只要影片本身具吸引力及話題性，大量的點擊次數便會隨之而來。加上無線網路與行動裝置的普及速度快，以及微電影長度短、數分鐘內便可看完的特性，讓微電影除了受到業者的青睞，也逐漸成為消費者喜愛的新娛樂。2010 年，凱迪拉克在中國推出名為《一觸即發》的廣告，片長 1 分 34 秒。劇情內容是由主角吳彥祖模仿湯姆克魯斯在《不可能的任務中》，大玩高科技、變臉、飛車與追殺等橋段，製作十分精緻，媲美電影。此廣告大獲好評，宣傳效益佳，甚至從原先的生活消費版面，跨越至娛樂版面，而且其中出現之車款的銷售成績也不差，讓車商同時贏得面子與裡子。《一觸即發》的製作過程，因為比普通廣告投入更多時間、金錢，且勇於創新，被認為是微電影的始祖。由於微電影的廣告效果佳，讓凱迪拉克於 2011 年與藝人莫文蔚合作，於美國拍攝微電影《66 號公路》，同時將汽車與莫文蔚創作的歌曲融入影片中。除了車商外，各企業、組織也開始效仿這種商業模式，如可口可樂也贊助歌手羅志祥，協助拍攝他的專輯微電影《再一次心跳》；新北市政府也推出《新城市故事》來宣揚政績。

微電影的成本低、媒體適用性高、目的性強，同時也具有高娛樂性與廣告價值；可以讓投資人、網路媒體通路、製作者與觀眾四方得利。但廣告主在開發新的宣傳途徑時，也必須當心，切勿讓商業意味超越劇情，以避免造成觀眾的反感。

學習評量

1. 何謂 Web 3.0？

2. 何謂 Cloud Computing？

3. 何謂微網誌？

4. 何謂 Viral Marketing？

5. 何謂關鍵字行銷？

電子商務基礎建設

導讀：超級應用程式（Super App）時代！

超級應用程式（Super App）是一款集應用、平台和生態系統功能於一身的應用程式（App）。它不僅有自己的一套功能，而且還為第三方者業提供一個開發和發布其自己的微應用平台。簡單來說，Super App 是以內容架構為基底的 App，以單一整合介面或平台，提供用戶日常生活所需的完整服務生態系統。通常這系統會完全整合第三方提供的服務，並利用大數據甚至 AI 與用戶互動，進而提供用戶涵蓋食衣住行育樂等廣泛服務。

特斯拉執行長－馬斯克（Elon Musk）想要收購社群媒體「推特」，就是想要打造比「微信」（WeChat）更多功能的 Super App，一款能同時具備通訊、社群、影音、購物、點餐、叫車、支付、雲儲存、遊戲...等的 App。「微信」是中國第一大社群 App，全球擁有超過 12.4 億用戶數，功能包含通訊、社群、影音、購物、點餐、叫車、支付、雲儲存、遊戲和其他應用服務。

4-1　網路基本概念的認識

一、電腦網路種類

網路依其規模大小可區分為三種類型：區域網路、都會網路、廣域網路。

1. **區域網路（Local Area Network, 簡稱 LAN）**：是指一群電腦在固定的範圍內透過連線媒介來進行連結。它的範圍可能是同一辦公室、同一棟建築物或

相鄰的數棟建築物。而傳輸媒介除了一般的實際網路線外，也有可能是無線傳輸方式。為規模最小的網路，範圍通常在 2 公里內。

2. **都會網路（Metropolitan Area Network, 簡稱 MAN）**：範圍在 2~10 公里左右，大概是一個都市的規模。都會網路可視為是數個區域網路相連所組成，通常屬於同一個機關或組織。例如校園網路中如果擁有多個校區，且各自擁有自己的區域網路，將這幾個區域網路加以連結就成為都會網路。

3. **廣域網路（Wide Area Network, 簡稱 WAN）**：為規模最大的網路，涵蓋範圍可以跨越都市、國家甚至洲界。例如大型企業在全球各個城市皆設立分公司，各分公司的區域網路相連接，即形成廣域網路。廣域網路因連線距離極長，連線速度通常低於區域網路或都會網路，使用的設備也都相當昂貴。

因為都會網路的規模介於區域網路與廣域網路之間，彼此的分界並不是很明顯，所以有些學者在區分網路類型時，只分成區域網路（LAN）與廣域網路（WAN）兩類，而略過都會網路（MAN）。三種網路的比較如下表：

表 4-1 區域、都會、廣域三種網路的比較

網路類型	範圍	傳輸速度	成本
區域網路（LAN）	2 公里內，一般同一棟建築物內	快	低
都會網路（MAN）	2~10 公里，一般同一都市內	中	中
廣域網路（WAN）	10 公里以上，可跨越國家及洲界	慢	高

二、網路作業系統

網路作業系統係指網路上電腦存取和管理網路上資源的方式，如同一般電腦的作業系統（Operation System, 簡稱 OS），它是一種網路控制的作業方式，其可分為對等式（Pear to Pear）網路與主從式（Client to Server）網路兩大類。

雖然理論上可分為上述兩大類網路作業方式，不過實務上，大多數的網路系統都結合了這兩種方式，可稱為混合式網路。此外，還有最早期的終端機 / 主機（Terminal/Host）架構，但因目前已較少人使用，並不做進一步的介紹。

🔲 對等式（Pear to Pear）網路

在對等式網路中的每一部電腦都有相同的存取權，亦即沒有集中式的資源儲存系統。資料與資源分散在各個電腦上，每部電腦都可將其資源分享出去，供其他電腦使

用。對等式網路中的每部電腦可同時扮演用戶端與伺服器的角色，可提供資源給其他電腦，也可以向其他電腦要求資源。

優點：架設容易，且成本低廉。適合用在 10 部電腦以下的小型網路。

缺點：當網路規模大於 10 部電腦時，對等式網路便會露出左支右絀的窘態。其對使用者的技能要求較高，每個使用者都必須了解分享資源的方法。而對等式的管理等於是一種無政府狀態。

主從式（Client to Server）網路

主從式網路中的電腦可分為用戶端（Client）與伺服器（Server），用戶端可對伺服器提出要求資源。

優點：適用於較大型的網路，例如 10 部以上電腦所組成的網路環境。無論在存取或管理上都比對等式網路來得容易。中央集權式管理，客戶端之電腦不需進行管理。容易連接不同的平台和作業系統。資料具一致性及應用程式版本統一。

三、網路拓撲（Topology）結構

常見的網路拓撲有下列三種：

匯流排（Bus）網路

匯流排網路拓撲是最簡單的網路拓撲結構。網路上任一電腦都藉由一條共同的線路和其他電腦相連（如圖 4-1 所示）。

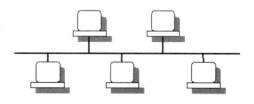

圖 4-1　匯流排網路

優點：

1. 成本低廉，較節省網路線。
2. 佈線簡單。

缺點：

1. 只要其中任何一段故障，整個網路就癱瘓了，而且追查困難。
2. 增加或減少一部電腦時，網路會暫時中斷。
3. 當資料流量大時，網路速度會將得很慢。

星狀（Star）網路

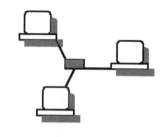

星狀網路拓撲是目前最普通的網路拓撲結構。此網路上所有電腦和一中央控制器連結，這個中央控制器通常是集線器（Hub）、交換式集線器（Switch Hub）或伺服器（Server）。而所有網路活動都是由中央控制器管制，網路上用戶端的電腦無法獨立相互溝通，必須經由中央控制器來對兩台電腦進行連結。換言之，以中央控制器為中心向外成放射狀，故稱為星狀網路拓撲（如圖 4-2）。

圖 4-2 星狀網路

優點：

1. 局部線路故障只會影響局部區域，並不會導致整個網路癱瘓。亦即，網路上任一客戶端電腦斷線時，並不會影響其網路運作。

2. 追查故障點時相當方便，通常從集線器的燈號便能很快得知。

3. 新增或減少電腦時，不會造成網路中斷。

缺點：

必須增加一筆購買集線器的成本。

環狀（Ring）網路

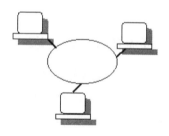

環狀網路是所有的電腦串接成一個環形網路。在環狀網路上，纜線形成一個迴路，所有的網路節點（Node）都連接在這個迴路上。網路節點將依著環形的次序，一個接著一個的讀到資料。每個網路節點都可以自纜線上取得資訊，並根據資料中的位址，決定是否是屬於自己的資料。在收到資料後，節點必須將資料原封不動的往下一節點傳送（如圖 4-3）。

圖 4-3 環狀網路

環狀網路的優點在於所有電腦的傳輸速度均等，當一部電腦發生問題的時候，可以選擇另一個方向傳輸，較不會影響到其他網路是相連結的電腦，而且所有電腦都有相同機會傳遞資料；不過環狀網路有個和匯流排網路（Bus Network）一樣的缺點，就是當網路當中有任何一段連結中斷，所有的工作站都會受到影響，因此環狀網路數量要比匯流排網路以及星狀網路（Star Network）要來的少。

四、網路傳輸媒介

💾 雙絞線（Twisted Pair Cable）

雙絞線成對絞在一起的絕緣銅線，是最普通的電話線形式。因其信號容量小，已漸漸被同軸電纜或光纖取代。

💾 同軸電纜（Coaxial Cable）

同軸電纜包含內外兩層導體，中間則為絕緣的材料（如圖 4-4）。區域網路使用的同軸電纜主要有兩種規格：

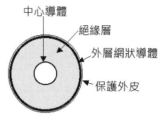

圖 4-4 同軸電纜

1. **50 歐姆**：用來傳送 baseband 數位訊號，速率大約為 10Mbps，傳輸的範圍大約為數公里，可接 100 部以上電腦。

2. **75 歐姆**：用來傳送 broadband 類比訊號（與 CATV 同），頻寬約為 300~400MHZ，平均每個頻道頻寬：6MHZ/channel，平均每個頻道傳輸速率：20Mbps/channel，傳輸的範圍大約為數公里，可接 1000 部以上電腦。

💾 光纖（Fiber Optics）

光纖所使用的材質是玻璃纖維。光纖的基本結構包含有一條光纖以及絕緣保護等材料，光纖所傳遞的是光的訊號，因此必須有光源，它是利用光的反射性來達到傳遞訊號的目的。常見的光源有兩種：發光二極體（LED）和雷射二極體（Laser）。接收器將接收到的光波轉換成類比或數位訊號。光纖的中心為一玻璃柱（Core），外層則外包玻璃層（折射率大於 Core）。適於長距離、高速率（100 公里以上，500 Mbps 以上）的資料傳輸。為目前網際網路傳輸的骨幹（Backbone）。

光纖傳輸之優點在於傳輸速度快，傳輸安全性高，抗電磁干擾，但缺點是傳輸線之架設困難。

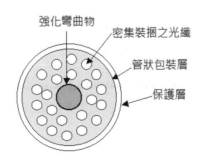

圖 4-5 光纖

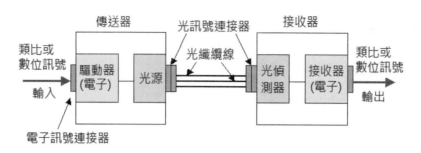

圖 4-6 光纖傳輸

🔲 微波（Microware）

微波是一種無線的電波，其乃是向空中發射訊號，並且其訊號是沿直線方向進行，因此容易受地形、地物的干擾，因此通常將其架設在山巔上，其傳輸速度較電話線或同軸電纜為快。

🔲 無線電波（Radio）

無線電波類似微波，但其傳輸數據的失真率相當高。

🔲 通訊衛星（Communication Satellites）

通訊衛星和地球約維持 36,000 公里的相對位置，藉由太陽能電池給電源以順利運轉；而地面上需架設天線，以與衛星聯繫，由於衛星高懸空中，因此適於從事長距離的傳輸；並且改善了微波僅能直線傳輸的缺點；此外，通訊衛星能夠傳送數位訊息，傳輸速率極為迅速，且具有廣播能力。

五、網路傳輸技術

訊號的傳輸方式分為兩大類：基頻傳輸與寬頻傳輸。其中基頻傳輸是直接控制訊號狀態的傳輸方式；寬頻傳輸則是控制載波訊號狀態的傳輸技術。

1. **基頻傳輸（Baseband Transmission）**：是數位式傳輸方式，係利用間歇性的電流或光波脈衝來傳遞資料訊號。

2. **寬頻傳輸（Broadband Transmission）**：是類比式的傳輸方式，係利用電波不同頻率的特性將傳輸路徑分為數個傳輸通道。

六、網路傳輸模式

1. **單工（Simplex）傳輸：**指傳輸資料僅能作固定的單向傳輸；例如收音機及電視機均只具單向單工傳輸能力。

2. **半雙工（Half Duplex）傳輸：**指傳輸資料在不同的時間內可相互交替從事單向傳輸；亦即傳輸雙方均能接收或傳送資料，但同一時間，僅有一方為傳送端，另一方為接收端；例如無線電對講機。

3. **全雙工（Full Duplex）傳輸：**指傳輸資料在同一時間內可以同時雙向的傳輸；亦即傳輸雙方在同一時間內可以同時當做傳送端來傳送資料及接收端來接收資料，例如電話。

七、網路架構

OSI 模型

模型的用途，一個適當的模型能將複雜的事情具體化、簡單化。國際標準組織（International Standard Organization, 簡稱 ISO）於 1984 年發表了 OSI 模型（Open Systems Interconnection Model, 簡稱 OSI Model），將整個網路系統分成七層（Layer），每一層各自負責特定的工作，如表 4-2 所示：

表 4-2 OSI 模型

7. 應用層	擔任應用程式與網路之間的介面，可產生或接受訊息
6. 表現層	決定資料交換的格式
5. 會議層	負責控制資料流量，可讓應用程式在兩台電腦之間建立連線
4. 傳輸層	驗證資料的正確性
3. 網路層	決定網路位址與傳輸路徑
2. 連結層	負責將資料轉換成實際傳輸用的形式
1. 實體層	以電流或光波的方式將資料位元傳送網路媒介上

DoD 模型 —TCP/IP 協定組合

DoD 模型就是指 TCP/IP 協定組合，是由傳輸控制協定（TCP）與網路網路協定（IP）兩個協定組合而成。

表 4-3 DoD 模型 — TCP/IP 協定組合

4. 應用層 （Application Layer）	定義應用程式如何提供服務 例如：Telnet、FTP、SMTP、E-mail、HTTP
3. 傳輸層 （Host-to-Host Transport Layer）	決定資料如何傳送到目的地 TCP 與 UDP 為此層最具代表性的通訊協定
2. 網際網路層 （Internet Layer）	負責傳輸過程中的流量控制，錯誤處理，資料重送 等。IP 為此層最具代表性的通訊協定
1. 連結層 （Network Access Layer）	負責對硬體的溝通及硬體間的溝通方式

1. **連結層（Link Layer）又稱為網路介面層（Network Interface Layer）**：本層的主要功能是把資料直接送給網路裝置。它定義了如何用網路來傳送 IP 資料段，它必須知道底層網路的細節。相對於 OSI 模型，TCP/IP 模型的網路存取層整合了 OSI 的實體層、資料連接層和網路層的功能。但大部份底層標準是有廠商或 IEEE 制定的。針對不同的網路實體標準，網路存取層有許多不同種類的協定與之對應。就算其中某些協定得到更新，但對於上層協定來說，是沒影響的。因為 TCP/IP 的設計刻意隱藏了較底層的功能。網路存取層的功能，除了把 IP 資料段封裝到網路傳送的實體訊框（Frame）之外，它還同時負責把 IP 對應到網路設備的實體位址。這樣才能讓以 IP 位址為傳送依據的資料，能透過底層網路傳送。

2. **網際網路層（Internet Layer）**：這裡處理的是機器之間的通訊，為各傳送層交下來的封包加上 IP 標頭。網際網路層協定會根據傳送層的位址資料，使用路由演算法進行路由判斷，然後在 IP 標頭上填上路由資訊，以及其他相關的傳送選項資訊；再把封包交由下層處理。這層協定的處理關鍵是路由，假如資料包的目的地是本機，則將標頭去除，將剩下部份交給合適的傳送協定處理；否則，就要判斷封包是直接傳送到本地網路節點，還是要傳送給路由器。如有需要，還會送出 ICMP 錯誤和控制訊息，同時也要處理接收到的 ICMP 訊息。

3. **傳輸層（Transport Layer）又稱為主機對主機層（Host-to-Host Layer）**：傳輸層的主要目的向應用程式之間提供點對點的通訊。它規劃了資料流量，也提供一可靠傳輸以確保資料能正確的抵達目的地。傳輸層必須能夠提供一套機制來控制和檢測資料傳送的正確性，例如安排接收端傳回確認信息、重發遺失資料，以及剔除重複資料等等。傳輸層軟體會將應用程式送下來的資料切割分包，以符合下層傳輸要求的一定體積，交由網際網路層處理。

4. **應用層（Application Layer）**：此層是 TCP/IP 模型與應用程式之間的界面，向使用者提供應用程式服務所需的連接，然後透過其下的傳送層來發送和接收資料。應用程式根據傳送層所需的形態來選用資料格式，例如一串獨立的資料，或是一連續位元的組流。TCP/IP 協定家族中，本身就定義了眾多的應用工具與協定，例如：HTTP、TELNET、NFS 等。不同的協定使用不同的傳送層協定。

表 4-4 主要網路服務、協定與埠號

服務	協定	埠號
FTP	TCP	20/21
SSH	TCP	22
Telnet	TCP	23
SMTP	TCP	25
DNS	TCP/UDP	53
DHCP	UDP	67
HTTP	TCP	80

OSI 模型 vs. TCP/IP（DoD）模型

圖 4-7 以圖形的方式來說明 OSI 模型、DoD 模型與 TCP/IP 協定組合間的對應關係。

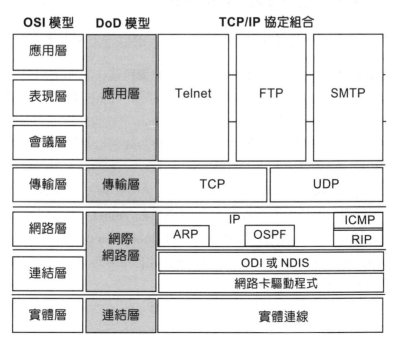

圖 4-7 OSI 模型與 DoD 模型（TCP/IP 協定組合）比較

八、通訊協定

「通訊協定」係用來決定電腦間如何透過網路與彼此通訊法則來進行通訊，其法則包括可相互操作性、層級化以及終端對應終端。

九、網路設備

1. 增頻器（Repeater）並非用來連接兩個網路，主要用來延伸既有網路，亦即主要功能在於避免訊號衰減，使之繼續傳遞。

2. 橋接器（Bridge）主要用來連接兩個不同實體層的網路。

3. 路由器（Router）會根據資訊框之目的地位址選擇路徑加以傳送。

4. 當網路上的使用者要存取另一個網路的資料時，需透過閘道器（Gateway）執行網路通訊協定及頻寬的轉換工作。

5. 集線器（Hub）是一種在星狀拓撲網路架構中，用來連接數個網路設備而使網路易於管理的中央控制裝置。

6. 數據機（Modem）是一種可將數位訊號和類比訊號作互相轉換的裝置。

4-2　Internet 上的網路服務

網際網路上所提供的服務主要都架構在 TCP/IP 協定上，主要服務如下：

1. **遠端連線（Telnet）**：Telnet 是協定的變色龍，它本來只是終端機模擬。它允許在遠端用戶端機器的使用者，也稱為 Telnet 用戶端，存取另一台機器上，也就是 Telnet 伺服器上的資源。Telnet 完成此任務的方式是找一個 Telnet 伺服器上速度較快者，使用戶端機器模擬成就像是直接連接於本地端網路的終端機。此方式事實上是一個軟體影像，一個可以與所選定的遠端主機溝通的虛擬終端機。這些模擬終端機是文字模式類型，而且可以執行嚴密的程序，如顯示供使用者選擇機會的選單及在 Telnet 伺服器上存取應用程式。使用者可執行 Telnet 用戶端軟以開始 Telnet session，然後登入 Telnet 伺服器。Telnet 無法執行應用程式或窺視伺服器上的東西。它只是個單純「用來觀看」的協定，無法下載共享資料。

2. **地鼠（Gopher）**：它之所以名為地鼠，係因為它發明於明尼蘇達大學，而該校的吉祥物為地鼠。Gopher 將主題組織成一個選單系統，允許你存取所列出的每個主題的資訊。透過選單系統，你可以看見有那些可用的資訊。此系統包括多層的副選單，允許你去發掘你欲尋找的資訊的真正類型。當你選擇一個項目時，Gopher 會清楚地把你傳送到你所選擇的另一個存在網際網路上的系統中。

3. **全球資訊網（WWW）**：此與地鼠（Gopher）同為一種資訊整合系統。然而，相對於僅能存取文字資料的 Gopher，全球資訊網更具備了多媒體資訊的處理能力、與使用者互動能力及程式能力等等。這些能力使全球資訊網迅速發展，成為電子商務發展的關鍵。全球資訊網的輸出是以網頁（web page）的方式呈現，很多網頁的資訊可能來自多個伺服器，這是為何有時須等候多時才能在螢幕上顯示所有文字、圖形、影音、動畫等不同資訊。

4. **檔案傳輸協定（File Transfer Protocol, FTP）**：係在兩電腦間進行檔案的傳遞。有種類型的 FTP，一種是普通的；另一種是匿名的。普通的 FTP 需要獲得對方電腦的存取權限。匿名的 FTP 不需要帳號及密碼。

5. **電子郵件（E-mail）**：網路興起之後，便是網路服務之中最重要的一項。人們利用網路所建構出的虛擬世界，溝通是人類社會最重要的一件事。因此，電子郵件逐漸取代人類社會的傳統信件。電子郵件不需要郵差遞送所需要的數天或數星期的延遲，無論收件者身在何處，電子郵件都能在數秒到數分鐘內送達。電子郵件的寄件傳輸協定 SMTP（Simple Mail Transfer Protocol），是一個透過簡單的傳輸協定，輕易的傳送電子郵件到世界各地。1996 年電子郵件的收件傳輸協定 POP3（Post Office Protocol - V3）被提出，透過分散式的架構，可以把信件由伺服器下載至個人端離線閱讀，使得電子郵件的收件方式有了新選擇。

4-3 傳輸控制協定 / 網際網路協定（TCP/IP）

一、TCP/IP 簡介

TCP/IP 是由傳輸控制協定（TCP）與網路網路協定（IP）兩個協定組合而成。基本上，TCP/IP（Transmission Control Protocol/Internet Protocol）是協定一個應用程式可使用來包裝資訊以傳送至一個或數個網路的兩個協定。在 TCP/IP 協定中，每張網路卡都有唯一的網路位址（IP Address），以作為每台電腦在網路上的識別。當一台電腦

與另一台電腦通訊時,該電腦會將要傳送的訊息加以包裝成一個個的封包(Packet),並利用網路進行傳遞。而所謂的「封包」係資料在網路傳輸之前需經處理切割為數個區塊後,才能以某種通訊協定於網路中傳輸。

　　TCP/IP 協定設計的目標:❶良好的回復能力、❷處理錯誤比例的能力、❸子網路加進來時,不會影響既有的網路服務、❹與電腦廠商或網路種類無關、❺資料額外負擔很小。

二、IP 位址

　　IP 位址係用來識別網路上的裝置。目前網路上通用的第 4 版的 IP 版本 IPV4 的 IP 位址係由 32 位元(Bits)所組成,分為四欄,每欄八位元,換算為十進位則為 256,實際計數則是從 0 到 255。IP 位址分為兩部份,網路位址和主機位址,網路位址所代表的是一個網路單元,主機位址是這個網路單元中的主機位址。例如 140.112.xxx.xxx 代表台大這個網路單元,其中 140.112 是網路位址,而 xxx.xxx 就是台大這個網路單元中的主機位址。IP 位址可分為幾個類別,如下圖:

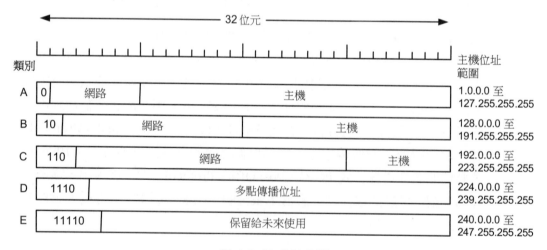

圖 4-8 IP 位址分類

　　以二進位數值來看,class A 網路的頭一位元須為 0,接著是 7 位元的網路號碼,加上 24 位元的主機號碼。因此我們可以知道,class A 的網路位址範圍是從 1.0.0.0 到 127.255.255.255(0.0.0.0 為特殊用途)。同理,class B 網路的頭 2 位元須為 10,接著 14 位元的網路位址,加上 16 位元的主機位址,範圍是 128.0.0.0 到 191.255.255.255,亦即 Class B 其網路位址的長度為 16Bits。Class C 網路開頭須為 110,後面同理。Class D 網路用作多點傳播,類似廣播的用途。Class E 網路則保留作未來使用。由以上規則,我們可以做出各級網路的網路數目及主機數目統計:

表 4-5 各級網路的網路數目及主機數目統計

位址類別	網路號碼 位元數	網路 最大數量	主機號碼 位元數	每個網路主機 的最大數量
class A	7	128	24	16777216
class B	14	16384	16	65536
class C	21	2097152	8	25

注意：上表中的「網路最大數量」及「每個網路主機的最大數量」並非實際所能使用的數量，應扣除特別規定使用的 IP 位址（如 127.0.0.1 指本機這部電腦）。IP 位址的設定：

1. 每部電腦的 IP 不可相同，若相同會相衝，產生錯誤訊息。

2. 使用撥接網路或自動分配 IP 環境下才可選用「自動取得 IP 位址」。

三、網域名稱與 DNS

DNS

全名 Domain Name System「網域名稱系統」，其主要的目的是用來解釋網際網路上的電腦主機名稱與 IP 位址之間的關係，進而能正確的在網際網路上找到該主機並傳送正確的訊息。其實 DNS 在 Internet 的發展上是很重要的一環，在 Internet 的應用上，我們最常看到它的地方除了網路設定裡的 DNS 設定，其實我們用瀏覽器開啟網址，寄發 E-mail 都和網域名稱（Domain Name）及 DNS 系統息息相關，網路上的位址是用 IP 來定址的，而如何從 Domain Name 看出正確的 IP 位址，就得靠 DNS 系統的運作。

有的人會將 DNS 伺服器視為是「DNS」，其實 DNS 伺服器不過是 DNS「網域名稱系統」的一種工具，由 DNS 伺服器來完成 DNS「網域名稱系統」，幫忙系統的運作正常，所以千萬不可視為一體。DNS 伺服器記錄了自己網域內的各種伺服器的主機名稱和 IP 位址，同時也提供 DNS 的查詢。DNS 伺服器是執行「網域名稱系統」（DNS）的一種工具，由 DNS 伺服器來完成 DNS「網域名稱系統」設定。

網域名稱

網域名稱由主機名稱（Host Name）及網域名稱（Domain Name）構成，最常見的組成方式為：www.公司名稱.屬性別.區域別。我國現行之網域名稱類型，除原先之 com.tw、org.tw、net.tw、edu.tw、gov.tw、mil.tw 外，於 2000/05/01 起新增個人網域名稱.idv.tw。另於 2000/05/01 同時推出.商業.台灣（tw）、.網路.台灣（tw）、.組織.

台灣（tw）之中文網域名稱試行服務，2001/02/16 起推出泛用型中文網域名稱 XXXX.tw（台灣）之服務。

一般我們熟悉的網址為二個部分組成：主機名稱跟網域名稱。例如網友若要瀏覽 Seednet 網頁，他會在網址內鍵入 www.seed.net.tw，就可看到 Seednet 網站，實際上 Seednet 網站的 IP 位址為 139.175.1.10，至於如何建立 www.seed.net.tw 這個網域名稱與 IP 的對應，中間就需要有 DNS 伺服器來作對應了。

基本上，我們可以從網域名稱概略知道一些相關訊息，國內或是國外？來自哪個國家？台灣（.tw）、日本（.jp）、香港（.hk）、中國（.cn）、澳洲（.au）、德國（.de）、英國（.uk）、加拿大（.ca）。是何總性質的機構？商業（.com）、教育（.edu）、政府（.gov）、組織（.org）、軍事（.ml）、網路支援中心（.net）。舉例來說，當我們看到 www.taipei.gov.tw 的網域名稱，可以知道是台灣的網站，且屬於政府機構，沒錯！這正是台北市政府的網站。

四、網路時間標準 NTP 與 PTP

「精確時間協議」（Precision Time Protocol, 簡稱 PTP）將取代舊有標準「網路時間協議」（Network Time Protocol, 簡稱 NTP），可以更加確保時間同步的精確度，以改善伺服器時間同步的精確性，並為元宇宙的發展奠基。主要是因為 PTP 協議的伺服器時間同步速度可達到「奈秒」（Nanoseconds）等級，用以取代 NTP 協議精度為「毫秒」（Milliseconds）等級。

4-4　寬頻網路的商務應用與技術

一、寬頻網路的商務應用

寬頻網路的發展對 B2C 及 C2C 兩類電子商務交易的促進影響最大。而寬頻網路的商務應用主要有下列幾種：

1. **家庭保全**：在寬頻網路下，消費者可以透過雙向網路達到遙控監測，若有火警或宵小侵入，便會自動感應，做到保全服務的功能。

2. **視訊會議**：利用寬頻，可以讓兩個或兩個以上的人，在網路上召開會議，而且在會議中可以同步傳輸資料、文件、圖片甚至影音檔案。

3. **隨選視訊**：透過寬頻消費者可以在任何時間，任選自己想要觀賞的影片。

4. **互動式電玩**：透過寬頻消費者可以在網路上與其他玩家一起進行遊戲。

5. **遠距教學**：消費者透過寬頻網路，可以在任何時間，任意選取想要學習的課程內容，並進行互動式學習，把傳統的學校教育搬進了家庭，擴大學習領域。

6. **遠距醫療**：藉由寬頻網路有助於解決醫療資源分配不均的現況，改善偏遠地區醫療品質以及專業醫師不足的問題。

7. **結合影音、文字的線上新聞服務**：新聞競爭白熱化，運用網路寬頻提供消費者收看結合影音、文字的線上新聞服務，變得愈來愈可行。

二、非對稱數位用戶迴路（ADSL）

非對稱式數位用戶迴路（Asymmetric Digital Subscriber Line, 簡稱 ADSL）係利用電話線路沒有使用到的頻率區域來進行數位資料的傳輸，上行可達 640Kbps 的資料傳輸量，下行可達 9Mbps 的資料傳輸量。使用 ADSL 必須要有 ADSL 數據機、網路卡、UTP 網路線。且主機與提供服務的伺服器間的線路長度不得超過 3 公里。由於 ADSL 擁有優於其它技術的資料保密能力，使得用戶能隨時使用網際網路接取服務，為一般民眾、中小企業接取網際網路的低成本高品質解決方案。這也是目前台灣地區最多人使用的寬頻網路。

三、纜線數據機

纜線數據機（Cable Modem）是使用有線電視網路作為資料傳輸的連接裝置。其利用有線電視網路沒有使用到的頻率區域來進行數位資料的傳輸，理論上可達 30 Mbps 的資料傳輸量。有線電視網路有單向與雙向之分：

1. 單向表示纜線數據機不具有將數位訊號轉成類比訊號的能力，需另外接上一台數據機撥接上網以進行資料的上傳。

2. 雙向表纜線數據機具有將數位訊號轉成類比訊號的能力，可直接利用有線電視線路進行資料的上傳。

四、直播衛星

直播衛星（Direct PC）是利用高速的衛星碟型天線下載資料，最高傳輸速度可達 3Mbps，但上傳資料時一樣得透過電話線進行，如果資料要經由衛星上傳，代價將相當可觀。直播衛星除了寬頻的優點外，還可以解決偏遠地區佈線不易的問題，這是其他上網方式所不能做到的。而直播衛星的缺點是，天氣狀況不穩定時會影響其收訊情形。

五、光纖到府（FTTH）

光纖到府（Fiber to the Home, 簡稱 FTTH）是指光纖網路直接連接到府的服務。根據資策會 FIND 2009 年 11 月 4 日報導，儘管全球經濟不景氣，但是全球光纖到府（FTTH/B）的布建工程仍持續穩定發展。根據 FTTH Council 發布全球 FTTH/B 的排名，2009 年前 6 個月全球超過 550 萬 FTTH/B 新用戶，增長了 15％。

國際組織 FTTH Council 自 2007 年起，每半年統計一次光纖上網普及率超過 1％的經濟體。日前公佈 2009 年 6 月全球光纖上網普及率超過 1％的數目已增加到 21 個經濟體。在全球光纖上網普及率排名方面，亞太地區仍然引領全球，2009 年上半年南韓位居第 1 名普及率超過 46％，香港（第 2 名）約 33％、日本（第 3 名）約 30％，台灣則以約 19％穩居第 4 名，其次是北歐國家瑞典和挪威等地。

六、5G 固定無線接入（FWA）

5G 固定無線接入（Fixed Wireless Access, 簡稱 FWA）是透過無線的方式來提供 5G 網路服務，做為取代光纖等固定網路的最後一哩路。由於 5G FWA 部署所需時間更短，不用挖掘溝槽、埋設管線至大樓家戶，人力、設備成本更低，因此各電信商加碼布建。

七、星鏈（Starlink）

維基百科定義「星鏈」（Starlink）是太空服務公司 SpaceX 計劃推出的一項透過地球低軌道衛星（Low Earth Orbit, 簡稱 LEO）群，提供覆蓋全球的高速網際網路存取服務。截至 2022 年 7 月 23 日，星鏈服務已可在 36 個國家和地區使用。星鏈的工作原理是在真空中發送電磁波訊號，其傳播的速度比光纜快，並可傳播到達更廣的地方。

4-5　無線網路

依傳輸範圍來區分，無線網路技術通常分成四種：

1. 無線個人網路（WPAN）—— IEEE 802.15

2. 無線區域網路（WLAN）—— IEEE 802.11

3. 無線都會網路（WMAN）—— IEEE 802.16

4. 無線廣域網路（WWAN）—— IEEE 802.20

一、無線個人網路（WPAN）— IEEE 802.15

無線個人網路（Wireless Personal Area Network, 簡稱 WPAN）就是所謂的短距離無線網路技術，目前技術上是以開放式標準的藍牙（Bluetooth）、超寬頻（Ultra WideBand, 簡稱 UWB）、ZigBee 為主要短距離無線傳輸標準。根據 IEEE 802.15 工作小組對於個人區域網路應用範圍之規範包含個人電腦（PC）、個人數位助理（PDA）、電腦周邊、行動電話、呼叫器與消費性電子。IEEE 希望這些裝置能夠輕易地互相溝通，並利用點對點（Peer-to-Peer）的功能互相傳遞資料、影像與語音。

無線個人網路概念，主要包括藍牙（IEEE 802.15.1）、超寬頻（IEEE 802.15.3）、Zigbee（IEEE 802.15.4）等三類技術。

1. **IEEE 802.15.1** — 藍牙的概念誕生於 1994 年，是由電信大廠易利信公司的無線通訊部門所研發出來的。當初這項計畫，主要是為了提供手機和各種電子設備之間，一套低功率、低成本的傳輸方式，目的則是為了移除行動電話、耳機、電腦等設備之間的複雜線路。藍牙是一種短程無線電科技，可以串聯通信、資訊等產品的可攜式終端機，讓各產品彼此能自由傳送寬頻訊息的新技術。藍牙具有以下的特點：通信模組小、安裝容易、耗電低，可搭載於各式各樣的機器上；完全數位信號，聲音、影像、數據都可傳送；可實施一對一或是一對多機器間的雙向送、收信；不需連接線及複雜的網路設定，無線數位網路的架設非常容易。

2. **IEEE 802.15.3** — 超寬頻以脈衝傳輸方式，具備高傳輸速率與低成本結構之優勢，雖然為了避免干擾而降低發射功率，導致傳輸距離短，但在無線個人網路趨勢下，UWB 已成為新興之重要技術。數位家庭之影音內容傳輸與個人電腦間之資料傳送，對於傳輸速率需求日增，UWB 具備高速與無線特性，足以符合無線高速傳輸資料需求，使 UWB 成為 IEEE 802.15.3a 標準草案之核心技術。然而 802.15.3a 標準，受限於 DS-CDMA 與 MBOA 兩大陣營之僵局，導致標準底定時間延後。2004 年初 MBOA 亦另闢途徑制訂 UWB 1.0 規格，成為新的發展變數。

3. **IEEE 802.15.4** — Zigbee 是一種短距離無線個人網路技術，其具有如下特性：

    ■ **複雜度低**：Zigbee 底層所使用的通訊協定為 IEEE 802.15.4，相較於其他無線通訊協定，它是最簡單的一種。

    ■ **價格低廉**：其傳輸距離約只十幾公尺，再加上其低複雜度的因素，而且又是屬於全球通用的規格，因此使得其實體成本可降至非常低廉。

■ **省電性極佳**：在 IEEE 802.15.4 的通訊協定中，處處可看到省電的考量。因此省電可說是 Zigbee 網路最大的特色。

■ **使用方便**：Zigbee 元件可自動掃描無線頻率，若搜尋到既有的 Zigbee 網路，可自動申請加入該網路，也可自行啟動一個新的網路。而且當網路受到干擾時，也可自動切換頻道。

■ **應用廣泛**：Zigbee 可運用於智慧型生活空間科技的各種應用。

二、無線區域網路（WLAN）— IEEE 802.11

無線區域網路顧名思義就是利用無線電波做為資料傳導的媒介。它利用無線電波的技術，取代舊式的雙絞線所構成的區域網路，就應用層面來講，它與有線網路的用途相似，兩者最大不同的地方是傳輸資料的媒介不同。

與其說無線區域網路將來取代有線區域網路，倒不如說無線區域網路是用來彌補有線區域網路的不足，以達到網路延伸的目的。通常在以下的情形中可以考慮無線區域網路的架設：有線區域網路架設受地理環境的限制、針對無固定工作場所的使用者（如業務員或生產線上的監督員）或是做為有線區域網路的備用系統等。

1985 年，美國聯邦通訊委員會決定開放兩個 ISM 頻帶（Industrial Scientific Medical Bands），即 2.4～2.483 GHz 與 5.725～5.875 GHz 兩個頻帶，提供給工業界、科學界與醫學界做為實驗、開發產品及研究發展之用。

到了 1990 年代初，使用 ISM 頻帶的通訊產品紛紛出現在市場上，為了使各種競爭的產品之間能夠互通，標準的制訂就成了重要的工作。由國際電機電子工程師協會（IEEE）於 1997 年公告的 IEEE 802.11 規格，如今已成為無線區域網路的公認標準。

Wi-Fi 與 IEEE 802.11b

Wi-Fi 其實就是 IEEE 802.11b 的別稱，是由一個名為「無線乙太網相容聯盟」（Wireless Ethernet Compatibility Alliance, 簡稱 WECA）的組織所發佈的業界術語，中文譯為「無線相容認證」。它是一種短程無線傳輸技術，能夠在數百英尺範圍內支持網際網路網接入的無線電信號。隨著技術的發展，以及 IEEE 802.11a 及 IEEE 802.11g 等標準的出現，現在 IEEE 802.11 這個標準已被統稱作 Wi-Fi。從應用層面來說，要使用 Wi-Fi，用戶首先要有 Wi-Fi 相容的用戶端裝置。

IEEE 802.11a、802.11b 及 802.11g 的比較

採用不同標準的無線網絡，會使用不同的頻譜，所支援的最高傳輸速度也會不同，更不保證相容。所以用戶在選購用戶端接收裝置時，亦應注意到該裝置和相連之無線網絡在傳輸規格上的相容性。

表 4-6 IEEE 802.11a、802.11b 及 802.11g 的比較

項目＼規格名稱	802.11b	802.11a	802.11g
標準批准時間	1999 年 7 月	1999 年 7 月	2003 年 6 月
運作頻譜	2.4GHz	5 GHz	2.4GHz
最高傳輸速度	11Mbps	54Mbps	54Mbps
優點	低成本	可同時使用多個頻道以加快傳輸速度、電波不易受干擾	兼容 802.11b
缺點	電波易受干擾、速度較緩慢	覆蓋範圍小、與 802.11b / g 都不相容	電波易受干擾

從以上比較可見，802.11b 及 802.11g 都使用 2.4GHz 的公用頻譜，所以可以相容使用，但由於 802.11a 使用了 5GHz 的公用頻譜，所以與其餘兩者不可相容。目前來說，由於低成本的緣故，802.11b 標準最為普及。雖然 802.11a 及 802.11g 的最高傳輸速度皆為 54Mbps，但由於前者使用的 5GHz 頻譜干擾較少，所以實際的傳輸速度會較快。此外，由於 802.11a 比其餘兩者提供更多的非重疊頻道，所以傳輸速度應可進一步提升。

三、無線都會網路（WMAN）— IEEE 802.16

Wi-MAX 是「全球微波存取互通性」（Worldwide Interoperability for Microwave Access）的縮寫。其標準有別於現有的 802.11 無線區域網路（WLAN），採用 700MHz 的範圍，應用於無線都會（WMAN）網路且範圍可達 30 哩，符合 IEEE 802.16 標準。不但傳輸速度更快，距離也更遠。

在從無線個人區域網路到無線廣域網路的整個無線網路範圍中，依照國際電信聯盟（ITU）的定義，俗稱 Wi-Max 的 802.16 標準是介於 WWAN 與 WLAN 之間，傳輸距離小於 50km 的「無線都會網路」應用，主要定義為都市中一些易受干擾地點的無線補強技術。

Wi-Max 的優勢：

1. **傳輸距離遠**：Wi-Max 無線信號的傳輸距離最遠可以達到 50 公里，是無線區域網路所不能相提並論的，而它的涵蓋面積更是 3G 基地台的 10 倍，只需要設置少量的基地台，就可以覆蓋整個城市。

2. **傳輸速度快**：WiMax 最高的傳輸速度是 70Mbps，是 3G 的 30 倍，對無線網路來說，無疑是一個很大的進步。Wi-Max 採用跟 WLAN 標準 802.11a/g 相同的 OFDM 調變方式，每個頻道的頻寬是 20MHz。但因為它可以經由固定天現穩定收發無線電波，所以傳輸量較 802.11a/g 還高。

3. **沒有「最後一哩」（Last Mile）的限制**：Wi-Max 可以將 Wi-Fi 熱點連接到網際網路，也可當作 DSL（Digital Subscriber Line）等有線連接方式的無線延伸。Wi-Max 可提供半徑 50 公里區域內的使用者連接上網，使用者不需要纜線就可以跟基地台取得連線。

4. **提供多樣化的多媒體服務**：由於 Wi-Max 比 Wi-Fi 具有更良好的延展性與安全性，所以可以提供電信業務等級的多媒體通信服務。它的高頻寬也可以將 Internet Protocol 網路的缺點大大降低，提高 VoIP（Voice over Internet Protocol）的 QoS（Quality of Service）。

四、無線廣域網路（WWAN）— IEEE 802.20

無線廣域網路（Wireless Wide Area Network, 簡稱 WWAN）是指傳輸範圍可跨越國家或不同城市之間的無線網路，由於範圍廣大，通常都需由特殊的服務提供者來架設及維護整個網路，一般人只是單純以終端連線裝置來使用無線廣域網路。例如行動電話使用的 GSM（Global System for Mobile Communications）通訊系統就屬於 WWAN。

無線廣域網路的連線能力可涵蓋相當廣泛的地理區域，但到目前為止資料傳輸率都偏低，只有 115 Kbps，和其他較為區域性的無線技術相去甚遠。目前全球的無線廣域網路主要採用兩大技術－分別是 GSM 及 CDMA 技術，預計將來這兩套技術仍將以平行的步調發展。

歐洲對 GSM 的標準化相當早，目前包括 GSM 以及相關的無線數據技術：GPRS 及新一代 EDGE 技術（Enhanced Data GSM Evolution），大約共掌握了全球三分之二的市場，分佈的範圍包括北美、歐洲及亞洲。新一代的 EDGE 技術可提升 GPRS 的資料傳輸率達 3～4 倍。而其他 GSM 業者，尤其已經購買新 3G 頻譜的業者，則主打 WCDMA 規格（Wideband CDMA），WCDMA 預計資料傳輸率可達 2 Mbps。另外還

有一套延伸技術稱為 HSDPA（High-Speed Downlink Packet Access），其資料傳輸率可高達 3.6 Mbps 以上。

4-6 科技新玩意

一、APP 與 APP Store

App Store 是蘋果公司為其 iPhone、iPod Touch 及 iPad 等產品創建和維護的數位化應用程式發佈和銷售平台，允許用戶從 iTunes Store 瀏覽和下載一些由 iOS SDK 或者 Mac SDK 開發的應用程序。根據應用發佈的不同情況，用戶可以付費或者免費下載。應用程式可以直接下載到 iOS 設備，也可以透過 Mac OS X 或者 Windows 平台下的 iTunes 下載到電腦中。其中包含遊戲、日程管理、詞典、圖庫及許多實用的軟體。

和 iTunes 一樣，蘋果公司透過應用程式的銷售抽成從 App Store 中獲利。蘋果抽取所有第三方開發者發佈的應用程式之銷售收入的 30%，開發者得到剩下的 70%。

二、QR Code

1994 年由日本 Denso-Wave 公司發明 QR Code，是一種二維條碼。QR 是英文「Quick Response」的縮寫，是「快速反應」的意思，源自於發明者希望 QR Code 可讓其內容快速被解碼。QR Code 常見於日本，並為日本最流行的二維條碼。QR Code 比傳統條碼可儲存更多資料，亦無需像傳統條碼般在掃描時需直線對準掃描器。下圖是中文維基百科網址的 QR Code 範例。

圖 4-9 中文維基百科網址的 QR Code

QR Code 呈正方形傳統上只有黑白兩色，現今已有彩色版。在 3 個角落印有較小像「回」字的正方圖案。這 3 個是幫助解碼軟體定位的圖案，使用者不需要對準，無論以任何角度掃描，資料仍可正確被讀取。

在行動商務的未來生活，超連結（Hyperlink）的發生，已經從以往的網站互連，轉變為虛擬資訊與實體世界互相連結，QR Code 正是其中最短的捷徑。在《蘋果日報》上，一掃就可以看見動新聞；在農產品的外包裝上，一掃就能看到生產履歷；甚至坐高鐵時，拿著票券對感應器一掃就能進站。QR Code 讀取方便，解碼閱讀器（QR Code Reader）適用於多數行動裝置，能 360 度自由讀取，不用正對手機鏡頭，即使部分條碼受損，也能自動校正辨識。

三、虛擬個人助理 Siri

Siri 是蘋果公司在其產品 iphone 4S 上應用的一項語音控制功能。Siri 讓使用者透過聲控、文字輸入的方式，來搜尋餐廳、電影院等生活資訊，同時也可以直接收看各項相關評論，甚至直接訂位、訂票；此外，Siri 在適地性服務（Location Based Service,簡稱 LBS）方面，能夠依據使用者預設的所在位置或居家地址來判斷、過濾搜尋的結果。Siri 可以支援自然語言輸入，並且可以調用系統自帶的天氣預報、日程安排、搜索資料等應用，還能夠不斷學習新的聲音和語調，提供對話式的應答。

四、智慧音箱

《MoneyDJ 理財網》指出，智慧音箱（Smart Speaker）是一款內鍵人工智慧（AI）語音助理的音箱，透過內建的連網麥克風，具有語音輸入功能，同時擁有人工智慧、喇叭外觀，能夠控制家用電器、App 的產品類型。應用案例，在美國，用亞馬遜的智慧音箱 Echo，透過 Alexa 語音助理，就可以預訂達美樂比薩。

Alexa 是亞馬遜推出的一款 AI 語音助理，最初用於 Amazon Echo 智慧音箱。它具有語音交互、音樂播放、待辦事項列表、鬧鐘、流播播客、播放有聲讀物以及提供天氣，交通，體育和其他即時信息的功能。Alexa 還可以將自身用作智慧家庭系統來控制多個智能設備。

五、穿戴式裝置

《數位時代》指出，穿戴式裝置（Wearable Device）是指能直接穿在人身上或能被整合進衣服、配件並記錄人體數據的行動智慧設備，例如：谷歌眼鏡、藍牙耳機、智慧手錶這些設備。

六、響應式網頁設計（RWD）

《維基百科》定義，響應式網頁設計（Responsive Web Design, 簡稱 RWD）是一種網頁設計的技術，該設計可使網頁在不同的裝置（桌上型電腦螢幕、筆記型電腦螢幕、平板手機螢幕、智慧型手機螢幕）上瀏覽時，對應不同螢幕解析度皆有較合適的呈現，減少使用者進行縮放、平移和捲動等操作行為。

七、5G / 6G

《The News Lens 關建評論》定義，5G 是指第五代行動通訊技術，是 4G 後的延伸，是新一代蜂巢式行動通訊科技的名稱。就像過去從 3G 升級到 4G 一樣，5G 將帶來更快的速度，更短的延遲時間，以及能夠支援更多設備。與現今智慧手機中使用的行動網路技術 4G LTE 相比，5G 的速度提升了約 100 倍，反應時間也快了 20 倍。

《維基百科》定義，6G 是指第六代行動通訊技術，是 5G 後的延伸。目前仍在開發階段。6G 的傳輸能力至兆赫（THz）頻段的使用，比 5G 提升 100 倍 bps（1T），網路延遲也從毫秒（1ms）降到微秒級（100μs）

學習評量

1. 電腦網路的種類主要有哪些？請簡述之。

2. 網路拓撲（Topology）結構主要有哪些？請簡述之。

3. 網路傳輸媒介主要有哪些？請簡述之。

4. 網路傳輸技術主要有哪些？請簡述之。

5. 請簡述 OSI 模型？

6. 何謂通訊協定？

7. 何謂 Telnet？何謂 WWW？何謂 FTP？何謂 Email？請簡述之。

8. 何謂星鏈（Starlink）？

電子商務金流與安全機制

導讀：台灣電子支付戰國時代

隨著零售巨頭「全聯」的電子支付品牌「全支付」開業，宣告「新零售」+「新金融」時代來臨，台灣電子支付品牌群雄並起數量達到 30 家，進入戰國時代。

台灣 2022 年的電子支付用戶數達到 1,700 萬，三大零售業者統一（icash Pay）、全家（全盈）、全聯（全支付）都有電子支付品牌與零售通路。但全家（全盈）、全聯（全支付）採開放生態圈策略，可使用的通路較多，應用範疇較廣。

電商的未來在拚生態系，「大數據」將成決勝點。隨著全聯（全支付）開業，台灣電子支付版圖已經成型，「生態系」是各家電商業者做出差異化的重點策略，而比誰更能看懂消費者需求的「大數據」就成關鍵決勝點。

大型新零售業者，挾帶通路資源與大量會員（人流），並以開放生態圈的策略進入市場，將加速大者恆大的趨勢。大型新零售業者能整合消費者在所有通路消費的大數據（資訊流），把會員（人流）、支付（金流）、通路（物流）都握在手中，將更能完整掌握消費者行為輪廓，作為後續會員精準行銷、流量變現的依據。過去零售業者只能看到「自家通路」支付據點的數據，未來電子支付業者能全面看到消費者「所有通路」的消費足跡，將更全面的看清消費者行為。

5-1 電子商務付款系統基本概念

一、傳統付款遇上電子商務

傳統付款方式遇到電子商務可能有下列五種問題發生。

1. **缺乏方便性**：傳統的付款方式通常要求顧客離線處理付款事項，例如使用電話傳真信用卡訂單、銀行轉帳、郵局劃撥…等方式付款。

2. **缺乏安全性**：為了在網際網路上利用傳統工具進行付款，顧客可能必須在線上傳送信用卡卡號、銀行帳號或是個人身分資料。這些機密資料的傳送，有可能在過程中被駭客中途劫取，引發安全上的危險。

3. **缺乏流通性**：信用卡只能在發卡銀行特約經銷商中交易流通，其他非特約經銷商處則無法進行交易，缺乏流通性，而且無法提供個人或公司行號間的付款交易資料。

4. **缺乏適用性**：信用卡或是支票的擁有，必須有一定的身分審核標準，並非人人都可以達到合格標準而擁有信用卡或支票帳戶。

5. **缺乏進行小額交易的能力**：網際網路上資料的傳輸、資料下載等消費，有許多都是小金額的付款交易，所以可能為了處理這筆小額交易所花費的傳輸成本、電話費或是信件費用都是額外的開銷。處理這些付款的成本太高，通常只能達到收支平衡，甚至成本高過收入。

由於傳統的付款方式面臨電子商務運作有以上五種問題產生，因此必須有一些「即時」的付款機制來解決這些問題，這也就是電子付款機制。所謂「即時」交易活動應該是表示當顧客在網站上按下「付款」的按鍵時，整個交易便已經被驅動而且完成。

二、電子付款機制之定義

所謂電子付款機制可定義為「利用數位訊號的傳遞來代替一般貨幣的流動，達到實際款項支付目的的系統」，例如線上信用卡付款、電子錢包、電子現金、電子支票及智慧卡等付款機制。

三、電子交易中的參與者

電子交易中的參與者，主要有：

1. **買方（Buyer）**：購買商品或服務的一方，也就是付款者（Payer）。

2. **賣方（Seller）**：販賣商品或服務的一方，也就是收款者（Payee）。

3. **發行機構（Issuer）**：是信用卡發卡銀行。

4. **收單機構（Acquirer）**：提供商店收款金融服務的銀行，它負責代理商店進行應收帳款的清算、管理商店帳戶等。並建立特約商店認證、註冊的各項過程，提供了安全電子商業的運作規範。

5. **公正第三者（Trusted Third Party）**：負責調解網路交易上所發生的爭議。

6. **電子證書認證中心（Certificate Authorities, 簡稱 CA）**：負責核發電子證書（Certificate），用以確認交易者的身分。

四、電子付款系統的整體架構

電子付款系統的整體架構中，除了上述的電子交易中的參與者外，必須要有軟硬體設備的支援，這些設備分別是電子錢包（Electronic Wallet）、商店伺服器（Merchant Server）、付款閘道（Payment Gateway）。其架構如圖 5-1 所示。

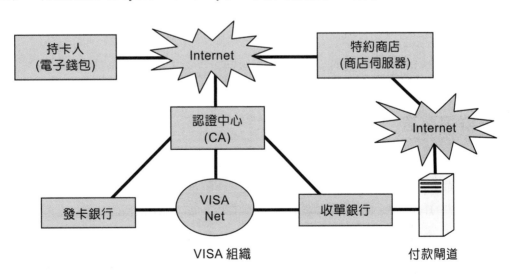

圖 5-1 電子付款系統的整體架構

五、金融 3.0

金融 3.0 是指，隨著網際網路、行動通訊、社群媒體等科技發展，讓金融業務或交易的支付型態更加多元化，透過網路或行動裝置，消費者就可享受各種金融服務，像線上辦信用卡、線上投保等。透過網路的虛擬通路，消費者不必跑到銀行，不受限銀行營業時間，就可辦理金融相關業務，已讓銀行實體通路面臨轉型壓力。

六、銀行進化史：從 Bank 1.0 到 Bank 3.0

Bank 1.0，是指完全以銀行實體分行為基礎的銀行業務形態。這一體系自銀行誕生之日起到現代，歷經了數百年而沒有發生質的改變。

Bank 2.0，是指網路銀行出現，客戶依賴銀行實體分行的行為被迅速改變。實體分行依舊十分重要，但它已不再是最主流的業務通路。Bank 2.0 時代，很多基礎的銀行業務已經可以直接透過電子管道完成。但如果客戶若需要一些較為複雜的服務，就很難透過網路銀行直接開戶、驗證、完成購買。隨著科技進步與資訊技術的快速發展，客戶與銀行的互動方式不斷在改變，年輕人鮮少到實體銀行辦理金融業務，以往的臨櫃服務逐漸轉變成網路銀行的範疇，例如線上查詢帳戶、轉賬和繳費等，這是銀行因應金融數位化的初步轉型。

Bank 3.0，客戶可使用手機 APP、晶片卡、NFC、RFID、二維條碼、QR Code 條碼等多元支付工具進行支付，每種行動支付工具皆有其存在利基，客戶也是基於某特定需求而使用一到數個行動支付工具，行動支付市場會比現在的卡片業務更為分歧。因移動支付載具成本相對低廉，在小額支付市場廣受消費者歡迎，逐漸侵蝕現金支付。對於新一代的消費者來說，銀行將不在是一個「地方」，而是一種「行為」。

七、群眾募資

群眾募資（Crowdfunding）概念是利用網路平台快速散播計劃內容或創意作品訊息，獲得眾多支持者的資金，最後得以實踐計劃或完成作品。知名群眾募資平台：Kickstarter、flyingV、嘖嘖。群眾募資運作流程，如下圖所示：

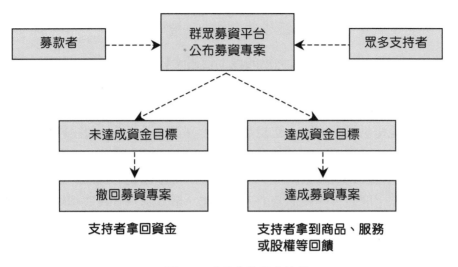

圖 5-2　群眾募資運作流程

5-2　各種電子付款系統

一、線上信用卡

線上信用卡系統係將信用卡的付款方式拓展至網際網路上的應用。顧客在網路商店購物時只要輸入其信用卡的詳細資料（主要是信用卡號碼及有效期限），透過網際網路傳送至販售商品的商店，商店再將該資料整合成授權付款訊息傳送至往來的信用卡取款銀行，便可循原有信用卡的清算系統取得貨款。

因此利用以信用卡為基礎的電子付款系統來進行支付交易，消費者必須至發卡機構申請合法的信用卡，網路上的廠商必須與發卡機構簽訂成為特約商店，提供能夠收受顧客信用卡支付的系統；而電子付款系統本身必須能夠確保客戶資料、信用卡號碼、交易內容等具有敏感性質的資料在網際網路上傳輸過程的安全；並且需要有公正的認證機構（一般即為信用卡發卡組織）對所有交易的個體發給身份簽證，讓交易雙方能夠在線上立即驗證對方的身分，及利用簽證上的公開金鑰來進行安全的資料交換，使信用卡付款交易能夠在安全正確的狀況下進行。

線上網路環境中，信用卡付款系統的發展過程可拆解成三種基本的類型：

1. **未加密線上信用卡付款**：最早期的線上信用卡交易是在公眾網路上，進行無加密性的交易行為，其中公眾網路包括電話線或者網際網路。安全性原本就低的網際網路，使這種交易方式產生很大的問題，也就是說任何駭客皆有能力編撰一個程式，用以掃描網際網路上的傳輸，竊取信用卡號。認證性是另

一個嚴重的問題，使得商家需負責確認使用人是否為信用卡持有人，在缺少加密性的環境下，這種認證方式根本無法達成。

2. **使用加密（如 SSL 技術）過的線上信用卡付款**：這類線上信用卡交易中，目前以 SSL 技術的線上信用卡為主流，SSL 協定是 Secure Sockets Layer Protocol 的簡稱，由 Netscape Communicator 公司於 1994 年提出。協定的主要目的是提供網際網路上交易雙方安全保護，避免交易資訊於傳輸過程中被竊取、偽造及破壞。SSL 位在 TCP/IP 和應用程式之間，它在用戶端與伺服器之間進行加密與解密的程序，經過這個安全編碼的程序，也就等於在用戶與伺服器之間建立一條保密的通訊管道，就算第三者竊取資料，也無法得知其內容。SSL 作業是利用信用卡卡號及有效日期或再加上持卡人的相關資訊做為認證標準。消費者只要擁有信用卡，不需要額外到銀行申請電子錢包及安全認證就可使用。

3. **使用第三方認證的線上信用卡付款（如 SET 技術）**：這種電子付款機制在對於安全性及認證性的解決方案是利用第三方的介入來達成：由一家公司擔保和蒐集用戶間的付款行為，在一段時間之後，進行信用卡交易總計金額的結算。是目前為止最安全的線上付款機制。

線上信用卡之優缺點

從上述信用卡付款的特性與系統的運作程序，可以歸納出以信用卡為基礎的電子付款系統其優缺點如下。

優點：

1. 用信用卡來進行網際網路上的電子付款，只是傳統信用卡付款方式的一個延伸應用，付款交易的進行與傳統信用卡郵購的付款方式並無太大的不同，其方式很容易被市場所接受。

2. 對於消費者而言，只要擁有一張信用卡便能夠同時使用於一般特約商店與 WWW 上的虛擬特約商店，亦即消費者可以使用原有的信用卡帳號，不需要再額外申請一個銀行帳戶或購買電子現金來付款，十分方便；而且信用卡若遺失遭冒用，發現後可立即掛失，之後的損失變由發卡機構負擔，消費者的利益有保障。

3. 對於特約商店而言，以信用卡為基礎的電子付款系統，有強大的信用卡發卡組織為後盾，以及全球完善的清算體系，其網路交易的信用風險可以轉嫁給發卡組織；加上信用卡有遍佈世界的使用者，有意在網際網路上進行電子商

務的廠商，尤其是欲進行國際貿易的公司，是不能夠沒有提供這種付款服務的。

4. 網際網路上以信用卡為基礎的電子付款系統，係以現有信用卡付款的系統架構與清算體系為基礎，其所遵循的架構清楚明確，因此發展的速度較快，系統整合亦較容易，能夠搶先一步佔領網際網路市場。

缺點：

1. 以信用卡為基礎的電子付款系統，消費者與廠商都必須加入特定的信用卡組織，由於消費者申請信用卡與廠商申請成為信用卡特約商店，都必須具備一定的條件，將因而限制了網路上的交易對象與使用範圍。

2. 以信用卡付款的每一筆交易記錄都會被發卡機構記載儲存起來，將會對消費者的隱私權有所危害。

3. 以信用卡為基礎的電子付款系統，由於是循原有的信用卡清算體系，因此以信用卡付款的每筆交易，買賣雙方都必須負擔較高的手續費，不適合作為小額付款之用。

4. 以信用卡為基礎的電子付款系統，僅能適用於持卡人與特約商定之間的付款之用，並無法作為一般人之間或同一個人的不同帳戶之間在網路上進行資金轉帳之用，適用的用途較少。

二、電子現金

所謂電子現金，是以電子的方式來處理交易的電子貨幣，而依據電子現金儲存的方式又可分為智慧卡型電子現金與網際網路空間型電子現金，智慧卡型電子現金是指將電子現金儲存在一個安全方便的智慧卡中，可由使用者隨身攜帶以取代傳統的貨幣方式，作為交易媒介之用；而網際網路空間型電子現金則是交易雙方設定電子給付系統，以達到付款收款的目的。而不論是哪一種電子現金，都是用電腦資料的方式來儲存及傳遞。而使用者在使用電子現金的時候，並不會暴露使用者的個人資訊，亦即電子現金與傳統現金所具備的匿名性質。

要使用電子現金，消費者必須先在網路銀行（甲）開立電子現金帳戶，此網路銀行多半係由傳統實體銀行來負責線上業務，而使用者可以利用個人的帳戶提領電子現金，此筆現金的金額會經由使用者電腦的「數位簽章」技術加密，再將資料傳給消費者的網路銀行（甲）。網路銀行（甲）再收到後，將「數位簽章」解密，消費者就可以從帳號中提領此筆金額，再將認證後的「電子現金」回傳給消費者，該消費者就可以在網路上使用此筆金額付款。當商家收到使用者的電子現金後，商家可以向簽發認

證的銀行申請檢驗此電子現金的真偽，以保障電子現金的正確性。電子現金的交易流程如圖 5-3 所示。

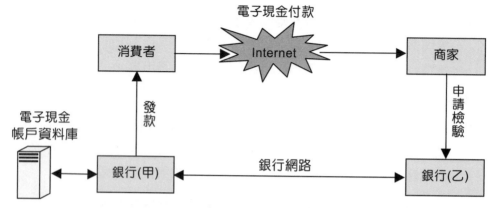

圖 5-3 電子現金的交易流程

電子現金系統的優點

1. 電子現金具有匿名的特性，無法由電子現金的使用追蹤到消費者的身份，對於消費者的隱私權與帳戶的安全性有較佳的保障。

2. 電子現金在使用時是獨立的，與銀行帳戶沒有直接的關聯，因此沒有交易過程中帳號或信用卡號碼遺失、被竊取與被冒用等風險。

3. 大部分的電子現金系統具有離線驗證的功能，可以在離線的狀況下的進行付款。

4. 使用者沒有申請條件的限制，而且交易成本較低，適合進行任何人或任何機構之間任意金額大小的付款，尤其是小額付款。

5. 電子現金未來若相關發行機構與清算機制發展成熟的話，可以視為網路上的一種法定貨幣，具有一般現金即時兌現的性質，廠商將很樂意受到這種付款。

電子現金系統的缺點

1. 如果採用線上的查核，電子現金發行單位必須維護一個大型資料庫，用以記錄已經使用過的電子現金，以防止重複花用的問題。

2. 電子現金就像現金一樣，沒有追蹤的記號，一旦遺失便很難追回，用戶便因而發生損失。因此電子現金的儲存與保護格外重要，儲存在一般個人電腦上並不十分保險，通常需要利用特殊的硬體設備來儲存，例如智慧卡或個人數位助理（PDA）等。此外，若要在離線的情況下進行付款，通常亦必須要有

智慧卡與讀卡機等硬體設備來進行驗證，如此額外增加設備將會提高用戶的負擔，而使一般的消費者卻步。

3. 電子現金在領出時係有一定的面額，若購物後需要找錢而廠商沒有適當的零錢面額時，電子現金需要進行分割，處理手續較繁複。

4. 電子現金是屬於一種現付付款系統，消費者付款時從網路上領出電子現金，銀行帳戶便會馬上減少利息收入；對於金融機構而言，亦會立即短少帳面存款，對於兩者均屬不利。

電子現金的理想特性

1. **獨立性**：電子現金不依賴任何實體的物理性質，而能夠在網路上傳輸。也就是電子現金的本質應該是一連串的電腦資料，可以透過網路連線在網際網路上流通；簡單的說，電子現金就是在網路世界裡所適用的貨幣。

2. **安全性**：眾所皆知，網際網路是一個開放式的環境，任何人只要有網路設備，就可以進入網路的世界中搜尋、接收資料，因此任何在網際網路中流通的資料，當然也包括電子現金，都有被竊取、被複製的可能，因此電子現金必須符合一定的安全性，才能有網路貨幣的功用。電子現金的安全性主要著重在如何避免偽造、避免重複使用以及不被盜用等問題。

3. **匿名性**：隱私權對於使用者而言，其重要程度不下於實質的財富，而網際網路的盛行，更使得隱私權的保護越來越受到重視。電子現金之所以比電子信用卡、電子支票系統更具優勢，就在於電子現金可以保障使用者的私密資訊不外流，一般電子現金對於保障匿名性的做法是採用數位盲簽章的技術，或者是採用可信賴的電子現金伺服器方式。

4. **離線付款**：離線付款是指消費時，電子現金不需要透過與銀行主機的連線查驗，也能進行付款的動作。一般的電子現金離線付款主要有兩種做法，第一種是利用在電子現金的模組裡加上一個稱為觀察者的模組，用來記錄每筆電子現金交易的流程；另外一種則是比較常用的挑戰回應方式，由收款方送出挑戰，付款方傳回回應的過程，以揭露原先加密過的資訊，藉此驗證電子現金是否經過重複消費。

5. **可轉換性：**電子現金的用途主要是在網路上取代傳統貨幣的地位，而在現實生活中，傳統貨幣是可以經過使用者之間的私相授受，來轉移所有權及使用權，因此一個理想的電子現金也應該要具備這種理想特性，可以經由使用者之間的協議轉移所有權及使用權，而不會影響到電子現金的安全性與匿名性。簡單來說，能經由不同的存提款設備將電子現金儲存在不同設備中。

6. **可分性：**簡單的說可分性就是電子現金應該也具備有可找零的特性，電子現金應該要有各種面額的存在，而目前有關電子現金的研究之中，都把電子現金設計成單位貨幣，因此電子現金的總額都可以加成，而不需要有可找零的特性。

7. **條件稽核：**電子現金的設計，基於保護使用者的匿名性，因此除了交易雙方，沒有任何第三者可以得知電子現金的流向與用途，雖然保障了使用者的隱私權，卻也使得電子現金容易淪為販毒、洗錢等方便的犯罪工具，因此電子現金應該具備可以在有條件的法律管理情況下，提供檢調單位得以追查某筆電子現金的流向。

8. **災難復原：**既然電子現金不需依賴任何實體的物理性質，而得以在網路上傳輸，因此電子現金的儲存媒介，勢必容易受到破壞，而造成使用者的損失，因此電子現金應該要避免使用者的權益受到破壞，所以應該具備有匿名的災難復原機制，可以補足電子現金儲存媒介的先天缺失，將使用者的損失降到最低。

三、電子錢包

電子錢包（e-Wallets）是一種符合安全電子交易 SET 標準的電腦軟體，它裡面儲存了持卡人的個人資料，如信用卡號、電子證書、信用卡有效期限等。當進行交易時，它會將持卡者的信用資料加密之後再傳至特約商店的伺服器中，因此，在特約商店的電腦上，只能看到消費者選購物品的資訊；而信用卡的卡號及信用資料等機密內容，只有發卡銀行在處理帳務時將訊息解密後才能看得到，在安全性上相當有保障。

🔷 電子錢包的特性

一般的錢包，稱為「類比錢包」，會放在人們的口袋或皮包。電子錢包希望能模擬類比錢包的功能，其中最重要的特性為：

1. 從數位憑證或其他保密的方式檢驗消費者。

2. 儲存並轉移價值。

3. 確保消費者到廠商的付費過程安全。

4. 模擬一般錢包的功能，可以支援線上信用卡、數位現金、數位信用卡，以及數位支票等使用的付費。

電子錢包的好處

1. 最大好處在於消費者的便利性。

2. 可以從任何網站使用電子錢包來證明自己的身分，用一個按鍵就可以付費購買想要的物品，並且立刻留下一份交易證明以便複查。

3. 可在無線網路器材上使用同樣的電子錢包付款。

4. 線上購物時不必再填單，只要點選電子錢包，軟體就會將帳單和送貨資料填好，簡化訂貨的過程。

5. 廠商從電子錢包得到的好處在於降低交易成本，並減低詐騙的風險。

支付即服務（PaaS）

「支付即服務」（Payment as a Service, 簡稱 PaaS）是一種新興的付款模式，讓銀行和其他金融機構藉由第三方雲端平台，提供消費者更彈性更多元的支付選擇、簡化支付的流程和降低支付的風險。

PaaS 藉由「應用程式界面」（Application Programming Interface, 簡稱 API）串接不同的策略合作夥伴，開拓全新的金融支付場景，更為「支付價值鏈」（Payment Value Chain, 簡稱 PVC）中的參與者創造多贏局面。由於「支付價值鏈」涵蓋消費者的發卡銀行（Issuning Bank）、商家銀行（Acquiring Bank）、第三方服務提供者（Third Party Provider）等不同的參與者，因此，PaaS 藉由 API 串接銀行與合作商家，以及第三方服務提供者，在雲端平台上提供一站式整合的「支付價值鏈」下各項服務。

全聯 2019 年 5 月推出行動支付「PX Pay」；2022 年 9 月推出電子支付「全支付」。「全支付」的會員點數可在不同企業之間，進行互轉互換，比起單純綁定信用卡或金融卡付款的行動支付「PX Pay」，電子支付「全支付」能延伸的產品與服務內容更加多元，深具 PaaS 的企圖。全聯為完善金融支付場景與百大品牌合作，逾 10 萬個合作據點，以建購未來的「全聯」金融生態圈。

四、Web-ATM

Web ATM 係由實體銀行所提供之網路理財服務。只要透過個人電腦，結合「晶片金融卡」及「晶片卡讀卡機」連結至銀行網站，即可隨時隨地在網際網路上享有銀行所提供之 ATM 金融服務（除提領現金外，功能上與實體 ATM 無異）。

不論是網路商家或實體店家皆可申請使用 Web ATM。透過電腦及晶片金融卡讀卡機，持有任何一家銀行所發行之晶片金融卡的消費者，均可立即轉帳支付消費款項。兼具安全、流暢、方便、即時的特性。

五、P2P 付款系統

P2P（Person-2-Person，個人對個人 / Peer-2-Peer，點對點）付款系統是儲值付款系統的變化。P2P 付款是透過傳遞訊息或 E-mail 的方式將錢轉帳給朋友。PayPal 是 eBay 旗下的線上金流付款服務商，是全球最大的跨國 P2P 線上支付公司，可接受 20 多種國際貨幣，在 190 多個國家和地區使用，超過兩億多會員。

PayPal 可用於線上購物，也可用於收款、轉帳、叫車服務付款。在網路購物結帳付款時，用 PayPal 線上付款，可避免敏感性資料外洩。PayPal 付款方式有兩種：使用 PayPal 帳戶餘額付款，以及使用與 PayPal 帳戶連結的信用卡付款；付款順序由會系統預設為先由用戶的 PayPal 帳戶餘額付款，當餘額不足時，才會自動轉由與 PayPal 帳戶連結的信用卡付款。申請 PayPal 帳戶，只需要一個 E-mail 信箱即可，但是沒有連接信用卡的帳戶會有使用限制。

六、第三方支付

第三方支付（Third-Party Payment）是指由第三方業者居中於買家與賣家之間進行收付款作業的交易方式。當進行交易時，買家先把錢交給第三人，等收到貨物沒問題後，第三人才將貨款給賣家。這時候的第三人指的就是「第三方支付」。例如 Yahoo 奇摩輕鬆付（Yahoo!奇摩）、樂點卡（遊戲橘子）、豐掌櫃（永豐商業銀行）、Pockii（中國信託商業銀行）、支付連（PChome_Online 網路家庭）。第三方支付的始祖——美國 Paypal 成立於 1988 年，全球超過 190 個國家參與。

第三方支付與電子支付（Electronic Payment）最大差異在於，是否以電子轉帳進行付款。簡單來分，以電子轉帳進行付款的就是電子支付，而以儲值付款不以轉帳的

就是第三方支付。在台灣取得電子支付執照的有歐付寶、橘子支、國際連、智付寶、台灣支付等。在台灣，第三方支付只能作代收代付業務，取得電子支付執照（專營電子支付機構營業執照）的五家業者，能作更多事情。例如綁定銀行帳戶，消費時進行扣款；或者也可以儲值。綁定信用卡來消費，只是電子支付業務中的基本款。

七、行動支付

行動支付（Mobile Payment）的定義：舉凡以行動存取設備（如手機及平板電腦等）透過無線網路，採用語音、簡訊或近距離無線通訊（Near Field Communication, 簡稱 NFC）等方式所啟動的支付行為均屬之。換言之，以可連網的行動裝置，取代實體的信用卡、票證或現金在店家或銷售終端進行支付行為，即可視為行動支付。

5-3 電子付款安全機制

一、電子付款的安全需求

1. **身份認證性（Authentication）**：網際網路在電子商務方面的應用，用戶端和伺服端（買賣雙方）之間往往都必須認證對方的身分是合法的，以避免有冒名傳送假資料等惡意欺騙的交易行為出現。

2. **資料保密性（Confidentiality）**：網際網路在引進商業交易以後，所傳送的資料經常都是具機密及敏感性的，若網際網路遭有心人士竊聽，而洩漏或被非法取得資料，將可能被人從中獲取不正當利益，並使資料傳送者的隱私遭到侵犯。

3. **資料完整性（Integrity）**：資料在傳遞的過程中，可能因為網際網路遭到中途侵入而被惡意竄改、偽造、竊取或重送傳輸中的資料或其中部份內容，造成傳輸後的資料與原始內容不一致，導致交易發生錯誤。

4. **不可否認性（Non-repudiation）— 防止拒付**：進行電子商務時，買賣雙方並未面對面進行交易，而是以電子訊息為媒介在網路上傳遞與交換，以達成交易的目的。這種非直接接觸的交易方式在交易確認完成後，可能仍會有買賣雙方否認已經收、送交易文件的情事發生，例如：買方否認已經簽下的訂單；或賣方否認已經收到付款，如此因而產生買賣之間的糾紛。

二、安全電子交易協定（SET）

安全電子交易協定（Secure Electronic Transaction Protocol, 簡稱 SET）：是由 Visa 與 MasterCard 兩大信用卡組織提出的一種應用在網際網路上以信用卡為基礎的電子付款系統規範，檢驗持卡人和廠商的身分，藉此改進信用卡交易的安全。

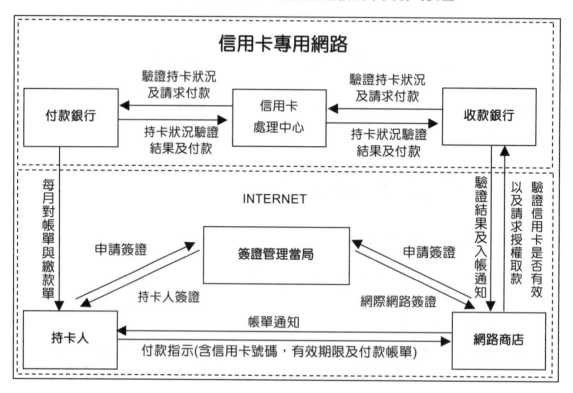

圖 5-4 SET 線上信用卡處理流程

SET 協定的重要個體：

1. **持卡人（Cardholder）**：消費者必須至發卡機購申請合法的信用卡，擁有發卡銀行（Issuer）所授權許可的信用卡之持有人，須向電子證書管理中心（Cardholder Certificate Authority, 簡稱 CCA）註冊登記，才允許進行電子商務之相關交易。

2. **電子商場（Electronic Shopping Mall）**：網際網路上的電子商場，為銷售貨物或提供服務的企業組織，並須與信用卡收單銀行登記簽約，並取得電子證書，始可成為接受客戶信用卡為電子付款方式的特約商店。電子商場要支援網路安全傳輸與遵循 SET 通訊協定，所有交易以信用卡 On-Line 方式授權及清算。為減輕電子商店及收單銀行的交易成本，商店端系統將提供自動化的訂單處理（Ordering）：從持卡人的上線瀏覽查詢、訂單確認（Confirm Order）、到持卡人身份確認（Certificate）、信用卡授權作業（Authorize）、

出貨（Devilry）、信用卡請款作業（Capture）及相關的報表作業（Reporting）及商品管理功能（Content Management）等作業，如上一節所述。電子付款系統本身必須能夠確保客戶資料、信用卡號碼、交易內容等具有敏感性質的資料在網際網路上傳輸過程的安全；並且需要利用電子證書上的公開金鑰來進行安全的資料交換，使信用卡付款交易能夠在安全正確的狀況下進行。

3. **信用卡收單銀行（Acquire Bank）**：信用卡收單銀行系統，透過付款閘道（Payment Gateway）提供 Internet 的授權與請款服務。收單銀行主要負責授權與管理往來的特約商店進行收受信用卡付款交易的業務，以及提供協助特約商店取得持卡人付款（即 capture 請款作業）的服務。收單銀行中除了包含傳統銀行的應用系統外，還必須增加一個收單銀行付款閘道系統。付款閘道有兩個服務項目，一是分別透過網際網路與往來的特約商店連線，以及金融網路與發卡銀行連線，協助特約商店進行信用卡付款的請款與清算；二是負責特約商店電子證書的申請與管理，對外透過網際網路與申請電子證書的特約商店連線，接收特約商店的申請與發放電子證書；對內則透過金融網路（或網際網路）送收商店的電子證書申請資料給電子證書管理當局，以取得經其簽章後的特約商店電子證書，此後 Payment Gateway 並必須負責管理特約商店之電子證書及電子證書註銷清單 Certificate Revocation Lists, 簡稱 CRLs）。

4. **認證中心（Certificate Authority, 簡稱 C.A.）**：由信用卡發卡單位共同委派的公正代理組織，主要功能係提供產生、分配與管理所有持卡人、特約商店以及參與銀行交易所需的電子證書（Certificate）。CA 中包含許多對外連線的電腦系統，其中主要有 CCA（Cardholder CA）、MCA（Merchant CA）及 PCA（Payment Gateway CA），分別負責持卡人、特約商店與 Payment Gateway 的電子證書管理。VeriSign 是 Internet 安全服務的領導品牌，同時也是網路付費服務提供者：❶與廠商帳戶提供者維護廠商帳戶的安全、❷讓廠商在伺服器上安裝處理付費的軟體。

5. **金融網路**：此處所指的金融網路係連接收單銀行、發卡銀行及電子證書管理當局介面的現有信用卡連線交易所需的專用網路，例如現有的 VISA Net 即是其中之一。收單銀行藉金融網路與發卡銀行連線，以取得發卡銀行付款的授權，以及進行信用卡帳務的請款/清算與訊息的交換。電子證書管理當局則藉金融網路與發卡銀行連線，以取得發行持卡人電子證書（Cardholder Certificate）的授權。

三、安全套接層協定（SSL）

安全套接層協定（SSL）是 Secure Sockets Layer Protocol 的簡稱，由網景（Netscape）公司於 1994 年提出，是一種網際網路上最普遍使用的安全通訊協定，保障網站伺服器及瀏覽器之間的數據資料傳輸的安全性。透過這個協定，數據傳輸會按照認證的種類（40 位元、128 位元）進行不同程度的加密，更會檢查資料的完整性。協定的主要目的是提供網際網路上交易雙方安全保護，避免交易資訊於傳輸過程中被劫取、偽造及破壞。SSL 位在 TCP/IP 和應用程式之間，它在用戶端與伺服器之間進行加密與解密的程序，經過這個安全編碼的程序，也就等於在用戶與伺服器之間建立一條保密的通訊管道，就算第三者竊取資料，也無法得知其內容。除此以外，透過所謂「金鑰匙」的加密技術及嚴謹的 SSL 認證註冊的程序，SSL 可以驗證伺服器的身分而達到網站瀏覽者向網站身分作出檢查的目的。網站瀏覽者當看到瀏覽器右下角出現「金鑰匙」，瀏覽者可以點選查看伺服器的位置及身分，確認網站是否真實可靠。SSL 的三大功能：

1. **私密性**：使用對稱式金鑰系統，對傳輸的訊息與資料進行加密，以確保資料的私密性。

2. **身份驗證**：使用非對稱金鑰演算法如 RSA 及證書管理架構，對交易雙方中伺服器端的身分進行驗證。並由伺服器端決定是否要驗證使用者端的身份。

3. **完整性**：使用安全的 Hash 函數計算傳輸資訊的驗證碼並附加於訊息的最後面，以確保資訊傳輸的正確性與完整性。

SSL 的目的在提供網路應用軟體之間一安全、可信賴的傳輸服務，安全表示透過 SSL 建立的連線可防範外界任何可能的竊聽或監控，可信賴表示經由 SSL 連線傳輸的資料不會失真。SSL 協定主要的功用即是確保顧客端與伺服器端資料傳送之安全，利用密碼學之技術，達到保密、安全之作用。因為 SSL 所具有的安全機制，對於日趨嚴重的網際網路侵害事件提供一項有力的防範措施，自是受到市場上的歡迎。由於美國政府對於安全技術的輸外格外嚴謹，許多好的安全機制均受到相當程度的管制，其中 SSL 協定在美國境內的安全等級比在國外的安全等級高出許多。雖是如此，SSL 還是提供網際網路使用者一項有力的保護措施。SSL 的特色如下：

1. SSL 與應用協定無關，在它之上可疊上各式網路應用，意即這些應用仍可無視 SSL 的存在，依照往常的方式運作。

2. 連線雙方利用公眾鑰匙（Public Key）技術識別對方的身分，SSL 支援一般的公眾鑰匙演算法，採 RSA 與 DES 並用。

3. SSL 連線是受加密保護的，雙方於連線建立之初即商定一用以對後續連線加密的秘密鑰匙（Secret Key）及加密演算法，如 DES 或 RC4。

4. SSL 連線是可信賴的，SSL 在所傳輸的每段訊息中附有用於驗證訊息完整性（Integrity）的訊息認證碼（MAC），SSL 支援一般用於產生 MAC 的雜湊（Hash）函式，例如 SHA、MD5，並採用 Handshake Protocol Specification 與 Record Protocol Specification。

　　SSL 採用公眾鑰匙技術識別對方身份，受驗證方須持有某發證機關（CA）的證書（Certificate），其中內含其持有者的公眾鑰匙，CA 的簽名可證明該公眾鑰匙的合法性，而持有者的私有鑰匙加證書即可證明自己的身份，實際應用上，SSL 要求至少伺服端得持有 CA 頒發的證書，客戶端可選擇性持有自己的證書，此主要在保護一般用戶不會誤上賊船、被騙、被拐。但由於加密過程頗耗費計算資源，故 SSL 連線的效率較傳統未加密的低許多，因此，一般只將 SSL 用於須加密保護的連線，普通連線仍採傳統協定。交易流程如圖 5-5 所示。

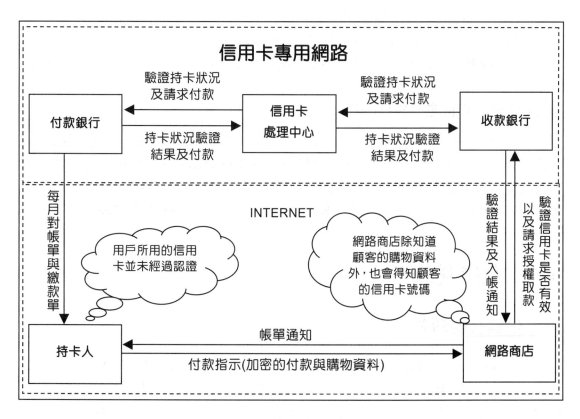

圖 5-5　SSL 線上信用卡處理流程

四、保護電子商務的交易通道

SSL（Secure Socket Layer）

SSL 由網景公司所提出，安全超文件傳輸協定（S-HTTP）由 CommerceNet 公司提出，用於網際網路進行安全資料傳輸的兩個協定。SSL 和 S-HTTP 支援用戶端與伺服器間安全 WWW 對話。SSL 是支援兩台電腦間的安全連接，而 S-HTTP 則是為安全地在 HTTP 中傳輸資料。SSL 與 S-HTTP 都是自動完成發出資訊的加密和收到資料的解密工作。但 SSL 處於 TCP/IP 協定的傳輸層，而 S-HTTP 處於應用層。

由於 SSL 處於 TCP/IP 協定的傳輸層，除了 HTTP 外，SSL 還可對電腦間的各種通訊都提供安全保護。例如 FTP、Telnet、HTTPS。常見的數位安全通路是 HTTPS，而 HTTPS 就是 SSL 實現在 HTTP 上的安全版。SSL 有兩種安全等級：40 位元及 128 位元。

SSL 的安全協調程序中，從瀏覽器和伺服器的交握（Handshake）開始，瀏覽器為雙方生成私密金鑰，然後由瀏覽器利用伺服器的公開金鑰對此私密金鑰進行加密，對私密金鑰加密後，瀏覽器將它發給伺服器。伺服器用其私密金鑰對它解密，得到雙方公用的私密金鑰。接著 SSL 用此雙方公用的私密金鑰對所有的安全通訊進行加密傳送。

安全 HTTP 協定（S-HTTP）

S-HTTP 是 HTTP 的擴充，它提供了多種安全功能，包括用戶電腦與伺服器認證、加密、請求 / 回應的不可否認性等。S-HTTP 係由 CommerceNet 公司所開發的協定，它處於 TCP/IP 協定的最頂項 — 應用層。它提供用於安全通訊的對稱加密、用於用戶電腦與伺服器認證的公開金鑰加密（RAS）及用於實現資料完整性的資訊摘要。

5-4　金融科技

一、何謂金融科技

金融科技（Financial Technology, 簡稱 FinTech）是指一群企業運用科技手段使得金融服務變得更有效率，因而形成的一種經濟產業。這些金融科技通常在新創時的目標就是想要瓦解眼前那些不夠科技化的金融體系。全球金融業隨著低利率環境獲利增速放緩，傳統金融業受到新金融科技的挑戰，所需人力越來越少，各國金融業裁員縮編由金融科技取代的趨勢基本上不會改變。

二、金融科技的案例

全球知名的金融科技公司：

1. **螞蟻金服（Ant Financial）**：螞蟻金服成立於 2014 年，是專注於服務中小企業與最終消費者的網際網路金融服務公司。旗下金融科技品牌❶全球最大的第三方支付工具「支付寶」；❷「螞蟻花唄」是螞蟻金服推出的一款用於淘寶、天貓的信用消費服務；❸「芝麻信用」是螞蟻金服推出的一款用於個人金融徵信業務，是第三方個人信用評估與管理機構，透過雲端運算、大數據分析、機器學習等技術，蒐集來自政府、金融機構、電商平台、支付工具的數據，呈現出個人的信用水平高低，簡單來說就是「幫個人打信用分數」；❹「餘額寶」是螞蟻金服推出的一款貨幣基金，由天弘基金負責管理，只要透過支付寶投資，支付寶的用戶可以選擇將帳戶中之餘額直接轉至餘額寶，就等於購買了該貨幣基金。由於餘額寶本身是貨幣基金，報酬率高於銀行支付的存款利息。具備收益高、操作靈活、幾乎沒有投資門檻等特性，實現平民理財，深受中國年輕族群喜愛。

2. **趣店**：在 2014 年成立之初主要致力於為沒有信用卡的大學生提供分期購物服務，希望透過這個模式開啟年輕人的信用生活。不到兩年時間，趣分期已經覆蓋中國所有高校，不僅成為年輕學子心目中分期業務的優勢品牌。

3. **OSCAR**：美國健康醫療保險的金融科技公司，主要銷售給中小企業和個人醫療險，定位自己不只是保險公司還是健康管理公司，提供了個人化的線上問診和健身健康管理的服務，由於資訊透明化、納保和理賠手續簡便，非常受年輕人歡迎。

4. **陸金所**：是一家 P2P（Personal to Personal）信貸平台。陸金所讓陌生人投資你，投資借貸不必透過銀行，陸金所挑戰創新與風險控管的極限，推出線上及行動端 P2P 小額投資服務，讓許多投資客甘願熬夜滑手機，只為搶投資。

5. **眾安保險**：是中國第一家純網路保險公司，主打「財產險」。

6. **Atom Bank**：是英國第一家純線上網路數位銀行，不同於傳統銀行，只能使用 App，採用生物辨識技術來進行身份確認，開戶流程只要掃描身份證件和填寫基本資訊，簡便、透明、客製化的銀行 App，很受英國年輕人歡迎。

7. **Kreditech**：是一家德國的 FinTech 公司，主打讓正規金融機構得不到授信的借貸者提供信貸，用人工智慧和機器學習來處理每位申請人的信用大數據資料（包含 Facebook 檔案、Amazon 和 Ebay 消費紀錄、PayPal 交易紀錄等），來對申請人進行信用評分和發放貸款。

8. **Avant**：是一家美國線上借貸公司，服務的客戶主要介於信用優級和次級之間的借款人，放貸資金來自平台而非投資人，平均貸款額度是 8 千，最高可到 3.5 萬美元，也是主打透過大數據和機器學習來建立精確的消費者信用資料，號稱能有效降低違約風險和詐騙。

9. **SoFi**：是美國一家網路貸款公司，專門低息貸款給美國名校高材生付學貸，因為美國的學費是天價貴，但這群名校高材生未來的預期收入高，違約率 1.6％，低於整體學生違約率的 8％。SoFi 的資金來源是這些名校校友投資一筆基金，讓學生能用較低固定利率貸款，還將這個高材生 P2P 貸款打包證券化，因為違約率低，所以穆迪還給 SoFi 3A 的高信用評級。

10. **京東金融**：主打供應鏈金融，貸款給中小企業，主要有「京東眾籌」與「京東白條」兩大產品。

11. **免佣金投資平台「Robinhood」**：2013 年美國線上證券交易平台「Robinhood」成立，主打免佣金（零交易手續費）、簡單易懂的介面設計、不需最低開戶金額等優勢，打入美國金融領域，快速席捲美國華爾街，順勢成為美國年輕人最喜歡的投資工具。

12. **「Karat」網紅信用卡**：傳統金融的信用評價存在一些問題，現實上許多高人氣的網紅雖然有著豐厚的收入，但想申請信用卡卻處處碰壁，有的人甚至連銀行帳戶都沒有。因為傳統信用卡公司核卡的依據是 FICO 信用評分系統，根據申請者過去的借貸紀錄、還款能力、帳戶活躍程度給予評分。很多網紅年紀輕輕、甚至未成年、一夕爆紅後，信用記錄卻是一片空白，要和傳統銀行申請信用卡總是被打回票。美國金融新創公司「Karat」看準網紅經濟，推出「網紅信用卡」，讓高人氣的內容創作者把 YouTube 上的訂閱數、Instagram 收到的愛心數通通換成實質的現金回饋。Karat「網紅信用卡」的創新點在於，用社交平台成績作為信用評分標準，幫助網紅經濟接軌傳統金融。

三、區塊鏈與比特幣

區塊鏈（Block Chain）是一種改變「記帳」方式的新技術，採用「分散式帳本技術」（Distributed Ledger Technology），它讓交易過程中每個節點的每一筆帳，都能透明、省成本又安全地被紀錄下來。區塊鏈技術標榜「去中心化」、「公開」、「透明」三大特徵的目標；加上它是一套開放技術，具有改變所有產業交易遊戲規則的創新破壞性，舉凡牽涉「交易」行為，從業務、仲介、理專、律師，甚至食安檢驗、投

票、資安防駭等都避不開它的衝擊。因此，它的真正貢獻絕對不僅限於金融產業，有可能改變所有人類的交易行為。

比特幣（Bitcoin）是一種用區塊鏈作為支付系統的加密貨幣。區塊鏈在比特幣的應用中，是採用一種稱為「挖礦」的密碼技術來確保交易的正確性。「挖礦」是一種區塊鏈共識機制，目的是決定記帳權共識：確認交易並把交易納入區塊鏈之中。「挖礦」能確保區塊鏈時間順序的正確、保護網路的中立性。有待確認的交易資料會被打包至某個區塊之中，而為了防止區塊被惡意篡改，區塊必須滿足一項非常嚴格的密碼學規則，隨意篡改的區塊會因為不符規則都變得無效，藉由這個機制，沒有一個人能控制區塊鏈中能包含哪些交易，或是任意更動區塊鏈的某一部份。

四、開放銀行

「開放銀行」（Open Banking）是指在取得消費者同意後，透過「應用程式介面」（Application Programming Interface, 簡稱 API）與其他銀行或是第三方服務提供業者（Third-party Service Providers, 簡稱 TSP）的合作，藉由取得消費者資料，提供更加個人化、多元的金融服務。

《MoneyDJ 理財網》認為，開放銀行是指銀行透過與第三方服務提供業者（TSP）合作，以「開放應用程式介面」（Open Application Programming Interface, 簡稱 Open API）共享金融數據資料，將銀行帳戶資訊的主導權還給消費者，消費者有權決定是否讓其他銀行或非銀行之第三方業者存取帳戶資料。

金融創新教父，布雷特‧金（Brett King）在《Bank3.0：銀行轉型未來式》一書中，將「開放銀行」的精神作了最佳註解：「銀行已不再只是一個場所，而是一種行為。」（Banking is no longer somewhere you go, but something you do.）。開放銀行的核心概念，就是將原本就屬於消費者的個人資料與交易資料「還歸於消費者」，由消費者自己作主是否同意將自己的資料，分享給任何一家金融機構或第三方服務業者；後二者（另一家金融機構或第三方服務提供業者）可以運用這些資料，為消費者提供更加客製化、個人化的金融服務。

五、開放應用程式介面

開放應用程式介面（Open API）是串連「金融數據」與「第三方服務提供業者提供的服務」的介面設計，Open API 有兩大主要特徵：第一是「標準化」，Open API 的格式統一，合作雙方的資料可以相互使用、分析；第二是「規模化」，Open API 能

帶動更多潛在客戶使用第三方服務，同時擴大銀行金融數據庫的資料，藉由流量接觸新的客戶群，獲取更多利潤。

有了 Open API，第三方服務提供業者可以向客戶提出存取其金融資料的要求，開發出比價、資產管理、一站式金融服務平台、繳費等應用，打造可獲利的商業模式。例如，當通訊軟體的支付服務，在獲得用戶授權開放自己的金融資料後，可以透過 Open API 與銀行串接，方便用戶直接在通訊軟體中完成轉帳，而不必再回到銀行網站主頁，也不需要登入網路銀行或是銀行 App。

Open API 的核心，是「用戶體驗」。銀行必須具備資料導向思維（Data-driven Thinking），透過 Open API 串接第三方服務提供業者，不但能夠透過異業結盟，接觸到新的客戶群，還可以加速銀行的數位轉型，讓消費者有更多機會與銀行互動。未來 Open API 將使金融服務將變得無所不在，金融商品服務會依用戶需求而客製化。

六、純網銀

簡單來說，「純網銀」都能做所有傳統銀行能做的事情，最大差異在於，純網銀幾乎所有金融業務，都經由網路或行動裝置進行，特點是不受時間、空間限制。依規定除了總行及客服中心外，不得設立實體分行，沒有任何分支機構、營業據點，提供的金融業務範圍，與傳統銀行無異。

「純網銀」不同於傳統銀行的網銀服務，傳統銀行的網銀是實體分行的延伸，只是銀行許多服務的一環，能降低銀行服務成本、提升營業效率，但本質上仍是傳統銀行。

「純網銀」起源於 1995~2001 年網際網路 dot-com 泡沫時期，當時美國有超過 500 家純網銀相繼成立，然而歷經 dot-com 泡沫化後，許多業者相繼倒閉。2014 年後，在金融科技（FinTech）浪潮帶動下，英國、日本、中國、香港、新加波引爆了第二波純網銀熱潮。2019 年 7 月台灣核准三家純網銀，「將來商業銀行」、「連線商業銀行」與「樂天國際商業銀行」，這三家的營運模式都各有不同，目標客群也有差異，但都有助於促進金融創新與普惠金融。

「將來銀行」（Next Bank）由中華電信與兆豐銀行主導，股東包含全聯實業、新光集團、凱基銀行、關貿網路，結合電信、金融與實體零售等通路，可以開發更多傳統銀行低關注的客戶、小微企業及信用小白。

「連線商業銀行」（Line Bank）主要由 LINE 籌組，在台灣擁有龐大用戶基礎，更有 LINE Pay 結合一卡通電子支付的優勢。LINE 積極推出各種服務，如 LINE Points、LINE Pay、LINE 旅遊、LINE 酷券、LINE Music 等將這些結合，打造一個專

屬於 LINE 的生活圈。在營運初期,「連線商業銀行」將提供存款、放款、轉帳、匯款、金融卡等服務,並透過 Open API,讓用戶一次掌握所有存款、基金投資、消費金融、保險等整合服務。

「樂天國際商業銀行」由樂天持股 51 %、國票金持股 49 %,其優勢在於已在日本累積 18 年成功的純網銀實戰經驗,在交易監控、高風險檢測、詐騙防治都有不錯口碑。樂天的台灣會員約有 600 萬人,目標鎖定既有客戶以及 35~50 歲白領階級,計劃可跨境(日本-台灣)流通樂天點數,並提供台日提款卡,出遊日本也可以在海外提領日幣。

	純網銀	網路銀行	數位銀行
特點	無實體分行、能進行所有傳統銀行業務,透過異業結盟打造生態系,刺激金融服務創新。	能執行轉帳、查詢餘額等簡單金融服務,部分服務受到銀行營業時間限制。	數位帳戶沒有實體存摺、可以設立實體分行,不過多為線下體驗性質;服務範圍跟一般銀行沒有區別,所有服務皆透過網路進行。
代表業者	將來銀行、連線商業銀行、樂天國際商業銀行	各家傳統銀行	王道 O-Bank、台新 Richart、永豐大戶 DAWHO

七、去中心化金融

DeFi,英文全名為 Decentralized Finance,中文譯為「去中心化金融」,是指利用開源軟體和分散式網絡,將傳統金融商品轉為去除不必要金融中介下運行的服務。簡單來說,DeFi 是透過開源軟體與且去中心化的區塊鏈平台,建立一個不被權威機構掌控的金融生態系。具體來說,發展出去中心化的支付、交易、保險、匯款、借貸、衍生性金融商品等等,不再由金融機構進行集中的處理跟擔保,而使用透明的協議來取代不必要的金融中介來運行

5-5　網路安全性環境

網路交易安全的需求考量可分兩個方面來探討:

1. **使用者的身分認證與授權**:只有經過身分認證(Authenticity)與合法授權(Authorized)的使用者,才能在合理的範圍內進行資料的存取。

2. **資料與交易安全的保護**:即在電子商務交易時,資料傳遞的機密性(Confidentiality)、完整性(Integrity)與不可否認性(Non-repudiation)的要求。

一、網路安全服務

在電子商務交易環境中，各個安全需求所欲提供的功能：

1. **身分認證（Authentication）**：確認使用者身分。安全上的風險並非僅源自外界，企業內員工的蓄意破壞也已獲證實，在各種電腦入侵事件中，約有80%來自於企業內部。防制這類威脅，企業即須身分驗證的方法，以辨識網路上資料的存取者。

2. **授權（Authorization）**：決定使用者權限。確保當經過授權之人員，要求存取某項資源時，系統及傳輸媒介是可獲得的。

3. **機密性（Confidentiality）**：主要是保護資料在傳輸的過程中，不會被其他人所竊取或監看。在這方面可使用資料加密演算法來完成。

4. **完整性（Integrity）**：主要是對於資料傳輸到接收者之後，對於發送者的資料可以做檢驗以保證與發送者的資料相符，而發送者也希望所傳送的資料與接收者的資料是一樣的。換句話說，能夠確保在網站上顯示的或者是 Internet 上收發的資訊，沒有被未獲許可的人士以任意方式更改。這方面可藉由訊息驗證碼、單向雜湊函數、時間戳記等方式來達成。

5. **不可否認性（Non-Repudiation）**：就是保證交易雙方不能否認彼此交易的承諾，亦即讓參與電子商務的參與者無法拒絕承認（否認）他們的線上行為。要達到這樣的功能是需要搭配有效的交易管理與數位簽章的方式，再加上驗證資訊的正確性，來預防這樣的問題發生。在這方面所會使用的安全機制為數位簽章演算法。

彙整上述內容，整理如表 5-1 所示的電子商務交易安全的防護方法。

表 5-1 電子商務交易安全的防護方法

安全需求	安全威脅	安全目的	安全機制
鑑別性 （Authenticity）	被冒名使用	使用者身分的鑑別	密碼驗證 數位簽章演算法
機密性 （Confidentiality）	傳輸過程被監聽、竊取	保護資料能被秘密的傳送	資料加密演算法
完整性 （Integrity）	傳輸過程被篡改、破壞	保護資料不曾被修改與破壞	訊息驗證碼 單向雜湊函數 時間戳記
不可否認性 （Non-Repudiation）	事後，拒絕承認交易	確認交易的真實性	數位簽章演算法

電子商務環境基於上述這些安全需求，發展出兩個著名的安全協定為 Secure Sockets Layer（SSL）與 Secure Electronic Transaction（SET）。電子付款系統所採用的主要安全機制有加密、電子簽章、身分認證、認證授權等。

二、常用的網路保全方式

1. **信任式保全（Trust-Based Security）**：是最簡單的安全防護措施，即是不做任何的防護措施。

2. **隱藏式保全（Security Through Obscurity）**：系統管理者只是將帳戶的密碼檔或程式以二進位檔案格式隱藏起來，或是將系統程式檔案以隱藏的方式放置在不醒目的地方讓使用者無法發現，以達安全的目的。

3. **密碼設定（Password Schemes）**：是最常見的安全措施，也是第一線的安全措施。使用者必須在使用者帳號與使用者的密碼兩者能同時符合的情況下，才能接受。

4. **生物特徵辨識系統（Biometric Systems）**：是最精密、準確、也最昂貴的安全認證方式，例如視網膜掃描辨識系統、掌紋及聲紋辨識系統、電子簽字系統等。

5. **主機保全**：係單機的保全措施，儘可能的保護主機使其不受外界攻擊、破壞。但在現在的網路環境中由於使用不同作業系統的複雜性及多樣性，使得要做到主機保全變得相當不容易。

6. **網路保全**：運用完善的保全技術，讓企業一方面連上 Internet，一方面卻又不受外來攻擊的威脅。

表 5-2 電子商務上存在之威脅

威脅	說明
竊聽 （Eavesdropping） （Sniffer）	竊聽程式的基本功能便是蒐集、分析封包，而進階的竊聽程式還提供產生假封包、解碼等的功能，甚至可鎖定某來源或某目標主機的某些服務埠（Porter）的封包，而這些功能將提供有心人士監聽他人的連線、盜取他人的機密，以獲得不當的利益。
連線巧取（欺騙） （Spoofing）	使用者 A 可以偽裝成使用者 B 的識別來劫取使用者 B 的任何重要資料，也就是入侵者捏造資料封包上的來源位址。
協定錯誤 （Protocol Error）	利用本身 TCP/IP 固有先天上協定上的問題來將封包上的資料加以擷取，並偽造其返回位址，且傳輸之內容也未經加密等保護動作，這是網路的先天缺點，必須藉由其他方式來加以彌補。

威脅	說明
資料的篡改 （Data Modify）	在傳輸或儲存的的過程中，資料的完整性可能被破壞，卻不知情；也可能因為不適當的控制使得系統上的資料被修改，而無法察覺已被修改或偽造。
錯誤的傳送 （Transit Error）	原本應該傳送給使用者甲的訊息，傳送給使用者乙這樣可能導致資料被竊取，可能由於網路的管理沒有控制好或是不當的設定，使得溝通的管道錯誤地送到未經授權的地方。
滲透 （Permeate）	系統或應用程式可能被一些未經授權的程式取代，而失去其安全的防護；不適當的更改管理程式，可能造成從網路上得到的檔案文件在身份未經確認時便能進入系統中。
電腦病毒 （Virus）	電腦病毒是一種可以自我複製的程式碼，它可以更改或刪除許多系統資料或檔案系統；一般來說感染病毒的途徑大多是透過網際網路得到的檔案和使用非法的軟體較容易造成感染病毒。
拒絕支付 （Denial Payment）	由於網際網路上的交易活動具有匿名性、交易資料與憑證完全數位化，因此雙方極容易否定其交易行為，造成顧客或商家可能會某種原因而不願意支付款項或物品。
拒絕服務 （Denial Service）	由於系統發生問題，或是一些因素可能造成網路系統一時無法使用，這對於一些時效上有嚴格要求的網路運用，是有很大的威脅存在；如利用分散式阻斷服務就可能造成網路上主機無法服務正當的使用者。
信用卡詐欺	被害人利用信用卡在電腦網路上購物消費，致信用卡卡號遭到網路駭客入侵攔截，繼而被冒用盜刷。

三、電子商務安全的防護方法

為了保護資訊安全及因應電子商務的興起，許多機制均被提出，這些安全機制可分成對稱式金鑰與非對稱式金鑰、各種加密演算法、數位簽章、數位信封、防火牆（Firewall）、虛擬私人網路（VPN）等方式或機制來達成保護資訊之安全，本文將這些方式及機制簡要介紹如下：

1. **對稱金鑰與非對稱金鑰**：資料經由網路傳輸時，為了預防傳輸內容被第三者截取並得知，必須在傳送前先經過「加密」（Encryption）程序演算法的數學運算，將其內容重組為外人無法瞭解的格式，稱為「密文」（Ciphertext），而加密前的傳輸內容為「明文」（Plaintext）；當加密金鑰與解密金鑰相同，稱為對稱金鑰演算法，常見的有資料加密標準（Data Encryption Standard, DES）；若當加密金鑰與解密金鑰不相同，稱為非對稱金鑰，如 RSA 加密法（Rivest and Shamir and Adelman, 簡稱 RSA）；對稱金鑰與非對稱金鑰之特性整理如表 5-3 所示。

表 5-3　對稱金鑰與非對稱金鑰比較表

特性	對稱金鑰	非對稱金鑰
密鑰種類	私密金鑰	私密金鑰與公開金鑰
密鑰數目	單一金鑰	成對金鑰
密鑰管理	不易管理、金鑰之傳遞困難	易於管理、無金鑰傳遞之困難
運算速度	快	慢
用途	用來做大量資料的加密	做小規模資料之加密

2. **加密演算法**：通常保護訊息機密性的方法就是「加密」，訊息在一開始產生時是傳送方易讀和易瞭解的形式，這種形式稱為明文（Plain Text），而加密意指資料經過一個數學加密程式後，轉換成若非得到密鑰去解開，否則不能閱讀的形式，這樣無法直接閱讀的資料稱之為「密文」（Ciphertext），對於此數學加密程式許多專家學者提出許多不同的方法，其目的都是期望能保護資訊的安全，常用的加密演算法為：資料加密標準（Data Encryption Standard, 簡稱 DES）、國際資料加密演算法（International Data Encryption Algorithm, 簡稱 IDEA）、訊息摘要（Message Digest 5, 簡稱 MD5）、Diffie-Hellman、RSA 等方式。

3. **數位信封**：合併 DES 單一金鑰加密演算法及 RSA 成對金鑰演算法的優點，先利用 DES 的交談金鑰（Session Key）對傳送訊息加密後，再將交談金鑰用傳送方的私密金鑰（Private Key）簽章，接收方公開金鑰（Public Key）加密後，附加在原訊息的密文後傳送給接收方。接收方收到密文後，將「密文」與「加密後的交談金鑰」分開，之後用接收方的私密金鑰解密，及傳送方的公開金鑰驗證，如果兩對金鑰都是正確的，可以解密出傳送方加密原訊息用的交談金鑰，最後用交談金鑰將密文還原回明文，完成訊息傳遞流程。「加密後的交談金鑰」將相當於一個數位式的信封，將解密用的交談金鑰進行雙重封包（傳送方的私密金鑰與接收方的公開金鑰），任何非法第三者即使由網路上截獲密文，都因為無法得到解密用的交談金鑰，而無法竊取其中的資料內容。

4. **數位簽章**：使用數位簽章對資訊發送方進行身分驗證時，常常需要配合其他的密碼學機制，為了確認資訊傳輸過程的完整性，預防傳輸資訊在中途遭到非法修改，傳送方預先利用雜湊函數（Hash Function）製作相對的訊息驗證碼（Message Authentication Code, 簡稱 MAC）。而數位簽章為了節省計算時間與達成資料的完整性，通常配合一次雜湊函數（One-Way Hash Function）

事先將傳輸資料或者是加密後的傳輸資料壓縮成訊息摘要（Message Digest），再對訊息摘要進行數位簽章。

5. **防火牆（Firewall）**：基本上防火牆是一個存在於組織內部網路及任何外部網路間的必要通道，所有來自網際網路或是從內部網路出去的傳輸，都要經過防火牆，主要的目標是保護內部網路免於外部網路使用者未經授權的存取，而外部網路可能是網際網路或屬於相同組織的其他網路。就廣泛的說，防火牆是一個或一組可以強化兩個網路間存取控制政策的系統；更進一步的說，防火牆是被置於兩個網路間元件的集合，並擁有下列的屬性：從內部到外部的通訊都必須經過它，反之亦然；只有經授權的通訊才被允許通過它；系統本身能免於被侵入。就另一方面而言，防火牆是一個可信賴網路與不可信賴網路間的保護機制，是特殊的電腦硬體或軟體，可以強化存取控制政策，只允許兩個信賴網路間經授權的通訊；也可以說是一個設施，預防入侵者使用組織網路存取組織的資料。

6. **虛擬私人網路（Virtual Private Network, 簡稱 VPN）**：就是在公共 Internet 上使用密道及加密建立一個私人的安全網路，其做法是利用 PPTP 通訊協定在網路上進行私密資料的傳送。現在的虛擬私有網路（VPN）指的是建構在 Internet 上擁有自主權的私人數據網路，而非 X.25、Frame Relay 或 ATM 等提供虛擬固接線路（PVC）服務的網路。我們也可稱它為 IP VPN（以 IP 為主要通訊協定）。在虛擬私人網路的機制中，將一個通訊協定（PPTP）接上另一個通訊協定 IP 的過程，稱為通道（Tunneling）。

5-6 資料加密、解密與驗證

一、對稱式密碼系統 — 私密金鑰演算法

為了確保通訊雙方於網際網路傳輸資料時之私密性，於傳送前必須用一加密金鑰將該訊息加密，變成密文後再傳給對方。而接受方收到密文之後也用相同一支金鑰將密文解回原先之明文。此種加密金鑰與解密金鑰相同時，稱之為對稱式密碼系統（Symmetric Encryption System），又稱單一金鑰密碼系統。

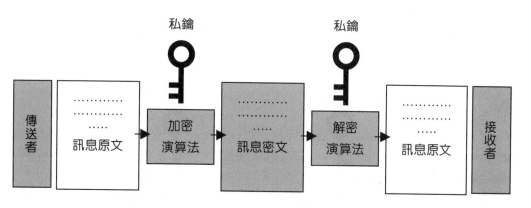

圖 5-6　對稱式密碼系統 ― 私密金鑰演算法

　　對稱式密碼系統的運算法則中，又區分為兩大類：一個是「串流式加密」（Stream Ciphers）；另一個是「區塊加密」（Block Ciphers）。用串流式加密程式時，其將所欲加密的檔案看成一連串位元的資料流，將資料流之中的位元一個一個的加密。反之，用區塊式加密程式時，其將所欲加密的檔案一塊一塊的處理，例如將每 64 個位元切成一個區塊，然後將此一定長度之區塊一次加密後輸出。

　　採用對稱式密碼系統運算方法的加密技術之中，最為普遍的一個方法為 DES。DES（Data Encryption Standards）是資料密碼標準之縮寫，其技術早於 1970 年代就由 IBM 開發完成，並且為美國政府以及世界各國訂為資料加密的標準。DES 是一種區塊加密的方法，DES 的金鑰長度為 64 位元，但其中每個位元組，含一位元作為同位核對，估有效金鑰長度為 56 位元，它將所欲加密之訊息分割成 64 位元的區塊，並用 56 位元的金鑰來加密。DES 是專為硬體設計的加密演算法，因此速度相當快，適用於加密大量資料。它於全世界各國都被廣泛的使用，於金融機構之中 DES 加密技術更是常用。許多安全的網路網路應用，都使用 DES 技術，例如 SSL（Secure Socket Layer）。

　　對稱式金鑰的主要特色是其加解密運算速度快，適合大量的資料傳輸，而其缺點為金鑰管理；如何將這支金鑰安全的送達對方是個令人擔憂的問題。另外由於金鑰的長度不長，再加上現代電腦運算速度的飛快成長，使得利用窮舉法以破解對稱式金鑰變成一件不是遙不可及的事。

二、非對稱式密碼系統 ― 公開金鑰演算法

　　非對稱式密碼系統（Asymmetric Encryption System）的加密方法可以將加密的資料於網路上傳輸，但是卻不需要事先將同一支金鑰傳達對方的手中，這是因為它有兩支金鑰：一支用以加密；另一支則用以解密。這兩支金鑰之間，並無明顯的直接關係，因此於實務上無法從一支金鑰導出另一支。使用非對稱式加密方法時，這兩支金鑰中

只有一支須保守秘密，是為私密金鑰（Private Key）；而另外一支則無須保持機密，是為公開金鑰（Public Key）。這兩支金鑰之中的任何一支都可以用於資料加密；但是卻一定要使用相對的另一支金鑰解密。

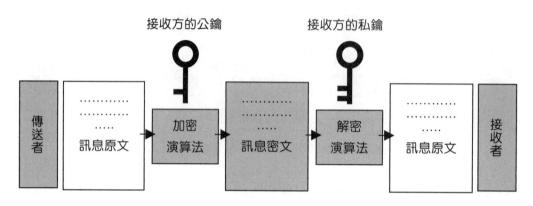

圖 5-7 非對稱式密碼系統 — 公開金鑰演算法

目前被使用得最廣泛，最常見的方法就是 RSA。它是由 Rivest、Shamir 及 Adelman 等三人於 1977 年所發明的。RSA 的運算原理主要是解因數分解之難度而安全。

非對稱式金鑰系統的最大好處在於增加了密碼的安全度，並且便於管理，這是因為私密金鑰不必於網路上傳輸，而且亦不必透露給予認何的第三者知悉。而其最大的缺點就是運算複雜、速度慢；另外，必須存在一公正的第三者 CA（Certificate Authority），用以簽發每一個人的公開金鑰憑證（Public-key Certificate）。

由於非對稱式加解密法的速度較對稱式加解密法的速度慢，故實際上較為普遍的應用方式為，利用非對稱式加解密法將某一對稱式加解密法所使用之金鑰；於此稱為交談金鑰（Session Key）加密過後，一併與使用交談金鑰加密之訊息，傳送給予收件者。收件者可將交談金鑰以自己的公開金鑰，透過非對稱式加解密法解開，再用解開的交談金鑰，將加密文件解密。如此一來，既可享受到對稱式加解密法的快速優點，亦可有非對稱式加解密法之便利。例如 RAS 即為非對稱性加密的方法之一。

三、數位簽章

數位簽章（Digital Signature）與印鑑證明相同都是作為識別身分之用，數位簽章就是網路應用的印鑑證明。數位簽章是公開金鑰密碼系統之一種特殊功能。數位簽章之效用幾乎相等於一般所謂的親筆簽名。使用非對稱式加解密法時，公開金鑰用以加密訊息，而相對之私密金鑰用以解開加過密得訊息。如此一來，可以使得任何人以公開金鑰加密訊息，而只有擁有相對應私密金鑰之人可以解開此一訊息，達到秘密通訊之目的。但若反過來使用公開金鑰與私密金鑰，私密金鑰用以加密訊息，公開金鑰用

以解開加過密的訊息，如此一來，任何人皆可以用公開金鑰將加密文件予以解密後，比對解開之訊息是否與原訊息相同，若是相同便可確知此訊息的確是由簽發者經簽章後送出的。

數位簽章是以手寫或紅印泥章的電子版本，配合公開金鑰加密法來解決身份認證和訊息正確性等問題。數位簽章建立一個簽章時發送者先將原始明文經過雜湊函數（Hash Function）處理。進行簽約的雙方在使用數位簽章後，便將契約送至第三者，而時間印花代理人（Time Stamping）蓋上時間印花。主要特性：

1. 數位簽章被用於發送者身分認證，乃採用公開金鑰加密法反向進行。

2. 當一系統面臨了來源驗證之威脅安全性時，可用「數位簽章」進行安全防護。

3. 為了執行數位簽章，傳送之訊息必須正規化為一預定長度，此程序稱為訊息摘要。

4. 數位簽章是屬於電子簽章的一種。

5. 數位簽章是只用以辨識簽署者身分，以及表示簽署者同意內容的技術範疇，且以利用「非對稱密碼系統」加密技術為應用。

6. 數位簽章為電子商務在網路安全考量項目中，「資料傳輸來源辨識」與「交易之不可否認性」的防制機能。

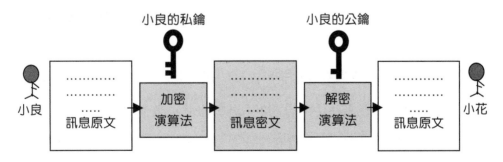

圖 5-8 數位簽章的運作範例

四、數位信封

結合 DES 對稱式密碼演算法與 RSA 非對稱式密碼演算法之優點，設計出數位信封（Digital Envolope）。數位信封以接收者的公鑰作為秘鑰，先利用 DES 的交談金鑰（Session Key）對傳送訊息加密後，再將交談金鑰用「傳送方之私密金鑰」簽章，「接收方公開金鑰」加密後，附加在原訊息的密文後傳送給接收方。接收方收到後，將「密文」與「加密後之交談金鑰」分開，對「加密後之交談金鑰」用「接收方的私密金鑰」解密，及「傳送方的公開金鑰」驗證，如果兩對金鑰都是正確的，可以解密出傳送方

加密原訊息（明文）用的交談金鑰，最後用交談金鑰將密文還原回明文，完成訊息傳遞流程。「加密後之交談金鑰」就相當於一個數位信封，將解密用之交談金鑰進行雙重封包（傳送方的私密金鑰與接收方的公開金鑰），任何非法第三者即使由網路上截獲密文，都將因為無法獲得解密用的交談金鑰，而無法竊取其中的資料內容。

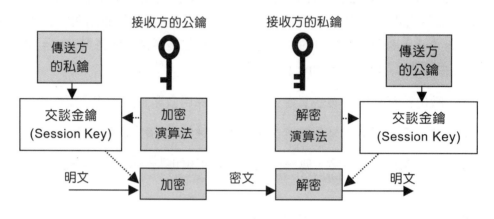

圖 5-9　數位信封（Digital Envolope）

5-7　防火牆

防火牆（Firewall）為一軟體或硬體之系統，可管制外部使用者對企業網路的連結及存取。防火牆的目的是用以保護區域網路（LAN）不受網路外的人所入侵。防火牆的工作原理是在 Internet 與 Intranet 之間建立一個屏障，因此防火牆通常置於網路閘道點上。

防火牆可定義為一組安裝在兩個網路之間的網路裝置，並具有下列的特色：

1. 欲受保護的內部網路中所有的封包都經由防火牆進出。

2. 只有經過認可的封包，也就是符合安全政策的規範，才能通過防火牆而進出受保護的內部網路。

3. 防火牆本身必須對入侵破壞行為具有高度的免疫力。

4. 通常建置在私用網路與公用網路連接點。

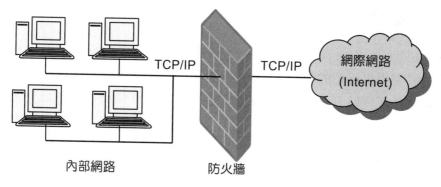

TCP/IP　　　TCP/IP　　網際網路
(Internet)

內部網路　　　　　　　　防火牆

圖 5-10　防火牆示意圖

由此可知網路防火牆必須執行一套安全政策，而這安全政策是一組過濾規則，用來決定是否允許網路封包進出受保護的網路。此外，防火牆大致分為三大類：封包過濾器（Packet Filter）、連線閘道器（Circuit Gateway）及應用程式代理器（Application Agency）。

一、封包過濾器

封包過濾器（Packet Filter）型的防火牆是屬於網路層（Network-Level）的防衛機制，是一個類似路由器的網路裝置，負責將網路封包由外部網路轉送到受保護的內部網路。所不同的是，它會將過濾規則中所不允許通過的封包過濾掉並記錄其封包資訊，傳統的封包過濾器型防火牆主要是針對封包標頭的四項欄位作檢查：來源端的 IP 位址、目的端的 IP 位址、來源端的 TCP/UDP 埠、目的端的 TCP/UDP 埠。

封包過濾器具有低成本、安裝容易及使用透明化（Transparency）等優點；但同時它也有下列之缺點：

1. 無法阻止 IP 位址假冒的攻擊入侵行為。

2. 不容易管理複雜的過濾規則，造成對某些通訊協定的防護能力較差，如 FTP、DNS（Domain Name System）、X11 等通訊協定。

3. 無法分辨同一主機上的不同使用者。

4. 不容易處理被分割過的 IP 封包（IP Fragments），且對某些不使用固定的埠值來作通訊的協定（如 RPC、Portmapper、Tcpmux 等）無法有效達到過濾功能。

5. 一般封包過濾器不具有封包記錄及稽核等功能。

二、連線閘道器

連線閘道器（Circuit Gateway）型防火牆是屬於連線層（Circuit-Level）的防衛機制，它本身先與提供服務的所有內部網路主機建立連線，並開放與這些服務相對應的 TCP 連線埠給外部網路真正要求服務的主機使用。其運作情形如圖 5-11 所示。

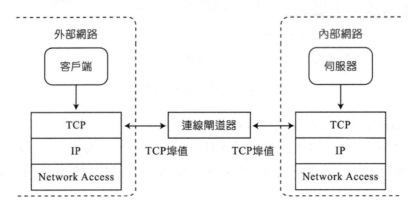

圖 5-11　連線閘道器型防火牆運作情形

由圖可知連線閘道器型防火牆只適用於 TCP 應用程式，它負責在符合安全政策規範的客戶端與提供服務的伺服端間建立連線，其優點在於可以掌握每個服務連線的狀態，因此對同一主機上不同的連線均可以分別過濾，並且可提供較為複雜的過濾規則及適用於不使用固定埠值來作通訊的協定。然而連線閘道器型防火牆亦有下列缺點：

1. 不適用於使用 UDP 作傳輸的應用程式。

2. 新增網路服務時必須花費更多的時間在設定上。

3. 連線閘道器可能形成網路上頻寬的瓶頸。

4. 連線閘道器對每個連線封包都必須處理兩次，容易造成使用該應用程式的效能降低。

三、應用程式代理器

應用程式代理器（Application Agency）型防火牆是屬於應用層（Application-Level）的防衛機制，一般又稱為代理伺服器，它負責提供符合安全政策規範的客戶端相對的應用服務，圖 5-12 為應用程式代理器的運作原理。當客戶端向代理服務端提出服務要求後，代理服務端會先檢查該要求是否符合安全政策的規範，若符合則由代理顧客端轉送服務要求給真正提供服務的主機，而該主機回應後，同樣再由代理服務端轉送回應給客戶端。

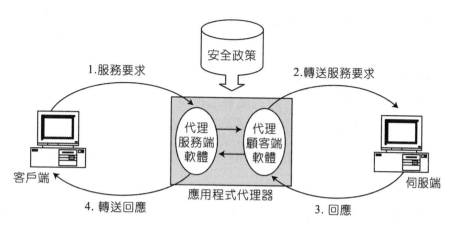

圖 5-12　應用程式代理器型防火牆運作情形

　　應用程式代理器型防火牆具有適用於過濾複雜安全規則及網路位址轉換（Network Address Translating）的功能，並可以隱藏內部網路所有主機的 IP 位址，以及便於記錄事件及稽核的能力。然而，應用程式代理器型防火牆亦有以下缺點：

1. 必須為內部網路所提供的每一個服務都架設相對的應用程式代理器。

2. 設定安全規範較為複雜而費時。

3. 無法適用於非 Clinet-server 的應用程式。

5-8　惡意程式

　　「電腦病毒」單純指的是「Virus」，而「惡意程式」（Malicious Code）則泛指所有不懷好意的程式碼，包括電腦病毒、特洛伊木馬程式、電腦蠕蟲、後門程式。此外，有些企業為了達到系統安全檢查的目的，會僱用一群好的電腦高手，由外部網路試著入侵公司系統，這一群人俗稱 White hat。而那些專門對外公佈系統有弱點網路，以獲取名聲的網路駭客，則俗稱 Gray Hat。

一、電腦病毒

　　電腦病毒為一電腦程式，可以自己複製，並傳播到其他檔案，包含檔案型病毒、巨集病毒與 Script 病毒。電腦病毒就如同人的流行性感冒一樣，具有隱藏、傳染性及破壞性的長駐型程式。當某程式被電腦病毒傳染後，它也成一個帶原的程式了，會直接或間接的傳染至其他的程式。而一般電腦病毒都必須具有以下四種基本特性：

1. **啟動性**：病毒通常啟動可能是靠著時間上的設定（如黑色星期五）或經由執行的次數、所按下 dir 的次數多少而來決定何時開始發作。

2. **複製性**：病毒進入系統後，所做的第一件事就是複製自己本身，並且將自己擴散出去，並成長自己，否則便會出絕種。通常病毒本身不會很快的去破壞你的系統，而是去找一個程式看是否已被感染。

3. **傳染性**：通常電腦病毒可藉由磁片、磁帶的攜帶、拷貝或者經由網絡通訊傳輸資料時而被感染。

4. **寄居性**：會寄居在程式裡，藉由系統啟動時來執行、發作。

🟦 檔案型病毒

檔案型病毒又稱寄生病毒，運行於記憶體，通常感染執行檔案，例如*.com、*.exe、*.drv、*.dll 等檔案。每次執行受感染的檔案時，病毒便會發作：病毒會將自己複製到其他執行檔案並於發作後仍可長留在記憶體。

二、蠕蟲

蠕蟲（Worm）是一種經由網絡擴散在電腦間傳播的程式。它跟病毒有所不同，因為它不會附在一個主程式內，亦即不會藉由類似 Microsoft Outlook 散播出去。它會用盡電腦資源、修改系統設定及最終令系統「當機」。您的系統一旦被蠕蟲感染，就會自動蔓延。蠕蟲最危險之處就是其大量複製的能力。隨著網際網路的普及，蠕蟲利用電郵系統去複製，例如把自己隱藏於附件並於短時間內電郵予多個用戶。近期出現的蠕蟲就包括了 Sasser 和 Blaster 蠕蟲。

三、特洛伊／特洛伊木馬

「特洛伊木馬程式」（Trojan Horse）是看似有用，實際上卻是會造成損害的電腦程式。它是種類似電腦病毒（Virus）的指令組合，廣義來說，也是一種電腦病毒，它同樣附在普通程式內，並隨著該程式的執行於暗中幹某些勾當，不過與病毒不同的是，特洛依木馬不會複製自己，意即它不若病毒會繼續將自己複製至其他程式，讓其他程式也受感染。

特洛伊可用作駭客工具去竊取用戶的密碼資料或破壞硬碟內的程式或數據。與病毒的差別在於特洛伊不會複製自己，只會駐留在電腦內作破壞或讓駭客作遠程遙控。特洛伊通常隱藏在一些免費遊戲或工具程式中。

　　在早期「電腦病毒」、「特洛伊木馬程式」、「電腦蠕蟲」都是各自獨立的程式而且彼此不相干，但近幾年來單一型態的惡意程式愈來愈少了，大部份都以「電腦病毒」加「電腦蠕蟲」、或「特洛伊木馬程式」加「電腦蠕蟲」的型態存在以便造成更大的影響力，而且比率以前者居多。

四、後門程式

　　後門（Backdoor）是指可以「繞過」系統中的保全措施進入系統的管道，它可能是系統開發廠商預留便於維護系統的措施，或是系統漏洞，或是入侵者特意植入後門程式而產生的後門。

學習評量

1. 網路不安全的原因為何？請簡述之。

2. 網路安全風險的主要來源有哪些？請簡述之。

3. 主要網路安全服務有哪些？請簡述之。

4. 常使用的網路保全方式有哪些？請簡述之。

5. 電子商務在網路安全控管包括哪些？請簡述之。

6. 電子商務在網路系統控制包含哪些？請簡述之。

7. 何謂 PGP？何謂 S-HTTP？請簡述之。

8. 何謂防火牆（Firewall）？

9. 何謂電腦病毒（Virus）？何謂惡意程式（Malicious Code）？

電子商務倫理及法律議題

導讀：新壟斷時代 — 數位霸權

五大科技巨獸「亞馬遜、谷歌、臉書、蘋果、微軟」，正在顛覆傳統商業模式，它們在各領域挖走全球過半的「新能源」-「大數據」！

數據壟斷是指重要數據被控制在少數人手中，並被不合理的分配與享用。當多數「新能源」集中在這群數位霸主手上，就形成了「數位霸權」，全球商業模式將面臨大重組的新局面。未來多數的網民將生活在「亞馬遜、谷歌、臉書、蘋果、微軟」所構築的新世界中。

6-1 電子商務倫理

一、資訊倫理的定義

「倫理」仍人倫之理，也就是做人的道理。倫理的英文為「Ethic」或「Ethics」；而道德的英文則為「Mortal」或「Mortality」。「倫理」與「道德」概念，無論是中文或英文的意思，都是大致相同或相通的，用詞上也可以互相代替。

一般而言，當表示規範或理論的時候，比較傾向使用「倫理」；當表示現象的時候，就比較傾向使用「道德」。兩者在大多數情況下都是同義詞，彼此間或有微殊而無大異。更有學者認為，「倫理」可以說是更細緻的道德。

「資訊倫理」係指資訊社會中，人與人之間相關的道理，它可以是指科技時代下利用電腦或網際網路，使用各種資訊的規範，也是因應資訊科技的問世所創立的規則。簡而言之，資訊倫理就是與資訊科技相關的倫理。

二、資訊倫理的四大議題

Mason (1986)等人提出「資訊技術之倫理課題的架構內容」包括：隱私權、正確性、所有權、存取權，即所謂的 PAPA 模式。如圖 6-1 所示。

圖 6-1 資訊倫理的四大議題

1. **隱私權（Privacy）**：係避免干擾的權利，以及免於遭無理人士的侵犯。在未獲得當事人同意及授權之前，資訊持有人不得將當事人所提供的資料轉用於另一目的之上。

2. **正確性（Accuracy）**：係指「資訊真實性」，若資訊有錯誤應該由誰負責，且受害的團體如何獲補償。

3. **所有權（Property）**：資訊是誰擁有？資訊交換的公平價格為何？所有權為誰擁有？資訊產權是維護資訊或軟體製造者之所有權，並規範那些盜用者之責任。

4. **存取權（Access）**：個人或組織有權利可以取用什麼樣的資訊？例如：駭客問題。

三、資訊倫理的參考準則

資訊倫理並沒有非常明確地規範，但仍有一些資訊倫理的參考準則可茲思考：

1. **普遍性理論（Universalism）**：強調「只要是大家都認為不合倫理的事，無論理由多麼冠冕堂皇，都不可採取行動」。Kant 提出普遍性理論，其認為具有倫理的行為應符合下列三則條件：

    - 具有普遍性，可以應用至所有人及所有情況，但又不會傷害到別人。

    - 能尊敬其他人，並保證他人的權利不會受損。

    - 尊敬他人的自主權，每個人都有權去自由選擇他們想要的。

2. **黃金準則（Golden Rule）**：強調「己所不欲，勿施於人」，亦即不做出自己也不希望遇到的不公平對待。

3. **集體功利主義（Utilitarian Principle）**：集體功利主義認為，任何人都應採取為整體社會帶來最大利益的行動。

4. **天下沒有白吃的午餐（No Free Lunch Rule）**：除非有特別宣告，不然幾乎所有有形和無形的東西，都是由他人所擁有。如果他人已經創造了某種東西對您有價值，它就具有價值，而您應該假設創造者會希望這個成果能獲得補償，也因此獲取任何對我們有利益的資訊或知識，我們都必須因此而付出某種代價。

四、美國計算機倫理學會的十條戒律

美國計算機倫理學會制定的十條戒律：

1. 不應用計算機（電腦）去傷害別人。

2. 不應干擾別人的計算機（電腦）工作。

3. 不應窺探別人的計算機（電腦）文件。

4. 不應用計算機（電腦）進行偷竊。

5. 不應用計算機（電腦）作偽證。

6. 不應使用或拷貝你沒有付錢的軟體。

7. 不應未經許可而使用別人的計算機（電腦）資源。

8. 不應盜用別人的智力成果。

9. 應該考慮你所編寫的程式，所造成的社會後果。

10. 應該以深思熟慮和慎重的方式來使用計算機（電腦）。

6-2 資訊與法律

一、個人資料保護法

由於電腦科技進步迅速，使用電腦能大量、快速處理各類資料，且運用日趨普及。但個人資料中，舉凡出生、病歷、學業、工作、財產、信用、消費等，經電腦處理之後，可輕易彙整而得知其全貌，如有濫用或不當利用之情事，將對人民隱私等權益造成重大危害，因而影響社會安定及國民經濟成長，增加政府推展自動化工作之困擾。

行政院於民國 82 年間研擬完成「電腦處理個人資料保護法」草案，送請立法院審議，並於民國 84 年 7 月 12 日三讀通過，民國 84 年 8 月 11 日公布實施，而「電腦處理個人資料保護法施行細則」於民國 85 年 5 月 1 日公發布實施。我國《電腦處理個人資料保護法》的立法目的，在於規範電腦處理個人資料，「以避免人格權受侵害」，同時「促進個人資料之合理利用」。民國 99 年 4 月三讀通過並修正為「個人資料保護法」。

「個人資料保護法」的主要目的就在於保護個人之人格權。依「個人資料保護法」的規定，在下列情況下非公務機關對於個人的資料可以進行蒐集處理：

1.　經當事人書面同意。

2.　與當事人有契約關係而對當事人權益無侵害之虞。

3.　為學術研究所需且無害當事人之重大利益。

二、電子簽章法

行政院為推動電子交易之普及運用，確保電子交易安全，促進電子化政府及電子商務之發展，已於民國 90 年 11 月 14 日公布電子簽章法，並自民國 91 年 4 月 1 日施行。

過去在網路上傳遞訊息，或是利用網路進行交易時，訊息的傳遞一直有被他人在網路上攔截、窺視或竄改的風險，如何驗證訊息的正確性、完整性，是造成數位交易環境信心不足的原因之一；而網路上的交易，並不像一般面對面（Face to Face）的交易方式，若沒有適當的機制來輔助，買賣雙方都無辦法辨識、確認對方的真實身分，也常發生當事人否認交易的問題。

電子簽章法最大的目的，就是希望透過賦予電子文件和電子簽章法律效力，建立可信賴的網路交易環境，確保能夠掌握某一資訊在網路傳輸過程中，是否遭到偽造、竄改或竊取，以保障資訊正確與完整性，並透過識別交易雙方身分，防止事後否認已完成交易的事實。

三、HTTPS 協議認證

Google 宣布自 2014 年 8 月起 HTTPS 是一項排名信號，除非獲得 HTTPS 認證（「S」代表「安全的」（Secured），否則將網站標記為不安全。因此，2014 年 8 月之後，網站最低的資安要求是採用 HTTPS 協議，在網址 URL 中向訪問者顯示一個綠色的掛鎖圖標。此外，如果網站上顯示信任的（Trusted）印章或信任徽章都可令訪客安心，並讓訪客知道企業是認真對待他們的安全。

四、創用 CC 授權

「台灣創用 CC 計畫」定義，「創用 CC」是指 Creative Commons 所發佈的公眾授權條款，以及它所提倡的創作共用理念。Creative Commons 是一非營利組織，發佈一套任何人都可以自由使用、關於著作使用的授權條款，稱為「創用 CC 授權條款」（Creative Commons Licenses）。台灣著作權法規定，著作的任何使用，一定要事先取得著作權人同意；不過一項著作若採用創用 CC 授權，在遵守授權條款的前提之下，任何人都可以自由的重製、散布與利用這項著作，不用再另行取得著作權人的同意。著作採用創用 CC 授權，可以降低它在流通、使用上的法律障礙；經由創用 CC 的授權方式，任何人都可更方便的使用彼此的著作。

五、歐盟 GDPR

歐盟 GDPR 於 2018 年 5 月 25 日正式上路，號稱「史上最嚴格的個資法」。《維基百科》定義，「一般資料保護規範」（General Data Protection Regulation, 簡稱 GDPR）是在歐盟法律中對所有歐盟個人關於資料保護和隱私的規範，涉及了歐洲境外的個人資料出口。GDPR 主要目標為取回個人對於個人資料的控制，以及為了國際商務而簡化在歐盟內的統一規範。根據 GDRP 官網描述，這條法規是「保護以及加強歐盟成員國人民的資料隱私，以及重塑整個地區內的組織處理資料隱私的方法。」

1. **規範對象**：對歐盟境內人民提供商品、服務、客戶中有歐盟公民、雇用歐盟員工。

2. **個資定義**：包括電話號碼、地址、行動裝置 ID、社群網站等，會暴露個人身份的資料，以及血統、政治意見、宗教、生物特徵、性傾向等個人特徵都算。

3. **當事人權利**：更正權、刪除權、個資可攜權、拒絕權。

4. **企業責任**：一旦個資外洩，需要在 72 小時內通報給資料保護主管機關，如果沒有執行個資保護風險評估、沒有任命資料保護長、沒有即時通報、違法

向第三國傳輸個資。若違反以上狀況，會被處以 2 千萬歐元（約新台幣 7 億元）或全球總營業額 4% 的罰鍰。

六、數位主權

IDC 調查發現，有近 5 成的企業愈來愈在意放在雲端上的數據是否被完全地保護，也會關注數據中心所在的位置是否安全。2021 年 IDC 提出「數位主權」（Digital Sovereignty）的概念，其認為數位主權包含三個核心，數據主權、雲端主權及保證主權。數位主權是以「數據」為基礎的前提下，涵蓋雲端平台、工作負載、數據中心和基礎設施等主權範圍，須確保數據的機密性與安全性。保護數位主權不被侵犯的首要方法，就是建立自己的資料管理平台。

6-3 隱私權

一、隱私權的涵義

隱私權是二十世紀才出現的法律概念，起源於美國。在美國的法律系統中，隱私權被視為是一種「不受干擾的權利」（The right to be let alone），也是個人控制與自己有關資訊的權利。主要的目的在保護個人的心境、精神與感覺，不受非法侵犯。

任何能用來識別、找出或連絡個人的資料，謂之「個人可識別資訊」。而資訊隱私權包含特定資訊不受政府或商業公司收集的權利，以及個人有控制本身相關資訊之用途的權利。在電子商務應用中下列方式屬於合法私人資訊的蒐集：

1. 閱讀新聞群組布告

2. 尋找網際網路目錄

3. 記錄瀏覽器中有關於對方之說明

但在下列的電子商務應用中，則侵犯了隱私權：

1. 垃圾郵件（Junk Mail）：雖然如此，但許多人在拜訪過某些商業網站後會經常收到一些垃圾郵件或甚至被強迫連結至某些色情或賭博網站，政府要針對這些網站進行執法經常會碰到管轄權與法律適用的問題。

2. 無故打開他人硬碟中的個人資料檔案

3. 因商業用途侵犯個人隱私

4. 公開私人事務

二、隱私權偏好平台（P3P）

隱私權偏好平台（Platform of Privacy Preference, 簡稱 P3P）的目的是統一各網站隱私權政策的格式，它是一項標準，用來向 Internet 使用者傳達網站的隱私權政策。這是由於隱私權政策的內容都大同小異（不外乎是個人資料如何使用、Cookies 的使用、第三方使用個人資料的政策…等等），但格式卻是大不同。首先網站必須提供隱私權政策而使用者需設定隱私權偏好設定，當隱私權政策符合使用者的偏好設定時，使用者即可提供個人資料；當隱私權政策不符合使用者的偏好設定時，則拒絕提供個人資料。這個判決符合不符合的過程都是由瀏覽器自動執行，而使用者只需要設定隱私權偏好設定就可以了。

三、隱私權保護

從 1988 年 10 月歐盟通過的監督隱私權保護指導原則（OECD 原則）、1997 年 7月美國政府公佈「全球電子商務架構」中的自律政策，到 1999 年 5 月柯林頓總統的新財務隱私權和消費者保護法案；甚至在 1998 年 8 月美國 50 家主要企業與貿易工會所組成的線上隱私權聯盟，和全球網路協會（World-Wide Web Consortium, 簡稱 W3C）所制訂的隱私權偏好平台標準（Platform for Privacy Preference, 簡稱 P3P）機制 [註：歐洲的隱私權保護比美國還嚴格]。這些原則、策略與標準來看，不但鼓勵國家或企業支持接受隱私權的相關法律與行為，同時也更一步點出個人與資料使用者具有下列的權利與義務，讓資料使用者達到使用個人資料的期望：

1. **個人有被告知資料蒐集的權利**：在蒐集個人資料時，資料蒐集者必須以清楚易懂的方式，告知個人包括資料的蒐集政策、目的、資料蒐集與處理的方式，以及由誰來處理這些個人資料。

2. **企業有考量實際使用，適當蒐集資料的義務**：企業必須以明確的商業目標為限制來蒐集個人資料，個人資料也必須以合法且公平的方式取得。

3. **個人有修改、刪除個人資料及選擇使用方式的權利**：當企業於直效行銷上使用個人資料時，個人可以要求刪除個人資料，同時也可以拒絕企業將資料傳給第三者，或是可以選擇哪些特殊資料（如種族、宗教、身體狀況等）不得揭露或使用。

4. **企業有保持資料正確性與即時性的義務**：企業應提供便利易讀的方式與開放、即時的機制，讓顧客檢視自己的個人資料，以確保個人資料的正確性，並且不應蒐集超越目的範圍之資料。

5. **企業有安全管理並保護個人資料的義務**：企業必須以安全保護機制來避免資料的遺失，並防止未經授權的使用、修改、刪除、揭露與閱讀。

6. **企業有展現對個人資料負責的義務**：企業必須支持相關隱私權法令與政策，並且制定違反相關規定之損害賠償責任、罰則與解決方案，以表示對個人資料的負責態度。

因此，電子商務業者對隱私權應考量如下：

1. 建立內部隱私權政策以管理對客戶資訊之使用。

2. 保護資訊不受非法或未經許可的使用。

6-4　智慧財產權

「智慧財產權」（Intellectual Property Rights, 簡稱 IPR）包含了人類心智的各種有形及無形的產品。例如：小王將其所設計之圖形檔放在他自己的網站上之前，在其原始檔中加入了浮水印，其主要目的就是為了保障其智慧財產權。在電子商務中所謂的智慧財產權包括：著作權、專利權、商標權、網域名稱權。暫時性重製目前在台灣並無罰責。商標權在網路上一樣被保護。

一、網路著作權

著作權法保護了原著在各種可觸及媒體間的表達。凡語文、音樂、戲劇、舞蹈、美術、攝影、圖形、視聽、錄音、建築及電腦程式及表演等著作均屬著作權法所規定例示之著作。依著作權法第十三條規定：「著作人於著作完成時享有著作權。」因此，法定著作不必申請登記，亦受著作權法保護。至於是否申請著作權登記，悉由著作人自行決定，不論有無登記，對其著作權之取得均無影響。著作財產權，除本法另有規定外，存續於著作人之生存期間及其死亡後 50 年。著作於著作人死亡後四十年至五十年間首次公開發表者，著作財產權之期間，自公開發表時起存續 10 年。

網路上以位元記錄的東西，舉凡電子郵件、聊天對話、廣告、電影或錄影帶的片段、海報、圖片、新聞報導、公司文件、資料庫等等幾乎都是智慧的結晶（著作權的表現形態），然而透過網路與電腦的連結，使得內容的複製、傳送與取得更容易、更快速、更低廉。在傳統的現實世界中，著作權的保護已屬不易，而在網際網路上，侵

害著作權的情形更加複雜了 — 偷取他人智慧財產權者不再是企業化的惡棍或組織，而是個別的網路使用者，有的複製他人的電子郵件、網頁、參考資料、圖片，有的複製他人的電影海報、商業訊息或新聞報導，網際網路成了著作權保護的大死角。

上網下載（Download）、FTP、 Telnet、E-mail 檔案是許多網友最常做的動作，尤其是碰到免費提供的軟體（Freeware）、共享軟體（Shareware），許多人經常誤以為其既然係「免費」、「共享」，就表示沒有著作權，可以任意散布、拷貝、販售而沒有任何限制，進而不加思索地按照指示，輕輕鬆鬆按下「我同意 Iagree」鍵進行複製、使用，殊不知在各位按鍵的同時，即已完成一個 click-wrap 契約，多數使用者會自動忽略著作權標示與聲明的內容（Copyright Notice），而在這一大串字中，著作權人通常僅同意使用人部份的使用行為，逾越這些範圍以外的行為仍然構成著作權侵害：

1. 免費軟體（Freeware）係指著作權人同意使用者可以免費使用該軟體，但著作權人仍保有完整的著作權，亦即使用者在個人非營利的使用外，無權為任何營利、公眾使用或割裂、篡改等行為。

2. 「共享軟體」（Shareware）通常容許使用者使用一段期間，待特定期間期滿後，使用者必須上網註冊、付費或其他特定行為後方可繼續使用，故著作權人僅開放部份著作財產權的時間利益予使用人，並無拋棄著作權之意。目前市面上流通的共享軟體，並不會因為創作人同意讓大家免費下載、或在一定期間免費使用等等優惠措施，就喪失著作權的保障。

3. 至於著作權人聲明放棄著作權之公共所有軟體（Public Domain），使用者可以盡情使用，但仍應注意避免侵害著作人之著作人格權（包括姓名表示權、公開發表權、同一性保持權）。

4. 另外由美國自由軟體協會（Free Software Foundation, 簡稱 FSF）主導的大眾公有版權（General Public License, 簡稱 GRL）概念，主張揚棄不合時宜的軟體著作權制度，藉以保障使用者的自由，但僅限於該團體成員方能享有。

從網路上合法取得的軟體通常僅有軟體的所有權，與軟體上附著的無體財產（著作權）有別，網友在使用時應特別小心以免違法。不同的軟體設有不同的使用限制，除了常見的試用期間限制、要求註冊外，有的規定只允許個人或單機使用，甚至禁止任何涉及商業目的利用（例如：販售），但也有大方地歡迎使用者任意散布的。最保險與安全的方式就是仔細閱讀權利人所設定的使用限制或著作權聲明。此外，除了著作權聲明中明白所禁止的行為應避免外，聲明中未交代的行為，法律上推定共享軟體著作權人未授權，利用人也應避免從事。例如：從網站上下載未經授權之 MP3 檔案是侵犯智慧財產權的行為。

二、網路專利權

台灣的「專利權」規定保護的客體是「發明」、「新型」與「新式樣」，對於利用自然法則之技術思想創作，在符合法定要件下提出申請，經專責機關審查與核准後，並於三個月內繳納證書費及第一年年費後始予公告，並自公告日起給予發明專利證書。

專利權限自申請日起算二十年或十二年屆滿，視專利種類而定，在此期間內以法律加以保護，但保護力過去大多採「民事」與「刑事」併行之保護，但近來多數國家則改採僅有「民事」保護。依我國專利法規定，發明、新型、新式樣專利均自核准公告之日起給予專利權，其屆滿之期限為「發明專利權」自申請日起算 20 年，「新型專利權」期限自申請日起算 10 年，「新式樣專利權」期限自申請日起算 12 年。

由於專利具有屬地性，與網際網路的無國界性有別，前述專利技術都可能在全球各地被各種使用者使用，如果網站擬架設站在美國境內、或該專利產品生產 / 製造 / 行銷在美國地域者仍應小心美國專利法的圇圇。惟以專利實務的角度觀之，由於電腦軟體演進速度太快，將導致審查委員檢索前案不易，專利核准過程不嚴謹，致使專利訴訟糾紛增多；且目前網路行銷成功的企業，多係技術超群、創意十足、財力薄弱的小公司，故未來網際網路的專利技術將朝多樣化、廉價、具競爭力的角度出發，創意與速度將取代技術成為網路的贏家。

三、網路商標權

🔲 商標權的涵意

商標權係用來表彰商品或勞務的來源，使商品或勞務能與其他提供者有所區別，也使消費者易於辨識。在商業上，商業的侵權行為測定係以：惡意誤導、混淆市場。「商標法」有三個立法目的：

1. 主要的目的是區別商品與服務的來源。

2. 次要的目的是保護消費者的利益，保證商品或服務的品質，以彰顯經濟價值。

3. 第三個目的是作為銷售的廣告用途。

除非有「商標法」第二十三條所列不得註冊事由外，凡是文字、圖形、記號、顏色、立體形狀與上述之排列組合方式，皆得利用來申請商標、證明標章、團體標章與團體商標，但商品申請必須考慮識別性。

商標權制度

1. 商標之申請註冊，應指定使用商品，經主管機關審查認為合法者，以審定書送達申請人及商標代理人，並公告於商標主管機關公報，自公告之日起滿三個月無人異議，或異議不成立確定後，始予註冊，並以公告期滿次日為註冊日。

2. 商標專用期間十年，自註冊之日起算。聯合商標及防護商標之專用期間，以其正商標為準。

3. 商標專用期間應於期滿前半年內申請延展，每次延展以十年為限。

4. 無正常事由迄未使用或繼續停止使用已滿三年者。但有聯合商標使用於同一商品，或商標授權之使用人有使用且提出使用證明者，不在此限。

網域名稱搶註／網路蟑螂

　　網域名稱搶註（Cybersquatting）是指搶先一步去登記含有著名企業或名人商標的網域名稱（Domain Name）後，再高價賣給該企業或該名人以賺取暴利的行為。實施網域名稱搶註的人則被稱為「網路蟑螂」。

營業祕密

　　網際網路廣開方便之門，協助員工更快且更好地完成工作，但在企業期待生產力增加的同時，私人濫用公司網路資源的現象也相繼出現，帶來棘手的相關問題，例如網際網路洩密疑雲、公司監看員工電子郵件的可行性、色情圖片的傳送、電子郵件的騷擾或攻擊、甚至利用公司的伺服器架設私人網站等。許多公司面臨開放或限制員工上網的兩難局面，雖然管理對於公司資源的分配是屬必要，但須配合企業的文化，不然將招致員工的反彈。

1. **從指尖流失的秘密**：隨著電子商務發展，電子郵件在電子化企業中所扮演的角色也日益吃重。商家開始藉著電子郵件來傳遞敏感機密的交易資料，但電子郵件的負面陰影亦隨之而來，電腦駭客（Hacker）可能會截取或竊聽（看）、修改、攔截交易信息，但最嚴重的威脅往往來自員工，網路雖然提供一個快速的溝通管道，卻也提供快速的洩密管道 ─ 員工只要坐在電腦桌前，敲幾個鍵，公司的營業秘密就在指尖輕易地流失。為防止公司的營業秘密或客戶的個人資料經由電子郵件外洩，公司可以採取一些防範措施，例如：❶區分資料的機密等級；❷設定各員工接觸各種資料的權限（Accesscontrol）；❸要求員工時常更換密碼；❹於員工離職時，應立即取消其電腦帳號或更換密碼；❺監視：包括線上即時監視或將員工的電子郵件存成備份檔。

2. **亂碼與加密**：有不少公司要求員工在傳遞機密文件前，應先將文件加密，轉換成一般人別人看不懂的亂碼後再傳送。接收人收到亂碼文件後，再用金鑰加以解碼，回復成原來的文字。惟水能載舟，亦能覆舟。使用加密方法，並非萬無一失者，倘若員工遺失金鑰、故意隱匿洩密行為或故意將重要文件加密，都可能使企業遭受損失。為恐加密技術遭致不當運用（例如黑道迫使不道德軟體設計人員設計龐雜的加密系統伺機為非作歹），美國除管制加密技術外，亦大力推廣金鑰託管制（Key Escrow）：❶在設計加密軟體時即留後門（Back Door），當金鑰遺失或因其他因素無法解開加密資料時，可循此後門將資料解密。❷使用者在產生金鑰後，立刻複製一份，並將此複製的金鑰，交由他人保管。企業為防止加密對公司可能造成的傷害，亦可採用公司內部的金鑰託管制來防範。

3. **投保駭客險**：根據電腦安全機構（Computer Security Institute）的統計，1996年全美因電腦資料失竊的損失在一億美元以上。擔心你公司電腦裡的機密資料被駭客竊取嗎？何不投保由國際電腦安全協會（International Computer Security Association, 簡稱 ICSA）推出的駭客險。這項全球首創的駭客險種要求被保險人繳交基本的四萬美元年費之後，ICSA 就會針對投保公司的電腦系統進行一連串的安全檢查，並獲得一年期的安全保單。如果在一年內電腦系統遭駭客入侵的話，ICSA 就會賠償兩倍的保費金額，最高可達 25 萬美元。

4. **販賣名冊**：年底前選戰正熾，網路上爆發販賣名冊案例，二嫌號稱有一千五百萬筆選舉人名冊，內容不僅規劃出各選區選舉人之詳細資料，還包括高級轎車所有人、高級住宅所有人等等名單，更利用網路招攬及主動投寄各候選人進行販售，嫌犯雖經刑事警察局電腦犯罪小組查獲，但以其販賣名冊項目之繁，不禁令人驚覺個人隱私資料外流之嚴重性。以傳統單基點腦運作為設計主軸的個資法，其規範對象除傳統的個人之姓名、出生年月日、教育、職業、病歷、財務情況外，許多新興的個人資料，例如電子郵件地址、網域名稱、不變資源定位址、使用者名稱、通行碼、IP 位址等等。

6-5 電腦犯罪與網路犯罪

一、電腦犯罪的內涵

電腦犯罪（Computer Crime），在學術研究上迄無一定之定義，但目前大都採用廣義的解釋：「凡犯罪行為係透過電腦之使用，或對電腦本身所造成之損害皆屬之」。

雖然多數學者大多採用「電腦犯罪」一詞，以定其在電腦領域中研發生之犯罪型態，但至今仍有不少學者，認為應以「電腦濫用」（Computer Abuse）取代之。其認為假如使用「電腦犯罪」一詞，無異是對電腦的一種歧視，且容易使人們對電腦產生錯誤的觀念，或對電腦的使用產生排斥與疑懼，進影響電腦之正常使用與發展。凡使用電腦的過程中有任何不當之行為皆屬於「電腦濫用」。其行為之主體或為電腦之所有人或操作者。因此，凡故意或過失不當使用電腦，致他人受損害或有受損者，即為電腦濫用。

二、電腦犯罪與網路犯罪

電腦犯罪與網路犯罪，這是兩個不同的概念，各有不同的定義，然而兩者又有密切的關係。基本上，電腦犯罪是一種利用電腦知識或電腦科技作為從事不法的犯罪行為。而網路犯罪（Cybercrime）則通常是指利用網際網路知識或網路網路科技作為從事不法的犯罪行為。

一般而言，網路犯罪具有五項電腦犯罪所沒有的特質：

1. **隱匿性**：網際網路十分開放、分散而且無遠弗屆的特性，成為隱匿性犯罪的最僅場所。

2. **普及性**：網際網路的普及性，讓未具有電腦專業知識的使用者也能操作，儘管是初學者也能輕易達到犯罪目的。

3. **犯罪客體多樣化**：各式各樣的網路犯罪樣態，例如散播網路病毒、電子郵件恐嚇、透過網路竄改他人資料，均較電腦犯罪更加繁雜。

4. **更具專業性**：某些網路犯罪較一般單純電腦犯罪更具專業性，例如利用網路逃避電腦安全的稽核防護。

5. **偵查更為困難**：犯罪者經常以匿名與跨國方式進行犯罪行為，被發現後可能無法追蹤，甚至跨國辦案。

三、電腦（網路）犯罪的特性

1. **散布迅速**：網際網路具有無遠弗屆、迅速廣泛散布的特性，其影響極大。

2. **身分易藏**：網際網路的來源網址可以假造，如阻斷服務攻擊極難追查。

3. **證據有限**：電腦犯罪可能沒有現場、兇刀、血跡、槍彈、血衣等實體的跡證。網路犯罪留下的僅有電磁記錄並非如指紋、DNA 等有個化性，如何提升電磁記錄的證明力實為一大挑戰。

4. **毀證容易**：網路犯罪非但證據有限，而且這些證據十分容易毀滅。例如電腦內部帳冊、名冊等不法資料，祇要輕按刪除鍵或執行格式化指令，即能於瞬間毀滅。

5. **適法困難**：民國九十二年六月三日經立法院三讀通過電腦網路犯罪部分條文修正案。

6. **跨國管轄**：網路世界不易分辨疆界，在網路上環遊世界輕而易舉，這也造成網路犯罪具有跨國管轄的特性。

7. **偵查不易**：以上幾個特性致使網路犯罪不易偵查，甚至無法偵辦。各國法律與實務對於某些行為是否違法的判斷標準不同（如槍、賭、色情的認定），也使得跨國性網站的非法行為，在偵查上更增困擾。

四、電腦（網路）犯罪的類型

常見的電腦（網路）犯罪類型如下：

1. **建置色情網站**：在全球資訊網上建立網頁提供各種色情的資訊，並透過向各搜尋引擎登記或在電子佈告欄上打廣告。色情網站常見的型態有：張貼猥褻圖片、販賣色情光碟、錄影帶、貼圖網站、提供超連結色情網站、散布性交易訊息等。

2. **網路販賣盜版光碟**：俗稱大補帖的盜版光碟、電影、音樂…等。

3. **網路販賣違禁、管制物品**：在網路上販賣槍、毒、FM2 等。

4. **網路販賣贓物**：在網路上以低價出售所竊的贓物。

5. **電子商務詐欺**：網路上常見的電子商務詐欺行為有虛設行號、偽卡刷卡、網路老鼠會等。

6. **網路妨害名譽**：網路上發表不實言論，辱罵他人或指摘他人，或假冒他人名義徵求性伴侶、一夜情人及公布他人電話號碼的。

7. **入侵他人網站阻斷服務**：以不法或不正之方式入侵他人電腦竊取、毀損資料或以阻斷服務手法癱瘓商務網站。

8. **散發電腦病毒**：在網路上散佈電腦病毒，使他人的電腦當機、檔案毀損或硬碟格式化。

9. **網路賭博**：在網路上開設賭博網站，供不特定人賭博財物。

10. **網路販賣個人資料**：在網路上販賣高收入戶名單、特殊住戶所有人名單等個人資料。

11. **網路釣魚（Phishing）**：與英語 fishing 發音一樣，是 "Fishing" 和 "Phone" 的綜合體，是一種企圖從電子通訊中，透過偽裝成信譽卓著的法人媒體以獲得如用戶名稱、密碼和信用卡明細等個人敏感資訊的詐騙犯罪過程。

五、反網路侵佔消費者保護法令（ACPA）

美國 1999 年底施行的《反網路侵佔消費者保護法令》（Anticybersquatting Consumer Protection Act, 簡稱 ACPA），它將商標和個人姓名的法律保護擴展到網域名稱方面。例如網路佔用（Cybersquatting）係登記侵權的網域名稱，或是在網際網路上使用現有商標，企圖從合法擁有者處侵佔費用。又例如網路剽竊（Cyberpiracy）係把合法網站的流量轉移到侵權的網站。

六、深網與暗網

只要是「無法被搜尋引擎檢索到的網站」被稱作「深網」（Deep Web）。「暗網」（Dark Web）是「深網」的一部分，要上暗網，必須要透過專屬的瀏覽器，使用一般瀏覽器無法進入網址，最常見的就是「洋蔥路由瀏覽器」（The Onion Router, 簡稱 TOR），除了 TOR 外，還有其他諸如 I2P、freenet 等等。因為 TOR 的網路結構就像洋蔥一樣，有一層又一層的加密保護，需要一層一層地撥開才能看到核心，因此被稱為「洋蔥路由瀏覽器」。

「暗網」最初是由美國海軍資助的計畫，成立時的初衷，是為了建立一個不被追蹤的點對點（P2P）網路。由於「暗網」本身具有不易被追蹤的特性，讓不少非法買賣在「暗網」上面進行，最有名的就是「絲路」（Silkroad）網站。

七、網路恐怖主義

網路恐怖主義（CyberTerrorism）一詞最早見諸 1997 年美國國際安全學界研究，是一種新型的恐怖主義，巨大破壞力對各國造成的危害更甚於用常規手段進行威脅的恐怖主義。它已成為僅次於核武器和生、化武器的第三大威脅因素。

美國國防部定義「網路恐怖主義」為「次國家行為體利用計算機及電信能力針對資訊系統、程式實施的犯罪行為，以造成暴力與破壞公共設施，製造社會恐慌，旨在影響政府或社會，實現特定政治、宗教或意識形態目標」。

安全專家定義所謂「網路恐怖主義」是由次國家集團或秘密組織實施的有預謀、有政治動機、針對信息系統或計算機系統、計算機程序和數據進行的攻擊行為。這些行為可能危及人類的生命和健康，或者給公共安全帶來嚴重後果，甚至引發武裝衝突。

八、數位鑑識

數位鑑識（Digital Forensics）又稱為「數位鑑識科學」，是鑑識科學（Forensic Science）的一個分支，主要在針對數位裝置中的內容進行調查與復原，這常常是與電腦犯罪有所相關。數位鑑識所含的技術層面則依鑑識目標與證據種類不同而有各自的分類，包括「電腦鑑識」、「網路鑑識」、「鑑識資料分析」及「行動裝置鑑識」。

圖 6-2 數位鑑識流程

數位鑑識流程如上圖所述，以下將簡介各階段：

1. **保存（Preservation）**：鑑識人員一到可疑現場，即需進行採證，將所認為可疑的物品全數納入調查範圍。若在採集、搬運、儲存等過程中，造成數位證據毀損或消失，將使該證據失去效力，但數位證據本身難以確保其完整性的特性，使鑑識人員在調查初始階段時就會遇到不小的麻煩。

2. **識別（Identification）**：將所見證據進行標示，例如用標籤紙或掛牌。標籤上須註明案號、採集的日期與時間、證物敘述等。

3. **抽取（Extraction）與檢查（Examination）**：利用雜湊函數驗證數位證據的完整性，並利用工具及既定程序進行資料分析、關鍵字搜尋、二元資料及圖片閱覽等，整理出事件時間軸、關聯證據等，以滿足 5W1H 問題：人（Who）、事（What）、時（When）、地（Where）、原因（Why）、如何（How）。

4. **報告（Reporting）**：記載採集、鑑識、找尋證據的過程，整理成鑑識報告。內容則包含處理摘要、主要檔案、鑑識目標的檔案系統與實體結構、使用的作業系統版本、時區、使用者輪廓（User Profile）等。

6-6 電子化政府

一、何謂電子化政府

「電子化政府」（Electronic Government, 簡稱 E-Government）的概念最早是由 Davidow & Malone 於 1992 所提出，其定義電子化政府是化身在網路上為民服務的一種創新服務的政府，藉由電腦、網際網路、資訊及通訊科技的功能，改變政府機關的作業流程，將政府的資訊、業務提供於網路上，為民眾提供一個服務不打烊，不受傳統上班時間、地點限制的「網路服務」政府。其概念如圖 6-3 所示。

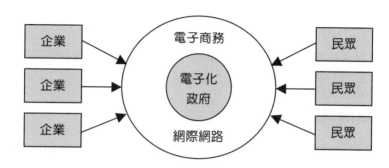

圖 6-3 電子化政府

二、電子化政府的演進四階段

Miranda (2000)認為，電子化政府的演進可以分為四個階段，如圖 6-4 所示：

1. **形式的（Formative）階段**：只是將相關資訊公佈在網路電子布告欄上，以方便民眾或企業查詢與瀏灠。

2. **配送的（Distributive）階段**：此階段允許民眾或企業由網站上，下載相關表格，並可藉由網路填報相關資料，以與政府線上溝通。

3. **交易的（Transactional）階段**：此階段允許民眾或企業直接在線上繳交相關規費，或線上申請相關證件等。

4. **轉換的（Transformational）階段**：政府單位嘗試將民眾在網際網路上申請事務直接連線到後台系統（Back-office Systems），以利系統的轉換與資訊的整合。

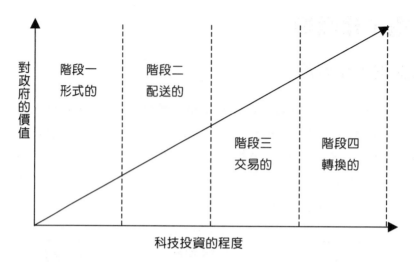

圖 6-4　電子化政府的演進階段。資料來源：Miranda (2000)

三、電子化政府的應用

1. **電子商務：**應用電子簽章及公開密鑰等安全技術，推動政府機關之間、政府與企業間以電子資料交換技術、進行通信及交易處理。

2. **電子採購及招標：**在電子商務的安全環境下，推動政府部門以電子化方式與供應商連線進行採購、交易及支付處理作業。

3. **電子福利支付：**運用電子資料交換或智慧卡等技術，處理政府各種社會福利作業，直接將政府的各種社會福利支付交付受益人。

4. **電子郵遞：**建立政府整體性的電子郵遞系統，並提供電子目錄服務，以增進政府之間及政府與社會各部門之間的溝通效率。

5. **電子資料庫：**建立各種資料庫，並提供人們方便的方法透過網路等方式取得。

6. **電子化公文：**公文製作及管理電腦化作業，並透過網路進行公文交換，隨時隨地取得政府資料。

7. **電子稅務：**在網路上或其他渠道上提供電子化表格，使人們足不出戶從網路上報稅。

8. **電子身份認證：**以一張智慧卡集合個人的醫療資料、個人身分證、工作狀況、個人信用、個人經歷、收入及繳稅情況、公積金、養老保險、指紋等身分識別等資訊，通過網路實現政府部門的各項便民服務程式。

9. **共用資訊服務站**：運用多媒體技術設置在社區的行政自動櫃員機，提供民眾取用政府資訊及證照等其他交易服務。

10. **環境與交通運輸監測與規劃**：應用遙測及「地理資訊系統」進行環境及交通運輸等規劃。

11. **公共安全資訊網路**：運用無線通信技術構建公共安全資訊網路，發展聲紋及指紋辨識等系統，強化執法單位偵測及打擊犯罪的能力。

學習評量

1. Mason (1986)等人提出「資訊技術之道德課題的架構內容」包括哪些？請簡述之。

2. 何謂隱私權？何謂隱私權偏好平台（P3P）？

3. 何謂智慧財產權？其包含哪些？

4. 何謂網路蟑螂？請舉例說明之。

5. 請任舉五例說明常見的網路犯罪？

6. 請簡述何謂 ACPA？

7. 何謂電子化政府？

線下到線上
電子商務策略

導讀：電商代營運公司，資訊流、物流、通路全都包

「欣新網」是一家由欣臨與新竹物流共同創立的電商代營運公司，提供電商相關服務，包含數位廣告、素材設計、系統開發、通路經營、倉儲管理、物流配送、即時客服等。「欣新網」自 2013 年成立以來，服務超過 100 個國際品牌、代操作超過 15,000 支商品，協助各大品牌數位轉型、布局電商通路，讓品牌專心做產品做品牌，剩下的網路媒體流量、通路佈局、倉儲物流等「欣新網」全都包。

7-1 策略管理模型

為瞭解企業策略的過程，圖 7-1 呈現了一個模型。在最上方，模型開始於外部環境之機會與威脅的分析。而在下一個階段裡，組織的內部環境（企業的資源、使命與目標）由雙箭頭連到外部環境。這個箭頭表示使命與目標是就外部環境的機會與威脅，以及企業內部的優勢與劣勢（其資源）而設定的。組織會受到外部環境的力量所影響，但組織也會影響其外在環境。

企業的使命（Mission）與目標（Goals）驅使總公司、事業單位、企業電子化、以及功能性等層次策略的形成。然而，組織現有及潛在的優勢與劣勢（總公司、事業單位、企業電子化、與功能性等層次上的企業資源與能力），也會影響該企業的使命與目標。這可由內部環境與策略形成之間的雙向箭頭來表示。在總公司的層次上，決策制定者是總裁（CEO）、其他高階管理者及董事會；事業單位層次的策略決策，大部份是由該事業單位的高階管理者與其重要主管一同制定；而功能性層次的決策制定者，為各功能性部會的主管（生產、行銷、人力資源、研發、財務、資訊等部門經理）。

在某些企業裡沒有功能性部門，取而代之的是核心流程中心（如原料處理中心，而非採購和製造等功能性部門）。

下一個箭頭表示策略的形成，促使策略能具體地執行。明確地說，策略是透過企業的組織結構、領導、權力的分配，以及其企業文化來執行的。最後一個向下的箭頭表示評估組織實際的策略績效。如果績效未達到組織的目標，就會執行策略控制來修正模型中的部份或全部階段以改善績效。控制階段是由連結策略控制與模型其他部份的回饋線來表示。

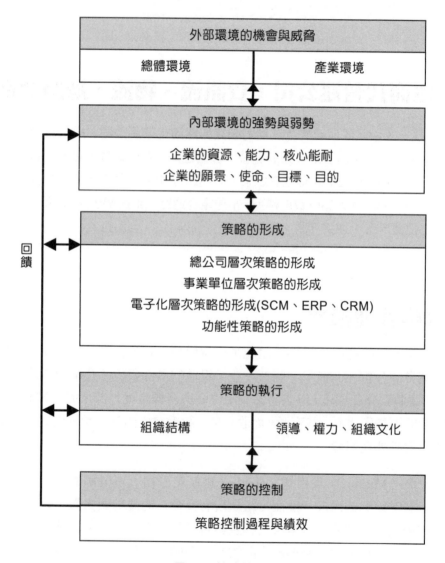

圖 7-1　策略管理模型

7-2 總體環境分析

　　策略涉及三個分析層次，如圖 7-2 所示：❶企業的總體環境（Macro Environment）：政治法律力量、經濟力量、社會力量、科技力量（電子商務）；❷企業所處的產業環境（Industry Environment）：潛在進入者威脅、既有產業競爭強度、供應商議價能力、購買者議價能力、替代品的威脅；❸企業本身 — 優勢與劣勢：資源、能力、核心能耐。

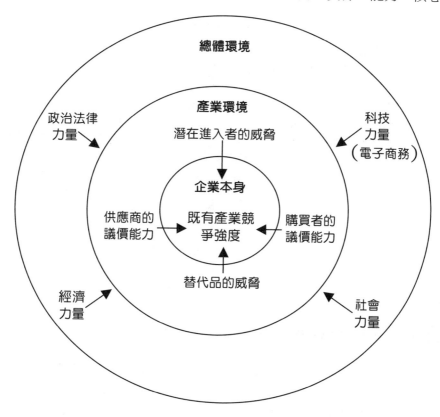

圖 7-2　策略的三種分析層次

　　有四種總體環境的力量會影響到企業組織。就最廣義而言，政治法律力量包括政府對企業營運的基本立場。而較狹義而言，則包括選舉之結果、立法、法院之審判，以及政府中所有層級之各種委員會與機關所制定的決策。經濟力量包括 GDP 的成長或衰退以及利率之漲跌所造成的影響、通貨膨脹率，以及幣值。社會力量包括傳統、價值觀、社會趨勢，以及社會對企業的期許。為了確認與瞭解這些力量的變動與趨勢，管理者必須進行環境檢視。

7-3 產業環境分析

策略大師 Michael E. Porter (1980)提出了五種「競爭作用力」（Competitive Forces），用以分析一個產業及產業競爭者的結構，並建構起整體競爭策略。此五競爭作用力包括：潛在進入者的威脅、替代品的威脅、顧客的議價能力、供應商的議價能力、以及現存競爭者的競爭強度。如圖 7-3 所示。

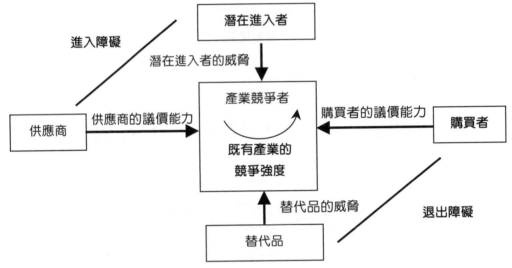

圖 7-3 Porter 的產業五力分析模式

一、潛在進入者的威脅（Threat of Entry）

產業的新成員會替既有產業帶來新的產能，同時也帶給產業內既有廠商新的影響與衝擊。尤其，新成員往往希望能夠攫取市場大餅，相對地也就會侵蝕到既有廠商的市場。潛在進入者的威脅大小，要看當時的進入障礙，以及原有競爭者所可能產生的反應而定。如果進入障礙很高，或新加入者預期將遭遇業界浴血抵抗的話，則新公司對原有競爭者的威脅就不大。而潛在進入者的威脅大小，可由下列因素來探討：

1. **規模經濟（Economies of Scale）**：係指一項產品（或投入生產的作業或功能）在「某一段期間內」絕對數量增加時，單位成本下降的現象。當產業的規模經濟愈明顯，潛在進入者的威脅就愈小。

2. **產品差異化（Product Differentiation）**：根基穩固的既有廠商由過去的促銷、服務、產品特色或因最早踏入產業，而建立品牌知名度、贏得顧客忠誠度。當產品差異化愈高時，進入者的威脅就愈小。

3. **資本需求（Capital Requirement）**：必須投注巨資，才足以競爭的產業特性，也會對想要進入產業的廠商，構築較高的進入障礙。特別是在風險高又無法回收的先期廣告或研發費用上。

4. **移轉成本（Switching Cost）**：係指從一定廠商更換到另一家廠商所產生的「一次成本」（One-time Cost），包括重新訓練員工的成本、增加輔助設備的成本、測試或修改資源使用的成本與時間、過去一向倚賴買主工程協助以致需要技術援助的成本、重新設計產品，甚至包括切斷臍帶關係而產生的精神損耗等等。當移轉成本愈高，潛在進入者想要順利進入產業的機會就愈小。

5. **取得配銷通路（Access to Distribution Channels）**：若潛在進入者必須取得適當的通路才能順利進入產業的話，也會對潛在進入者產生一定的障礙。

6. **與規模無關的成本劣勢**：若是既有廠商擁有某些獨家的技術；在原料取得的條件上有較佳的優勢；較佳的學習曲線或經驗曲線；或者佔有較佳的地理位置等，都有可能對潛在進入者形成障礙。

7. **政府政策（Government Policy）**：若是政府有意控制產業的廠商家數，或者有條件的發放執照，也可以降低潛在進入者的威脅。

二、替代品的威脅（Pressure from Substitute Product）

不只是產業內的競爭者在競爭，產業亦與生產替代品的其他產業在競爭。替代品的出現除了限制產業可能的獲利空間外，也由於比價的效果，使得企業面臨訂價上的限制，無法任意收費。若是替代品的價位愈吸引人，產業所面臨的競爭就愈激烈，可能的獲利就會愈小。替代品威脅的決定因素在於：

1. **替代品的相對價格**：顧名思義替代品與產業內產品在功能上具有相互替代的關係。當產業內的價格相對較高時，可能會使得部份重視成本的企業轉而購買比較低的替代品，而提高產業內的競爭強度；反之，則降低產業內的競爭強度。

2. **移轉成本**：當採用替代品的移轉成本小，將迫使產業內的廠商想盡辦法留住顧客，例如：降低產品價格、提高產品的附加功能、增加服務的範圍，又或是延長保固年限等，也因此間接提高產業內的競爭強度。

三、購買者的議價能力（Bargaining Power of Buyers）

購買者總是希望能夠在相同的價格下爭取更高的品質、更多的服務或者壓低價格。但這將與產業內的廠商獲利相衝突。購買者是否可以達到他們的期望，取決於購買者議價能力的高低，議價能力較高的顧客其具有下列幾種特性：

1. 相對於賣方銷售額而言，買方群體很集中，採購量很大。

2. 買方在此產業內採購的產品佔成本或採購量相當大的比例。

3. 買方向此產業購買的產品，是標準化產品（或不具差異性）。

4. 當買方移轉成本低，就代表買方不需要鎖定與特定的廠商往來，隨時可以找到替代的供應商，相對的買方受到供應商牽制的情形就會大為降低，購買者的議價能力也會相對提高。

5. 獲利不高。

6. 買方擺出要「向後整合」（Backward Integration）的姿態威脅：當顧客具有向後整合的能力，同時也有可能進行向後整合時，它們的議價能力通常會因此而有所提升。

7. 當買方產品品質不受產業產品所影響時，買方對價格就會相當敏感，也因此會對價格斤斤計較；反之，則不太敏感。

8. 如果買方對需求、市場價格，甚至廠商成本都有充分的訊息時，買方就擁有較多的籌碼，相對的也擁有較大的議價能力。

四、供應商的議價能力（Bargaining Power of Suppliers）

供應商可透過威脅調高售價或降低品質，對產業成員施展議價力量。具以下幾種特徵的供應商往往有較高的議價能力：

1. 該團體由幾家公司支配，與銷售對象（某產業）相比，力量更形集中。

2. 它不需要與銷往同一產業的替代品競爭：不論供應商的勢力再大，力量再強，仍然得和替代品競爭，而且多少會受到它們的牽制與影響。若是該產業的替代品很少，又或者替代品的移轉成本很大，而導致與替代品直接競爭的機會很小時，供應商顯然擁有較大的議價能力。

3. 該產業並非重要顧客：若供應商同時供貨給好幾個產業，而該產業佔供應商整體銷售比重並不顯著時，供應商對該產業擁有較大的議價能力。

4. 供應商的產品是買方的重要投入。

5. 供應商團體間產品互異，或已形成移轉成本。

6. 供應商群擺出一副打算要「向前整合」的姿態威脅：當供應商具有能力向前整合，並且也有意願向前整合時，供應商的議價能力往往會因此獲得提升。

五、現存競爭者的競爭強度 （Intensity of Rivalry among Existing Competitors）

現有競爭者間的競爭形式，即運用價格競爭、促銷戰、產品介紹等手法，提升顧客服務或產品價值等。當產業內任何一家公司的競爭行動影響到其他競爭對手時，就會招致還擊。一個產業的競爭強度決定在下列的產業結構因素：

1. **競爭者為數眾多或勢均力敵**：當產業內的競爭家數很多，每家的規模與能力都差不多時，產業內的競爭會格外激烈，因為沒有任何一家具有整合與號召的能力。反之，若是產業較為集中，主要由一、兩家所主導時，居於領導地位的公司，自然會在產業裡扮演協調整合，營造紀律的角色。

2. **產業成長緩慢**：廠商為了既有的市場獲得更多的利潤，競爭自然更比產業成長快速的產業來得激烈。

3. **固定或倉儲成本很高**：過高的固定成本會使所有公司積極尋找所有可能的方法以填滿產能，也因此造成降價競爭的壓力。倉儲費用過高，或者儲存不易，同樣地會使公司面對得快速將產品銷售出去的壓力。

4. **缺乏差異性或移轉成本。**

5. **產能大幅增加**：對產業內產能增加的幅度大過需求增加的幅度時，將會導致廠商之間價格的惡性競爭。

6. **競爭者背景差異**：競爭者背景愈不一致，彼此目標、策略、特性、競爭的方法也就愈不一致，對產業內競爭的衝擊也愈大。

7. **策略風險高**：當愈多公司在產業內成功的風險很高時，產業內的競爭就會格外地激烈。

8. **退出障礙高**：係指企業因獲利不佳甚至虧損時，仍讓企業留在市場繼續競爭的一些經濟、策略、心理性因素。這些因素包括：專業資產、固定退出成本、相互間的策略關係、心理障礙、政府及社會限制等。當這些因素的成本愈高，廠商想要退出產業的可能性就會愈低，而廠商為能夠挽回頹勢，必定會找尋更有效的方法，以取得較佳的獲利空間。

7-4 網際網路對產業五力分析的衝擊

一、網際網路對五力的影響 — Porter (2001)的觀點

　　策略大師 Michael E. Porter (2001)對於網際網路的觀點是比較屬於輔助性質的，他仍然強調要將問題回到基本的組織面、策略面等等，在 Porter 的觀點裡，網際網路扮演著輔助的角色與媒體，或是一個新的工具，而網際網路對產業的影響在於重新組態了既有的產業，包括有高成本的通訊、資訊取得困難、複雜交易的產業。而創造價值及產業吸引力的本身仍然來自於五力，而非 Internet。然而網際網路的應用也確實改變了組織、企業的競爭態勢，因此 Porter 針對網際網路對五力分析模型的影響提出了修正的模型，他以「網際網路如何影響產業結構」為主題，描繪出 Internet 對產業吸引力的正向或負向影響，並以正負號的方式標註在五力分析模型的說明中，在 Porter 的觀點裡，多數影響是負面的，只有少數影響是正面的（表 7-1）。

表 7-1 網際網路對產業五力分析的影響

網際網路的影響	＋（正向影響）	－（負向影響）
進入障礙		1. 任何應用在銷售，通路進入，或是實質的資產，只要網際網路可以簡化或是取代他的功能的，將會降低進入障礙。 2. 網際網路的應用對於新進入者而言，易於複製。 3. 新進入者來自很多不同的產業。
替代品或替代服務	促使整個產業更有效率，並開拓市場規模。	網際網路的易親近性，造成許多新的替代品。
供應商的議價能力	透過網際網路採購，可以提高企業對供應商的議價能力，不過供應商也可藉此接觸更多顧客。	1. 網際網路提供供應商直接接觸終端使用者的機會，減少中間商的層級。 2. 網路採購及電子市集的使用，讓所有公司有均等的機會接近供應商，且導致標準化產品的採購降低差異性。 3. 降低進入障礙，眾多的競爭者會提高供應商的議價能力。
通路商的議價能力	削弱強力的傳統通路商，對傳統通路商有更強的議價能力。	
購買者的議價能力		1. 終端顧客有更強的議價能力。 2. 降低轉換成本。

網際網路的影響	+（正向影響）	-（負向影響）
現存廠商的競爭		1. 降低差異化程度，不容易有專利、專賣的情形。 2. 轉移成價格戰。 3. 地理上的市場變寬，增加許多競爭者。 4. 跟固定成本比較起來有較低的變動成本，因此，有降價的壓力。

資料來源： Porter, Michael, E., 2001, "Strategy and the Internet", Harvard Business Review, March, pp. 63-78

　　從 Porter 的觀點來說，網際網路的應用對五力分析模型的影響十分巨大，例如在替代品的威脅上，「網際網路可使整個產業更具效率，並擴大市場」是正向的影響，而在產業內部競爭上，「降低與競爭者之間提供產品的差異，且難以維持專賣」對產業吸引力而言則是負向的影響。有些應用甚至影響到後來的策略使用，包括差異化的程度，成本的多寡等等，完整修正後的模型如圖 7-4 所示：

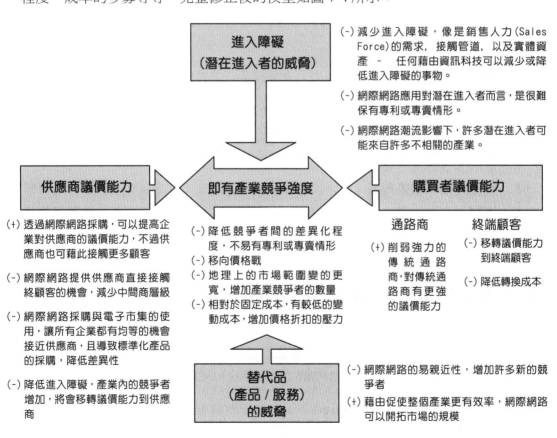

圖 7-4　網際網路對產業五力的影響

資料來源： Porter, Michael, E., 2001, "Strategy and the Internet", Harvard Business Review, March, pp. 63-78

競爭力大師 Michael E. Porter 在 2001 年 3 月份的哈佛管理評論（Harvard Business Review）中認為，網際網路並未改變一切事物，由於網際網路並未提供企業專屬的營運優勢，往往反而會削弱產業獲利能力，企業應將網際網路視為傳統競爭方法之外的輔助措施，而不是取代傳統經營方法，才能成為贏家。Porter 認為能夠利用網際網路（Internet）的科技來促使傳統交易活動更有效率的公司才能成功，能夠找出方法將虛擬與實質的交易活動結合在一起的公司，才能致勝。

二、網際網路衝擊下的新經濟法測

哈佛商學院教授 Rayport & Sviokla (1995, 1997)認為未來企業將面臨兩種世界的競爭：虛擬世界與實體世界，並提出五個網際網路衝擊下的新經濟法則：

1. **數位資產法則**：數位化資產可在無限次的潛在交易中重新獲益，不斷創造價值。故不像實體資產在消費後即告結束。

2. **虛擬規模經濟**：由於虛擬世界中能讓小公司在大公司主導的市場中提供低單位成本的產品與服務。

3. **虛擬範疇經濟**：在虛擬世界中，企業能重新定義範疇經濟，利用數位化資產在不同且分離的市場上獲利。

4. **交易成本被壓縮**：在虛擬世界的價值鏈上的交易成本是較實體世界價值鏈上為低，且將隨著微處理器速度與電腦記憶容量的增長，而大幅降低。

5. **供給與需求重新均衡**：結合前四項法則，將創造第五項法則，供應之間藉著不同以往做生意的想法，達成低成本與高附加價值的均衡關係，商業行為將從供給面思考轉向需求面思考。

7-5 企業資源、使命、目標與 SWOT 分析

一、資源

企業的資源（Resources）構成其優勢（如圖 7-5），其包括：

1. **人力資源（Human Resources）**：企業所有員工的經驗、能力、知識、技能和判斷力。

2. **組織資源（Organizational Resources）**：企業的制度與方法，包括其策略、結構文化、採購／物料管理、生產／作業、財務基礎、研究與發展、行銷、資訊系統，以及控制系統等。

3. **實體資源（Physical Resources）**：廠房和設備、地理區位、原料的取得、配銷網路，以及技術。

而將這三種資源予以結合，可以提供企業一個持久性的競爭優勢（Sustained Competitive Advantages）。持久性競爭優勢指的是無法被競爭者完全複製，而且長期下可帶來高財務報酬的有價值策略。

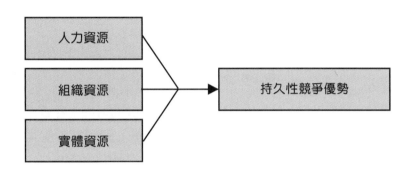

圖 7-5　取得持久性競爭優勢的方法

二、企業的使命

企業的使命（Mission）是針對其優勢與劣勢，以及外部環境之機會與威脅所做的一項分析。該分析的重點是使企業能為自己定位，以利用環境中的特定機會，並將環境的威脅予以規避或極小化。

企業是為了某個目的而創立的。雖然這個目的可能會隨著時間而改變。但是讓利害關係者（Stakeholders）瞭解企業存在的理由—企業使命，是很重要的。通常，企業的使命會以一個正式且書面的使命聲明書（Mission Statement）來加以定義。此為定義廣泛但持久的目標聲明，說明組織的營運範疇，以及其對各種利害關係者的貢獻。一個成功的電子商務企業，必須能明確地指出它所依存的使命，同時這個使命目標還要夠遠夠大，絕不能只是單純地希望測試某項商品或某種想法而已。基本上，該使命必須能傳達某種意念，也就是企業該如何讓顧客與員工獲得更多價值。

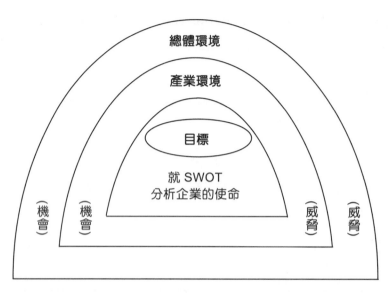

圖 7-6　企業使命的角色

1. **使命與組織層級**：使命為組織提供精確且明確的方向。在事業單位層次上，使命的範疇較為狹隘，但定義更為明確。組織必須仔細瞭解其使命，因為對組織而言，清楚地瞭解目的對於建立適當目標是必要的。

2. **使命與變動**：總公司層次與事業單位層次的使命，通常會隨著時間而改變。

3. **使命與策略**：「只有願景而沒有行動，願景只是白日夢，若有行動而沒有願景，則行動會成為惡夢」。有效的管理不只需要瞭解環境，也必須著重於組織的使命（就其優勢與劣勢而言）。對其使命有清楚認知的企業，能夠判斷哪些活動適合其策略方向，而哪些不適合。要在現今的環境下成功，企業的願景和策略都必須改變，從原來的「我們在五年後要發展成什麼樣子？」改為「我們的顧客希望我們能發展成什麼樣子，而我們要如何能達成這個目標？」。

三、企業的目標與目的

使命是企業存在的理由，而目標（Goals）則代表企業努力想達成的一般結果；而目的（Objectives）通常是特定且量化的目標（圖 7-7）。

表面上，建立組織目標似乎是一個相當直接的過程。然而，實際上這個過程相當地複雜。各種利害關係人（Stakeholders）—所有者（股東）、董事會成員、經理人、員工、供應商、債權人、配銷商和顧客等，對企業都有不同的目標。而企業最後所達成的目標必須能平衡來自不同利害相關團體的壓力，以確保每個團體都能繼續參與。

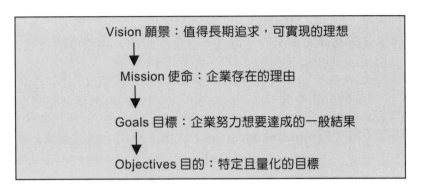

圖 7-7 企業的願景、使命、目標與目的

四、企業本身分析 — SWOT 分析

由企業內部及外部分析,找出該企業之優勢、劣勢、機會與威脅,利用 SWOT 矩陣,尋找互相匹配項目填於相對方格內,再思考如何運用資訊科技(電子商務)來創造策略機會,取得競爭優勢。

	機會(O)	威脅(T)
優勢 (S)	優勢 / 機會 (攻擊)	優勢 / 威脅
劣勢 (W)	劣勢 / 機會	劣勢 / 威脅 (加強防禦)

圖 7-8 SWOT 矩陣

7-6 事業層次策略

一、事業層次策略(Business-level Strategy)類型

有關事業策略之研究,較具代表性者首推 Michael E. Porter (1980)提出之企業基本競爭策略類型,此即:

1. **成本領導策略(Cost Leadership Strategy)**:強調生產標準化的產品,並以低價格行銷,藉以創造競爭優勢。

2. **差異化策略(Differentiation Strategy)**:強調產品或服務會令顧客有不一樣的感覺,藉此區隔出與競爭者之間,在品質上、包裝上等等方面的差異,塑造所謂的「特殊性」。

3. **集中策略（Focus Strategy）**：強調集中精力在其群顧客、某地區、某一行銷通路或產品線的某部份，藉以統合全部資源，獲取專精利益。

另外，學者 Miles and Snow (1978)在組織對於環境改變的反應，亦即組織改變其產品及市場，以因應環境的程度上所作的研究，也提出四種競爭策略類型如下：

1. **擴張者策略（Prospector Strategy）**：事業單位不斷地改變生產線以追求新的市場機會，在新產品，市場發展扮演積極且先優的角色。是一個組織採取侵略性的競爭策略，企圖成為產品 / 市場開發的先鋒，分權式的決策制定模式，參與性的管理哲學，以產品 / 市場結構的方式劃分，傾向更有效益性（利益導向）。

2. **防衛者策略（Defender Strategy）**：事業單位對新產品 / 市場發展持保守觀點，產品 / 市場的範圍較窄且不積極尋求。是一個組織採取保守的競爭策略，具有獨裁的管理風格及中央集權式的決策制定傾向，具有基礎的企業功能結構導向，傾向更有效率性（節約成本）。

3. **分析者策略（Analyzer Strategy）**：介於擴張者與防衛者策略之間，如防衛者策略一樣在核心市場維持一安全的市場地位，但又像擴張者一樣透過新產品發展尋求新的市場機會。是一個採取溫和競爭策略的組織，在產品 / 市場的開發較探勘者溫和，但又比防禦者的變動性大，均衡的決策制定導向，矩陣式的組織型態，效率、效益性組合性傾向。

4. **反應者策略（Reactor Strategy）**：在產業競爭中缺乏一套完整或一致性的計畫，只是隨環境壓力而盲目反應，亦即沒有明顯的競爭策略，所有企業行動都是被動反應式。

二、價值鏈分析

企業的價值活動須運用企業基礎建設、採購作業、人力資源管理以及某些技術發展以執行其本身的功能。各種價值活動必須使用資訊及產生資訊，因此組織運用資訊科技的機會就能從此處著手考慮。價值活動又可區分為基本活動及支援活動兩部分，前者包括原物料後勤、產品實際生產、配送、行銷與銷售、顧客服務與支援等活動，後者則包含各種支援基本活動的功能，如下圖 7-9 所示。

以價值鏈分析尋找策略機會，從每一步驟、階段來檢視資訊科技（電子商務）的價值。並運用組織內的資訊科技，來改善價值活動，以增加利潤；藉由不同價值系統的投資組合，透過綜效使組織獲得更大競爭優勢。

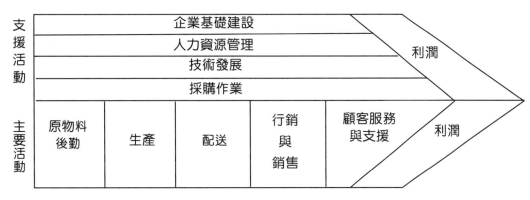

圖 7-9 Porter 價值鏈分析

三、價值鏈的虛擬化

在 Porter 的產業五力理論中，只有實際製造產品與或提供服務的過程才是主要活動，而技術發展屬於支援活動。這點在許多 e 化企業中並非如此，因為在 e 化企業中，資訊本身就可能是產品與物料，資訊科技更能直接增加客戶與商品的價值，產生虛擬價值鏈的觀念。

Rayport & Sviokla (1995)認為企業目前面對兩個不同的價值鏈：除了由可看見、可接觸的實體資源所組成的實體價值鏈（Physical Value Chain），還要加上由資訊所組成的虛擬價值鏈（Virtual Value Chain）。實體價值鏈中，資訊科技僅用來輔助創造價值，而其本身並不能產生價值。在虛擬價值鏈裡，資訊本身就具有相當價值，經過獲取（Gather）、組織（Organize）、選擇（Select）、綜合（Synthesize）、分送（Distribute）等再製過程後，又會再創造新的價值，在數位的時代裡，資訊也會產生價值。

換句話說，對企業而言，可以分成以「產品本身」為主的實體架構，與以「產品資訊」為主的虛擬架構。實體架構與虛擬架構能夠互相取代，也能相輔相成。這種傳統以資源為主的「實體價值鏈」只是利用資訊科技來輔助，再經過一連串「原物料後勤（Inbound）、生產（Operation）、配送（Outbound）、行銷（Marketing）、銷售（Sales）及顧客服務（Service）與支援（Support）的主要活動」，配合企業內部支援活動，例如：人力資源管理、採購…等，達成並維持企業的競爭優勢。虛擬價值鏈提出了一個價值矩陣（Value Matrix）的觀念，也就是任何在實體價值鏈中的每一個活動中，資訊的獲取、組織、選擇、綜合、分送等再製過程後，都會再創造新的價值。其中的關鍵，便在於能否在實體價值鏈中，發現與整合有附加價值的資訊。

Rayport & Sviokla (1995)指出，企業若能利用資訊世界的五個活動：蒐集、組織、選擇、整合與散播資訊，應用到虛擬價值鏈的各個活動上，而創造出來的新市場，即為一個新的價值矩陣。

　　一般企業是以三個階段來採行資訊，第一個階段為「能見度」，指企業利用資訊科技蒐集執行價值鏈過程的資訊，以更有效率的掌握實體營運的能力；第二階段為「對應能力」指企業已完成第一階段後，再利用已建構出的資訊架構來轉移實體價值鏈中，可移轉到虛擬價值鏈的對應世界，開始創造出與實體價值鏈互相平行又具有改善功能的虛擬價值鏈；第三階段為「新顧客關係」，指企業完成第二階段後，充分利用已建構成的虛擬價值鏈，進行與顧客建立新關係。而當實體價值鏈完全應用在虛擬價值鏈上時，即開發出價值矩陣（Value Matrix），如圖 7-10。

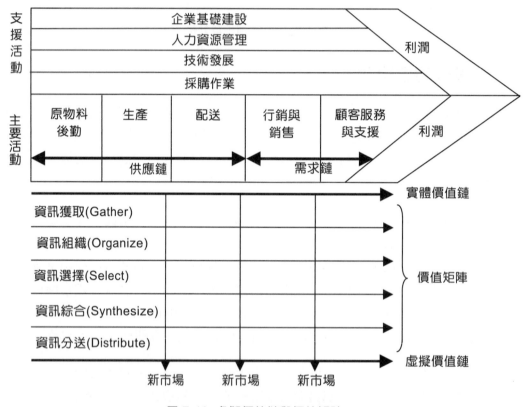

圖 7-10　虛擬價值鏈與價值矩陣

四、產業價值體系的改變

　　企業的價值鏈（Value Chain）其實是包含在一套範圍更廣的「價值系統」（Value System）裡。企業與其上下游各有其價值鏈，構成一個更大的價值鏈，Porter 稱之為「價值系統」，如圖 7-11。供應商有自己的價值鏈（上游價值），它能夠創造並傳遞使用於企業價值鏈的採購項目（Purchased Inputs）。供應商不只是提供貨源而已，它還可透過許多其他方式對企業績效產生影響。此外，許多產品還會經由銷售通路的價值鏈（通路價值），送到顧客手上。最後產品成為顧客價值鏈的一部份，而產品與企業在顧客價值鏈中所扮演的角色，不僅決定了顧客的需求、也正是企業追求差異化的

最根本基礎。競爭優勢的取得與維持，不但倚靠對自身價值鏈的瞭解，更要了解企業如何與整個價值系統配合。

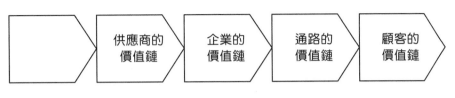

圖 7-11　價值體系

Porter 認為價值鏈的觀念除可用於企業內部主要價值活動的成本分析，及與主要競爭者各項主要價值活動成本的比較外，亦可將價值鏈的觀念運用於整個產業（即「價值體系」）。任何一產業都是一連串的價值活動所構成的。這些價值活動一方面提供了附加價值，一方面也有其成本，同時也是企業爭優勢的潛在來源。以一般製造業而言，從原料的生產一直到最終的消費者的滿足，細切後的產業價值活動可能多達數十個，而這許多價值活動往往由上下游好幾家廠商來分別負責。例如原料生產者、上游加工者、運輸者、中游的製造商、各層次的經銷商、採購決策的其他影響者，一直到最終使用者。產業價值鏈可以分割成許多階段或價值活動，每一個產業的價值鏈不同，即使同一產業中的各個企業，所認知的價值鏈也不盡相同。

網際網路的產生對傳統的產業價值體系產生了三種影響，分別為產業價值體系縮短、產業價值體系重新定義與產業價值體系虛擬化。

產業價值體系縮短

網際網路可能將原有的產業價值體系縮短，製造商可以跳過原有中間商價值體系的層級，比以前更接近顧客。例如戴爾電腦採用網路直接銷售模式，跳過傳統產業價值體系中的通路中介機構，直接對顧客進行行銷與銷售活動，如圖 7-12。

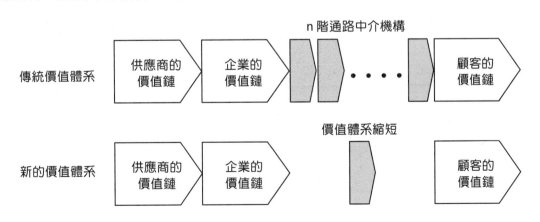

圖 7-12　產業價值體系縮短

產業價值體系重新定義

產業價值體系重新定義會形成網路中介商的產生,並建構成為新的產業價值鏈的一部分,其對資訊不對稱性及交易成本的降低有很大的幫助。例如亞馬遜網路書店的出現取代了傳統書店,相較於傳統書店,網路書店少了許多店面及人事成本,並可利用網際網路無國界無地域性的特性,擴大其行銷與銷售範圍,有效減少營運成本。換句話說,網際網路興起後,當傳統的通路中介商會被新的網際網路中間商所淘汰,於是產業價值體系重新定義,如圖 7-13 所示。

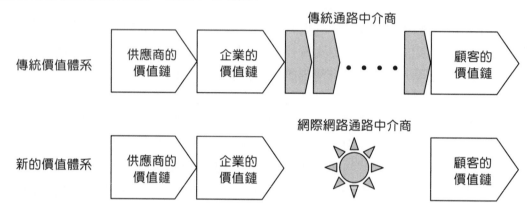

圖 7-13 產業價值體系重新定義

產業價值體系虛擬化

如前所述,網際網路促使價值鏈虛擬化,當供應商的價值鏈虛擬化、企業本身的價值鏈虛擬化、網路通路中介商重新定義、顧客的價值鏈虛擬化,將會進一步促使整個產業價值體系的虛擬化,如圖 7-14 所示。

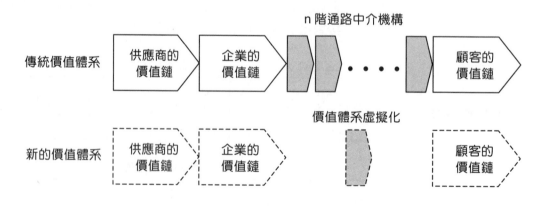

圖 7-14 產業價值體系虛擬化

五、降維攻擊

許多際網網路企業崛起的過程，阿里、京東、百度、騰訊等電商的崛起歷程都充滿了「降維攻擊」的思維。「維」是指空間的維度，大致意思是說處於高緯度空間的企業，可以輕易打敗低緯度空間的企業。

網際網路企業要實現「降維攻擊」，要抓住三條主線，主幹鏈條、節點屬性和過程衍生。傳統的企業，大多只有「產品」這一個維度。不管要獲得顧客還是獲得盈利，都得靠產品本身。但是，網際網路的世界就不一樣了，網際網路企業能從一個維度擴展到三個維度，「主幹鏈條」、「節點屬性」和「過程衍生」。

1. **主幹鏈條**（羊毛出在狗身上，豬來買單）：主幹鏈條的網際網路企業思維是，先努力實現這個鏈條的前兩個維度：流量與用戶數，等流量與用戶數達到一定的規模經濟，再找能變現的盈利產品。這樣就有降維攻擊的機會。比如說，免費的網路防毒軟體公司能擊敗收費的防毒軟體公司，因為當其他防毒軟體公司都是靠防毒軟體這項「產品」收費的盈利，所以它只有「產品」一個維度。但免費的網路防毒軟體公司就不一樣，先做免費的防毒軟體供消費者使用，等累積達到一定規模經濟的「流量」和「用戶數」之後，再找能變現的盈利產品獲利。不靠防毒軟體（產品）本身盈利，提供免費防毒，這種降維攻擊讓對手企業無法招架。

2. **節點屬性**：節點可以是外觀、功能、價格、服務、體驗。每個節點還可以再細分，比如，外觀就可以再細分成長、寬、高、觸覺、顏色等，更細分的節點屬性其實就是佔有更高維度，有更多元的方式可以對對手發動降維攻擊。

3. **過程衍生**：其實就是前面兩個維度交叉延伸，所產生出的新維度。最明顯的例子就是，阿里巴巴，從電商交易平台做起，然後不斷建構起電子支付（金流）、物流、供應鏈金融等商業合作關係，這其實就是透過不同維度的交叉，發現新的維度。

但網際網路企業要留意的是「多維」不意味着成功。「多維」打擊「少維」實現降維攻擊要小心兩個陷阱：鏈條太長和轉化率太低。因此，「多維」與「少維」之戰需要同時關注三個指標：鏈條長度、轉化率、社交裂變倍數。

在降維攻擊的網際網路成功商業模式有個推論，在轉化率起到關鍵作用的時候，縮短鏈條，提高轉化率，是成功的兩條生命線。縮短鏈條，就是要清楚鏈條上每個維度節點的作用是什麼，然後把不必要的鏈條環節去掉。但在社交裂變倍數起關鍵作用的時候，需要延伸鏈條，提高社交裂變倍數。

六、最小知識點與降維

　　台灣電子商務大老盧希鵬教授，提出「最小知識點」的概念，其認為在降維的過程中獲得的維度，就是所謂「最小知識點」。例如：電子商務營運的最小知識點在於：流量、轉換率、客單價、回購率；跨境電商營運的最小知識點在於：曝光、點擊、詢價、訂單。「最小知識點」是一種主觀的觀點，而這種主觀的觀點必需要有理論的基礎，如果這個理論的基礎沒有別人討論過，便稱之為第一性原理。當你發現了一個別人沒有討論過的理論，就能夠做出不一樣的事情。

　　得出「最小知識點」的變數後，接下來要探討次序跟變數之間的關係。舉例來說，零售業有「人、貨、場」這三個變數，這三個變數就構成了零售業的「最小知識點」。但「舊零售」的重點次序是「貨（商品）、場（通路）、人（消費者）」；而「新零售」的順序是「人（消費者）、貨（商品）、場（通路）」。只要把概念順序變換，就產生一個新的觀點，而這種新的觀點，稱為假設。

7-7　商業模式九宮格

一、商業模式

　　《Meet 創業小聚》認為，「在最根本的經濟層次上，商業模式（Business Model）就是能讓一個品牌獲得財務支撐以持續運作的邏輯」。《獲利世代》作者 Alexander Osterwalder 說：「商業模式是描述一個品牌如何創造、傳遞及獲取價值的手段與方法」。前富士康總裁程天縱說：「商業模式是應對市場的措施和機制互相搭配的獲利結構。」簡單來說，商業模式是品牌如何穩定賺錢的方程式，也就是「生存的本事」。

二、商業模式九宮格

　　《獲利世代》作者 Alexander Osterwalder 提出的「商業模式九宮格」（Business Model Canvas），就是把品牌如何穩定賺錢的九種元素彙整出來，以塑造一條用來降低風險、提升企業競爭力及營利能力的方程式。商業模式九宮格共有四大導向、九種元素，分別說明如下：

1. **需求導向**：主要聚焦在檢視品牌服務的「目標客群是誰」，藉由什麼「通路」，如何傳遞價值給予目標客群，以及該如何與目標客群建立與維繫「顧客關係」。簡單來說，就是品牌「為誰提供」商品與服務。

- 目標客群（Customer Segment, 簡稱 CS）：品牌所要服務的一個或數個客戶群。定義目標客群的過程被稱為市場區隔（Market Segmentation）。

- 顧客關係（Customer Relationships, 簡稱 CR）：與每個目標客群都要獲取、建立並維繫各種的顧客關係。

- 通路（Channels, 簡稱 CH）：是品牌用來接觸目標客群的各種途徑，價值主張透過溝通通路、銷售通路及配送通路，傳遞給顧客。

2. **價值導向**：所有的商業模式，都是為了解決消費者的某些問題（消費者尚未被滿足的需求與慾望）。因此，首要思考的是「品牌要提出什麼樣的顧客價值主張，以滿足消費者尚未滿足的需求與慾望」。

- 價值主張（Value Proposition, 簡稱 VP）：以何種價值主張，解決顧客的問題，滿足顧客的需要。思考品牌提供的商品與服務，對目標客群的效益價值是什麼？對自身的收益價值又是什麼？

3. **供給導向**：主要聚焦在檢視品牌本身可運用的「資源」、可執行的「活動」以及可合作的「夥伴」。簡單來說，就是品牌「如何提供」商品與服務，以滿足客戶需求（需求導向）以及價值主張（價值導向）。

- 關鍵資源（Key Resources, 簡稱 KR）：要讓商業模式運作，品牌提供價值主張，所需的重要「資源」。

- 關鍵活動（Key Activities, 簡稱 KA）：要讓商業模式運作，品牌提供價值主張，所需的重要「活動」。

- 關鍵合作夥伴（Key Partnerships, 簡稱 KP）：企業資源有限，有些「活動」與「資源」需要由外部取得。思考誰是我們的關鍵合作夥伴，可以提供我們所欠缺的「活動」與「資源」。亦即，思考要讓商業模式運作，需要什麼樣的供應商網路與合作夥伴網路。

4. **財務導向**：檢視設計出來的商業模式是否具有成本效益。

- 成本結構（Cost Structure, 簡稱 CS）：描述整體商業模式運作所需的成本。

- 收益流（Revenue Streams, 簡稱 RS）：成功地將價值主張提供給目標客群後，如何取得收益流。

整體而言，商業模式九宮格（Business Model Canvas）構面，涵蓋傳統行銷策略的 STP（市場區隔 Segmentation、選擇目標市場 Targeting、市場定位 Positioning），行銷組合 4P（產品 Product、通路 Channel、價格 Price、推廣 Promotion），以及行銷

組合 4C（顧客需要與慾望 Customer Needs and Wants、顧客溝通 Communication、顧客便利 Convenience、顧客成本 Cost），可作為網路行銷策略規劃時的參考架構。

關鍵合作夥伴 （Key Partnerships）	關鍵活動 （Key Activities）	價值主張 （Value Proposition）	顧客關係 （Customer Relationships）	目標客群 （Customer Segment）
	關鍵資源 （Key Resources）		通路 （Channels）	
成本結構 （Cost Structure）			收益流 （Revenue Streams）	

圖 7-15　商業模式九宮格

學習評量

1. 何謂策略管理模型？請簡述之。

2. 策略管理分析的三個層次為何？

3. 請簡述 Porter 產業五力分析，並應用至某一產業？

4. 試說明企業資源、能力、核心能耐？

5. 何謂 Business Model Canvas？

6. 何謂 SWOT 分析？

7. 何謂價值鏈分析？

從策略到行動：
網路消費者行為與
AI 大數據

8

導讀：時代不同，企業關注的數位轉型議題不同

1980 年代關注文書作業系統、資訊管理系統；1990 年代側重企業資源規劃（ERP）、供應鏈管理（SCM）與顧客關係管理（CRM）等 e 化系統；1995 年後關注網路服務與電子郵件；2000 年代電子商務與社群軟體；2010 年代行動網路服務；2020 年代大數據驅動的數位化轉型，建立 OMO 生態系；2021 年進入元宇宙時代，關注 3D 世界數位分身與數位資產。

企業的資訊發展樣貌，過去的 E 化與數位化應用讓企業擁有一定的數據，但因為數據呈現數據孤島的狀態，不是以系統化的方式蒐集、儲存與管理，導致數據應用的效益達不到原先期望。因而企業需要數據驅動的數位化轉型，以重塑數位化文化（以數據做決策的企業文化）、數位化組織與數位化技能。而元宇宙時代，更讓企業思考如何與 3D 虛擬世界互動。

❖ 資料來源：修改自《數位時代》

8-1 網路消費者行為

一、消費者洞見

　　消費者洞見（Consumer Insight）是指挖崛出潛藏在消費者行為底下、最隱晦難解的需求與慾望。理想的市場區隔方法，並非以產品特性或人口統計變數來區分，而是依消費者當時的「任務」（理論提出者 Christensen，稱為「Job」）而訂，而消費者執行任務時所在的環境、心情與體驗，匯集成一種價值觀，就是「消費者洞見」。

　　所謂「任務」（Job）是指消費者在當時某特定情況下要解決的基本問題。簡單來說，「消費者洞見」就是要瞭解消費者內心世界在想什麼。基本上，消費者會花錢購買一項商品或服務，需要被滿足的從來都不是商品或服務本身，而是商品或服務所能為消費者解決某項問題或完成某項任務。

二、品牌的價值主張=價值地圖 Fit 顧客輪廓

　　「顧客價值主張」（Customer Value Proposition）是指品牌提供給其目標顧客群什麼產品或服務，使顧客從品牌的提供物（商品與服務）以及供應關係中得到豐富經驗與超值利益。品牌的「價值主張」是「價值地圖」適配（Fit）「顧客輪廓」。「顧客輪廓」（Customer Profile）是洞見顧客的需求，將顧客的需求更進一步分解為顧客的任務、痛點、獲益；「價值地圖」（Value Map）是釐清商品與服務的價值；而「價值主張缺口」是檢視顧客需求與釐清商品價值，找到市場機會點。

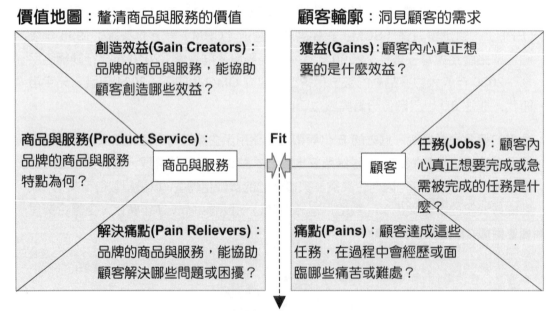

圖 8-1 品牌的價值主張 = 價值地圖 Fit 顧客輪廓

顧客輪廓的五大步驟：

step 01：選擇目標顧客群。選擇品牌想要描述的目標顧客群。

step 02：找出顧客的「任務」（job）。

step 03：找出顧客的「痛點」。

step 04：找出顧客的「獲益」。

step 05：為顧客「任務」、「痛點」、「獲益」內的各項目進行重要性排序。

三、數位足跡

數位足跡（Digital Footprint）就是網友使用網路之後留下的任何數位線索或資料。在網路科技發達的時代，消費者在網路上的一舉一動都在網路世界留下數位紀錄，品牌能藉由這些數位足跡，掌握消費者輪廓（Profile），再從大數據中找到消費者沒有說出口的需求。當數位足跡的數據愈多元、愈完整，愈能描繪消費者的「真實行為」和「強烈需求」。

四、單一顧客視圖

單一顧客視圖（Single Customer View, 簡稱 SCV）是每位顧客有獨立的 360 度顧客畫像。單一顧客視圖是用可識別化、結構化、完整化的形式體現的消費者數據，並匯集所有該顧客與品牌的接觸點互動和消費反饋，進而把該顧客零散數據整合成以該顧客為主體的視圖。

由於品牌多元通路（Multi-Channel）、跨通路（Cross-Channeal）或全通路（Omni-Channel）的行銷開展，各通路或各接觸點會產生大量的顧客相關數據。同一位顧客可能會在某一時段在 Line、FB、官網、電話客服和線下實體門店等多個通路或多個接觸點與品牌進行互動，產生各種類型的數據。將這樣一位顧客在多元通路或全通路的數據進行匹配、整合、分類，從而了解該單一顧客與品牌各通路 / 各接觸點互動的內容和消費反饋，並將其建檔保存，這樣每一份單獨的顧客檔案就是單一顧客視圖。

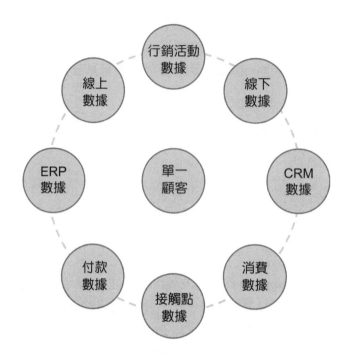

圖 8-2　360 度的單一顧客視圖（Single Customer View）

五、消費者購買決策過程中的關鍵時刻

在消費者購買決策過程中，有一些關鍵時刻（Moment of Truth），直接影響和決定了消費者的購買行為，它們是品牌和行銷的「決勝點」。這樣關鍵時刻有 4 個，稱為行銷的 4 大關鍵時刻，分別是零關鍵時刻（ZMOT）、第一關鍵時刻（FMOT）、第二關鍵時刻（SMOT）和最終關鍵時刻（UMOT）。

1. **刺激（Stimulate）**：消費者的購買行為，通常是由於某些刺激所引起的，有時可能是因為自身的迫切需要，但多數時候是因為品牌行銷的外部刺激。

2. **零關鍵時刻（Zero Moment of Truth, 簡稱 ZMOT）**：零關鍵時刻是 2011 年谷歌（Google）所提出。當時谷歌對 5000 名受訪者進行調查，研究消費者在購買決策時的情景和數據，調查發現許多顧客在尚未造訪品牌商品或服務之前，就已經開始嘗試體驗，用智慧型手機、平板或個人電腦等終端搜索商品訊息，做出消費決策。在網路的世界裡，消費者其實大多會先上 Google「搜尋引擎」逛逛之後，才作出消費決定。

3. **第一關鍵時刻（First Moment Of Truth, 簡稱 FMOT）**：FMOT 與 SMOT 是由寶潔（P&G）公司所提出。第一關鍵時刻是指消費者感知到品牌或商品並形成第一印象的時刻。消費者在商品貨架前，面對一大堆的洗髮精品牌，大腦裡決定購買哪一個品牌或商品的那 3~7 秒，這關鍵的 3~7 秒，寶潔（P&G）

公司把它定義為「第一關鍵時刻」。寶潔公司認為推送給目標顧客的最佳時刻是在他們首次在貨架上看到品牌商品的那一刻，FMOT 不只是商品外觀包裝的美觀，更重要的是該商品包裝所引發顧客心中的「觀感」（Senses）、「價值觀」（Value）和「情感」（Emotions），要想辦法在行銷媒體刺激上，專注培養目標顧客這三種感覺，決戰在品牌商品「陳列架前」（商品網頁依然）。

4. **第二關鍵時刻（Second Moment Of Truth, 簡稱 SMOT）**：第二關鍵時刻是顧客購買後消費體驗的環節。事實上，這不僅僅是一個時刻，而是一個過程，是顧客體驗商品過程中的感官、情感等所有時刻的集合，也包括品牌在整個消費過程中支持顧客的方式。SMOT 是顧客體驗的關鍵環節，一個品牌是否成功履行它的品牌承諾，還是讓人感到失望，在這個時刻就表露無遺。品牌必須知道兌現品牌承諾，以及超出顧客期望，是很重要的。

5. **最終關鍵時刻（Ultimate Moment Of Truth, 簡稱 UMOT）**：如果顧客在第一關鍵時刻、第二關鍵時刻得到了美好和愉悅的體驗，那麼他也許會成為品牌的粉絲，關注品牌的官網、FB 粉絲專頁、微博、微信公眾號等，他還可能會與親朋好友或同事在線上或線下分享他的消費成果，甚至寫下評語，分享給親朋好友或同事們。

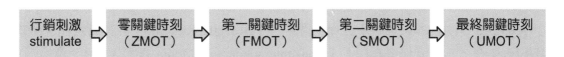

圖 8-3 消費者購買決策過程的 4 大關鍵時刻

六、AIDMA 模式

在傳統消費者行為模式中，以 1920 年代經濟學者霍爾（Ronald Hall）所提出的「AIDMA」模式最為有名，主要用來呈現消費者被動接受消費刺激後，所採取的一系列行為反應，包括注意（Attention）、興趣（Interest）、慾求（Desire）、記憶（Memory）、行動（Action），而為方便記憶，取其個別英文字首第一個字母成為模式名稱。

所謂 AIDMA 法則，是指消費者從看到廣告，到發生購物行為之間，動態式地引導其心理過程，並將其順序模式化的一種法則，主要包含五個階段：

1. **注意（Attention）**：是指消費者受到外在刺激的影響，開始對產品或服務產生「注意」，也就是藉由傳播、廣告、促銷等手段讓消費者暴露在訊息中，使消費者在感官上受到訊息的刺激而注意到產品或服務。

2. **興趣（Interest）**：對商品或服務感到「興趣」，而進一步閱讀廣告訊息。

3. **慾求（Desire）**：當消費者受到訊息刺激引起注意與興趣後將產生「慾求」開始進行資訊的搜尋。資訊的搜集可區分為內部搜尋和外部搜尋二種，內部搜尋是指消費者進行購買決策過程時會搜尋已存在記憶中的資訊，若資訊不足時消費者便會開始向外部搜尋相關資訊，而外部資訊的來源管道通常來自親朋好友、組織性社團、網路社群、行銷傳播媒體等。

4. **記憶（Memory）**：當資訊引起消費者注意，消費者將進一步分析並儲存在記憶中，而消費者是主觀判斷是否對訊息產生記憶保留。

5. **行動（Action）**：最後做出決策，是否購買商品或服務。

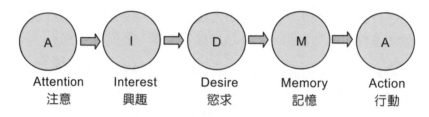

圖 8-4 AIDMA 模式

七、AIDEES 模式

AIDEES 是由日本東京大學「片平秀貴」（Hidetaka Katahira）教授所提出。所謂 AIDEES 是在「消費者自主媒體」（Consumer Generated Media, 簡稱 CGM）環境下，口碑影響消費者行為的六個階段，而其中「消費者自主媒體」（CGM）的環境，泛指消費者互相傳遞資訊的媒體，諸如 BBS、BLOG、SNS、Facebook、YouTube…等。

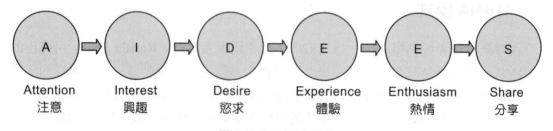

圖 8-5 AIDEES 模式

在過去，大眾媒體對於引起「注意」（Attention）、喚起「興趣」（Interest）、產生「欲求」（Desire）有較大的影響力；但是進入 Web 2.0 網路時代，網路媒體與「消費者自主媒體」在「體驗」（Experience）（購買並使用的實際感覺）、「熱情」（Enthusiasm）（對品牌的熱衷）、「分享」（Share）（在實體生活中與虛擬網路上

分享體驗）這三個過程中具有口耳相傳與口碑行銷（Buzz Marketing）的影響力，與大眾媒體相較，有過之而無不及。

表 8-1　AIDMA 模式與 AIDEES 模式比較

模式	AIDMA 模式	AIDEES 模式
年代	1920 年提出	2006 年提出
出發點	以企業為中心	以消費者為中心
訊息	由企業發佈	由消費者口耳相傳
主要媒體	大眾媒體	消費者自主媒體（CGM）
模式	注意（Attention）→興趣（Interest）→慾求（Desire）→記憶（Memory）→行動（Action）	注意（Attention）→興趣（Interest）→慾求（Desire）→體驗（Experience）→熱情（enthusiasm）→分享（Share）

AIDEES 模式並非全然否定大眾傳媒的價值，而是將前端的「AID」與後端的「EES」做了媒體影響上的區隔。片平秀貴認為，在 AIDEES 模式中，品牌的體驗能夠順利的分享與他人共有，就會像一個循環般，又進入下一個注意、興趣、慾求的循環，愈來愈廣。AIDEES 模式也影響了企業內部的流程，也就是說，要時時刻刻謹記以邏輯且冷靜的心情反省「如何不讓消費者出現疲態」、「我們應該要怎麼做，才能幫助消費者解決現在擔心的事情」，AIDEES 模式認為，企業應摒除傳統單向溝通的心態（B2C）來面對客戶，而應體認因為自媒體時代到來，在行銷場域的逆向溝通（C2B）與消費者橫向溝通（C2C）的新時代已經來臨。

八、AISAS 模式

當網際網路進入 Web 2.0 時代，上網搜尋消費資訊已成為消費者的日常習慣；由於數位環境與生活方式的改變，消費者從接觸到消費刺激到最後達成購買的過程也跟著有翻天覆地的變化。企業及行銷人員需要重新探討 AIDMA 是否符合 Web 2.0 的消費者的行為模式。因此，日本電通廣告公司（dentsu）在 2005 年提出了新的 AISAS 模式。他們認為 Web 2.0 網路時代的消費行為模式應該是：注意（Attention）、興趣（Interest）、搜尋（Search）、行動（Action）、分享（Share）。

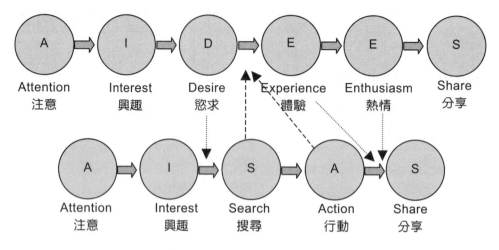

圖 8-6　AIDEES 與 AISAS 之關連

　　基本上，AIDMA 與 AISAS 兩個模式間最大的差異，在於 AISAS 模式在購買行動前後，分別加上「搜尋」與「分享」兩個消費者的自發行為。而「搜尋」與「分享」兩個 S 的出現，主要拜網際網路之賜，特別是寬頻網路普及的數年間，主動消費者便隨即出現。

九、顧客協同設計

　　「顧客協同設計」（Customer Co-design）是指與顧客形成商品協同設計團體，藉由顧客的能力或資源協助企業共同開發新的商品，進而創造對顧客更具價值的商品。企業採取「顧客共同設計」有許多好處，例如：「改進創新構想」，因為顧客能夠提供第一手的市場資訊、更創新的想法或是節省資源的辦法。「補強研發能力」，因為任何企業在設計、測試到商品化階段，一定有能力不足之處，顧客參與設計，能夠補強企業缺乏的能力與資源。

8-2　AI 大數據

一、大數據的定義：4V

　　大數據具有四大特性，統稱為 4V：

1. **Volume 大，資料量**：「大數據」是指數據的資料龐大而無法以傳統方式處理的資料。也因為資料量大，無法以傳統的方式儲存處理，因此衍生出大數據。

2. **Variety 雜，資料多樣性**：大數據的資料類型龐雜，包括結構化資料與非結構化資料；資料來源種類包羅萬象，十分多樣化，包括文字、聲音、視訊、音樂、圖片、電子郵件、網頁、社交媒體等。由於資料形式多元複雜，大數據儲存也需要不同於傳統數據的儲存技術。

3. **Velocity 快，資料即時性**：大數據強調資料的時效性，隨著使用者每分每秒都在產生大量的數據回饋，企業須立即進行大數據分析、即時得到結果並立即做出修正反應，才能發揮資料的最大價值，太舊的資料已毫無用處。

4. **Veracity 真，資料真實性**：是指大數據除了資料量大，也需要確認資料的真實性，過濾掉造假的數據與異常值後，分析出來的結果才能達到準確預測的目的。

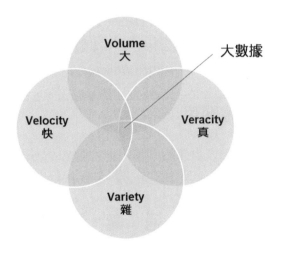

圖 8-7 大數據的 4V 定義

二、大數據的源起

資料「取得成本」與「儲存成本」因資通訊科技（ICT）進步而大幅下降，造就大數據的興起。同時，全球各行各業的資料量更是急速成長攀升。

三、暗數據

《MBA 智庫百科》定義，「暗數據」（Dark Data）是指那些未被發掘或理解的數據，來自於大數據的陰暗面，亦即企業在日常業務活動中蒐集、處理和存儲，但不具備特定用途的數據。它包括尚未應用於業務、形成有競爭力的情報、或尚未對商業決策產生幫助的所有數據。調查顯示，企業蒐集存儲的數據中有 55%以上未能被使用，亦即大部份的企業其「暗數據」高達 55%以上。

四、開放資料

《維基百科》定義，「開放資料」（Open Data）是指一種經過挑選與許可的資料。這種資料不受著作權、專利權，以及其他管理機制所限制，可以開放給社會公眾，任何人都可以自由出版使用，不論是要拿來出版或是做其他的運用都不加以限制。

英國 2012 年發佈「開放資料白皮書」定義，「開放資料」是指資料可以被任何人近用（Availability and Access），而且是可重製及修改、機器可讀（Machine-readable）的資料格式，最重要的是「沒有」任何使用或散布的限制。「開放資料」的重點在「開放」兩字，其強調開放的精神。不同於大數據，大數據重點在分析一堆大量、各種結構與類型的資料，強調的是大量資料的商業價值或社會價值。

「政府資料開放」（Open Government Data）是指政府機關因業務需求所蒐集、保有、管理的資料，在不涉及個人隱私及不違背法律限制下，提供給大眾自由使用、修改與分享。台灣的政府資料開放平台：https://data.gov.tw/。

五、開放資料與大數據關係

開放資料（Open Data）是大數據的一種，但大數據不等同於開放資料。開放資料是指將原本受私人組織或公部門管理的原始資料無條件地開放出來，供任何人使用。

六、大數據運用六字訣：混、通、曬、存、管、用

車品覺提出，阿里巴巴運用大數據六字訣 — 混、通、曬、存、管、用。

1. 「混」：是指數據分析師要跟第一線業務人員混在一起，了解第一線人員的核心需求，掌握第一線人員真正關心的數據，從而幫助第一線人員改善績效。

2. 「通」：是「混」的結果，是指數據分析師對第一線業務通暢理解。數據分析師與第一線業務「混」在一起，打「通」部門之間的隔閡，讓團隊合作變得更加高效。

3. 「曬」：是指最終大數據結果的「呈現」（看數據）與「運用」（用數據）。是人、商業和數據結合後的一種「看數據」和「用數據」的方法論。「曬」代表企業利用大數據結果來回答關鍵商業決策問題，例如：網路行銷效果好還是不好。

4. 「存」：是指蒐集與儲存有質量的數據，也就是「養數據」，是根據問題去蒐集數據，是主動蒐集數據的行為。盲目蒐集大量但不會為企業創造價值的數據，這會增加昂貴的儲存成本，即使再大的企業，也承受不起無限蒐集數據和儲存數據的成本。因此，企業在蒐集數據之前一定要有一個特定的業務目的。對企業而言，如果蒐集數據的出發點不是為了解決特定的問題，那麼蒐集再多的數據也沒有什麼意義。

5. 「管」：是指對存儲數據進行管理，以確保數據的安全、準確等等。數據管理的內容包括很多方面，比如：數據的來源，如何讓數據不丟失，如何保護數據的安全，如何讓數據準確穩定，以及如何更好的運用數據，這些都是數據營運當中的「管」。

6. 「用」：是指思考「如何應用數據解決企業運營所面臨的問題」。就拿阿里淘寶的用戶標籤來說，阿里總共有 18 個用戶性別標籤，這些標籤並不是真實世界的生理性別，而是從用戶的購物屬性上定義出來的性別。比如說：夫妻倆共用一個帳號，早上妻子用，晚上丈夫用，那這個帳號在阿里巴巴的性別標籤就是「早女晚男」。在數據應用的過程中，把本來不可以分裂的東西分裂之後再重組，就能產生新的數據價值。

七、數位長

在網際網路與資通訊科技（ICT）的驅動下，愈來愈多公司進行數位化轉型，將資源或重心轉往數位領域，企業的組織結構也相應地出現新的職位，「數位長」（Chief Digital Officer, 簡稱 CDO）就是其中一例，被賦予帶領公司數位化轉型或擬訂相關數位化策略的職責。

《MBA》定義，「數位長」（CDO）是隨著企業數位化轉型發展而誕生的一個新職位。其主要負責根據企業的數位化轉型業務需求、選擇資料庫以及數據抽取、轉換和分析等工具，進行相關的數據挖掘、數據處理和分析，並且根據數據分析的結果策略性地對企業未來的業務發展和運營提供相應的建議和意見。「數位長」屬於企業最高決策層一級主管，一般是直接向「執行長」（Chief Executive Officer, 簡稱 CEO）進行彙報。

8-3 大數據→混血數據→全通路數據

一、混血數據

混血數據的背景。一般企業也許能知道消費者在自家網站上的消費行為與消費數據，但卻無法獲知站外數據，對於消費者的理解就顯得相當片面，若依此進行大數據分析，然後直接進行行銷／廣告／公關文宣投放，可能會浪費行銷資源。

產業先驅 CLICKFORCE 提出「混血數據」概念，是在保護個人隱私與法律規範的前提下，透過技術將各種資料庫中的數據交換、整合、優化後，讓數據更優質化，提升數據應用效益。換句話說，除了自家數據，品牌主也可透過第三方數據掌握目標消費者個人的整體輪廓，再結合物聯網或智聯網回傳的相關數據，交叉比對進行行銷／廣告／公關等精準行銷操作。

「混血數據」其中有一個重要觀念就是，非來自於企業自行蒐集的數據，企業針對這些外來數據必須經過第三方監測和認證，才能確保是具有真正品質的優質數據，讓行銷／廣告／公關文宣投遞在對的地方，跟真正目標客群溝通。由第三方監測與認證後的外部優質數據，才可以與企業內部擁有的數據進行混血。

二、全通路數據

全通路數據（Omni-Channel Data）是指在資料蒐集時，不僅是數據量「大」，而是數據量「全」（意即數據須以消費者「個人」為中心，真實且完整）。

「全」數據是指全通路數據，由於消費者在全通路接觸點中移動，造成資訊碎片化，必須透過「全數據」重建碎片化的資訊及消費輪廓。

「全通路數據」應用的五項準則：「圍繞個人、數據要全、能被分析、能被預測、能被運用」。

三、虛實融合與全通路數據

虛實融合（OMO）最重要的價值是創造「全通路數據／全數據」，一旦高度掌握消費者「個人可識別化資訊」的商流、金流、物流、資訊流等全方位數據情報，客製化的行銷／銷售／自媒體公關會為營收帶來極大助益。大數據關鍵不是數據量要「大」，而是要有以消費者個人為中心的「全」通路數據思維。

虛實融合「全通路數據」的關鍵又分成「實往虛走」及「虛往實走」兩部分：

1. **虛往實走**：主要是電子商務平台的落地化。例如阿里巴巴（Alibaba）2017 年喊出「新零售」的概念，透過入股或併購（3C 連鎖通路蘇寧、連鎖百貨商場銀泰商業，以及連鎖超市三江購物和聯華超市等），希望串聯實體通路，融合虛實全通路數據（OMO 全數據）。

2. **實往虛走**：主是實體零售的數位化轉型。例如全聯看好線下與線上平台串連，2018 年喊出「實體電商」的概念，推動全聯數位化轉型三部曲，第一部曲金流通「PX Pay」行動支付線下線上輕鬆買，第二部曲物流通「PX Go」消費者可選擇「門市取貨」或「宅配到府」，甚至「分批取貨」，第三部曲數據資訊流通「實體電商」，打通線下門市與線上電商的全通路數據，消費者可以隨時查詢、領貨、贈送。

四、數據變現

　　當品牌擁有大量又全通路的消費者數據，就等於都坐在大數據的寶礦上，但是如何將這些礦脈裡的珍貴礦產挖掘出來進而「變現」，是這些品牌值得正視的議題。

　　「數據變現」（Data Monetization）是指將具有「無形價值」的數據透過轉換為「實際價值」或轉換成其它「有形利益」。

　　「數據變現」並不是指直接出售消費者數據，把它變成白花花的銀子，讓資料貨幣化而已，而是進一步深化資料的潛在利益。慎重提醒一下，如果企業貿然將顧客資料出售，依照現行「個人資料保護法」，將是公然違法，一旦確認，不但會遭判刑，而且會被消費者求償。因此企業要特別注意。

五、數據溝通 ── 數據視覺化

　　隨著「數據導向決策」時代的來臨，品牌在分析完大數據後，如何呈現分析結果，讓它看起來更簡單易讀，就需要「數據視覺化」工具的輔助，例如微軟的「Power BI」，這類工具在數據資料分析後，將自動產生簡潔易懂的資訊圖表，提供使用者查詢動態報表或 2D、3D 圖表。

8-4 行銷科技

一、何謂 MarTech

「行銷科技」（MarTech）是「Marketing」（行銷）加上「Technology」（科技）的簡稱，泛指所有可以應用在行銷領域的科技，目的在於應用科技優化行銷效益。在MarTech 論壇中，將 MarTech 分成六大領域，分別是廣告與推廣（Advertising & Promotion）、內容與體驗（Content & Experience）、社群與關係（Social & Relationships）、商務與銷售（Commerce & Sales）、數據／資料（Data）、管理（Management）。

「廣告科技」（AdTech）是「Advertising」（廣告）加上「Technology」（科技）的簡稱，泛指所有可以應用在廣告領域的科技，目的在於應用科技優化廣告效益，主要在於找出更精準的目標對象與投放方式，優化轉換率（Conversion Optimization）。隨著網際網路普及，出現了許多新的廣告科技，例如 Banner 廣告、e-Mail 廣告、簡訊廣告、SEO、關鍵字廣告、部落格、微網誌、社群網站，以及各式各樣輔助、統計是否有接觸到目標顧客群的軟體或 APP。

隨著網際網路、雲端運算、人工智慧（AI）、物聯網、大數據等的快速發展與日益完善，「行銷科技」（Marketing Technology, 簡稱 MarTech）也跟著快速進化：從第 1 波的顧客關係管理之行銷自動化；第 2 波數據管理平台（DMP）；第 3 波顧客數據平台（CDP）。

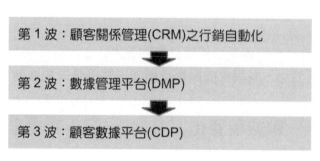

圖 8-8　行銷科技演進

二、數據驅動行銷

「數據驅動行銷」（Data-Driven Marketing）是指基於從消費者行為與互動所蒐集的大數據，進行分析與預測，進而產出的消費者洞見與行銷作為，讓品牌的行銷決策更科學且更流暢。例如，再行銷（Retargeting）、關鍵字廣告優化、動態廣告等都屬於數據驅動行銷的應用。

目前主要分析使用者在網際網路數據的追蹤，以下面兩種為主：1.分析網站使用者活動：Google Analytics（GA）；2.分析 APP 使用者活動：FireBase。

大數據已經超過 10 幾年，然而因為摩爾定律讓資料量 / 數據量變大，現今大數據不可同日而語，資料量 / 數據量已經龐大複雜到無法靠人類解讀，必須仰賴機器，加上大數據是人工智慧養分，這都促使人工智慧發展。

三、什麼是 Customer Data Platform （CDP）？

「顧客數據平台」（Customer Data Platform, 簡稱 CDP）是一種顧客數據管理系統，可用來整合各種與顧客相關的數據庫（資料庫），同時也可以連結不同顧客接觸點的資通訊管道。「顧客數據平台」也可視為是消費者資訊彙整平台，它根據品牌內部資料、外部資料等描繪出更精準的消費者輪廓，再利用者些數據去做行銷或更細緻的顧客服務與支援。

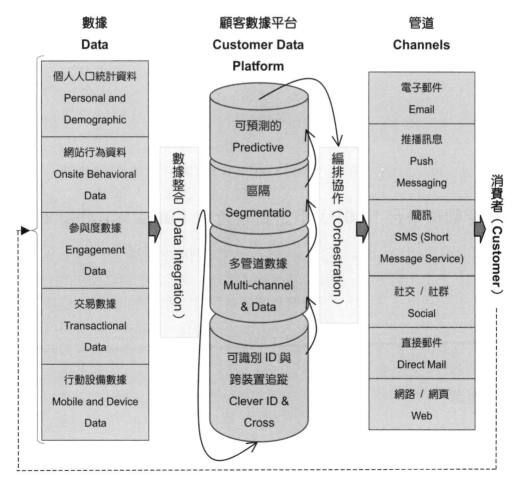

圖 8-9　顧客數據平台（CDP）運作架構

四、什麼是 Data Management Platform（DMP）？

「數據管理平台」（Data Management Platform, 簡稱 DMP），從各方搜集數據並分析後，它可以協助行銷或廣告投放平台去鎖定特定目標人群，使行銷或廣告投放更精準，以達到精確行銷。

「顧客數據平台」（CDP）和「數據管理平台」（DMP）有所不同。DMP 的設計目的是為行銷或廣告提供服務，尤其是透過 Cookie 實現重定向廣告。但是在 DMP 中，大部分信息是匿名的，而且會在 cookie 生存失效（一般 90 天）後過期。

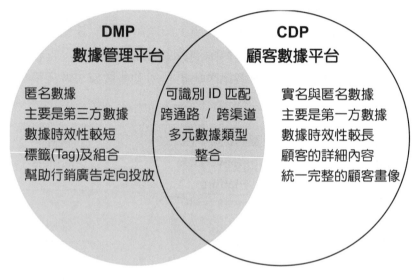

圖 8-10　「顧客數據平台」（CDP）與「數據管理平台」（DMP）之異同

五、顧客數據平台（CDP）不是資料倉儲（Data Warehouse）

傳統的資料倉儲（Data Warehouse）是由資訊部門構建和運行的，要具備很高資訊技術知識的人員才能使用，因此大多數時候業務人員是沒法獨自操作的。資料倉儲的目的是將數據匯集在一起，因此業務團隊需要特別依賴資訊部門，這使得從構思到執行整個過程十分緩慢，因為幾乎所有企業都存在「資訊系統開發排期」的問題。而業務團隊的工作性質要求靈活彈性作業流程（並且很多時候是在即時測試顧客反饋），但資訊部門要求需求部門提供確定性的需求，因此不可避免地存在跨部門的溝通衝突。

六、企業需要屬於自己的顧客數據平台（CDP）

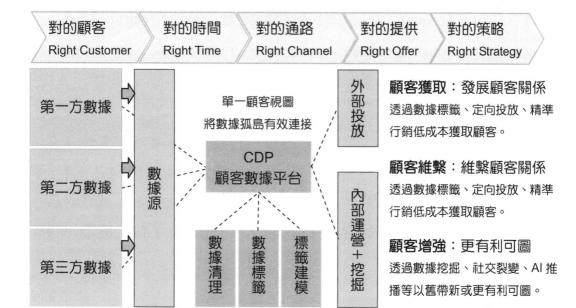

圖 8-11　企業需要屬於自己的顧客數據平台（CDP）

8-5　組織結構數位化轉型以追隨電子商業策略

　　網路消費者行為不同於傳統消費者，企業的組織結構要跟著網路消費者的改變而數位化轉型調整，以追隨電子商業策略。

一、電子商業乃是徹底的改變

　　要想跨足「電子商業」（e-Business）的領域只有兩種結果，不是大好就是大壞，至於那些不上不下的電子商務網站，連苟延殘喘的機會也沒有。您不妨想想看，您記得多少在網路上賣書的電子商務網站？除了國外的亞馬遜（Amazon.com），以及台灣的博客來（Books.com.tw）之外，還有多少網路書店存活？再想想看，您記得有多少從事線上拍賣的網站？除了電子海灣（eBay）與露天拍賣、蝦皮拍賣外，您能夠立刻列舉出其他拍賣網站嗎？

　　「與別人不同不見得比較好，但是最好的一定是與眾不同。」那些一窩蜂有樣學樣的網站，絕不可能位居網路事業中的領導地位。如果您打算師法亞馬遜或電子海灣，您的企業絕對不可能冒出頭。

電子商業乃是一種徹底的改變。企業應將重心放在如何改變網路經營的遊戲規則。亦即，企業應開發一套不同於傳統商務交易模式的全新價值鏈（Value Chain）或價值體系（Value System），而這就是所謂的數位轉型（Digital Transformation）。

如果您認為所謂的「電子商業」只不過是在本業之餘，外加一項電子商務的新穎業務，那麼您最好再重新考慮考慮。在這種心態下的電子商業是不會成功的，您必須將整個企業徹底轉型為電子商業，並徹頭徹尾地改變。這種改變就像經歷一場大地震般，各企業內部的重組與改造，甚至企業間的關係與互動的重組與改造，都將是無可避免的。

二、數位轉型工具：Low-code 與 No-code

近年來許多企業在數位轉型過程中，積極導入的「低代碼（Low-code）」/「無代碼（No-code）」工具，讓不具有程式背景的員工也能用更直覺的方式開發所需的軟體，不僅為企業節省專業人力與開發時間，而且執行門檻低，又更貼近使用者需求。主要因為 No-code 平台已經把底層的程式碼寫好，使用者只要透過視覺化介面，針對元件、區塊、模版等進行拖拉點選，只需了解平台的操作規則，就像學會操作 Office 軟體一樣，就能透過 No-Code 模組化的各種解決方案解決企業需求。

三、先佔優勢（First Mover Advantage）

在沒有網際網路的年代，每件商品都必須經過一段被市場接受的生命週期。首先，最早進入市場的企業帶動風潮，早期的主要廠商隨之跟進；接著，大多數企業都跟進了，在這段期間裡，商品需求量快速增加，投資報酬率也相對提高。然而，一旦絕大部份企業都加入戰場，商品的銷售就會趨於平緩，衰退；最後，後知後覺的企業開始投入，商品價格已跌落至批發價，甚至跌落批發價，銷售量急速下滑。如圖 8-12 所示。

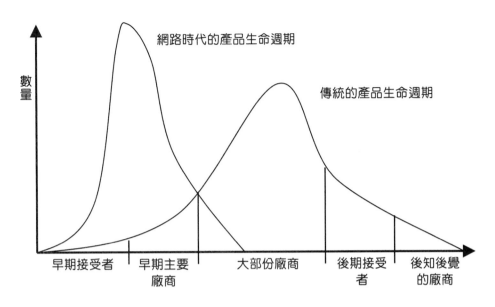

圖 8-12　網路時代的產品生命週期

　　網際網路的時代，產品生命週期變得更短了，只有跑在最前面的廠商才有甜頭，而且形成「贏家通吃」的局面，在這種情況下，產品生命週期曲線，快速上升又快速下降，如果您的企業無法在快速上升的過程中佔有一席之地，那麼根本就玩完了。簡單地說，美國除了亞馬遜以外，不可能存在類似的網路書店而有利可圖或生存空間。在網際網路時間，唯有出奇才能制勝。企業必須改寫新的遊戲規則，迫使追隨著無利可圖。在電子企業的領域裡，仿效是不可能成為贏家的。網際網路對於仿效者是非常慘忍的，在專業的領域裡，企業必須努力擠到第一或第二，而成為第一或第二的關鍵在於您企業的經營方式必須與眾不同，同時還提供顧客有價值的關係。當然，成為市場的第一或第二並不代表一定賺錢。

　　但問題是如何成為先佔者。做為一個網際網路市場先佔者，其實不一定要非常創新的事物，只要一個不同於其他競爭者的商品提供方式即可。例如 CDNow.com 這類 MP3 音樂網站，所提供的商品雖然同樣是音樂，但其形式卻非 CD 片或卡帶。當企業從這方向進行思考時，許多正面的經營意涵就會開始產生。

8-6 數位轉型

一、何謂數位轉型

把一個傳統企業轉型成為電子商業（e-Business）的過程稱為「數位轉型」（Digital Transformation）。就一個企業而言，數位轉型必須包括下列八個「C」：❶基模（Context）、❷內容（Content）、❸社群（Community）、❹客製化（Customization）、❺連結（Connection）、❻協同（Collaboration）、❼商務（Commerce）、❽溝通（Communication）。

換句話說，數位轉型將改變企業與顧客的互動方式 — 溝通、企業做生意的方式 — 商務、企業與合作夥伴的協調合作方式 — 協同、企業與所有利害關係人的連結方式 — 連結、所利用的資訊 — 內容、互動的對象 — 社群、企業滿足消費者需要與慾望的方式 — 客製化、以及網路店面的佈置方式（美觀與機能）— 基模，如圖 8-13 所示。

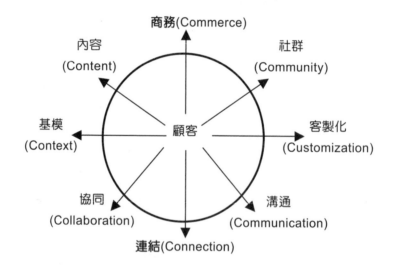

圖 8-13 數位轉型的八個 C

資料來源： 修改自 Keyur Patel & Mary Pat McCarthy, 2000, Digital Transformation: The Essentials of e-Business Leadership。

數位轉型取決於兩大標竿：價值（Value）與速度（Speed）。企業必須在價值與速度之間尋求平衡點。如果企業只把焦點放在速度，若八個大 C 之中有任何一個點的革新速度過快或方向不同步，則很可能造成無法提升價值。反之，如果企業只把焦點放在價值的提升，而不去管革新速度，將可能因此流失顧客。如圖 8-14 所示。

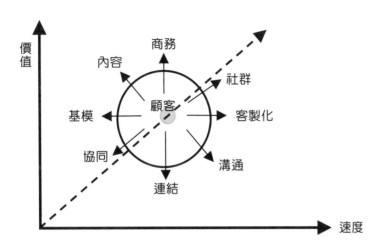

圖 8-14　數位轉型的八個 C 與兩大標竿：價值 vs.速度

資料來源：修改自 Keyur Patel & Mary Pat McCarthy, 2000, Digital Transformation: The Essentials of e-Business Leadership。

　　此外，在整個數位轉型中還要考量三個重要要素：❶支出成本（Cost）、❷企業文化（Culture）、❸科技（Technology）。在數位轉型過程中，需要「科技、流程、人力資源」三大環節整體的改變。數位轉型最顯著的成功之處，在於價值鏈（Value Chain）與價值體系（Value System）的整合。電子商業的轉型並非零和遊戲，您的勝利不代表著其他商務夥伴的失敗；這可以是一場雙贏的遊戲，亦即，電子企業價值鏈（Value Chain）或價值體系裡的每一個環節都可以共享資訊與顧客，包括：❶基模、❷內容、❸社群、❹客製化、❺連結、❻協同、❼商務、❽溝通。

二、常見的數位轉型迷思

1. **以為網站流量是一種好的衡量指標。**網站流量並非衡量成功與否的好指標，高網站流量與業績、市場佔有率、品牌知名度之間沒有任何正相關。「點選」只不過是消費者從您家門前經過罷了。

2. **以為叫座的內容才能吸引顧客上門。**叫座的內容可能會吸引到網友第一次瀏覽，但等到他們第二次瀏覽時，如果您網站的內容沒有改變，那就永遠不會有第三次瀏覽；除非您能給網友一個好的回籠理由，否則這些人是永遠不再回頭。

3. **以為最先進的網路技術是業績成功的秘訣。**企業擁有先進的網路技術或許可以讓消費者更具信心，但銷售終歸是銷售，空有科技並非是銷售的保證；銷售的成功與否並非完全取決於是否擁有先進科技。

4. **以為只有花俏的酷炫網站才能致勝**。實際上，您的網站不必讓人覺得十分酷炫，但是您的網路經營模式必須與眾不同。上網者喜歡簡潔明瞭的網站、無拘束的瀏覽空間，以及容易上手的執行功能。

5. **以為網際網路只不過是另一種電視**。換句話說，想把經營電視的那一套用在網站經營上是絕對行不通的。

6. **以為有許多人都在網路上漫遊**。根據調查，每個上網者平均會瀏覽 100 個網站，並把其中 14 個納入「我的最愛」中，接著就不再逛新的網站了。隨著新的上網者與新的網站不斷地投入網際網路，您的網站會被訪問的機率就會愈來愈低。

7. **誤以為非常簡單**。建立一個網站太簡單了，不少網站設計者只要收費 1 至 2 萬元就可以幫您建立一個專業網站。另外，也有不少的網際網路服務供應商（ASP）只要您每個月花幾千塊，就可以租給您一整套專業網站。不過，這些都只是「網站」（Web Site），都還不是「電子商業」。

三、全方位的整合

以網路為基礎的電子企業策略，需要企業內外部全方位的整合。顧客如何訂購？從訂購到完成出貨的整個流程如何運作？供應商是否知道何時該補什麼貨？有什麼方法可以即時分享訂貨資訊並減少出貨延遲？

對電子商務公司而言，配銷機制與庫存後勤是最需要掌握的課題。玩具反斗城（ToysRus）在 1999 年的聖誕節銷售旺季時，是根據經營傳統企業的存貨控制來處理商品短缺的問題。也因此造成當年無法及時在聖誕節前夕準時送達訂單，以至於失敗收場。玩具反斗城對於招徠顧客上網消費與訂單處理上並無太大問題，但就是因為有太多人訂購了，超出其後勤作業能夠處理的能量。因此，要想要在電子商務市場中佔有一席之地，電子企業的各個環節都必須共同運作。

四、可組合商務

導入「應用程式介面」（API）協助企業的數位轉型，被業界寄予厚望。「可組合商務」（Composable Commerce）技術改變了企業的傳統系統開發方法。企業進行數位轉型時，可利用事件架構與 API 呼叫「可組合商務」功能模組（微服務），以模組化方式建構成完成任務所需的 App。

《數位時代》定義，可組合商務是將傳統商務解決方案中常見的各式服務，分離為個別的微服務（Micro-services），如產品目錄、產品推薦或是商品銷售等；再根據想提供的體驗，選擇一些優勢的微服務，將它們集結或「組合」專為特定業務需求打造的客製化 App。簡單來說，可組合商務就是從眾多功能模組（微服務）中，精挑細選出最好的功能模組，組成客製化 App 來滿足客戶的需求。這樣做的好處是，如果未來有更好的功能模組（微服務）出現，便可短時間更換不同功能模組（微服務），最終將使企業更彈性靈活，縮短新 App 功能上線時間。

五、產品導向式增長（PLG）模式

OpenView 的 Blake Bartlett 於 2016 年提出「產品導向式增長」（Product-led Growth, 簡稱 PLG）概念，強調「以產品為導向的增長」。簡而言之，PLG 是以產品為導向增長的一種戰略，它側重於將產品本身作為公司增長的主要驅動力，讓好產品自己為自己說話宣傳「免費拿去用，有效再付錢」。以往企業是以「行銷」或「銷售」接觸消費者或客戶，而 PLG 則是直接以產品接觸消費者或用戶，透過這樣的方式，進一步吸引用戶進入付費產品階段。因此 PLG 企業，主要是先直接提供免費或限時試用的產品給目標用戶，為用戶創造價值，等目標用戶試用滿意，再進而吸引目標用戶進階購買付費產品。

SaaS 巨獸 Canva、Slack、Figma 都是使用「PLG 模式」成功的案例。來自澳洲的知名設計平台 Canva，在成立 8 年內就成為市值高達 196 億美金（約 6,017 億新台幣）的獨角獸，Canva 主打線上「免費設計」服務，其操作介面容易上手，讓一些沒有設計背景的人，也能快速地設計出精美的圖片作品，一旦用戶在產品體驗過程中感到滿意，他就可能分享給親朋好友，為產品帶來正面口碑效果，進而為公司累積更多用戶；此外，一旦用戶體驗滿意也可能進一步從「免費用戶」升級為「付費用戶」。

PLG 是以最終用戶之體驗為中心的產品世界。最終端用戶的體驗才是 PLG 的核心，用戶的使用體驗與傳播才能將產品推廣到組織外。並收集用戶的產品體驗反饋，以此不斷精進產品。

然而，PLG 模式並不適用於所有產品，其有幾項基本條件：1.產品的邊際成本要夠低（最好為零）、2.產品要易學易操作，要能「即時」解決用戶痛點、3.最終用戶要能夠直接影響購買決策。

學習評量

1. 何謂顧客數據平台（CDP）？

2. 何謂數據管理平台（DMP）？

3. 何謂 MarTech？

4. 請說明數位轉型包括那 8 個 C？其又代表什麼涵意？

5. 何謂大數據？何謂全數據？何謂暗數據？

網路行銷導論

導讀：後 Cookie 時代的行銷科技（MarTech）

整體而言，後 cookie 時代的 MarTech 有三大趨勢：

趨勢一：數據驅動行銷，打造顧客體驗最佳化。顧客旅程是從顧客知曉商品或服務（Awareness），接著深入了解是否符合自身需求（Consideration），確認需求、進而詢問與下單（Purchase），顧客服務體驗（Service），顧客回饋、變成忠實顧客（Loyalty）的過程。若能有效掌握顧客旅程的五大步驟，再搭配大數據驅動行銷，就能促使顧客體驗最佳化。

趨勢二：「第一方數據」為王，「第三方數據」退場。隨著第三方 Cookie 的退場，過去利用 Google 與 Facebook 等平台工具蒐集用戶數據即將失效。在這樣的趨勢下，大數據就是「新能源」，就看誰能自己挖出更多「第一放數據」。

趨勢三：對外擴大「第二方數據」生態系合作夥伴的範圍。跨界「強強聯手」透過平台取得其他合作業者的「第二方數據」，數據共享以達加倍效益。

　　本章從新零售時代、網路行銷活動、網路行銷與電子商務的關係，以及從策略、資訊科技、顧客關係、虛擬社群等角度來加以探討，最後並說明商務經營的變遷與網路行銷的迷思。

9-1 新零售時代

一、第四次零售革命

2017 年 7 月 10 日京東集團 CEO 劉強東發表一篇文章 —「零售的未來：第四次零售革命」，其認為零售業在歷經「百貨公司」、「連鎖商店」、「超級市場」這三次革命之後，在網際網路、實體電商與物聯網的發展之下，透過創新零售科技，帶來第四次零售革命。

馬雲的「新零售」概念，比較關注零售的新、舊之分，著重線上與線下融合；劉強東認為零售的本質（成本、效率、體驗）不變，但更強調「零售基礎設施的智慧化與科技化變革」。

從 1995 年網路興起以來，「網路」只是零售數位化進程中的一場序幕，的確，網路改變了零售的交易端，但對供應端影響還很小。第四次零售革命是零售業數位化進程的下一幕「智慧化與物聯網化（萬物聯網）→智聯網」，這將對整體零售產業更加深刻而徹底的改變。

第一次零售革命：**百貨公司**。1852 年出現世界上第一家百貨公司，打破「前店後廠」的小作坊運作模式。百貨公司帶來兩方面的變化：在生產端支持大批量生產，降低了商品的價格。在消費端，百貨公司像博物館一樣陳列商品，減少奔波，使購物成為一種娛樂和享受。由於兼顧了成本和體驗，百貨公司成為一種經典的零售業態，一直延續到今天。

第二次零售革命：**連鎖超商**。1859 年後連鎖超商逐漸成為一種經典業態。連鎖超商建立了統一化管理和規模化運作的體系，提高門市營運效率，降低營運成本。同時，連鎖超商分佈範圍更廣，選址貼近居民社區，使購物變得非常便捷。

第三次零售革命：**超級市場**。1930 年超級市場開始發展成形。超級市場開創開架銷售、自我服務的模式，創造了一種全新體驗。此外超級市場還引入現代化資訊科技系統（收銀系統、訂貨系統、核算系統等），進一步提高了商品的流通速度和周轉效率。

第四次零售革命的序幕：**電子商務 / 實體電商**。1995 年後，電商興起。由於不受物理空間限制，商品的選擇範圍急劇擴大，使消費者擁有更多選擇。電商顛覆了傳統多層分銷體系，降低分銷成本，使商品價格進一步下降。

可以看到，從百貨公司、連鎖超商、超級市場，再到電子商務，整體零售發展史一直圍繞著「成本、效率、體驗」，本質沒有改變。每一次新業態的出現，都至少在某一方面有所創新。而經得起時間考驗的業態往往能夠同時滿足成本、效率和體驗升級的要求。

所以說零售的本質是不變的。零售未來可能會演化出更多新業態／新物種，超越今天的想像。但無論它怎麼發展，本質還是會緊緊圍繞「成本、效率、體驗」。

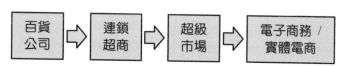

圖 9-1 零售革命

二、新零售的意涵

馬雲於 2016 年 10 月 13 日在雲棲大會，首次提出「新零售」概念。馬雲認為純電商時代很快將會結束，只有「線上服務」、「線下體驗」與「現代化物流」深度融合在一起，才能誕生真正的新零售。

圖 9-2 新零售的概念

阿里巴巴集團 CEO 張勇於 2016 年 12 月 28 日，在 2016 新網商峰會上，解讀「新零售。新零售的本質是用大數據重構「人-貨-場」等商業要素。「人-貨-場」是零售業中永恆的概念，不管科技與商業模式如何改變，零售的基本要素離不開「人-貨-場」。不同的零售時代，「人-貨-場」三者的關係，隨時代在變。在物質短缺時代，「貨」佔具第一位，需求大於供給，任何商品都能很容易賣；到了傳統零售時代，物質極大豐富後，「場」（通路）占據核心位置，商場唯有爭取到黃金位置，品牌的商品才能脫穎而出；到了新零售時代，是以「人」（消費者）為中心，數據驅動 C2B 產製「貨」（商品），以全通路方式便利消費者選購（「場」-消費場景）。逆商業模式「消費者對企業」(Consumer to Business, 簡稱 C2B)，是逆向的 B2C 商業模式，以消費者為核心，逆向產製消費者內心所需的商品或服務。

物質短缺時代　　　傳統零售時代　　　新零售時代

| 貨-場-人 | 場-貨-人 | 人-貨-場 |

圖 9-3 零售業三要素「人-貨-場」的演變

阿里研究院 2017 年 3 月 9 日，發表「新零售研究報告」，「新零售是以消費者體驗為中心的數據驅動的泛零售形態」。

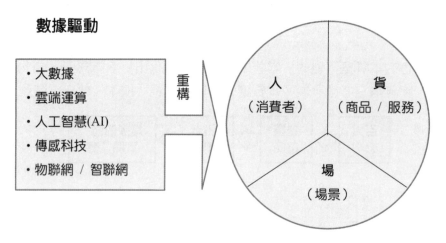

圖 9-4 新零售：「數據驅動」重構「人-貨-場」

阿里巴巴張勇說，「新零售」是「人-貨-場」的重構；京東劉強東則認為，「第四次零售革命」的改變其實是背後零售基礎設施的改變。新零售並非全新的概念，而是資通訊科技、大數據、雲端運算、人工智慧（AI）、傳感科技、物聯網／智聯網等變化帶來的消費轉型，是以 C2B 為核心的消費者導向零售升級。新零售時代的主流消費模式：個人化、即時化、體驗化、社群化（參與化）。

三、舊經濟與顧客經濟

舊經濟與顧客經濟的主要差異，如表 9-1 所示。

表 9-1 舊經濟與顧客經濟的比較

舊經濟	顧客經濟
以企業的產品為中心	以顧客的需求與慾望為中心
著重可獲利的交易	著重顧客終身價值
主要在追求財務計分卡	主要追求平衡計分卡
重視股東	重視內外顧客
經由廣告建立品牌	經由顧客體驗建立品牌
著重網羅新顧客	著重留住舊顧客

企業組織心態的徹底調整 ─ 從以企業的產品為中心（Product-centric），轉換到以顧客的需求為中心（Customer-centric），如圖 9-5 所示。

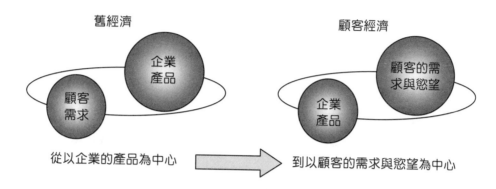

圖 9-5　舊經濟與顧客經濟

從重視市場佔有率移轉到重視顧客荷包佔有率。以往企業著重在市場佔有率的極大化，它所強調的是企業角度下的「商品」。不過在顧客經濟時代，企業著重的不在是「產品的市場佔有率」，而是以顧客為中心，思考如何提升「顧客的荷包佔有率」。如圖 9-6 所示。

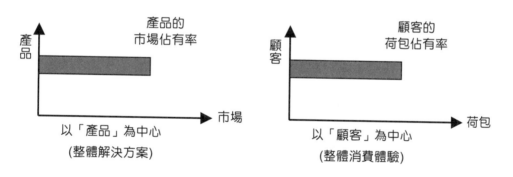

圖 9-6　產品市場佔有率與顧客荷包佔有率

四、商業 1.0 到商業 4.0

1. **商業 1.0 時代**：開放式陳列式貨架出現，零售業從顧客先給店員購物清單，再由店員找貨備貨交貨，轉變成開放式陳列商品、由顧客自我服務（Self-service）的現代化經營型態，開始出現連鎖式的超市（Supermarket）。

2. **商業 2.0 時代**：由超市不斷擴大，轉變成超大型超市（Hypermarket）及量販店，以家樂福、Walmart 為代表，開始提供多樣、划算與自有品牌的商品，滿足消費者一次購足的需求，接著再發展出集合各類商品品牌的專賣店、購物中心（Supercenter）與暢貨中心（Outlet）等，此時經營特色在於成本管控與供應鏈管理。

3. **商業 3.0 時代**：網際網路興起，進入電子商務時代，電商平台與各種網路商店紛紛出現，零售業愈來愈受網路互動影響。

4. **商業 4.0 時代**：行動商務興起，零售業從多元通路（Multi-channel）的虛實整合型態（Online to Offline, 簡稱 O2O）轉變成全通路（Omni-channel）的虛實融合型態（Online Merge Offline, 簡稱 OMO）。根據 McKinsey 的預測，實體店將逐漸變成互動體驗、導購、品牌加值的場域，或網路購物的物流後勤站（Dark Store）「倉」，預料零售價值鏈將不斷出現破壞性創新。

表 9-2　商業 1.0 到商業 4.0

商業 1.0	商業 2.0	商業 3.0	商業 4.0
超級市場	量販店	網路拍賣	多元通路→全通路
便利商店	購物中心	網路商店	O2O→OMO
	暢貨中心	網路商城	

五、行銷 1.0 到行銷 4.0

1. **行銷 1.0 時代 — 以產品特色為核心**：客人在想什麼不重要，我只賣給你我想賣的東西，「無論你需要什麼顏色的汽車，福特只有黑色的。」這個時代是由廠商以產品決定市場，其行銷是讓最多人知道你的產品。

2. **行銷 2.0 時代 — 以顧客滿意為核心**：電腦與資訊時代，消費者消息靈通，能輕易比較出類似產品屬性的差別，行銷人員必須做出市場區隔的行銷模式，以刺激消費。

3. **行銷 3.0 時代 — 以人本價值為核心**：品牌必須能展現人本價值願景，創造出一個顧客願意追隨的精神象徵，並獲得顧客認同，滿足消費者的精神需求。

4. **行銷 4.0 時代 — 以社群影響為核心**：品牌必須懂得借助社群口耳相傳的力量，讓顧客不只掏出錢包，更搶著幫品牌宣傳、說好話。

表 9-3 行銷 1.0 到行銷 4.0

9

網路行銷導論

	行銷 1.0	行銷 2.0	行銷 3.0	行銷 4.0
核心	產品特色	顧客滿意	人本價值	社群影響
說明	關鍵是把產品做好	品牌必須以顧客為中心，讓消費者滿意	品牌必須能展現人本價值願景，創造出一個顧客願意追隨的精神象徵，並獲得顧客認同，滿足消費者的精神需求	品牌必須懂得借助社群口耳相傳的力量，讓顧客不只掏出錢包，更搶著幫品牌宣傳、說好話

9-2　網路行銷的意涵

一、行銷的定義

美國行銷學會（American Marketing Association, 1985）認為行銷的主要目的在於把生產者所提供的產品或服務，引導至消費者手中。Kolter (1998)認為行銷是一種社會性及管理性的過程，而個人與群體可經由此過程，透過彼此創造及交換產品與價值，以滿足其需求與慾望。

總言之，行銷是一種移轉的過程，透過規劃與執行，將有形的產品、無形的服務與創意予以交換／交易，以達成滿足顧客的需求與慾望之目的，因此行銷具備下列四個要素：

1. **主體**：至少有兩個以上的個人或群體，如生產者、消費者。

2. **客體**：有形的產品或是無形的服務、創意。

3. **過程**：定價、計劃、推廣、服務與分配等一整體性的企業活動，為一種社會性及管理性的過程。

4. **最終目的**：滿足顧客的需求與慾望。

二、行銷的效用

一般而言,行銷具有如下效用:

1. **形式效用(Form Utility)**:生產者將各種不同來源的原物料加以轉換,形成另一種形式的產品,而創造出的效用。

2. **地點效用(Place Utility)**:由於生產者與消費者之間存在著地理相隔,因此行銷人員透過行銷活動,來調整因地理相隔的空間因素所造成供需失調,而創造了地點效用。

3. **時間效用(Time Utility)**:由於生產者與消費者之間存在著生產與消費時機的不同,因此行銷人員透過行銷活動,來調整因生產與消費時機不同所造成的供需失調,而創造了時間效用。

4. **資訊效用(Information Utility)**:由於生產者與消費者之間存在著資訊的落差,因此行銷人員透過行銷活動,來調整資訊落差所造成的供需失調,而創造了資訊效用。

5. **價值效用(Value Utility)**:由於生產者的生產成本與消費者獲得的效用之間往往不會相等,因此行銷人員透過行銷活動來強化這兩項的距離,而創造了價值效用。

6. **所有權效用(Possession Utility)**:由於生產者與消費者之間存在著所有權的差異,因此行銷人員透過行銷活動,來調整所有權的差異所造成的供需失調,而創造了所有權效用。

7. **數量效用(Quantity Utility)**:由於生產者與消費者之間存在著數量的差異,因此行銷人員透過行銷活動,來調整大量生產與小量消費間的數量差異,而創造了數量效用。

8. **組合效用(Merchandising Utility)**:由於生產者與消費者之間存在著產品組合的差異,因此行銷人員透過行銷活動,來調整產品品類的組合的差異,而創造了組合效用。

三、行銷觀念的演變

隨著時間與價值創造焦點的轉移，行銷學演進從最早期的生產觀念、產品觀念、銷售觀念到後續的行銷觀念，乃至社會行銷觀念的發展。

生產觀念

早期的生產者通常只為自己或是親朋好友製造產品，所進行的交易也完全是以物易物的方式。因此當環境無法允許以物易物時，則會進入單純交易時期，亦即這些家計單位將他們所剩餘的產品銷售給地區性的中間商，中間商再將這些產品銷售給其他的消費者或其他的中間商，直到工業革命才使單純交易時期有所改變。

因此，在 1850 年代至 1920 年代這段期間內，企業以「生產導向」為主要的行銷哲學。這是由於 19 世紀下半期，工業革命的發生使得美國產生全面性的轉變，例如隨著科技的創新、運用勞動力方法的改變、產品大量生產及大量傾銷市場等等，皆促使市場中的消費者對於產品具有相當強烈的需求與慾望。所以生產導向的哲學是假設消費者會接受任何便利、價格低廉、願意且有能力買得起的產品，因此企業以追求生產及配銷的效率為主要的任務，管理者將注意力集中在生產程序的改進，以及配銷的方式的創新，以滿足消費者。所以生產導向主要發生在兩種情況，分別為「需要大於供給」─ 管理當局集中精力來增加產量；「生產的成本相當高」─ 企業必須不斷改良生產效率以求降低成本，亦即銷售得多，成本也就更低。

產品觀念

產品觀念仍延伸於生產觀念，認為企業的主要任務在於製造產品，因為只有製造產品才對於市場大眾有利。產品觀念假設消費者會選擇品質、功能與特色等產品特性較佳的產品，因此企業應該不斷地致力於改善產品，亦即企業只要能生產出較好的產品，就不怕顧客不上門，所以產品導向的企業常常忽略顧客真實的需求就設計其產品，此外，也不會注意到競爭者的產品，是故，容易產生行銷近視症，因為產品導向的企業太重視產品本身，而忽略市場真正的需要。

銷售觀念

銷售觀念起始於 1920 年代，由於 1920 至 1930 年間正是美國逐漸發生經濟大恐慌之時期，因此消費者對於產品的強烈需求逐漸衰退，致使企業界開始意識到產品必須被賣給消費者，所以銷售觀念主張企業的主要任務在於刺激潛在顧客對於現有產品或勞務的興趣，因為銷售觀念乃假設顧客對購買都有惰性或抗拒，除非企業極力推銷

及促銷，否則消費者將不會踴躍購買企業的產品，因此，銷售觀念的目的在於銷售其所製造的，而非製造他們能銷售的新產品。故自 20 年代中期到 50 年代，企業界以競爭的觀點來考量行銷目標，視推銷為增加利潤之主要手段，因為行銷人員相信人員銷售及廣告是最重要的行銷活動。綜合上述，企業為拓展市場，必須追蹤可能的購買者，並且施展各種銷售技巧，灌輸他們產品之種種優點，以促進顧客購買產品的慾望。

行銷觀念

銷售觀念於 1950 年代宣告結束之後，許多企業發現雖然可以更有效率的方式生產產品，且人員推銷及廣告活動也做得比以前更好，但卻不一定帶來大量的銷售佳績，因此企業界開始認為必須要能瞭解顧客真正的需求，才能生產出符合顧客要求的產品，以滿足顧客，進而提升銷售績效。所以行銷觀念主張欲達成企業目標，關鍵在於探究目標市場的需求與欲求，然後使企業能較其他競爭者，以更有效果且具效率的方式滿足消費者的需求。是故，在此時期內，企業為滿足顧客的要求，必須將研究發展、採購、生產與銷售的功能予以結合，所以行銷部門因而產生，因此在行銷觀念時期，所有的行銷活動皆在行銷部門的控制之下，以增進短期政策規劃的效果。由於市場競爭激烈，消費者早已成為行銷的重點，因此企業的主要任務在決定目標市場的觀念、需求、慾望，並從事規劃、傳播、定價、運送適當且富有競爭力的產品或服務，以滿足顧客，故此時期亦被稱之為「顧客導向」。

社會行銷觀念

圖 9-7 社會行銷觀念的三個基本考量

資料來源： G. Armstrong & P. Kotler, Marketing: An Introduction, 5th ed.（Upper Saddle River, NJ:Prentice Hall, 2000）, p.21.

社會行銷觀念是指企業的要務是要決定目標市場的需求、欲求以及利益，期能較競爭者以更有效率的方式提供目標市場所要的產品與服務，以求同時能兼顧消費者及社會的福祉，亦即不只是追求企業與顧客的權益，同時亦在滿足社會對於企業的期望，所以社會行銷同時兼顧短期消費者的欲望、需求與長期消費者的福利。在社會行銷觀念基礎下，企業的任務在於決定目標市場的需要、慾望與利益，並在維持與促進消費者與社會福祉的前提下，以較競爭者更為有效的方式，提供目標市場所欲求的滿足。是故，在此時期內，企業除了仍維持短期的行銷規劃外，還擴增至長期計畫的擬定，因此可知行銷觀念也引領了全企業的活動，可稱之為行銷企業時期。

1990 年代初期是大眾行銷（Mass Marketing）鼎盛的時期，此時的銷售者利用規模經濟的生產方式，大量生產、大量配銷及大量促銷單一產品給所有的購買者。然而隨著時間的演進、市場的擴大、廣告媒體與配銷通路的迅速成長，使得消費者多了選擇的空間，故開始重視「品味與格調」，致使大量行銷走入歷史，而市場區隔（Market Segmentation）、資料庫行銷（Database Marketing）、直效行銷（Direct Marketing）與關係行銷（Relationship Marketing）等觀念相繼而生。

隨著網際網路科技的發達，進而延伸出一對一行銷（One-to-One Marketing）的觀念。由此可知，隨著時間的演變，「顧客導向」行銷手法興起，行銷路徑也從原先「由內而外」轉變為「由外而內」，因此產品必須依照顧客的需要來製造與改良。在網路發展與社會日漸多元化下，行銷人員在市場區隔層次的選擇上，也已經由過去的大眾行銷、區隔行銷，逐漸地朝向個人化行銷。圖 9-8 就表現出網路行銷來自行銷、科技、經濟學等三方面的影響，並且透過數位化、網路化和個人化增強的趨勢，轉變成企業用來預見和瞭解網路行銷活動、策略、商機的架構。

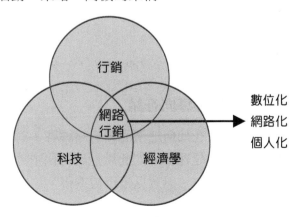

圖 9-8　網路行銷構成要素

資料來源：修改自 Ward Hanson (2000)

三、網路行銷的定義

用最簡單的話說，網路行銷 ＝ 網際網路 ＋ 行銷活動 ＋ 管理活動。

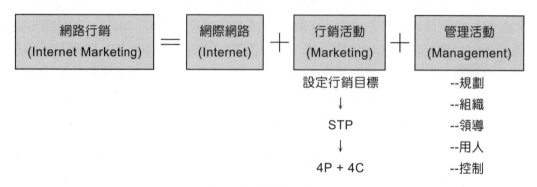

圖 9-9 網路行銷的定義

近幾年來，隨著網路科技的成長，行銷實務上也出現革命性的改變。因為網際網路本身具備有即時性、互動性、跨域性、連結性、客製化及多媒體等特性，所以網際網路本身不僅對於傳統產業的商業活動產生戲劇性的變革，同時也對於顧客與企業之間的關係產生微妙的變化，例如網路時代的消費者與生產者可藉由網路直接接觸、溝通、購買，使得傳統中間商被取代，甚至是造成「去中間化」的現象。是故，全年無休、不受地域國界限制的網路市場，將替買賣雙方造成可觀的市場商機，不管是現在還是未來，網路商業行為或是其他 e 時代的活動將會越來越普及化。

網際網路行銷是一種互動式行銷，其透過網際網路之應用，提供顧客相關產品與服務的資訊，甚至是讓顧客參與整個企劃流程，以維持顧客並促進與顧客間的關係，所進行的行銷活動之過程。因此可以瞭解到網路行銷並非推翻傳統的行銷觀念，而是與傳統行銷相加相乘的觀念。

五、行銷趨勢的演變

由產品導向行銷到顧客導向行銷

過去我們往往把重點放在如何把產品銷售給顧客，對於顧客而言，提供給他們良好品質的產品就足夠了，但是在競爭如此激烈的時代中，顧客面對了眾多的產品提供者，於是他們更在意自己的想法與意見是否被重視。

網際網路提供了一個很好的溝通管道，透過無遠弗屆、24 小時全年無休的電腦網路，可蒐集消費者的意見，做為產品發展的參考。「LG 夢想樹」活動就是一個好例子，為瞭解在地顧客的意見，LG 透過活動蒐集顧客對未來家電的看法，網友可栽種自己的夢想樹，五大類家電，每一個夢想都可得了一顆果實，不同類別有不同的顏色，使整

棵夢想樹更為繽紛。此活動共得到將近 4,000 筆對未來家電的看法與建議，而企業所得到的正面形象與網友好感度的增加更是無形效益。

從在乎價格到重視價值

如果產品只能以價格為差異化的題材，除非能找到降低成本的好方法，否則永遠陷入薄利的泥沼。我們不能忽略消費者的購買能力，以往我們會認為「名牌」只是金字塔頂端人士的專屬，但現在只要走在街頭，應該不難發現年輕人身上背的皮包、手上拿的手機都是名牌商品，因為對他們而言，價格已不是太大的問題，為了產品所帶來的價值，可以每天只吃泡麵，或是辛苦的打工以換取心目中的理想產品，從價格到價值，企業必須重新檢視目標對象的設定是否正確。

網際網路則提供了蒐集與傳播資訊的良好場所，新品訊息，時尚風格，一指就可以周遊列國。買不起新品嗎？沒問題，網路拍賣就可以解決開題。有舊貨難以處理嗎？原本該進垃圾場的黑膠唱片以千元賣出，發霉的三明治因為出現聖母瑪利亞的神像，而在拍賣市場以近萬美元售出，在網路上，價格與認知之間的差距，只能以「價值」來說明。

傳統通路到虛實整合的多元化通路

行銷理論中，為了創造效能及提升效率，製造商會將商品順著流通體系由上往下流動，由製造商流向批發商，再由批發商流向零售商，最後再由零售商流向消費者，在通路方面就有直接與間接通路、單一與多重，還有傳統行銷通路與垂直行銷系統的不同。

在網路時代中，通路更為多元化，虛實合一的銷售方式，為消費者帶來了便利，也增加了購買意願，例如統一流通次集團投資博客來網路書店，在網路上買書，可選擇在距離自己最近的 7-11 取貨付款，最後一哩（Last Mile）的戰爭是如此重要，誰最接近消費者，就有可能對同一個消費者賣出更多的商品。而與消費者最沒有距離的網路，就扮演著提供資訊，貨比三家不吃虧的最佳工具。

從單向推廣到雙向溝通與顧客共創價值

過去所使用的推廣工具大多是單向式的，廣告、公關、促銷活動、直效行銷大多以單向式的訊息溝通為主，雖可與顧客互動，但接觸成本過高，也難有長時間的觀察與關心顧客所需。以前強調的市場佔有率是盡可能將產品賣給更多的顧客；但是現在各行各業都重視顧客佔有率，盡量增加每位顧客的消費額，讓他對你的產品有忠誠度，

使顧客的價值從單項產品轉化為終生消費力，也就是一般所稱的「顧客終生價值」（Customer Lifetime Value）。但要做到這點，就不得不借助數位科技的力量。

顧客永遠是最重要的，以顧客的終身價值來看，企業是否能提供個人化服務，是讓顧客產生忠誠度的原因之一。讓顧客自助，更可以運用在行銷活動策略中，顧客因為自助而產生的影響層面，計有下列三種層次：

1. **顧客自助**：清楚易操作的人機介面，使顧客可以自由地使用服務，顧客可自己決定需要何種規格的產品。

2. **顧客自動幫助其他顧客**：許多社群網站，推出同學會或社群單元，由具有忠誠度的網友擔任會長或站長，回答問題或組織同種喜好的團體，進而形成一種對企業有幫助的次文化，就是其中一例。

3. **顧客成為宣傳者**：忠誠顧客不但自己參與，還邀請朋友加入，藉由口耳相傳，拉進更多的顧客，是一種關係的自然強化功能，這樣藉由次文化團體的傳遞，自然也少了行銷色彩，顧客也容易卸下消費武裝。此時，適當的獎勵與回饋，是必要的。

9-3 傳統行銷模式與網際網路行銷模式

網路行銷並非推翻傳統行銷的觀念，其最基本之特點仍在於行銷概念、行銷策略以網路化或數位化的方式思考，是一種與傳統行銷相加相乘之概念。我們可從傳統行銷市場區隔（S）、選擇目標市場（T）、市場定位（P），產品決策、定價決策、配銷決策、推廣決策、品牌決策（Branding）來比較網路行銷的各項活動（表9-4）。

表 9-4 傳統行銷與網路行銷之比較

比較項目	傳統行銷	網路行銷
市場區隔 Segmentation	區隔複雜。	網路族區隔明確。
選擇目標市場 Targeting	目標複雜。	1. 對利基市場強化其互動性及社群性。 2. 有助於一對一行銷的理念。
市場定位 Positioning	定位複雜。	1. 產品定位更清楚，回饋也更明確。 2. 有助發展大量顧客化產品。 3. 適合個人化服務性產品。

比較項目	傳統行銷	網路行銷
產品 Products	消費性產品為市場主流。	1. 增加軟體財如資料性、軟體性、服務性、媒體性、非實體性產品之銷售機會。 2. 規格化、不變質之產品為理想之網路產品。 3. 服務性商品、金融商品與資訊產品將成為明日之星。
定價 Price	價格受到中間商及關稅相當影響。	無關稅、降低中間商成本、降低行銷成本、價格彈性化。
配銷 Place	空間成本高,包括租金、通路空間費用。	虛擬化、無空間、無租金、低成本、全球化、虛擬通路、無倉儲、無庫存。
推廣 Promotion	偏重單向行銷,傳播成本極高。	1. 雙向互動。 2. 可提高充份的銷售資訊、兼顧迅速及資訊完整性、24 小時多向互動行銷,成本低。 3. 全球化及跨國活動成本低。
品牌 Branding	品牌價值已普遍受到重視,但仍因產品種類而有差別。	1. 虛擬世界非實體特性,強化了品牌價值的重要性。 2. 網站介面設計水準與品牌形象息息相關。

在網際網路上從事行銷活動,將有別於傳統的店舖行銷方式,不管是從傳播媒體的角度來看,如整合文字、影像、聲音、動畫等動態資料呈現的行銷手法,還是從經營角度切入,如虛擬商店的形式,組織結構的扁平化、辦公室生態的轉變、跨越時間與空間的藩籬等,都在在顯示出之間的差異。至於在行銷方面,由於網路行銷的特性是將通路與媒體兩者合而為一,而且網路行銷的廣告方式不僅可以提供大量的資訊,而且還可以將廣告化主動為被動,使顧客不再是一昧的接受所有廣告,可以隨意選擇個人感興趣的廣告,更進一步深入瞭解。故網際網路不同於傳統大眾傳播媒體或是小眾傳播,為一種可以個人化的大眾傳播工具,顧客可自主地決定是否接受傳播訊息,也可依需要主動選擇或瀏覽資訊。是故,廣告媒體的整合、交易型態的轉變、新的行銷通路等都是有可能發生。因此,資訊時代的行銷方式,相較於傳統資本主義大量生產模式下,所強調的「大眾行銷」(Mass Marketing)觀念,具有差異性存在。

🎲 傳統行銷模式

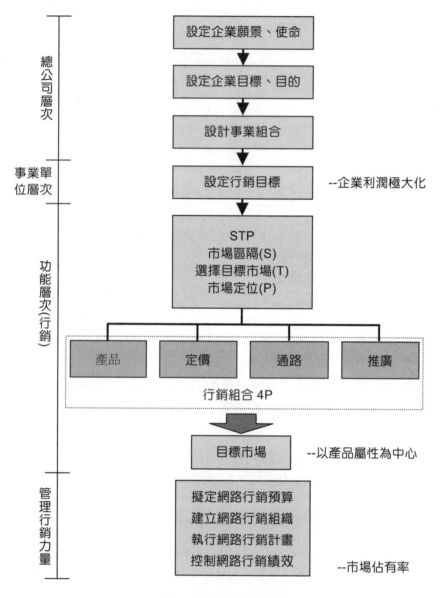

圖 9-10 傳統行銷模式

　　如圖 9-10 所示，基本上，傳統行銷模式是依循整體企業策略（願景、使命、目標、目的）下的事業組合，所發展出來的行銷目標為出發點，經由 STP（Segmentation, Targeting, Positioning）、4P（Product, Price, Place, Promotion）以鎖定目標市場。

　　傳統行銷模式是以 STP、4P、品牌建立（Branding）與整合行銷為概念，因此傳統行銷模式在產品本質上是以消費性產品為主流；價格易受到中間商及關稅的影響；通路成本昂貴；在推廣活動上較偏向單向行銷手法；在市場區隔、定位上皆較複雜。

　　傳統的行銷模式較屬於單向式、間接性、多階層的性質,因此為了傳達產品訊息與相關活動內容,多是採用廣告傳單、媒體廣告、戶外活動廣告等,以達到與顧客接觸的機會。但因為企業與顧客之間存在著許多中間商,因此企業卻很難掌握顧客的反應,甚至是需要花費龐大的行銷預算支出,以透過多層中間機構獲得顧客的回饋。

網際網路行銷模式

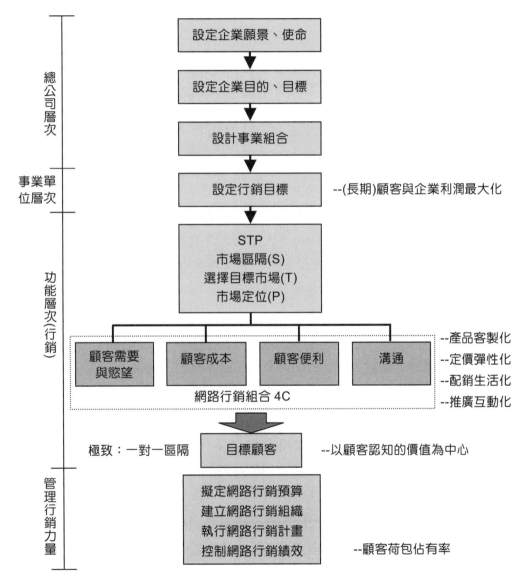

圖 9-11　網路行銷模式

9-4 網路行銷的活動

一、網路行銷的新規則

網際網路的興起，改變了商務的遊戲規則。企業經營必須配合外在環境變化，與本身條件能力的消長，不斷調整其經營模式，方能確保企業的長期獲利與成長。如表 9-5 所示。

表 9-5 網路行銷的新規則

1. 由供給面經濟轉變成需求面經濟	6. 市場重建
2. 全球性	7. 產業標準之爭
3. 速率日增	8. 產業彊界模糊
4. 無限虛擬	9. 顧客知識極為重要
5. 時間調節	10. 智慧資本統御一切

1. **由供給面經濟轉變成需求面經濟**：實體世界講求的是供給面的規模經濟（Supply-side Scale Economy），也就是當生產數量（規模）愈大，則越有經濟效益。數位世界講求的是需求面規模經濟（Demand-side Scale Economy），也就是用戶越多，則越有經濟效益。

2. **全球性**：網際網路的全球性是指網際網路可將世界擴大和縮小的能力。它能擴大這個世界，是因為世界上的任何人於任何地方所生產的產品與服務，可能被世界上任何人在任何地方取得。它能縮小這個世界，例如在甲地的一個工程師並不需搬至乙地才能在該地工作，而乙地的軟體開發人員也能擷取世界各地的程式撰寫技術。

3. **速率日增**：根據摩爾定律（Moore's Law），電腦的處理運算能力在成本不變的情形下，每 18 個月增加一倍；同樣地，相關儲存裝置以及網路科技的發展，也會以相類似的速度持續進步。

4. **無限虛擬**：也因為這樣的科技發展的速度，消費者常認為他所使用的科技讓網際網路具備了無窮的虛擬擴充能力（每個網路使用的設備都可以成為「網路」的一部分）。值得注意的是，目前網際網路仍是個看得到、聽得到、但摸不到、聞不到、嚐不到的世界。雖然理論上，虛擬實境可以使網際網路上的事物，看起來十分真實，但是目前仍有它的極限。

5. **時間調節**：即減縮或擴大時間的能力。

   - 立即（Right Now）─ 減縮時間 ─ 同步。

   - 任何時間（Any Time）─ 擴大時間 ─ 非同步。

6. **市場重建**：網際網路與電子商務正在改寫市場的定義，每有人能夠像過去一般，可以明顯看出市場的樣貌，現今的市場是動態的，每分每秒都在改變。

7. **產業標準之爭**：在網際網路產業講求的是「關鍵多數」，要達到這個「關鍵多數」，必須先佔有產業標準，否則一切免談。

8. **產業疆界模糊**：根據所有的網際網路產業報告，上網人口每天都不斷地在成長，上網企業也不斷地在成長，每分每秒都在擴大產業疆界，而且虛實整合趨勢下，外顯供給增加，到處都是競爭者或潛在競爭者。

9. **顧客知識極為重要**：在由供給面經濟轉向需求面經濟中，最重要的關鍵就是顧客知識，未來企業最重要的資產將不再是土地、勞力、資本，而是顧客知識。

10. **智慧資本統御一切**：擁有顧客知識雖然重要，但更重要的是，具備高度的行銷理解能力與行銷操縱能力之智慧，才能將「智慧財」轉換成利潤。

二、網路行銷的效益

一般而言，網路行銷對消費者可以提供如下利益：

1. **不受時間限制的消費方式**：網際網路提供 24 小時的消費環境，消費者可以在任何時間進行消費。

2. **不受地點限制的消費方式**：網際網路提供全球化的消費環境，消費者可以在任何地點，只要能夠上網都可以進行消費。

3. **資訊充足**：在一個交易行為中，參與者對相關市場上的資訊取得，立於不平等的地位稱為資訊不對稱（Information Asymmetry）。而網際網路可以提供更為充足的資訊，以平衡買方或賣方的資訊不對稱。

4. **不受廣告及銷售人員的影響**：在網際網路上，不同於傳統的行銷，消費者不會接受到傳統電視廣告，更沒有接觸銷售人員，因此，並不受廣告及銷售人員的影響。

網路行銷一般對企業而言，可以提供如下好處：

1. **市場得以延伸**：網際網路提供全球化的特質，任何網路上的企業基本上都是全球化的企業，因此市場沒有國別之分。

2. **不需透過配銷商就可以降低通路成本**：網際網路的去中間化特質，提供企業不需透過配銷商就可以直接接觸消費者的機會，可以降低通路成本。

3. **能迅速反應市場需求，增加產品或改變行銷規劃**：網際網路提供的是電子距離，這不同於傳統上的實體距離，網路上的每一位消費者與企業的距離是 1 秒鐘的電子距離，因此企業能迅速反應市場需求，增加產品或改變行銷規劃。

4. **能與消費者建立應對式的互動對話**：網際網路虛擬化、互動化的特質，有助於企業建立線上應對式的互動對話。

三、網路行銷的 4P 活動

以下說明當今網路行銷 4P 活動趨勢：

1. **產品客製化**：網路消費者整體特徵為：有一定的網路知識、以中青年為主、易於接受新事物、對商品求心、求美、求奇、注重個性化、服務周到。網上商場應當針對不同消費需求提供相應的產品和服務，採取一對一行銷，爭取顧客忠誠度。

2. **定價彈性化**：電子商務環境下，傳統市場中的定價因素因此改變，一是市場的壟斷性在減少，企業面對趨於完全競爭的市場，採取價格壟斷是行不通的；二是消費者的購物心理趨於理智，網路為他們提供了眾多的商品訊息，網友可以透過網路科技進行綜合搜尋比較。所以網上商場應當在選擇定價策略時加強靈活性。

3. **推廣互動化**：網路廣告的優勢：傳播範圍廣 — 有網際網路地區都是廣告範圍；形式生動 — 可利用 EMail、橫幅廣告（Banner）、網站頁面等形式將圖案、聲音、文件、影像等表達出來；即時互動 — 即時回饋、訊息發送雙向交流，使消費者的參與性與主動性加強；靈活性— 可 24 小時與消費者保持聯繫，回答消費者的疑惑，透過網路的參照記錄（Referrer），經營者可以瞭解瀏覽顧客的特徵。

4. **配銷生活化**：進行網路行銷時要保證商品在最短時間內由最近的分銷網點送到消費者手中，這一切必須要靠現代化的物流配送體系，國際上較為流行的物流配送模式是「第三方物流」（Third-logistics），是指由與貨物有關的發

貨人和收貨人之外的專業企業,即第三方來承擔企業物流活動的一種物流型態。

四、網路行銷的迷思

1. **網路行銷活動的結合**:入口網站的橫幅廣告點選率普遍低於 1%。企業本身的行銷活動必須與入口網站的相關內容網頁相互結合,這種網路行銷活動才可能會有比較好效益。

2. **回歸基本面 — 產品與服務**。假如產品品質不好、網站無法提供良好的顧客服務,很快的就會在網路世界傳開來。你將會發現活動期間所吸引來的人潮在活動之後很快就離開了。其實在網路上口耳相傳的力量才是真正可怕的地方,大過任何行銷活動的贈獎威力。

3. **網路行銷需要廣告行銷、工程技術與網路經營三方面同時兼顧**。

4. **要想一夕成功並不容易**:雖然很多人編織著網路行銷的美麗願景,但要想一夕成功並不容易。各網路業者必須尋找合理的衡量方法,設定一個能逐步達成的目標,時時檢驗執行的成效並進行修正。

5. **網路外部性**:一部電話的價值來源不只是那一部電話,而在於這部電話之外的所有事物。網路愈多人用,愈有價值。

6. **殺手級應用(Killer Apps)**:科技的變革是指數成長的,社會的變革是漸進的,當落差越來越大時,便有一革命性的應用,拉近彼此距離,而將實體社會朝技術變革處向上拉近的,就稱為殺手級應用,例如 E-mail。

7. **網路世界中資源有限 — 使用者的目光(Eye-ball)與時間(Time)**:迎合消費者的價值觀,就可以贏得他們。但若是侵擾消費者的上網時間 — 顧客不希望見到您的時間,企業就會失去他們。

9-5 網路行銷的策略發展

網際網路相較於大眾媒體有兩大優勢:一是互動性;一是資料蒐集能力。因為互動而有關係產生,因為關係而建立社群(Community),有了社群因此關係行銷(Relationship Marketing)、口碑行銷(Mouth to Mouth Marketing)成為可能;而資料蒐集能力可以幫助瞭解消費者的生活風格及消費習慣,而為其量身訂作各式各樣產品與服務,發揮一對一行銷(One to One Marketing)的優勢。

現代行銷核心是以顧客為導向，極大化滿足顧客需求。在以網際網路為基礎的網路行銷中，能充分利用網際網路的特點，作為企業與顧客間雙向溝通的優勢使傳統行銷組合 4P 轉化為網路行銷組合 4C。換句話說，在顧客導向的時代裡，傳統行銷管理的行銷組合 4P（產品 Product、定價 Price、配銷 Place、推廣 Promotion）應該與衍生自買方觀點的 4C（顧客的需要與慾望 Customer Needs and Wants、顧客成本 Cost to the Customer、便利 Convenience、溝通 Communication）與之充分結合，而網路行銷的特性正符合「顧客需求導向」、「成本低廉」、「使用方便」、「充分溝通」的 4C 要求。

此外，網際網路對行銷活動將產生巨大的影響，而行銷人員將如何有效地應用將是一重要的考驗。Albert Angehrn (1997)提出 ICDT 模式，將網路行銷 4P 決策區分為四種型態，建議企業應該瞭解本身的定位進而發展適當的策略。四種型態網路行銷組合決策說明如下：

1. **虛擬資訊空間（Virtual Information Space, 簡稱 VIS）**：提供一個展示和接近公司產品和服務等相關資訊的新管道，例如線上型錄、線上商展、線上研討會等。

2. **虛擬溝通空間（Virtual Communication Space, 簡稱 VCS）**：提供從事關係建立和溝通概念或意見等活動的新管道，例如 Line、FB 等等。

3. **虛擬交易空間（Virtual Transaction Space, 簡稱 VTS）**：提供開發和執行商業相關交易活動的新管道，例如線上訂購與線上付款。

4. **虛擬配銷空間（Virtual Distribution Space, 簡稱 VDS）**：提供配銷產品或服務的新管道，例如數位化商品（線上軟體下載安裝）與數位化服務（線上技術諮詢服務）等。

如圖 9-12，網路行銷的策略發展就可以藉由 ICDT 模式連接傳統市場實體空間（Market Place）的行銷組合 4P，與虛擬市場空間（Market Space）的網路行銷 4C 組合。

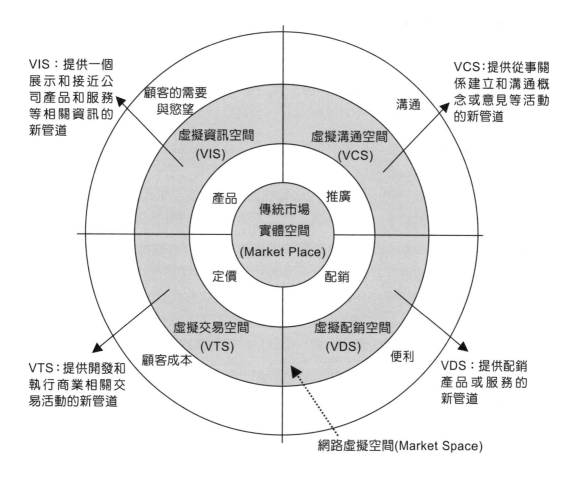

圖 9-12　4P→ICDT→4C 之間的關係

9-6　網路行銷與虛擬社群

一、虛擬社群的理論基礎：六度分隔理論

　　1967 年，美國哈佛大學心理學教授 Stanley Milgram 想要描繪一個連結人與社區的人際聯繫網絡，做了一次連鎖信實驗，結果發現了「六度分隔」現象。六度分隔（Six Degrees of Separation）現象，又稱為「小世界現象」（Small World Phenomenon）。所謂「六度分隔理論」，簡單來說就是「虛擬社群內素昧平生的兩人，平均只要透過 6 個人，就可以建立聯繫」。

二、網路社群的應用

　　網際網路上有各種的網路社群應用，分別是電子佈告欄、新聞討論區、聊天室和部落格（Blog）、微網誌、Facebook…等，每一種溝通方式都以某種共同連結關係將人群聚集在一起。

1. **電子佈告欄**：是最早期提供網路社群成員發言的園地，它到現在都還存在。電子佈告欄讓成員可以將評論和問題公佈給所有人看，但是電子佈告欄無法提供私密性或一對一的溝通。儘管如此，電子佈告欄確實造就了社群的感覺，因為它就像是一個可以讓人們彼此發表想法的電子白板。

2. **新聞討論區**：進一步發揚網路社群的概念。在新聞討論區裡面，使用者可以透過電子郵件進行互動溝通。大多數的新聞討論區都可以提供「討論線索」（Thread）來查詢討論內容，這樣會員不只可以彼此互相問答，還可以閱讀別人的問答內容。由於新聞討論區傾向於針對某一個特定主題或興趣範圍而成立，它們的功能就像是一個自給自足的迷你網路社群。

3. **聊天室**：在性質上可能比較像雞尾酒會，比較不像是一個社群。在聊天式的環境中，使用者能夠以互動方式和別人聊天（即時回應）。

4. **部落格**：Blog 就是 Weblog 的簡稱。Web 是網路，Log 是指網站程式運作時，產生的記錄檔。為了將部落格和網站程式的 Log 記錄作區分，因此才通稱為 Blog（又稱為部落格、網誌、博客）。用白話來說：Blog 就是一個可以讓你發表心得、抒發自我的平台。從獨立專有的網址、發表文章、好友分享、傳閱串連、意見回饋與好友互動…等，完全包括在一個小小的平台裡。撇除傳統個人網站冷硬的管理機制以及網頁編輯能力的限制，在部落格裡，你只要花費 10 分鐘的時間，就可以馬上建立一個美美的、個人化的、簡單好用的部落格。

5. **微網誌（Micro-Blog）**：顧名思義，就是小一點的部落格。是允許使用者即時更新簡短文本（通常少於 140 字）並可以公開發佈的微型網誌形式。之所以會是 140 個字，主要是為了配合簡訊發送的限制（一則簡訊最多只能發送 140 個字元）。它允許任何人閱讀或者只能由用戶選擇的群組閱讀。微網誌的代表性網站是 Twitter 與噗浪。因為限制字數，微網誌就不太可能讓你長篇大論，但也正因如此，微網誌比起正統部落格來說，也就顯得更沒有負擔，想說什麼就說什麼。

6. **Facebook**：Facebook 於 2004 年 2 月 4 日上線，是一個社交網絡服務網站。用戶可以建立個人專頁，添加其他用戶作為朋友並交換信息，包括自動更新及即時通知對方專頁。此外，用戶可以加入各種群組，例如工作場所、學校、學院或其他活動。Facebook 提供有兩種社群操作功能，一種是 Facebook 粉絲專頁，另一種是 Facebook 社團。

三、網路社群經營的 7 大法則

1. **打造超級 IP（Intellectual Property，智慧財產權）**：IP 是指取得文學、動漫、音樂、影視、遊戲等原創內容的智慧財產權，向外延伸多種 IP 衍生商品，在其他領域進行改編或創作。超級 IP 是網路流量的最大來源與根本來源，是可以商業變現的基礎。打造超級 IP 是指打造具有話題性，內容吸引人的創作內容。

2. **形成亞文化（次文化）和共同價值觀**：亞文化（次文化）是社群驅動的核心力量，這是社群經營的重點，也是維繫社群的基礎。

3. **體驗場景化塑造**：好的體驗場景才會產生轉化。

4. **內容輸出**：提供社群用戶什麼價值，對社群用戶有什麼好處。

5. **持續經營 — 堅持、堅持、堅持、堅持**：社群經營需要長期的積累相關資源和技巧，如素材、圖片、文案、美工、影片剪輯後製，需要長期的鍛煉，做出來的東西才有內容效果和效率。堅持持續的原創輸出和有價值的內容，是形成亞文化群和粉絲基礎，這才是社群驅動力。

6. **轉化和裂變**：經過前期的探索，種子用戶（早期重要用戶）的獲取，內容輸出和經營，已經有了基礎的流量和活躍度，但需要快速的轉化、複製與裂變。也就是促進對 B 端（小 B 客戶）賦能，並透過 B 端服務 C 端，進行 C 端裂變。

7. **社群管理**：就是做好系統平台的搭建，然後再做好分潤模式、提成機制，最後是完善社群內規章制度。

四、關鍵意見領袖（KOL）

關鍵意見領袖（Key Opinion Leader, 簡稱 KOL）是指網路上累積一定的支持者，並在網路上凝聚一股影響力，品牌透過與關鍵意見領袖合作，能接觸更多潛在消費者，除加深信任感外，亦能增加社群聲量。

　　網路工作者林音認為，KOL 代表在某一個專業領域上，發言足以影響群眾觀感的人，而不僅僅是在網路上受到關注的人。從行銷的角度來看，KOL 比較能達到「專業、達人」這樣的口碑效果。因此，網紅不一定是 KOL，而 KOL 也不見得很紅。網紅是網路上的紅人，但到底有沒有 KOL 的功能，還是個大問號。根據《咬文嚼字》雜誌，網路上被網友們追捧而走紅的人稱為「網紅」，而能把人氣轉化為買氣，把粉絲變客戶並增加收入則稱為「網紅經濟」。

　　在社群媒體中，KOL 扮演著舉足輕重的角色，KOL 對在社群媒體所發表的評價，不單是吸引無數跟隨者（Followers）或支持者（粉絲，Fans）的眼球，更影響許多人的消費決定。

五、關鍵意見消費者（KOC）

　　關鍵意見消費者（Key Opinion Consumer, 簡稱 KOC）是指能影響自己的親朋好友或粉絲消費行為的消費者。KOC 或許不像 KOL 擁有這麼多的流量，卻能讓消費者感到更加貼近真實，有點像是鄰居。KOC 不是公眾人物，可能只是一般「愛購物」、「愛分享」的素人，因此能夠影響的族群也較為侷限在「私領域流量」，如周遭的親朋好友或少數跟隨者，比 KOL 更小眾，粉絲數更少。相對於 KOL，KOC 的粉絲較少，影響力較小，但優勢是更垂直、更便宜。KOC 分享的商品與服務，不局限於某一類別，但卻因與消費者距離更親近，因此更具商品與服務的說服力，能夠深度影響其他消費者的消費決策。KOC 這個概念也在中國最大的網購社交平台 — 小紅書，得到印證。相較於商業化較高的 KOL，KOC 展現出的行銷性較弱，但卻更容易影響同類消費者群體的消費決策。

9-7　網路行銷重要議題

一、集客式行銷

　　集客式行銷（Inbound Marketing）是一種讓顧客主動找上門的「拉式」行銷，也就是說商家以自己的魅力或質量，吸引顧客，「讓顧客自己來找你」，而不像傳統「推式」行銷是「商家去找顧客」。

二、集客式行銷是以「內容經營」為核心

世代快速演變下，消費者的消費習慣也跟著改變，從以往「被動的接受行銷／廣告／促銷資訊」，到「主動搜索相關資訊、在購物後分享購物體驗。」同時，行銷法則 AIDMA（Attention 注意、Interest 興趣、Desire 欲望、Memory 記憶、Action 行動）逐漸轉變為 AISAS（Attention 注意、Interest 興趣、Search 搜索、Action 行動、Share 分享），前者行銷法則發展出「推播式行銷」（Outbound Marketing），後者行銷法則演變出「集客式行銷」。

面對「流量」紅利下降，過去「打廣告就有流量」的迷思要改變了，現在是以「內容經營」為核心的集客式行銷為主流。集客式行銷是以「內容經營」為核心，提供潛在消費者內心真正想要又有價值的資訊，讓潛在消費者主動找上門。集客式行銷漏斗四階段：引起消費者注意（Attract）、轉換為潛在顧客（Convert）、促成實際購買行動（Close）、維繫顧客忠誠度使顧客主動推薦您（Delight）。Call To Action 簡稱 CTA，翻譯成「召喚行動」或「行動呼籲」。

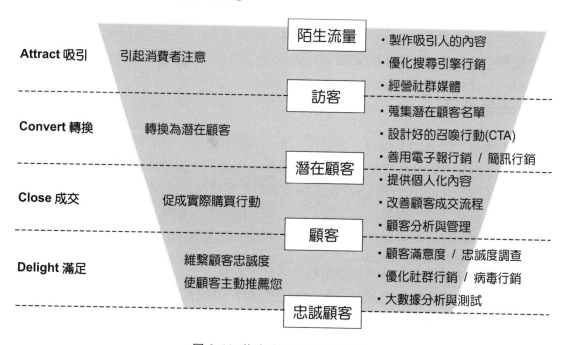

圖 9-13 集客式行銷漏斗四階段

三、「流量池」思維取代「流量」思維：B 端賦能，C 端裂變

流量池思維：由於「流量」稍縱即逝，因此要打造流量水庫，透過儲存、轉化、裂變，讓導購引入客源，提高營運績效。亦即透過流量的持續運營，再獲取更多的流量。做法是：B 端賦能，C 端裂變。亦即不是直接去做 C 端或服務 C 端（最終消費者）（因為直接投入服務 C 端，成本較高，要有成效時間較久），而是賦能 B 端（小 B 客戶），借助整合資源賦於 B 端更多能力深度服務 C 端，在 C 端用戶進行用戶裂變、社交裂變，藉由 C 端客戶的口碑、轉傳、分享、討論、推薦，帶來更多 C 端客戶。

流量思維：獲取流量，實現流量變現

流量池思維：通過流量的持續運營，再獲取更多的流量

「社交裂變」是 2019 年最熱門的商業關鍵字，是指透過社群與社交媒體的影響力，來達到訊息的快速擴散。這樣趨勢是由於社群與社交媒體的快速發展，市場愈來愈分眾，流量紅利逐漸消失，品牌在開發新顧客的難度提升，因此逐漸轉變為利用「舊顧客」帶動「新顧客」增長，這樣的商業模式。

四、成長駭客

成長駭客（Growth hacker）是指行銷者、資料分析者、程式開發者的綜合體。想要成為成長駭客需要具備數位行銷能力、資料分析能力、程式技術開發能力。成長駭客扮演市場和技術的中介角色，負責通盤考慮影響營收增長的因素。與傳統行銷不同，成長駭客這群人依靠「數據」（資料分析）和「技術」（網路＋資通訊科技）的力量達成各種增長目標，並從實作中反覆假設、驗證，力求找尋最佳解決方案。

成長駭客的核心理念是將行銷策略專注在「成長」上，強調以「數據為本」提升用戶的體驗，打造能夠自主運作、成長的行銷方案，達到企業最終的目標：營收成長。成長駭客是結合現有技術資源（行銷、大數據分析、資通訊科技）再優化的過程。

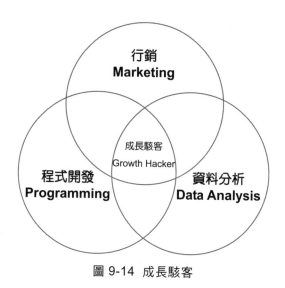

圖 9-14 成長駭客

　　萊恩·霍利得（Ryan Holiday）在《成長駭客行銷》一書中提出，成長駭客行銷的四大關鍵步驟：

step 01：適配

　　行銷是從「產品與市場適配」（Product-Market Fit, 簡稱 PMF）做起。意思是，在製造產品之前，必須要確認有這個市場。例如：在正式出書之前先在部落格發文試水溫，由讀者的評論與網友的回饋來分析主題與內容是否合適，邊寫邊改，讓產品與市場達到更佳適配的程度，等到正式出書時，就累積與培養出潛在的讀者群，水到渠成。

step 02：集客

　　找到你自己的成長駭客集客術。通常是以新奇的手法吸引客戶注意，例如：Dropbox 營運初期不對所有公眾開放，而是須先登記，等候邀請，這是一種創造資源有限的饑餓行銷手法。

step 03：爆點

　　透過社群媒體轉傳分享的病毒行銷手法，一傳十，十傳百，引爆風潮。

step 04：優化

　　不斷改善商品與服務，創造留客和優化的封閉迴路。

五、用戶增長框架：AARRR 轉換漏斗模型

AARRR 是由 Dave McClure 於 2007 年提出，是在用戶增長（User Growth）領域常被提及和使用的框架。AARRR 是以「漏斗」的形式，把用戶生命週期從開始的用戶獲取，到成功轉化的行為路徑歸結成五個關鍵核心步驟。AARRR 轉換漏斗模型的五個核心步驟：Acquisition（用戶獲取）、Activation（用戶激活 - 提高活躍度）、Retention（用戶留存 - 提高留存率）、Revenue（產生收益 - 變現 - 增加收入）、Referral（轉傳分享 - 推薦）。

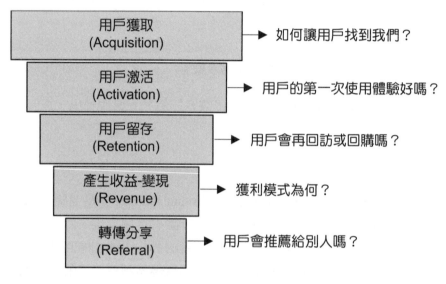

圖 9-15 AARRR 轉換漏斗模型

六、用戶增長框架：RARRA 轉換漏斗模型

RARRA 轉換漏斗模型是 2017 年 Thomas Petit & Gabor Papp 對 AARRR 模型的優化，其強調「用戶留存」的重要性。AARRR 轉換漏斗模型的核心在於「用戶獲取-獲客」，而 RARRA 轉換漏斗模型的核心在於「用戶留存-留客」。由於流量紅利消逝，用戶獲取成本上升，「新顧客」獲取不易，導至 Growth Hacker 的 AARRR 轉換漏斗模型的順序調整成 RARRA 轉換漏斗模型，著重「舊顧客」的留存，再藉由舊顧客推薦，拉新顧客，以促進增長。

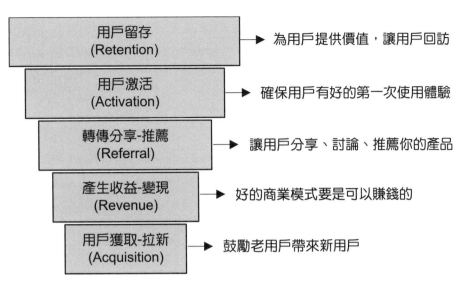

圖 9-16 RARRA 轉換漏斗模型

學習評量

1. 請說明什麼是「集客式行銷」（Inbound Marketing）？

2. 請說明什麼是「流量池思維」？

3. 請說明什麼是「六度分隔理論」？

4. 請簡述「商業 1.0 到商業 4.0」的演變歷程？

5. 請簡述「行銷 1.0 到行銷 4.0」的演變歷程？

6. 何謂「AARRR」用戶增長框架？請簡述之。

7. 何謂「RARRA」用戶增長框架？請簡述之。

網路行銷規劃

導讀：Google Analytics 4（簡稱 GA4）全面登場

全世界有超過 95% 網路行銷人員都在使用的網站分析工具 Google Analytics（簡稱 GA），將在 2023 年 7 月 1 日起正式停收資料，2023 年底前正式關閉後台，發行新版 Google Analytics 4（簡稱 GA4）。其實，GA4 早在 2020 年下半年就已經推出，主要整合舊版 GA 在網頁上的 Web 資料和追蹤 APP 資料，使用同一套網站分析工具就可以同時追蹤 Web 與 App 兩大來源數據，將大幅減少追蹤成本。

GA4 因應 Cookie 的退場，比舊版 GA 有更多針對第一方數據的應用，讓品牌客製化設計自己想要的儀表板與產業報表。GA4 主要升級功能如下：

1. 跨平台蒐集 Web 與 App 數據。

2. GA 追蹤「瀏覽」（Cookie 或 Session），GA4 追蹤「事件」（Event）。

3. 品牌可客製化所想要的儀表板與產業報表。

4. 歷史資料保留期縮短：GA 資料保留期的長度，有 14 個月、26 個月、38 個月、50 個月等選擇；GA4 目前只提供 2 個月和 14 個月兩種模式選擇。

　　本章主要銜接策略篇中所提到的企業經營模式與策略，主要探討市場區隔（Segmentation）、目標市場選擇（Targeting）與市場定位（Position），網路行銷 4P 與 4C 策略搭配 — 產品策略（Product）、定價策略（Price）、通路策略（Place）及推廣策略（Promotion）。

10-1 傳統行銷規劃程序

擬定行銷規劃是企業在發展行銷策略方向藍圖的一個過程。這個藍圖就像企業地圖一樣,可以引導企業分配資源、在關鍵時刻作出決策。

科特勒(Kotler)認為行銷管理的定義是:「行銷管理是對行銷活動的分析、規畫、執行與控制的過程」。也就是在有限的企業資源限制條件下,充分分配資源於各種行銷活動,透過行銷計畫做分析、規劃、執行與控制,以產生、建立並維繫與目標對象有利的交換,以達成企業行銷目標。依此定義,科特勒認為行銷規劃程序可區分為四個階段、七個步驟,如圖 10-1 所示。

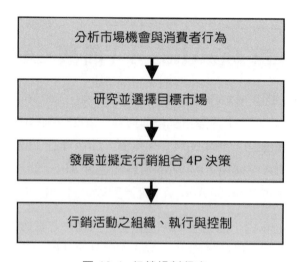

圖 10-1 行銷規劃程序

1. 分析市場機會與消費者行為

   ■ 行銷環境偵測

   ■ 建立網路行銷目標

2. 研究並選擇目標市場 — STP

   ■ 市場區隔(Segmentation)

   ■ 選擇目標市場(Targeting)

   ■ 產品定位或品牌定位(Position)

3. 發展並擬定行銷組合決策

   ■ 設計行銷組合 4P 決策—產品(Product)、定價(Price)、通路(Place)、推廣(Promotion)

4. 行銷活動之組織、執行與控制

- 建立行銷組織、執行行銷方案、控制行銷績效

一、分析市場機會與消費者行為

　　行銷的思考模式是「由外而內」（Outside-in）的思考，而非傳統的「由內而外」（Inside-out）的思考。行銷管理的第一個步驟就是要先分析各種行銷環境和消費者行為，俾能掌握現有的市場機會或創造新的市場機會。

　　企業在進行「行銷組合決策」之規劃前，必須先就目前市場環境進行瞭解。整體市場環境可以分成「總體環境（Macro Environment，亦稱為宏觀環境）」和「個體環境（Micro Environment，亦稱為微觀環境）」兩大部份。總體環境又稱為一般環境（General Environment）；而個體環境又稱為任務環境（Task Environment）。行銷總體環境是指會對企業帶來機會或威脅，而企業無法控制的外在環境力量，包括人口統計（Demographic）環境、經濟（Economic）環境、科技（Technology）環境、政治/法律（Political/Legal）環境，以及社會文化（Social Cultural）環境等。行銷個體環境是由所有協助或直接影響企業產銷活動的個人、群體或組織所組成，包括顧客、供應商、行銷中間機構和競爭者。由於這些行銷個體環境和總體環境因素對企業的行銷組合決策都有很大的影響，因此應有系統地、定期地加以分析，瞭解它的變動趨勢和可能的影響。如圖 10-2 所示。

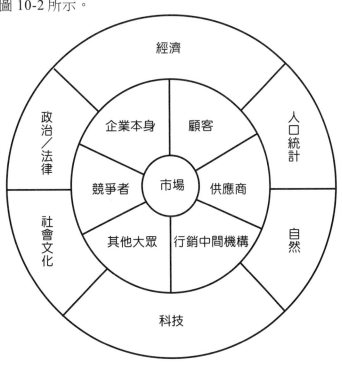

圖 10-2　行銷個體環境與總體環境

二、研究並選擇目標市場

企業在經過分析市場機會後，接著便對該市場機會中，選擇其最有利可圖的區隔市場，期能集中企業資源與火力，強攻下該市場區隔。此階段包括四個步驟：❶需求的衡量與評估、❷市場區隔、❸選擇目標市場、❹市場定位 / 產品定位。

需求的衡量與評估

需求的衡量與評估，就是在掌握企業外在環境的一般動向，同時確定企業的發展方向，預測企業產品品質，瞭解潛在市場規模、做為原物料訂購、生產計劃與財務調度的基礎。在進行需求衡量與評估之前，企業最好先蒐集相關資料與資訊，以做為決策之依據。而企業所做的需求衡量與評估一般包括兩大作業：

1. 第一項作業為當期市場需求的衡量。

2. 第二項作業為預測未來的需求。

市場區隔（Market Segmentation）

所謂「市場區隔」係指運用適當的區隔變數，將市場切割成較小的區隔，再從這些區隔中選擇規模適合，而且企業具有吸引力的區隔，以作為行銷對象。

一般企業在進行市場區隔時，可採用的區隔變數，包括地理區隔變數、人口統計變數、心理區隔變數、行為區隔變數等，先將市場區隔成若干細分的市場，再從中選擇有利可圖的市場區隔。

選擇目標市場

在市場區隔後，企業必須衡量本身的條件，決定其目標市場策略，並評估各區隔市場的潛力，以選擇其所要服務的特定目標市場。同時應針對目標市場的需要，選定有利可圖又具競爭性的定位，以爭取目標市場中目標對象的認同與喜愛。選擇目標市場是衡量各區隔市場之吸引力，選定一個或多個區隔市場為目標。

市場定位（Market Positioning）/ 產品定位（Product Positioning）

當企業已做好市場區隔，以及選定目標市場與目標對象後，接著須決定企業本身在該區隔市場要如何定位的問題。換句話說，一旦選定「無差異行銷」、「差異化行銷」、「專注化行銷」或是「微行銷」等策略之後，行銷人員必須為其商品找尋最佳的市場定位。所謂「定位」（Positioning）是要在可能消費某項商品的消費者心中，

為商品找到或創造出適當的定點或相對位置。透過定位策略，行銷人員可以讓企業的商品與眾不同，並有效地與消費者進行溝通。

行銷者可以根據商品的屬性、商品的用途、商品的使用時機、商品使用者的特性、商品品質對價格的關係，以及市場競爭者的相對關係為其商品進行適當的定位。無論上述的任何一種方式進行商品定位，行銷人員都必須強調商品特色，突顯商品的與眾不同。而透過商品定位圖（Positioning Map），行銷人員可以明確地瞭解在特定產業中，競爭品牌在消費者心中，定位的相對位置關係。

競爭環境的不斷變化，迫使行銷人員必須不斷重新思考與調整行銷策略，並對其商品做新的再定位。所謂「再定位」（Repositioning）是重新調整商品在消費者心中與競爭商品的相對位置。發展行銷策略時，也應考量企業本身的市場地位或角色，不同的市場地位（先驅者、領導者、挑戰者、追隨者或利基者）常須採用不同的行銷策略。

三、發展並擬定行銷組合決策

企業在決定市場定位（Positioning）即必須發展並擬定行銷組合決策。所謂「行銷組合」（Marketing Mix）是指一組可由企業控制的行銷變數，而企業混合這些變數以期實現行銷目標。因此，行銷組合即達到行銷目標之手段的整合。一般而言，行銷組合可分為四大項，簡稱「4P策略」：即產品（Product）、定價（Price）、通路（Place）及推廣（Promotion）。如圖 10-3 所示。

1. **產品（Product）**：產品泛指可以提供於市場上，引起消費者注意、購買、使用或消費，並能滿足消費者慾望之各項有形與無形的東西。而產品策略代表企業所提供給目標市場品質與服務之組合，包括產品品質、品牌、樣式、產品組合、產品線、包裝、標示及服務等。

2. **價格（Price）**：價格策略代表消費者為獲得該項產品所付出的金額，包括產品的定價、折扣、折讓、付款條件、信用條件等。

3. **通路（Place）**：通路策略代表企業為使產品送達目標顧客手中所採取的各種活動，包括中間商的選擇、產品的倉儲、裝運與存貨等。

4. **推廣（Promotion）**：推廣策略代表企業為宣導其產品的優點，並說服目標顧客購買所採取的措施，包括廣告、人員推銷、促銷、公開報導、直效行銷等。

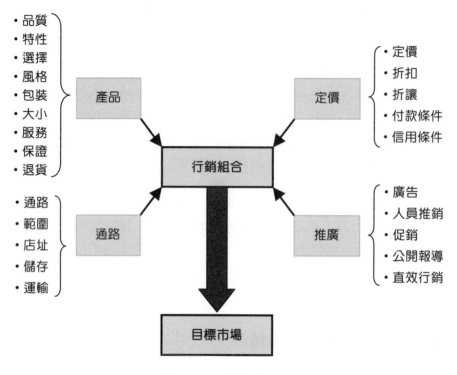

圖 10-3　行銷組合 4Ps

四、行銷活動之組織、執行與控制

行銷組織結構

　　行銷組合策略擬定之後，企業接著要進行「行銷組織結構」的規劃。所謂「組織結構」是指在企業人員與部門，在企業機構中的安排。行銷組織結構可區分為：功能別組織結構、地區別組織結構、產品別組織結構、顧客別組織結構。

行銷計劃的執行

　　在行銷計劃之執行過程中，有四項足以影響行銷方案執行效果的技能：

1. **診斷技能（Diagnostic Skills）**：當行銷方案的執行結果與原先的預期有所出入時，行銷人員必須藉由診斷技能來瞭解差異發生的原因，以做有效之修正。

2. 公司層次（**Company Level**）：行銷人員必須深入評估問題發生的層級。一般而言，行銷問題會發生在三種層次上：

   ■ **行銷任務**：指各行銷組合 4P 方案下，各任務之執行。

   ■ **行銷方案**：指問題發生在行銷組合 4P 方案。

   ■ **企業策略**：指問題發生在企業策略層次，其為指導行銷組合方案規劃的基本政策。

3. 行銷執行技能（**Marketing Implement Skills**）有以下四項主要的技能：

   ■ **分配技能**：能將行銷人員與可行經費做有效配置的技能。

   ■ **監控技能**：能發展出一套控制系統以做有效回饋的技能，主要行銷控制內容包括—年度行銷計劃控制、獲利力控制、行銷策略控制。

   ■ **組織結構技能**：須重視有關行銷組織結構的問題，以確定此一組織結構能達成企業行銷目標。

   ■ **互動技能**：必須能善用企業所有人力物力，以影響別人的方式，形成互動關係，完成企業之使命。

4. 評估執行結果的技能（**Evaluative Skills**）：企業必須明瞭考績與計劃執行成果間的連結關係，以做有效評估。

🔲 行銷計劃的控制

行銷控制系統（Marketing Control System）的主要目的在於，協助企業有效經營並完成企業行銷目標，其主要內容包括：

1. 年度行銷計劃控制（**Annual-plan Control**）：在年度計劃控制下，行銷人員以原訂之年度計劃為基礎，對當期所完成的績效進行考核，並作必要之修正。

2. 獲利力控制（**Profitability Control**）：獲利力控制採取不同的測量工具，以瞭解不同產品、地區、市場及通路的獲利能力。

3. 行銷策略控制（**Strategic Control**）：定期衡量不同環境變化衝擊下，企業行銷策略的適用性與可行性，以作適當修正。

10-2 網路行銷規劃程序

　　基本上，網路行銷規劃程序與傳統行銷規劃程序大致相同，所不同的是網路行銷規劃程序更重視顧客角度，也更重視科技的應用，因此多出三個部份 ── 設計顧客經驗、規劃與設計顧客介面及善用行銷科技整合顧客資料。Mohammed, et al. (2002)的建議，從事網路行銷規劃應有七大步驟，如圖 10-4 所示：

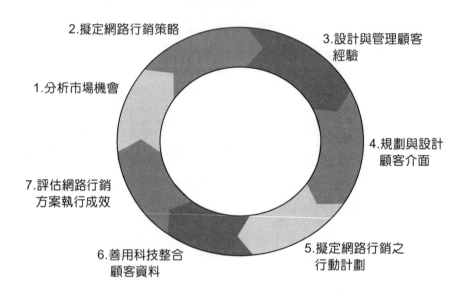

圖 10-4　網路行銷規劃程序七大步驟

一、分析市場機會

　　網路行銷規劃始於對行銷環境的了解，而行銷環境大致可區分為總體行銷環境及個體行銷環境。總體行銷環境包括政治與法律環境、經濟環境、社會與文化環境、科技環境、人口環境、能源與自然資源環境等。個體行銷環境則涵蓋競爭環境、社會大眾、供應商、中間商、顧客等直接與企業關係較密切的因素。在網路行銷規劃中，了解網路行銷環境的機會與威脅是相當重要的一環。機會之所以產生係因為環境變化所帶來的未被滿足的需求之故；而當需求被過度滿足，威脅就可能產生。但注意，在網路上企業所具有的優勢與劣勢，可能與網路下實體的優勢與劣勢有所不同。

　　分析市場機會，目的在於確認目前及未來行銷上的機會與困難之處。分析市場機會包含六個步驟，如圖 10-5 所示：

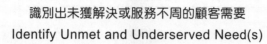

```
在既有環境中，尋找新價值體系的機會
Seed Opportunity in Existing New Value System
            ↓
識別出未獲解決或服務不周的顧客需要
Identify Unmet and Underserved Need(s)
            ↓
識別出目標市場區隔
Identify Target Segment (s)
            ↓
宣告有助於組織資源基礎之競爭優勢的機會
Declare Organizational Resource-Based Opportunity for Advantage
            ↓
評估是否具有競爭性、技術性和財務性的機會吸引力
Assess Competitive, Technological, and Financial Opportunity Attractiveness
            ↓
評估「做」還是「不做」
Make "Go / No-Go" Assessment
```

圖 10-5　分析市場機會

二、擬定網路行銷策略

在擬定網路行銷策略時，必須先進行 STP 策略規劃，即市場區隔（Segmentation）、目標市場界定（Targeting）、市場定位（Positioning）後，才能展開網路行銷組合決策。如圖 10-6 所示，在經過 STP 分析之後，接著擬定網路行銷組合策略。

在「傳統行銷」裡，發展行銷策略可以由 4P 切入；但對於「網路行銷」來說，將發展行銷策略的工具擴充至 4P + 4C。在網路行銷中，行銷經理人除了要注意產品（Product）、定價（Price）、推廣（Promotion）、通路（Place）等 4P 外，尚須注意4C。此 4C 分別為：顧客需要與慾望（Customer Needs and Wants）、顧客滿足其需要與慾望所需付出的成本（Cost）、溝通（Communication）、便利（Converience）。管理者可透過這 STP→4P + 4C 和顧客建立長遠的關係，以獲得長期的競爭優勢。

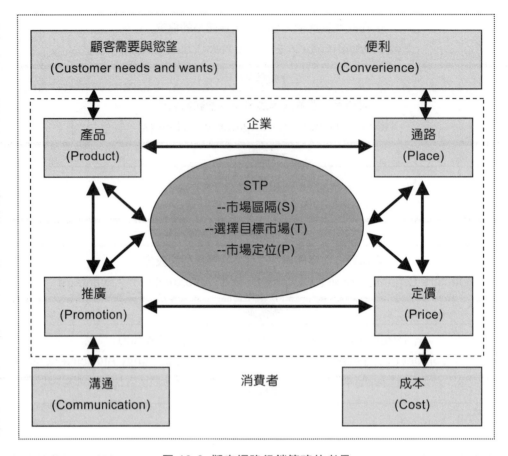

圖 10-6 擬定網路行銷策略的考量

表 10-1 行銷組合 4Ps 與行銷組合 4Cs 對照表

行銷組合 4Ps	行銷組合 4Cs
產品（Products）	顧客需要與慾望（Customer Needs and Wants）
價格（Price）	顧客成本（Cost to The Customer）
通路（Place）	便利（Convenience）
推廣（Promotion）	溝通（Communication）

　　行銷組合雖然已邁入 4C 的範疇，但在理論上仍以行銷 4P + 4C 做探討（參考圖 10-7 所示）。

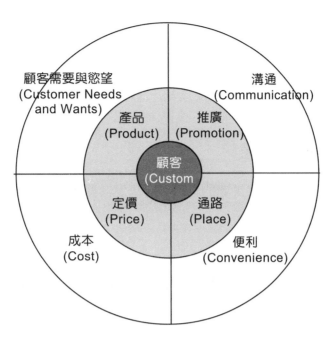

圖 10-7 行銷組合 4P 與 4C 的關係

　　產品、定價、推廣、通路被稱為行銷組合 4P，而行銷策略就是 STP（市場區隔、選擇目標市場、市場定位）後的行銷組合 4P 決策（產品決策、定價決策、推廣決策、通路決策），然而網際網路與顧客關係行銷的思維興起，網路行銷策略從消費者角度來看就變成顧客需要與慾望、滿足需要與慾望的成本、溝通與便利，又稱為網路行銷組合 4C。因此企業要思考的是如何提供可讓消費者滿足需要與慾望的商品？如何降低消費者滿足需要與慾望的成本？如何與消費者之間建立良好的溝通？如何以消費者便利的方式滿足其需求與慾望？這就意謂著企業必須從 4P 的思維轉變成 4C 的思維，如圖 10-8 所示。

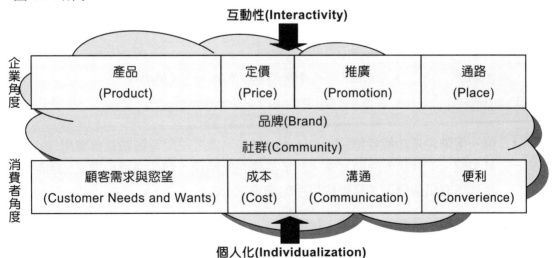

圖 10-8 網際網路對行銷組合 4P 與 4C 的影響

此外，過去的推廣是單向的，而互動是網路的特性，因此消費者角度下的溝通是雙向互動而不在是企業角度下的單向推廣。除了「互動性」之外，網際網路的另一個好處是可以協助企業達到「個人化」，這對一對一行銷或顧客關係行銷十分有助益。最後應留意網路品牌經營與網路社群經營。

三、設計與管理顧客經驗

許多研究顯示上網者在網站瀏覽的經驗，將決定其對該網站的滿忠誠度。上網者對網站的經驗可區分成四個階段：

表 10-2　顧客經驗的階段分析

階段	顧客經驗（Customer Experience）
功能性階段 （Funicational）	• 網站是可用的（Site is Usable） • 容易瀏覽（Easy Navigation） • 快速下載（Quick Download） • 快速的網站（Speedy Site） • 可靠的（Reliable）
親密性階段 （Intimacy）	• 高度信任（High Trust） • 一致的經驗（Consistent Experience） • 快速而有效的溝通（Quick, Effective Communication） • 高度個人化（High Personalization） • 獨特價值（Exceptional Value） • 有一致的品牌訊息（Consistent With Brand Message）
內化階段 （Internalization）	• 網站是生活的一部份（Life） • 網站是有價值的（Value）
代言階段 （Evangelism）	• 在市場上到處宣傳（Takes Word to The Market） • 辯護其經驗（Defends The Experience）

1. **第一個階段是功能性階段（Functional）**，使用戶認為網站具有實用性，容易瀏覽，下載速度快而可靠。為了要達到此階段，網站必須具備良好的版面設計與資訊架構，並且瞭解用戶的需求。

2. **第二個階段是親密性階段（Intimacy）**，用戶可以獲得個人化的資訊，對網站逐漸增加信任感。在此階段，網站必須能夠運用資料探勘（Data Mining）與大數據分析技術，整合網站資訊提供個人化的版面與資訊。

3. 第三個階段是內化階段（**Internalization**），該網站已成為用戶生活的一部份，用戶可時時從網站獲得特有的價值。網站經營者必須有持續、穩定的投入與創新，才有辦法使用戶進入此一階段。

4. 最後一個階段為代言階段（**Evangelism**），用戶自願為網站代言，推薦給周遭朋友。此階段網站必須能確認忠實的用戶，提供忠誠客戶足夠的鼓勵與誘因。

四、規劃與設計顧客介面

網站是數位企業關鍵的顧客接觸點（Contact Point），因此在商業設計中顧客介面的設計致關重要。Rayport & Jaworski (2003) 認為在設計顧客介面時要注意七個要素，此稱為「顧客介面的 7C 架構」，如圖 10-9 所示。[註：若把合作夥伴也視為顧客，則應再加入 1C — 協同（Collaboration），形成前述的 8C 架構]。

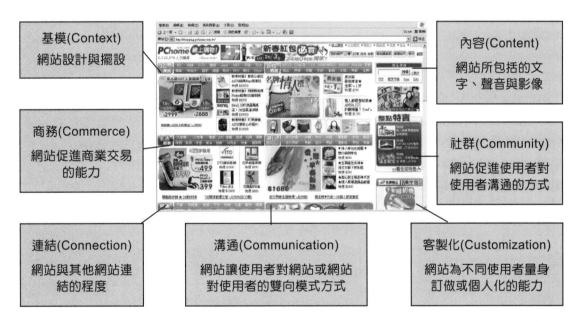

圖 10-9 顧客介面的 7C 架構

資料來源：修改自 Rayport & Jaworski (2003)

設計網站時顧客介面設計的七要素：

1. **基模（Context）**：基模的設計與擺設，也就是指螢幕面對顧客的介面所給人的感受。基模的好壞取決於「美觀」與「機能」，美觀屬於主觀的感受，每個人對美的定義不同，故難以判別其優劣。

2. 內容（**Content**）：內容是指網站上的數位資訊，包括文字、聲音、影像和圖形等。換句話說，內容的主題包括商品、服務或資訊的提供，而主題的格式包括文字、音效、影像與圖形。內容建立在基模之下，是顧客介面七項要素中最重要也是最基礎的一項。

3. 社群（**Community**）：社群的定義是網路使用者之間的互動，而非網站與使用者的互動。使用者對使用者的溝通可以在兩個使用者間（如電子郵件、連線遊戲）或發生在一個使用者對許多使用者（如聊天室）。例如網路上的部落格（Blog），由網站提供一個平台讓網友來討論，以產生共同的話題，久而久之網站的虛擬社群便會形成一種次文化的群體以集結顧客及上下游廠商，因社群所造成的口碑往往是市場行銷與品牌塑造的利器。

4. 客製化（**Customization**）：網站為不同使用者訂做，或使用者可以管理網站的個人化能力。當客製化是由企業所發起並管理時，稱為個人化；若是由使用者發起並管理時，稱為量身訂做。

5. 溝通（**Communication**）：溝通是網站讓使用者對網站，網站對使用者，或雙向溝通的方式。能夠利用網路與顧客或目標視聽眾保持溝通，是網路行銷成功的不二法門。

6. 連結（**Connection**）：指網站與其他網站連結的程度。連結的類型有由外面連進來或由內面連出去。透過連結網站可以增加爆光和交易的商機。

7. 商務（**Commerce**）：商務就是網站促進商業交易的能力，也就是上述六項要素所要達成的最終目標。

表 10-3　網站顧客介面七個設計要素

基模（Context）	網站的設計與擺設。
內容（Content）	網站所包含的文字、圖片、聲音與影像。
社群（Community）	網站促進使用者對使用者溝通的方式。
客製化（Customization）	網站為不同使用者訂做，或使用者可以管理網站的個人化能力。
溝通（Communication）	網站讓使用者對網站，網站對使用者，或雙向溝通的方式。
連結（Connection）	網站與其他網站連結的程度。
商務（Commerce）	網站促進商業交易的能力。

資料來源：修改自 Jerry F.Rayport & Bernard J.Jaworski (2003)

上述介紹顧客介面 7C 中每一個 C。然而數位企業的成功有賴於將所有的 C 整合在一起，以支援其「價值主張」與「商業模式」（Business Model）。「適合度」（Fit）與「增強度」（Reinforcement）這兩個觀念有助於說明企業如何獲取 7C 的整合綜效。適合度係指每個 C 都能單獨支援商業模式，圖 10-10 中利用每個 C 與企業商業模式之間的連結關係來說明適合度。增強度則是指每個 C 之間的相互強度，圖 10-10 以每個 C 之間互相連結關係來說明增強度。

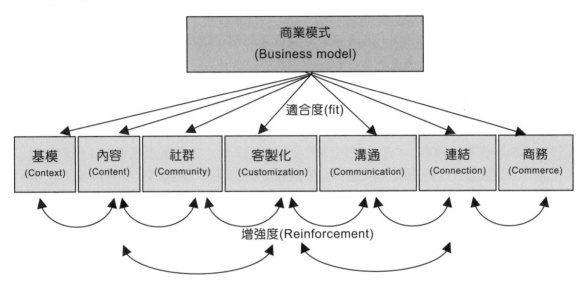

圖 10-10　具備適合度與增強度的 7C 顧客介面

五、擬定網路行銷之行動計劃

網路行銷之行動計劃（Action Plan）階段，係指網路行銷人員必須確認執行策略時所需的「資源」、「人力」及「時間點」，這些都是日常執行行銷活動細節。擬定書面行動計畫是為確保有效執行「網路行銷策略」的重要步驟，因為書面行銷計畫詳細說明要採取什麼行動（What）、何時採取行動（When），以及由誰負責執行（Who）。

基本上，一般企業將行動計劃以週期來分有年度行銷行動計畫、每季行銷行動計畫、每月行銷行動計畫、甚至每旬（10 天）或每週行動計畫。此外，也有針對特殊日子，例如週年慶、情人節、中秋節…等所作的行動計畫。

在大型企業，書面行動計畫特別重要，因為網路行銷人員的計畫通常必須經過高階管理者的檢視與認可，同時也因為經認可的行銷計畫將可作為評估行銷人員工作績效與行銷績效的標竿。而即使是小型企業，研擬簡潔有力的正式書面行銷計畫也是一項非常實用的工作，因為其中所包含的工作規範，有助於企業確保所計畫的行銷目標、行銷策略、行銷執行計畫等，都以行銷組合 4P 或 4C 為基礎，而且每一細項都有詳細

說明。所以行動計畫可作為分配企業資源的一種方法，同時可以作為分派計畫執行責任的一種方法。換句話說，行動計畫必須結構完整以確保是詳盡、正確的計畫，使「行銷策略」、「行銷資源」與「行銷績效」三者都能與「市場狀況」確實連結。

擬定網路行銷之行動計畫有如下的好處：

1. **辨識新的機會**：幫助企業發現新的機會並認清威脅所在不是「計畫」本身，而是形成計畫的「過程」。要作出好的行動計畫，必須經過系統化的外部市場與內部能力評估，這讓企業有機會從日常行銷活動中抽離出，以更寬廣、更詳盡的眼光來審視市場和企業狀況。

2. **充分運用核心能力**：企業藉由擬定網路行銷行動計畫的主要利益，就是能夠更加充分運用與活絡企業的既有資產與獨特能力。

3. **專注對的顧客**：大部份的網路市場是由許多較小的利基市場和微區隔交錯聚集而成，這些區隔可以進一步分割成更小的利基市場或更小一對一區隔。要是沒有行動計畫，企業很容易迷失自身的定位。好的網路行銷行動計畫能清楚地描繪目標顧客的輪廓，如此就能藉由這些輪廓作出對的微區隔，甚至一對一區隔，進而作出對的定位策略，而所有的網路行銷焦點也自然就能有效鎖定這些目標顧客。

4. **有效資源分配**：行動計畫有助於企業專注對的顧客。這樣企業就不會發生不知道誰是企業的顧客，而將資源與精力用在錯誤的地方。

六、善用行銷科技整合顧客資料

在數位化的時代，行銷所使用的媒介和模式，已有相當大的轉變，傳統的行銷工具，因日漸受到侷限而難以發揮，必需要改用具有數位特性的行銷工具。

數位時代的行銷特色，是以「資料庫」為核心，依據所收集到的資料，先將顧客群區分為數種類型，再就其類型上的特性，選擇最合適的行銷策略。有關數位行銷模式的建構，主要有六個步驟：

1. **建立顧客資料庫**：將由各種數位工具或傳統的行銷管道所收集到的顧客資料，鍵入資料庫。

2. **區隔不同的顧客**：依據顧客的共通特性，可將之區分成不同的顧客群，例如可依其年齡層區分，或以消費能力、消費習慣、來往關係等加以歸類。

3. **發展出獨特的產品和服務**：針對每一顧客群，開發出新的數位產品或服務。

4. **數位促銷**：對每一種數位產品或服務進行促銷。為吸引顧客的注意，數位促銷的手法，要竭盡所能的達到有用性、娛樂性或創新性。

5. **運用數位工具與顧客溝通**：可透過數位工具或線上機制與現有顧客和潛在顧客來互動，並留下顧客的個人特徵資料。擁有這些資料之後，可善加使用，並定期主動地和顧客聯繫。

6. **擴展數位領域（Digital Domain）**：環繞在資料庫的周邊環境，就叫做數位領域。當資料庫不斷成長時，數位領域亦將不斷擴大，連帶地可創造出新的市場區隔，發展出更多的數位產品和服務，進而啟動新的數位促銷方法，也增加了新的數位工具和能力。

七、評估網路方案執行成效

網路行銷最後一階段的工作，即在於評估前述種種策略選擇與計畫執行是否符合企業整體策略與整體目標。

10-3 網路行銷策略（STP）的建構

一個注重行銷的企業，會採用各種不同的方法來行銷自己的產品。所以行銷策略應根源於企業的整體策略，並進一步思考網路上的行銷策略，最後才是制定出自己網站的走向與其在整體行銷中的定位。因此，企業主在思考如何做網路行銷或架設企業網站時，應先思考自己企業的整體策略、行銷策略，再決定網路行銷的策略及網站的定位與功能，才能使整體行銷的效果倍增，如圖 10-11 所示。

網路行銷的種類與手法繁多，會因為不同的策略而有不同的方式，但不管是什麼樣的方式，企業都應該先訂定一個行銷的策略，而當企業在訂定網路行銷策略時，最基本應該對企業的行銷目標、行銷預算以及網路媒體的特性三者有所認識，因為這些都會影響網路行銷策略。圖 10-12 說明網路行銷策略的建構，可以做為思考網路行銷策略的參考。

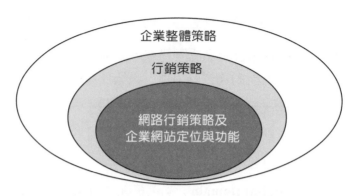

圖 10-11　企業整體策略、行銷策略與網路行銷策略間的關係

網路行銷目標	網路行銷預算	網路媒體特性
思考整個企業的行銷目標為何，希望達到什麼樣的效果，並決定網路行銷在整個行銷計劃中所佔的位置。	依照不同的預算搭配不同的方式，例如預算多可利用網路廣告，預算少時可使用免費的廣告交換或策略聯盟的方式。	互動性高且速度快，同時所需要的成本也較低，因此在思考行銷策略時也需要配合網路的特性來制定，以達事半功倍的效果。

網路行銷與企業網站規劃策略

思考和確認以上三者之後，就可以開始發展網路行銷策略，也可以更清楚得知企業網站的走向。

圖 10-12　網路行銷策略的建構

　　網路行銷目標係透過網路行銷策略相關活動所要達到的一般化成果。網路行銷目標的建立必須：清楚、客觀，以及完成時間點等等。同時由於網路行銷環境十分多變，因此在建立目標時應有相當的洞察力。

　　網路行銷目標可分為定性目標與定量目標。定性目標比較抽象，不易量化，但卻是努力的方面與標竿。一般而言，網路行銷的定性目標有：

1. 改善企業形象
2. 提高知名度（能見度）
3. 發展新市場或新顧客
4. 提高銷售量
5. 增加營業額
6. 提高或維持市場佔有率
7. 滿足消費者期望

網路行銷的定量目標有：

1. 到訪率
2. 網路廣告瀏覽率
3. 網路廣告觸擊率（Hits）
4. 電子報訂閱率
5. 顧客停留時間長度
6. 顧客回饋：電子郵件、留言板

在擬定行銷策略時，必須先進行 STP 策略規劃，即市場區隔（Segmentation）、目標市場界定（Targeting）、市場定位（Positioning）後，才能展開行銷組合 4P 決策，即產品（Product）、價格（Price）、通路（Place）、推廣（Promotion）之組合決策，其完整步驟如圖 10-13 所示。

Kotler (1994)認為現代策略行銷的核心就是所謂的 STP。STP 能提供在市場策略更廣大的架構，然而銷售市場策略的觀點經歷三階段：大量行銷、產品多樣化行銷、目標行銷，愈來愈多公司發現到要實行大量行銷或產品多樣化行銷是愈來愈困難，公司逐漸轉向目標行銷，由於目標行銷有助於銷售更能明確地確認行銷機會，並能針對每一個目標市場發展適當的產品，銷售者可以有效地調整其價格、配銷通路及廣告，以求更有效地接近目標市場。簡單地說，策略行銷的本質就是 STP，而整個 STP 過程又稱為「目標行銷」，如圖 10-14 所示。

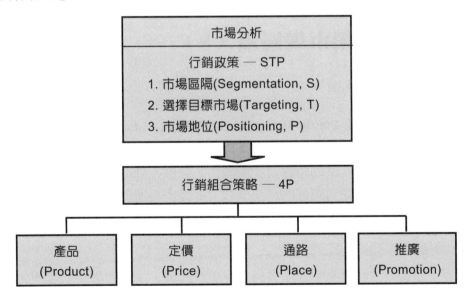

圖 10-13 STP 與 4P 展開。資料來源：周文賢(1999)

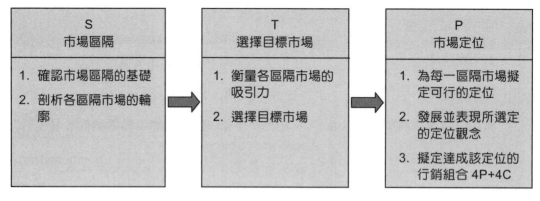

圖 10-14 目標行銷之 STP

目標行銷須具備三個主要步驟：

1. **市場區隔（S）**：依據購買者對產品或行銷組合的不同要求，將市場區分為幾個明顯區別的子市場。公司必須確認不同的市場區隔方法，必須描述各市場區隔的輪廓。

2. **選擇目標市場（T）**：即評估及選擇所要進入的市場區隔。

3. **市場定位（P）**：針對選定的目標市場，尋求、發展、傳達定位理念。

10-4 網路行銷市場區隔（S）

一、市場區隔的內涵

史密斯（Wendell R. Smith, 1956）提出市場區隔（Market Segmentation），其認為市場內的消費者並不是同質的，具有不同的需求，因此若將一個市場區隔成幾個較小的消費群，再針對每一群的特殊習性或需求，發展不同的行銷組合策略，將能滿足這每一消費群的需求，達到更好的行銷績效。亦即市場區隔的基礎建立於市場需求面的發展上，針對產品和市場行銷活動做合理及確實的調整，以使其適用於消費者之需要。

由於企業資源是有限的，為達到最大行銷之效能，市場區隔是必要的。針對不同市場區隔，為符合市場區隔中顧客需求而有不同之行銷組合，使其同市場內具有高度同質性，不同市場間具有高度異質性，以達到事半功倍之效益。

在面對需求異質化的市場時，應用市場區隔化的策略一般都能增加企業之期望報酬。市場區隔有助於銷售者更明確地確認行銷機會，並能針對每一目標市場發展適當

的產品，並且可以有效地調整其價格、配銷通路及廣告等行銷策略，將力量集中於那些有更大機會滿足其需求的購買者身上。其利益如下：

1. 針對最具潛力及利益的區隔投入適當資金及關注。

2. 設計出真正符合目標消費者需求的產品。

3. 針對目標消費者提供有效的廣告訴求。

4. 決定最適當的廣告媒體並決定預算比例。

5. 銷售下降時，適時地修正廣告策略和促銷活動。

6. 掌握及預測瞬息萬變的市場趨勢，使企業事先準備以獲取利益。

7. 充分瞭解與運用人口統計變數。

市場區隔的基礎變數相當多，但就行銷觀點而言，並非所有已形成之市場區隔皆具有意義，在進行市場區隔時，應考慮區隔是否有效，選擇最有效的區隔基礎。此外，市場區隔化觀念帶來三個基本策略思維，包括無差異行銷（Undifferentiated Marketing）、差異行銷（Differentiated Marketing）、集中行銷（Concentration Marketing）。

二、為何需要進行市場區隔？

1. 根據行銷法則，任何針對消費者市場的產品均無法吸引全部的購買者，此因購買者的數量很多，而且彼此的的需求與習性都不相同。

2. 企業的網站可能會被世界各地的消費者使用，但這並不表示產品會被所有的消費者接受，只是表示以往區域的限制被打破。企業仍然要實施市場區隔，把企業的資源集中在那些有較大購買興趣的顧客身上。

3. 透過市場區隔針對市場規模、潛力不同，更正確地定義出目標市場，並更有效率分配資源，以使目標更精確、更容易評估，達到更高的行銷績效。

三、市場區隔的基礎

市場區隔的基礎（Basis for Segmentation）是指將整體市場劃分成數個同質子市場的標準。常見的四種市場區隔分類，如表 10-4 所示。

市場區隔變數可分為二：❶區隔變數，作為劃分市場之用；❷描述變數，是針對區隔變數所劃分而來的各個集群加以描述，使得研究者能對各區隔有更深入的認識與

瞭解。以下針對市場區隔基礎內容，分為地理變數、人口統計變數、心理層面變數和行為變數四部分討論。

表 10-4　市場區隔的基礎

劃分方式	地理性（Geographic）	人口統計（Demographic）	心理層面（Psycho graphic）	行為層面（Behavioral）
變數內容	區域 城市大小 密度 氣候	年齡 家庭人數 家庭生命週期 性別 所得 職業 教育 宗教 種族 世代 國籍	社會階級 生活型態 人格	使用時機 利益尋求 使用者狀態 使用頻率 忠誠度 購買準備階段 對產品的態度

四、市場區隔方法與步驟

市場區隔方法可分為下列四種型態：

1. **事前區隔化模式（Prior Segmentation Model）**：此模式有直接觀察法、歸類法、編列交叉列連法等方法，所採取的區隔基礎通常為人口統計變數、品牌忠誠度、產品使用（購買）率等。在選定區隔基礎後，於區隔型態分析之前，即可計算出市場區隔數目及各區隔內人數。

2. **事後區隔化模式（Post Hoc Segmentation Model）**：此模式有集群區隔分析法（Cluster-based Segmentation Design）、多元尺度分析法（Multi-Dimensional Scaling Analysis）等方法，以集群區隔分析法較常用，所採取的區隔基礎有利益追求變數、需求態度、生活型態及其他心理變數等。在選定區隔基礎後，尚無法立即先計算出市場區隔數目及各區隔內人數，它是依據受試者在某些區隔基礎上之相似程度予以分群，且必須運用特定研究技術分析後，始能決定區隔變數、區隔內數目以及區隔型態。

3. **彈性區隔化模式（Flexible Segmentation Model）**：此模式是綜合聯合分析（Conjoint Analysis）和顧客選擇行為之電腦模擬而成許多區隔市場，且每一個區隔中，分別包含一些對產品特性組合有相似反應的顧客，可供行銷人員用以彈性的區隔市場。

4. **成份區隔化模式**（**Componential Segmentation Model**）：以聯合分析和直交排列統計方法（Orthogonal Analysis）而得，用產品及人格特質來區隔，強調預測何種型態的人會對何種型態的產品積極的反應。其與彈性區隔化相異之處在於，它同時包含產品與人的特性，如此便具有區隔市場和預測的雙重變數。

而市場區隔化的觀念轉變為有效的管理策略，必須遵行三個步驟：

1. **區隔的定義**：依研究目標、經營者的要求、企業內外資源的限制等，憑理論需要、經驗、判斷或是直覺，選定可能適用的區隔去定義各個區隔。

2. **消費者的分類**：將消費者分類歸入所屬的區隔中，以便決定區隔的大小與市場潛力。

3. **區隔的辨認**：關注各個層面，找出足以區分各個區隔差異的描述變數來描述各區隔的特徵。

研究發現，在網際網路的領域上，多數研究者以「生活型態」做為市場區隔變數來區隔其所研究之目標消費者，如網際網路使用者、網路銀行消費者等等。

五、評估市場區隔是否有效

一個有效的市場區隔，必須具備五項要件：

1. **可衡量性**（**Measurability**）：係指該市場區隔其大小與購買力可以被衡量的程度。

2. **足量性**（**Substantiality**）：係指該市場區隔其大小與獲利性是否足夠大到值得開發的程度。例如汽車工廠可能會製造一些座椅較寬的汽車，但就市場的觀點來看，身高較高或體重較重者很少，造成這個區隔市場可能太小而無法獲利。

3. **可接近性**（**Accessibility**）：係指該市場區隔能夠被接觸與服務的程度。例如可能區分出老年人這個市場，可是此一族群較少上網使得網站無法有效接近，因而無法成功銷售相關產品。

4. **可區別性**（**Differentiable**）：市場區隔在觀念上是可加以區別的，且可針對不同的區隔採行不同的行銷組合。

5. **可行動性**（**Actionable**）：係指該市場區隔足以擬定有效行銷方案，吸引並服務該市場區隔的程度。例如一汽車公司將市場區分出高級車、中型房車、

小型車、箱型車、貨車五個市場，但是因資源有限而無法一次進入所有的市場。即使企業只決定要進入高級車的市場，但可能會因為知名度不足或技術不足而退出。

10-5　選擇進入哪些目標市場（T）

一、評估市場區隔是否合適

評估市場區隔是否合適作為目標市場的方法：

1. **長期獲利**：評估區隔在市場規模及成長率方面，長期而言是否具有吸引力。

2. **競爭威脅**：評估目前及未來競爭者所帶來的影響，以及替代品的威脅。

3. **供應商**：好的供應商會讓企業在原料、設備的取得上比其他的競爭者來得有優勢。

4. **本身目標與資源**：考慮企業本身的目標與資源是否與市場有相關性。

二、選擇目標市場的方式

選擇目標市場的方式可分為四種，說明如圖 10-15 所示：

圖 10-15　市場區隔的概念

1. **無差異行銷（Undifferentiated Marketing）**：以一套產品、服務及策略提供給整個市場，而將重點放在消費者的共同點，而非差異點。公司不重視各區隔間的差異性，而將整個市場視為一個整體，企圖以單一產品或單一行銷組合來服務市場上所有的顧客。換句話說，企業只生產一種商品，而企圖以單一的行銷組合向所有的消費者行銷時，這樣的策略就稱為無差異行銷，有時也稱為大眾行銷（Mass Marketing）。此種策略必須追求成本經濟，以達成全面成本優勢。

2. **差異化行銷（Differentiated Marketing）**：亦即企業承認各區隔市場間存在差異性，因而決定選定一個或數個區隔市場為目標市場，進而針對每一區隔市場，設計不同的產品與不同的行銷組合策略。同時廠商在兩個或更多的區隔市場中營運，並設計不同的產品及行銷方式以滿足不同市場區隔。換句話說，當企業將市場切割成不同的區隔市場，而以不同的行銷組合滿足各個不同區隔的需要（needs）時，這樣的策略即為差異化行銷。

3. **專注化行銷（Concentrated Marketing）**：企業本身因資源有限，某些企業會決定將全部行銷資源專注在某特定區隔市場。在這種策略下，行銷者集中一切力量，試圖滿足單一市場區隔的需要（Needs），這種策略最適用於資源較少，或者是生產提供高度特殊化產品或服務的企業。而這種策略有時又稱為利基行銷（iche Marketing）。

4. **微行銷（Micro Marketing）**：微行銷專門針對一個郵遞區號、一種特定的行業、特定生活方式或是單一家庭的消費需要（Needs）進行行銷，其所認定的區隔較「集中式行銷」更小。當微行銷策略推行到極致時，即是針對個人的一對一行銷。網際網路的興起更有利於微行銷策略的推行。利用網路使用者的個人資料，行銷人員直接運用電子郵件或行動簡訊，直接與目標消費者個人取得連繫，對目標消費者進行個人化的一對一微行銷。

三、重新瞄準，再次行銷

重新瞄準，再次行銷（Retargeting）是一種針對曾經到訪過你的網站，卻沒有成交的人，進行再投放廣告的行銷手法。Retargeting 的機制就是在網頁上放入一個不影響網站的程式碼，假設有一位用戶到訪你的網站，但在看了一些商品後卻遲遲沒有下單就離開時， Retargeting 的技術會在這名訪客的 cookie 上留下一組程式碼，在此之後，這名訪客只要進入到其他的網站，在網站廣告的投放都會是使用者之前曾經看過的東西，將使用者重新導回商品頁面完成購買，Retargeting 技術通常都會被應用在程式化購買的機制裡。

Retargeting 可以細部分成多種模式，像是針對訪客曾經瀏覽過的商品、或是分析其興趣和使用習慣投放，也可以針對訪客購物車裡的商品進行投放廣告的動作。另外也可以針對時間軸做區分，像是 60 天後再次行銷等等方式，提醒消費者回來購買商品。

10-6 網路行銷市場定位（P）— 產品定位、品牌定位

一、產品定位

市場定位是指目標市場中的消費者對產品所認知的市場地位。行銷者必須瞭解消費者對產品的印象如何，並發展有效的行銷策略，以達成企業目標。因此市場定位的主要目的為協助完成市場區隔，找出利基的所在。

產品定位係指企業建立一種滿足消費者心目中特定地位的產品，並結合產品設計，產品製造，產品行銷包裝，廣告組合等之相關活動，即是說所有的產品定位，來自市場消費者不同區隔之需求，並由既定的定位來執行後續的所有相關活動的 4P 組合。產品定位是行銷策略中有關產品決策中的最重要課題，甚至可以說是整個產品策略的核心，而定位的意義是將本身品牌定位在比較競爭廠商更易與顧客所偏好的部份市場區隔上。

選擇產品定位的構面與型態很多，就學理而言可區分為六種方法：

1. **以產品屬性的特色或顧客想要的價值來定位**：例如耐用型、經濟型或是兩者之間的結合。

2. **以價格與品質的高低來定位**：例如南投涵碧樓。

3. **以產品的用途來定位**：例如短期娛樂的遊樂場。

4. **以產品使用者的身分區別來定位**：例如 Nike 球鞋與 Michcal Jordan，將產品與使用者形象相連結。

5. **以產品群的相對性來定位**：係將產品依其所屬的某種產品類別定位或該產品類別的領導者。

6. **以競爭廠商的相對性來定位**：例如強調產品在某些方面要比競爭者佳，並以此作為自足的地位。

二、品牌定位

品牌定位是目標消費者對品牌的認知，這些消費者的認知包括功能性的利益與非功能性即情感性的認知。其中，功能性的利益即為產品定位。也因為品牌定位是奠基在消費者的認知，所以消費者本身的態度、信念與經驗將導致相同的區隔確有不同的認知，或許有不同的區隔但有相同的品牌認知。

　　品牌定位是一溝通的過程，以塑造期望的品牌形象，並與競爭者有所差異。品牌定位是以競爭為觀點，強調品牌的區別與刺激屬性的關係，隱含消費者的利益與動機屬性、目標市場、使用時機與競爭者為何等概念。

　　品牌定位是品牌識別與價值主張的一部份，此一定位將積極、主動地與目標視聽眾溝通，同時用以展現其相較於競爭品牌的優勢。從上述的定義，Aaker 提出以下四個構面來解釋品牌定位，如圖 10-16 所示。

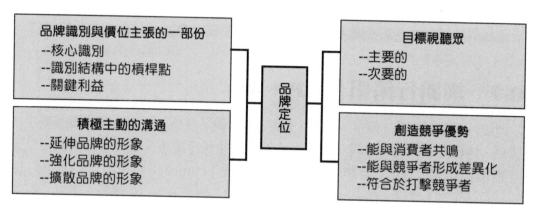

圖 10-16　品牌定位架構。資料來源：Aaker (1996)

1. **品牌識別與價值主張的一部份**：當一個品牌的確存在時，該項品牌的識別與價值主張才能完全地發展，並且具有系統脈絡與深度。

2. **目標視聽眾**：品牌定位是一溝通的程序，故必須決定目標視聽眾，該目標視聽眾通常僅是目標市場的一部份。

3. **積極主動的溝通**：品牌識別與品牌形象的比較，經常會產生下列三種不同溝通任務：延伸、強化與擴散品牌形象。而這些品牌定位任務則是透過品牌定位的過程加以陳述反應出來。

4. **創造競爭優勢**：品牌定位應展現其相對於競爭者的優勢，並能與消費者共鳴，意即能與競爭者形成差異化的競爭優勢。

　　總結來說，品牌定位是一種廠商主動的將品牌、形象及價值主張傳遞給消費者的過程，而透過此溝通的過程來表現出與競爭品牌的差異化及競爭優勢。

三、定位的策略

依據 Kotler & Fox (1985)的建議，發展定位策略的步驟為：❶評估該產品在市場上的位置、❷選出一個理想的位置、❸針對所選擇的位置發展策略、❹實施所訂的策略。

Jain (1996)建議產品的定位可由下列四個過程來決定：❶分析對消費者而言是顯著的產品屬性、❷分析這些產品屬性在不同的市場區隔中的分配狀況、❸以產品屬性來決定產品的最適定位，並考慮市場中既存品牌的定位、❹為產品選擇全面的定位。

10-7 網路行銷組合 4P + 4C

傳統行銷常採產品、價格、通路、促銷之 4P 競爭價格。但當今商場產品成熟、價格競爭、通路飽和、促銷雷同，任何策略對手皆能適時模仿，已無獨占優勢可言。網路行銷組合已邁入 4C：全套式解答（Customer Solution）、成本（Cost）、便利（Convenience）、溝通（Communication）的範疇！誰能掌握 4C 優勢，誰就能行銷天下，電子商務乃脫穎而出！但想要在網路市場攻城掠地，就看如何發展特有的 4C 行銷策略。

網際網路與電子商務的興起，促使行銷理論由原來的 4P，逐漸往 4C 移動：

1. 不再急於制定行銷組合之產品（Product）策略，而以回應顧客的需要與慾望（Customer needs and wants）為導向，不再以「銷售」企業所生產的、所製造的商品或服務，而是「滿足」顧客的需要與慾望。

2. 暫時把行銷組合之定價（Price）策略放一邊，而以回應顧客滿足其需求或慾望所願付出的成本為主要考量。

3. 不再以企業的角度思考行銷組合之通路（Place）策略，而以顧客的角度思考，怎樣才能提供顧客想要的便利（Convenience）環境，以方便其快速地取得其所需的商品。

4. 不再以企業的角度思考行銷組合之推廣（Promotion）策略，而著重於加強與顧客之間的互動與溝通（Communication）以獲取、增強與維繫顧客關係。

傳統以 4P 為基礎的行銷理論，是追求企業的利潤最大化；而 4C 則是追求顧客的利潤最大化。因此，新一代的網路行銷強調的是，企業如果從 4P 對應 4C 出發，而不是只追求本身的（短期）利潤最大化出發，在此前提下，同時追求長期的顧客利潤最大化與企業利潤最大化為目標。換句話說，網路行銷理論模式是：行銷過程的起點是

顧客的需要與慾望；行銷 4P 決策是在滿足 4C 要求下的長期顧客利潤最大化與企業利潤最大化。因此，即使在網際網路時代，行銷 4P 依然管用，只是方向與導向改變而已，從企業主導轉向顧客主導。表 10-5 所示，網路行銷組合 4P 的構成要素。

表 10-5 網路行銷組合 4P 的構成要素

產品（Product）	價格（Price）	通路（Place）	推廣（Promotion）
網路產品決策	網路產品動態定價	去中介化與新中介化	網路廣告
網路產品定位決策	線上議價	逆物流處理	網路人員銷售
網路產品組合決策	網路拍賣	第三方物流	網路促銷
數位內容決策	免費 — 禮物經濟	電子距離 vs 實體距離	網路公共關係
網路品牌決策	網路搭售	線上安裝、線上更新	網路直效行銷
網路 CIS 決策		線上配送	

如果從產品屬性差異化與顧客價值差異化的角度來看，傳統行銷組合 4P 策略是銷售端的考量，而網路行銷組合 4C 策略則是顧客端的考量。如圖 10-17 所示。

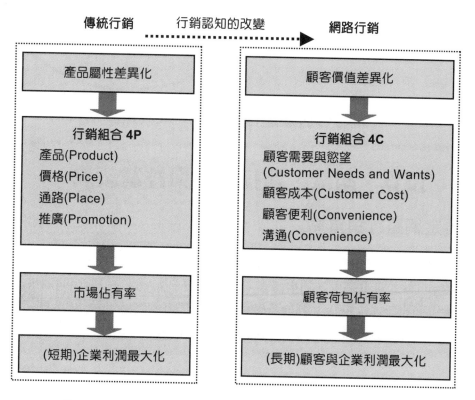

圖 10-17 從產品屬性差異化與顧客價值差異化看 4P 與 4C

　　傳統行銷常採產品、價格、通路、推廣之 4P 競爭。但當今商場產品成熟、價格競爭、通路飽和、推廣與促銷手法雷同，任何策略對手皆能適時模仿，已無獨占優勢可言。網路行銷組合已邁入 4C 的範疇！不論任何行業（包括製造業及資訊產業）愈來愈趨向服務化，及強調顧客導向的更深層化，因此廠商在實務上應使網路行銷 4P 更服務化，所以才有網路行銷 4C 之說法，但在理論上仍應以網路行銷 4P 做探討即可。

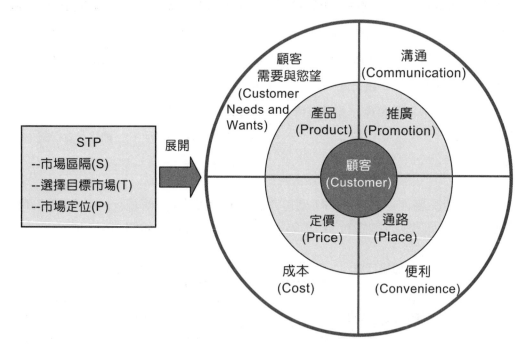

圖 10-18　網路行銷 STP、4P、4C 的關係

10-8　預算、組織、執行方案與控制績效

一、擬定網路行銷預算

　　擬定網路行銷行動方案之後，行銷人員便可設計一套支持企業營運的預算說明書，預算說明書本質上是預計的損益表。預算表現於收入面的是預期的銷售量與價格，表現於支出面是生產、配送及其他行銷成本。而計畫中網路行銷預算可採目標利潤規劃法、最大利潤規劃法或零基預算（Zero-based Budgeting）。

在作網路行銷組合決策時，就必須考慮要分配多少行銷預算到那些顧客及市場區隔的問題。Mulhern (1999)認為當計算出獲利性時，即可以將行銷資源投注到最大報酬率的顧客群；但是同時他也提出警告，不能僅憑獲利來斷定資源分配，尚需考慮顧客轉換行為。當顧客忠誠度不高，即使他們於獲利性非常高的層級，也不能如同忠誠度高的消費者一樣，投入過多的資源。

二、建立網路行銷組織

網路行銷計畫想要有效執行必須要有適當的組織結構來加以配合，並且此一組織結構要能有效回應目前情況與未來機會。一般而言，在電子商業世紀，企業所需的企業組織結構是偏向「生物有機式組織結構」（Organic Structure），其組織結構會形成一個跨功能、跨地理區域的虛擬工作團隊，讓組織內員工在不同的功能單位之間溝通、支援與互動，如同有機體一般。

三、執行網路行銷方案

行銷人員在建立實施網路行銷規劃的組織結構，並且發展網路行銷行動方案、擬定預算之後，就應將此行動方案加以落實。網路行銷策略的擬定與執行是不可分割的，而策略的擬定並不僅是行銷主管的責任，也是所有人員的責任。

要落實網路行銷策略，組織結構必須是跨功能的虛擬團隊，讓資訊在企業內自由流通，在數位神經系統的協助下有更寬廣的控制幅度、分權化，以及較低的正式化。

四、控制網路行銷績效

計畫書的最後一部份為績效控制，用來監視計畫之進度。通常標的與預算會依照月或季劃分，此舉可使行銷人員明瞭各期間內各單位業務成果。未達成預定標的之經理人必須解釋原因，並說明將採取何種補救措施。

對網路行銷計畫的控制包括：設定網路行銷績效標準、評估網路行銷實際績效，並將網路行銷實際績效與所設定的績效標準做比較。控制的成效端視網路行銷標準的有效性及資訊回饋的正確性而定。

學習評量

1. 請簡述網路行銷規劃程序？

2. 請簡述行銷環境偵測要偵測哪些環境？

3. 何謂行銷「STP」？

4. 請舉例說明常見的市場區隔可分為哪四大類？

5. 何謂「產品定位」？何謂「品牌定位」？

6. 何謂「行銷4P」？何謂「行銷4C」？

網路行銷組合 — 產品（Product）

導讀：訂閱制，你提供的商品有獨有性嗎？

訂閱制的重點在於透過週期性的商品或服務體驗，加深用戶黏著度。企業推動「訂閱制」主要是想要創造一種「經常性收入模式」。但很多企業推動「訂閱制」卻發展不如預期的原因，主要因為沒有 D2C 深入了解消費者需求，也沒有「週期性」推出「獨有商品」。

訂閱制要能成功需要業者跨足 Direct to Customer，簡稱 D2C 業務。所謂 D2C 就是業者要直接與消費者溝通，以創造出消費者內心想要的商品。透過直接與消費者溝通，累積目標消費者或目標顧客群的消費紀錄、使用紀錄、喜好偏好等方面數據，並運用這些大數據打造出符合目標顧客群喜好的商品或服務。試想想，如果網飛（Netflix）不致力於週期性的製作原創作品獨家影集，其平台上所有影集或電影，如果在其他平台上都有都看得到，那誰還會想要訂閱。

　　網路行銷者必須了解企業內各產品間的關係，才能以整體企業的觀點來規劃網路行銷策略。本章先說明產品的定義、層次、層級，接著說明實體商品、新產品策略、品牌、網路品牌等議題。

11-1 產品

一、產品的定義

產品（Product）係指市場上任何可供注意、購買、使用或消費以滿足慾望或需求的東西，它包括實體物品、服務、人、地、組織和理念。從另外一個角度來看，產品係指在交換過程中，對交換的對方而言，具有價值並可以在市場上進行交換的任何標的。因此，產品有兩個重要的特質：❶要具有價值；❷要能在市場上進行交換。

產品的提供是行銷活動的核心，也是行銷組合的起始點。產品決策是 4P 之首，沒有產品，其他的價格決策、通路決策、推廣決策也就沒有著力點。

產品的形式很多，廣義來說，產品不只是實體產品（如冷氣機、麵包）而已，還包括服務（如美術展覽、金融服務、理髮）、人物（如政治人物、演藝人員）、地方（如高雄、北京、東京）、組織（如公益團體、政府機構、慈善基金會）、理念（如男女平權、禁菸、反毒）、事件（如公司創立十週年紀念、奧林匹克運動會）、資訊（如百科全書和生活網站所提供的資訊）和經驗（如令人懷念的生日餐會）等。

二、產品的層次

早期有學者將產品分成三個不同的層次，如圖 11-1 所示：

1. **核心產品**：最基本的層次。此乃顧客購買產品真所要求的東西。企業賣給顧客的是產品所帶給他們的「利益」（Benefits），而不是產品的「功能特色」（Features）。核心產品是整個產品的中心。

2. **有形產品**：產品規劃人員必須把核心產品轉變成有形的東西。有形產品有五種特徵：品質水準、功能特色、式樣、品牌名稱、包裝。

3. **引申產品**：最後，產品規劃人員必須決定隨著有形產品，要提供哪些附加的服務或利益給顧客，例如信用條件、運送、安裝、使用說明、維修、售後服務、保證等等。引申產品（Augmented Product）會提醒企業注意購買者的整個消費體系。消費體系是「購買者欲藉使用產品以達目的之一套行事方式」。

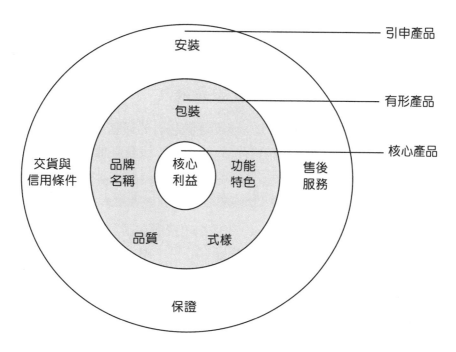

圖 11-1　產品的三個層次

　　這個早年的三階層全產品見解，後來由行銷大師柯特勒（Philp Kotler）2003 年改成五階層全產品模式，如圖 11-2 所示：

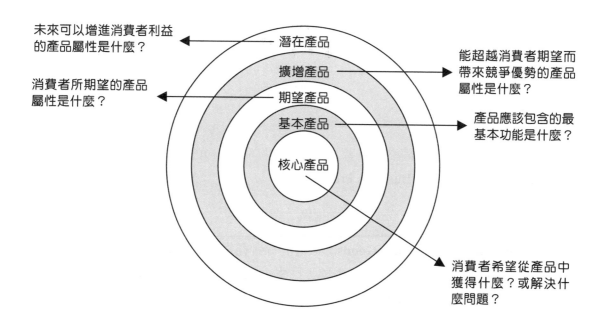

圖 11-2　產品的五個層次

1. **核心產品（Core Product）**：顧客真正想要的基本利益或服務。例：如女性購買化妝品主要是為了「想要美麗」而不是想要「化學物質」—化妝品本身。任何產品都是在用以解決某種問題，因此所有產品對其目標顧客都有一種根本的利益存在，這種根本利益就是核心產品。

2. **基本產品（Basic Product）**：產品應該包含的最基本功能，係看得到、摸得到的實體。例如：洗衣機只有洗衣的功能，沒有其他額外附加的功能。通常基本功能的產品屬性，係指此產品若不具有這些屬性，就不配稱為這個產品名稱。例如：洗衣機如果沒有洗衣功能，那還稱得上是洗衣機嗎？

3. **期望產品（Expected Product）**：係指消費者在購買時所期望看到或得到的產品屬性組合。期望產品代表目標顧客心目中對這類產品的期望屬性，這些期望屬性往往會超出基本屬性的要求。例如：目標顧客可能會希望洗衣機不但能洗衣，還同時具有定時或脫水的功能。然而，消費者對產品屬性的期望會隨著時間的改變而改變。

4. **擴增產品（Augmented Product）**：係指超越目前消費者的期望，為產品增添獨有的或競爭者所缺乏的屬性，這些產品屬性就稱為擴增產品。擴增屬性係為了與競爭者競爭，所展出來的產品屬性；亦即為了與競爭對手競爭，在產品屬性上作某些修改，以便和競爭者有所區別。

5. **潛在產品（Potential Product）**：係指目前市面上還未出現的，但將來有可能會實現的產品屬性，或可能添加的功能，例如：洗衣機加入自動熨燙衣服的功能。

三、產品的分類

若以購買者（產品的最終使用者）的目的來區隔，分類成「消費品」（Consumer Product）與「工業品」（Business Product）。

一般而言，消費品可依商品取得過程區分成四大類：

1. **便利品（Convenience Goods）**：指消費者經常、立即購買且不必花精力去比較所購買之商品，如肥皂、香煙等民生用品，其可在一般商店，例如零售店、便利商店或在網路商店購買，其主要之購買關鍵為便於消費者購買之地點與充足之存貨。

2. **選購品（Shopping Goods）**：指消費者在選擇與購買之過程中，經常會比較適用性、品質、價格及樣式等，例如家具、服飾及家電用品等，其可在一般

商店購買。對於選購商品，消費者在購買決策過程早期多對商品資訊不完整，故須先有資訊蒐集階段。其購買頻率較一般便利商品低，但價格一般較之為高。一般而言，在品質因素差不多的情形下，價格較低者多佔有優勢。

3. **特殊品（Specialty Goods）**：為具有獨特之特性及高品牌知名度之商品，通常須支付更多的代價取得，例如高級汽車或鑽石等。其可在專賣店或網路商店購得，消費者多具有品牌忠誠度。

4. **忽略品（Unsought Goods）**：指消費者知道或不知道此商品，但通常不會自行去購買它，如百科全書等。由於商品之特性使得廠商更重視廣告與人員推銷。

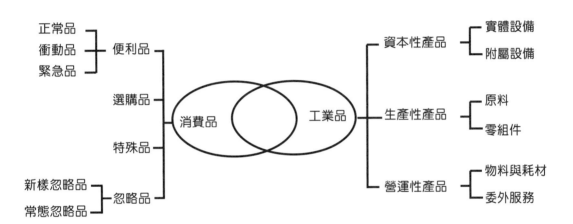

圖 11-3　產品分類架構

工業品是指個人或組織為用於未來的製造過程或經營活動上所購買的產品。消費品與工業品的區別主要在於購買此產品的目的。工業品主要分為三類，包括資本性產品（設備）、生產性產品（材料與零件）、營運性產品（物料與委外服務）。

1. **資本性產品**：是指需要攤入購買者的生產或作業過程中的工業品，包括主要設備和附屬設備。主要設備由主要購買（如建築物）和固定設備所組成。附屬設備包括可移動的工廠設備及工具和辦公設備。

2. **生產性產品**：包括原料、加工後材料與零件。原料可在細分為農產品及天然產品。加工後材料與零件可以分成組合材料與零件組。

3. **營運性產品**：完全不攤入製成品的部份。物料包括一般用物料和維修物料。工業品中的物料就如同消費品中的便利品，通常花極少心力去重購。商業服務包括維修服務和商業諮詢服務。

四、從產品線到產品組合

1. **產品品項（Product Items）**：係指一特定的產品，它在大小、價格、外觀或其他屬性方面有別於其他產品。例如，Nike 的喬登第 16 代鞋、蘋果的 iPhone 14 手機、BMW 的 Z5 跑車等，都是屬於產品品項。

2. **產品線（Product Line）**：是一組具有相似顧客群、銷售通路且功能類似的產品。產品線係由許多「產品品項」因行銷、技術或最終使用者之考量，而將其組合在一起規劃行銷。例如，Nike 依照使用者的不同，分為籃球鞋、網球鞋、高爾夫球鞋等不同的產品線。

3. **產品組合（Product Mix）**：亦稱產品搭配（Product Assortment），是指企業所生產或銷售的所有「產品線」或「產品品項」的集合。

在探討產品管理時，通常可以分成三個層次來考量，如圖 11-4，首先考量「產品組合的層次」，其次考量「產品線的層次」，最後則考慮「產品品項的層次」。

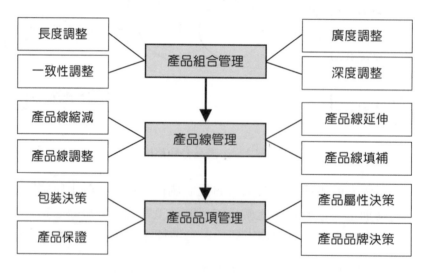

圖 11-4　產品管理的層次

五、產品標籤

消費者藉由產品標籤（Label）可以辨認品牌名稱、製造商、產品成份、產品使用說明。因此企業可藉由產品上的標籤，塑造消費者對產品的認知，並且在消費者購買的當時影響其選擇。傳統上，標籤大多是用於有形的產品，然而標籤在網路上也具有同樣功能，只是在網路上的表現方式不同而已。一般來說，只要在企業網站上整合品牌名稱、製造商、產品成份、產品使用說明等產品資訊，就會有如同實體產品標籤般的效果。

六、產品生命週期

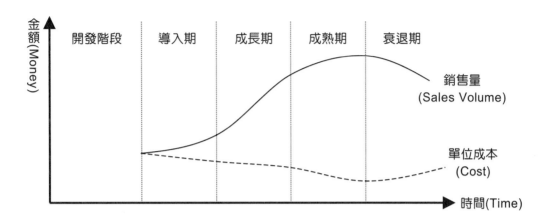

圖 11-5　產品生命週期

　　產品生命週期（Product Life Cycle, 簡稱 PLC）係指一個產品被消費者接受以後，會經過一連串的階段，也就是導入期（Introduction）、成長期（Growth）、成熟期（Maturity）、衰退期（Decline）的現象，而在進入產品生命週期之前一階段為開發階段。產品生命週期也可以說是一個產品從誕生到死亡的歷程。典型產品生命週期曲線如圖 11-5 所示，其中橫軸為時間（Time），縱軸為銷售量（Sales Volume）。至於產品生命週期各階段的特性，則如表 11-1 所示。

表 11-1　產品生命週期各階段的特性

	項目	導入期	成長期	成熟期	衰退期
市場特性	銷售量	少	快速成長	銷貨量成長緩慢後，銷售量達到最大，並隨之開始下降	銷售量下降
	成本	高	成本下降	成本最低	成本比成熟期還高
	利潤	負	結束虧損出現利潤，並隨銷售量增加而增加	利潤開始下降	利潤下降
	主要顧客	創新追求者	早期採用者	早期大眾與晚期大眾	落後者與忠誠者
	競爭者	少（甚至沒有）	增加	最多	減少
	需求	初級需求	次級需求	次級需求	初級需求

項目		導入期	成長期	成熟期	衰退期
行銷策略	行銷目標	讓目標顧客知覺並試用	在成長中的市場盡量取得市場占有率	從既有競爭者中取得市場占有率	減縮與收割
	產品	基本型產品，形式少且簡單	增加產品形式與功能	產品形式與產品功能最多	刪減沒有獲利的產品形式
	價格	高價	價格下降，但下降幅度有限	價格可能降至最低	價格穩定，有時還回升
	通路	有限通路	通路成員的數目與通路範圍增加	通路最廣泛、也最密集	刪減無利可圖的通路
	推廣	引發顧客對產品知覺，並借助大量促銷	強調品牌差異，搶占新增客層	大量強調品牌差異，鼓勵競爭者顧客的品牌轉換或維持自己的市場占有率	將整個推廣活動降至最低水準，只維持單純的告知

11-2　資料型產品

隨著資料科學（Data Science）、機器學習（Machine Learning）應用的普及，開始有企業將它應用於開發「資料型產品」（Data Product）。

一、什麼是資料型產品

Coursera 的資料科學資深總監艾蜜莉・葛拉斯堡・桑茲（Emily Glassberg Sands）提到，「資料型產品」（Data Product）是奠基於「資料科學」與「機器學習」所生成的產品或服務。企業在蒐集消費者的使用資料後，藉由這些資料，可以再產製出資料型產品，並再回頭提升消費者的服務品質，形成良性循環。

此外，「資料型產品」會隨著使用人數與次數的增加，加速資料的蒐集。同時，當企業蒐集到更多的資料時，資料型產品會不斷地「進化」，每隔一段時間，就會發展出更多的新功能。隨著資料量越來越大，企業發掘出新的「資料型產品」應用機會也就愈大，進而又打造出越多的資料型產品，不但可強化各式應用之間的整合，同時，還能藉此分攤開發成本，並發揮網路效應。

以 Gogoro 為例，Gogoro 的電動車不只是電動車，背後還建構出龐大的「資料型產品」體系。Gogoro Smartscooter 全車共有 80 個感應器（車內 30 個，兩顆電池各 25 個），透過自家的 iQ System 智慧系統可偵測、紀錄車主的騎乘狀況，進行車況診斷，

若車子有問題，能即時通知車主進廠維修。同時，充電站若有電池功能異常，也能連線通知工程師進行遠端修復。

當越多人使用 Gogoro，Gogoro 所蒐集到的資料量就愈大，也就更能精準地分析車主將在何時、何地準備更換電池。Gogoro 發現，車主大約每三到四天需要更換電池，每週上下班時間（早上 7 - 9 點、晚上 6 - 9 點）是更換電池的高峰。Gogoro 可以依此資料分析的結果，提供更精準的「換電池」服務，以提升車主的滿意度。

Gogoro 透過大數據分析使用者「換電池」行為，發展出新的節能方案，以調節能源的供需。例如電池交換站（GoStation）系統的電力，不會無時無刻都使用最大功率幫電池充電，而是選擇在適當的時間（如離峰時段）、適當的充電速度為電池充電。這樣就不用在用電量高峰時段和大家搶電，大大降低電網負擔，也能保養電池增加其使用壽命。這些新「資料型產品」的出現，不但分攤了之前蒐集資料的成本，並透過資料的共享，發揮網路綜效，讓更多人願意享受 Gogoro 的資料型產品與服務。

二、大數據產品

要想打造大數據產品（Big Data Product），首先要確認需要什麼資料或資訊。基本上，打造大數據產品時，需要得到這些資訊：

1. **需求是否真實存在**：透過使用者研究與測試來檢驗，並瞭解想打造 / 已經打造的產品是否能夠滿足使用者需求。

2. **需求是否尚未被滿足**：透過競爭品分析瞭解現有市場上，已經存在哪些產品或服務。

3. **是否能帶來商業價值**：市場規模、目標受眾（Target Audience, 簡稱 TA）量級、產品與服務的可擴充性與成本考量。

大數據產品能幫助你定義出一塊有別於其他產品的區隔（Segment），並找到產品在市場的定位，這個資料蒐集的範圍非常廣泛，產品、行銷、業務等團隊會根據不同維度負責不同主題的分析研究。

三、競爭品分析

競爭品分析的最基本做法是，列出一張大的表，比較各個競爭對手商業模式（也許有多個產品線）、核心產品、目標客群、現有功能 / 模組、定價策略，目的是了解自有產品在市場的競爭力與差異化。

表 11-2 競爭品分析表

	本公司	競爭品牌 1	競爭品牌 2
核心產品			
目標客群			
現有功能 / 模組			
定價策略			

　　當產品已經被市場驗證過，競爭品分析的價值就比較傾向於維持對市場的敏感度、發想新的商業模式、瞭解有什麼新的競品出現、或是現有競品推出什麼新的功能，從其他產品身上尋找靈感。

四、行銷架構師

　　隨著資料型產品、大數據產品（Big Data Product）的興起，行銷領域出現了新職稱「行銷架構師」（Marketing Architect）。「行銷架構師」（Marketing Architect）必須具備至少三大方面的知識，包括行銷學（Marketing）、資料科學、機器學習 / 人工智慧（AI）等。

11-3　Product Market Fit

一、最佳商品設計師：顧客

　　「顧客協同設計」（Customer Co-design）是指與顧客形成商品協同設計團體，藉由顧客的能力或資源協助企業共同開發新的商品，進而創造對顧客更具價值的商品。企業採取「顧客協同設計」有許多好處，例如：「改進創新構想」，因為顧客能夠提供第一手的市場資訊、更創新的想法或是節省資源的辦法；「補強研發能力」，因為任何企業在設計、測試到商品化階段，一定有能力不足之處，顧客參與設計，能夠補強企業缺乏的能力與資源。

二、Product Market Fit：產品與市場完美契合

　　國際知名投資者、企業家馬克·安德森（Marc Andreessen）提出 Product-Market Fit 的概念，Product Market Fit 的簡寫是 PMF，是指產品和市場達到最佳的契合點，你所提供的產品正好滿足市場的需求。

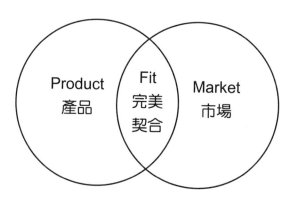

圖 11-6　Product Market Fit 概念圖

　　馬克・安德森（Marc Andreessen）認為，在達成 PMF 之前，過多的產品優化和過早的行銷推廣都是不必要的。

三、PMF 金字塔

　　Olsen 提出 PMF 金字塔模型，有助於企業有系統地實現 Product Market Fit。這個模型分為六個層級，分別是：❶你的目標顧客、❷你的目標顧客未被服務的需求、❸你的價值主張、❹你的產品功能集、❺用戶體驗、❻與客戶一起測試。

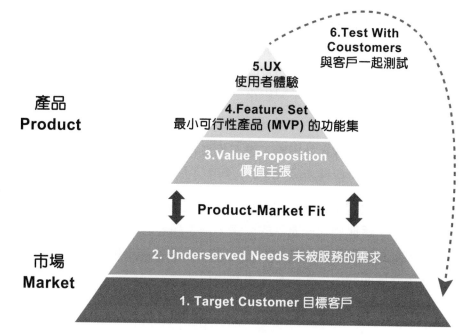

圖 11-7　PMF 金字塔模型

資料來源：　https://www.mindtheproduct.com/2017/07/the-playbook-for-achieving-product-market-fit/

企業可以藉由思考由下至上的五個層級，去實現 PMF。這五個步驟分別是：

1. **確定目標顧客**：哪些人群未來將會是你產品的目標受眾，他們會購買或者使用你的產品。目標顧客群的設定，將是整個團隊的認知，設計開發的產品都是朝著這個方向。

2. **找到市場上那些未被服務的需求**：這個階段需要找到新藍海市場，目標顧客群有需求的可能，而市場的現有競爭者或未來潛在競爭者尚無法滿足，而且也不會快速滿足的領域。這需要一定的市場洞察力，或者把自己作為用戶來感同身受，或者對用戶進行深入的調研和訪談，發現那些需求，這樣的需求有幾種：

   (1) 即有需求：現有需求，但需求未被完全的滿足，或者是目前產品或服務未能完全滿足。

   (2) 潛在需求：目標顧客群有這樣的需求，但是目前沒有這樣的產品去滿足。

   (3) 未來需求：這樣的需求客戶自身也沒有意識到，當技術或模式的創新出現的時候，會爆發出他們對於某種需求的要求。

3. **明確的價值主張**：價值主張在於確定你的產品提供目標顧客哪些核心價值，準備解決目標顧客的哪些問題。

4. **確認最小可行性產品 MVP 的核心功能集**：當確認產品的價值主張後，要把最小可行性產品 MVP（Minimum Viable Product）的產品功能集確定下來。這意味著，暫時不需要花大量的時間和人力把一個完整的產品創造出來，先把這個產品的最核心功能集呈現出來。核心功能是指目標顧客內心真正需要的功能。

5. **把最小可行性產品 MVP 做出來，讓用戶進行體驗**：在確定 MVP 核心功能集之後，需要最小可行性產品 MVP，讓用戶去使用和感知。

6. **與客戶進行測試驗證**：讓你的目標顧客去使用你的最小可行性產品 MVP，這個階段需要了解他們對於產品的反饋，是否滿足他們的需求，是否符合他們的邏輯，是否為他們真正帶來價值，還有哪些不足之處。這是一個循環的過程，甚至對前面的價值主張都要重新思考。

11-4 產品策略

產品行銷策略是一連串的流程，該流程主要是由市場區隔（Segment）、選擇目標市場（Targeting）及市場定位（Positioning）三項基本決策所驅動，如圖 11-8 所示。為了做這些決策，行銷人員必須先回答下列問題：

1. 對於消費者，什麼是重要的？

2. 在消費者認為重要的事情中，企業應該集中焦點在哪些部份？

第一個問題能找出可行的產品定位策略，第二個問題則可找出不同的目標顧客群，以及相對的產品定位策略。

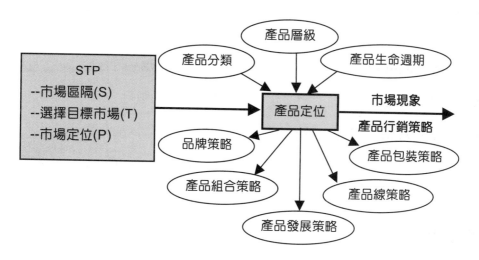

圖 11-8 產品策略管理

一、產品組合策略

產品組合（Product Mix）又稱為產品搭配（Product Assortment），係指賣方供銷給買方的產品線及產品品項的集合。產品組合可用廣度（Width）、長度（Length）、深度（Depth）、一致性（Consistency）來說明。

1. 產品組合的廣度（Width）：係指企業所擁有的「產品線」數目。產品線越多則表示產品組合廣度越大。假設有 5 條產品線，則其產品組合的廣度就是5。有些產品組合很狹窄，只有一條產品線；有些產品組合則很廣，有很多條產品線。較廣的產品組合廣度，可使行銷者對其經銷商有較強的談判議價能力，對經銷商的控制力也較大，這是產品組合廣度較廣所帶來的經營優勢。

2. **產品組合的長度（Length）**：係指企業所生產或銷售之「產品品項」的總數。產品組合的總長度除以產品線的數目即得產品組合的平均長度。

3. **產品組合的深度（Depth）**：係指企業「產品線」中每一個「產品品項」有多少種不同的樣式，也就是每一產品品項提供多少變體—樣式或種類。假設白人牙膏有三種大小及二種配方，它的產品組合深度即為 6。將每一產品品項之深度加總計算，再平均之，即得產品組合之深度。

4. **產品組合的一致性（Consistency）**：係指不同產品在用途、生產技術、配銷通路或其他方面相似的程度。

由產品組合的四個構面—廣度（Width）、長度（Length）、深度（Depth）、一致性（Consistency）—可以協助企業擬定企業的產品策略，亦即企業可以四種方式來擴展事業：

1. **廣度（Width）方面**：增加新產品線，從而拓寬產品組合。

2. **長度（Length）方面**：增加產品線內產品品項的數目。

3. **深度（Depth）方面**：增加產品品項的樣式變化，以加深產品組合。

4. **一致性（Consistency）方面**：在產品組合裏追求一致的產品類型或產品線，以專注於某特定領域，在該領域內得享盛名。

二、產品線策略

基本上，企業有四種產品策略可供選擇：

1. **產品線延伸（Line Stretching）策略**：產品線延伸係指企業將產品線擴展至其他經營範圍。當企業決定增加新產品到現有的產品線，以擴大其產品線的經營範圍，增加競爭力時，企業通常會採行產品線延伸策略。基本上，產品線的延伸方式有三種：

   - 向下延伸：產品線向市場較低價或較低品質的產品範圍延伸。

   - 向上延伸：產品線向市場較高價或較高品質的產品範圍延伸。

   - 雙向延伸：同時進行向上延伸與向下延伸。

2. **產品線填補（Line Filling）策略**：係在現有的產品線範圍內，增加更多的「產品項目」，以提供該產品線的完整性。

3. **產品線縮減（Line Pruning）策略**：係在現有的產品線範圍內，減少「產品項目」數，以維持該產品線的競爭性。產品線縮減少一般而言係由於產品線擴張過度所致。產品線如果過度擴張，會造成行銷資源的不當分配或浪費，則可能會進一步侵蝕利潤。

4. **產品線調整（Line Adjusting）策略**：係指產品線內產品品項的更新。由於市場環境的變化，消費者慾望的改變，以及競爭者的競爭態勢改變等因素，產品線必須定時更新調整，以維持掌握市場商機。

三、產品定位策略

安索夫提出產品市場成長矩陣（Product/Market Expansion matrix），如圖 11-9，其基本的策略方案是從產品（Product）和市場（Market）兩個層面著手，從而衍生出四種成長策略。

市場		產品	
		既存產品	新產品
	既存市場	市場滲透 (Market Penetration) 鼓勵增加使用量	產品開發 (Product Development) 運用新技術牽引出新產品
	新市場	市場擴張 (Market Expansion) 為既存產品尋找新客源	多角化 (Diversification) 新產品新市場

圖 11-9　產品市場成長矩陣

1. **市場滲透策略**：在現有市場內，以現有產品，藉由說服既有顧客購買更多的企業產品，增加既有顧客對產品的使用量，或在獲得新顧客，以達到企業成長目標的決策。

2. **市場擴張策略**：以現有產品在新市場上行銷，以達企業成長目標的決策。而新市場可以是同一地理區的不同市場區隔，或不同地理區的相同目標市場。

3. **產品開發策略**：在現有市場上行銷新的產品，以達企業成長目標的決策。而產品開發策略的焦點，在於以最小風險來獲取潛在最大利益。

4. **多角化策略**：將產品及市場擴張至新的產品與新的市場。企業無法在既有產品與既有市場建立優勢或獲取想要利潤時，便可採取這種策略，這是一種風險最大的產品成長策略。多角化在程度上的不同，又分為：

- 相關多角化：係指提供與既有產品有關的新產品，或新產品與新市場與現有的業務存在某種共通性。

- 非相關多角化：係指提供與既有產品無關的新產品，而且新產品與新市場與現有的業務缺乏共通性。

此外，Hiam & Schewe (1995)兩位學者，將產品策略分為七大類型：

1. **全產品線與有限制的產品線**：只是程度上的不同，全產品線是指產品線有相當的寬度及深度。有限制的產品線則是指提供特定產品。

2. **產品線填充策略**：是指市場上若存有未被競爭者注意到的斷層，或因消費偏好改變而形成的斷層。

3. **品牌延伸策略**：品牌延伸是指把原有產品的品牌擴大到其他產品品項。

4. **產品線延伸策略**：是指在相同基本型產品推出更多變化的類型。

5. **重新定位策略**：包括運用廣告及推廣活動扭轉消費者原有的認知。

6. **規劃的產品過時策略**：運用使產品過時的策略，以提高替代品的銷售額。

7. **產品撤出策略**：當產品開始衰退或已經過時，企業便要決定何時把該產品正式退出生產線。

四、新產品策略

網路行銷人員有六種新產品策略可供選擇，第一個「創新發明」是風險最高的策略，第六個「降低現存產品成本」則是風險最低的策略。

1. **創新發明**：初次問世，對世界而言，該產品是從沒見過的。

2. **新產品線**：以現有的品牌名稱，然後在完全不同的類別內，創造新的產品線。

3. **附加在現存產品線**：在現有的產品線，增加新的規格、尺寸、口味、風格或其他變更。

4. **修改現存產品**：改良即有產品，以取代舊有產品。

5. **產品重新定位**：產品並沒有多大改變，只是改變其產品定位。

6. **降低現存產品成本**：產品並沒有實質上的改變，只是想辦法降低其成本。

通常新產品將經歷六個開發階段，如圖 11-10 所示，稱為新產品開發程序：

1. **產品創意**：要發掘創意，得需先從顧客需求著手。根據調查，80%的企業指出顧客是新產品創意的最佳來源，許多企業通常會去分析顧客抱怨或者是關於產品的意見或問題，藉以發覺新產品的市機會。

2. **檢視創意**：在這階段，通常企業靠經驗與判斷檢視各種新創意，而非市場或競爭資料。這又可細分為「構想篩選」與「概念發展與測試」兩階段。在篩選創意時，可以考慮下列幾個構面：新產品的獨特性優勢、市場本身的吸引力、企業資源的配合度。

3. **經營分析**：一旦發展出產品概念後，就要進行具體的經營計畫書以規劃行銷策略，此即步入經營分析的階段。通常包含兩大部份：估計新產品的銷售量與銷售額、預測新產品的成本與費用。

4. **開發原型**：在確認經營分析的結果可行之後，開發新產品的原型，以便觀察此產品概念的利益是否能夠表現出來。通常開發原型需要大量的投資，因此這個階段的新產品開發成本急速上升。此外，還得檢視該產品在實際使用時是否安全，即進行所謂功能性測試。

5. **市場測試**：除了原型開發階段的內部測試之外，接著要進行實際顧客的市場測試。

6. **商品化**：市場測試成功或視其結果調整產品規劃後，就邁入商品化或上市的階段，以進行全面量產。

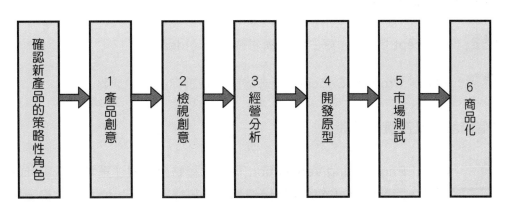

圖 11-10 新產品開發程序

資料來源：行銷學，Michae J. Etzel 等人原著，黃營杉審閱，美商麥格羅‧希爾，2001, p.270.

新產品選擇進入市場的時間點十分重要，一般有三種選擇：

1. **搶先上市**：基於「先佔先贏」（First Mover Advantage）的想法，許多企業都樂於搶先上市以搶佔關鍵通路與顧客，以獲得領導廠商地位。

2. **同步上市**：此法的優點是可與競爭者共同分擔宣傳促銷成本。若是與異業結盟的同步上市，還可能獲得相得異彰的加乘效果。

3. **延後上市**：若選在競爭者進入市場後才跟進，也可能獲得三種利益，❶競爭者必須負擔教育市場或消費者的成本、❷可避免競爭者所犯的錯誤、❸可藉競爭者探知市場規模與消費者反應。

五、新創商品開發

圖 11-11 新創商品開發的六個階段

新創商品開發分為兩個階段、六個步驟：

第一個階段：概念驗證階段

step 01：Concept：概念。好的創意構想或點子（Idea）。

step 02：POC：Proof of Concept 概念驗證。驗證你的構想或點子。

第二個階段：量產實現階段

step 03：EVT：Engineering Verification Test 工程驗證。關注重點在於設計的可行性，因此所有可能的設計問題都必須被提出來一一修正，並檢查是否有任何規格被遺漏了。

step 04：DVT：Design Verification Test 設計驗證。關注產品規格，驗證整機的功能，重點是找出設計及製造的所有可能問題，以確保所有的設計都符合規格，而且可以量產。

step 05：PVT：Production Verification Test 量產驗證。不只是簡單的打樣，還要做大量生產前的製造流程測試。檢視產線、估算工時、確認產能。

step 06：MP：Mass Production 量產。關注量產的品質、良率、包裝。最後，確認整條生產線的標準量產程序。

11-5　網路品牌管理

一、品牌基本概念

品牌（Brand）是指用以認定產品或服務的名稱、語辭、設計、符號或其他特徵。品名（Brand Name）是品牌中可以唸出聲音來的那一部份，如字母、數字和文字。品線標識（Brand Mark）是品牌中不能說出的一部份，通常是一個符合、圖案、設計、顏色或其結合。商標（Trademark）是品牌的法定名詞。品牌若向有關單位登記註冊，而讓註冊廠商對該品牌有獨家擁有權與使用權，則該品牌就成了商標。

好的品牌名稱對企業非常重要，這也衍生出品牌價值（Brand Values）的觀念。品牌價值代表消費者購買出色品牌所願支付的額外費用。而品牌個性（Brand Personality）是品牌價值的延伸，用以讓消費者能經由購買特定產品來表達他們自己的個性。

品牌熟悉程度（如圖 11-12）是消費者選擇行為的主要線索，也影響了行銷組合之規劃。

圖 11-12　品牌熟悉程度

1. **品牌概化（Brand Nonrecognition）**：係指因消費者不知道某品牌之存在，所以認為所有品牌之產品都相同。

2. **品牌認知（Brand Recognition）**：係指消費者聽過或知道某個品牌，而且記得它。

3. **品牌拒絕（Brand Rejection）**：係指消費者知道某個品牌，但因對它的印象不好，而不接受它。

4. **品牌接受（Brand Acceptance）**：係指消費者在購買產品時，會將某個品牌列入考慮。這個品符合消費者對產品的最低要求。

5. **品牌偏好（Brand Preference）**：係指消費者不但接受某個品牌，並且喜好該品牌。

6. **品牌堅持（Brand Insistence）**：係指消費者只購買某個品牌產品。

此外，與品牌相關的決策如下：

1. **品牌建立決策**：有品牌、無品牌。

2. **品牌提供決策**：製造商品牌、配銷商品牌。

3. **品牌名稱決策**：個別品牌名稱、總體品牌名稱、個別家族名稱、公司名稱。

4. **品牌策略決策**：產品線延伸、品牌延伸、多品牌、新品牌、共同品牌。

5. **品牌重定位決策**：品牌重定位、品牌不重新定位。

值得注意的是，過度的品牌延伸模糊了品牌在消費者心中的地位，當消費者不再把某品牌和某特定商品或高度相似性商品做同一聯想時，就會發生品牌稀釋（Brand Dilution）。例如：當人們上網購書時，第一個出現在腦海的網站可能是亞馬遜網路書店，但如今亞馬遜不再只是賣書，還開始出售其他商品，如烤肉架、電器、DVD等，其品牌定位已由「全球最大的書店」，改換成「全球最大購物商城」，試圖滿足消費者一次購足的需求，但令人擔憂的是，亞馬遜的品牌延伸策略會不會帶來品牌稀釋的後果。

二、品牌權益

品牌權益（Brand Equity）是與品牌的名稱和符號（Symbol）有關聯的品牌資產及負債，此種資產及負債會對產品或服務帶來或增或減的效果。基本上，品牌權益包含四個層面，如圖 11-13 所示：

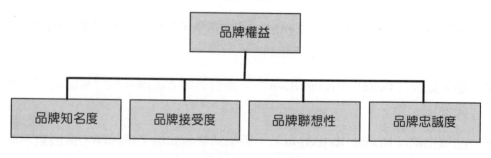

圖 11-13 品牌權益

1. **品牌知名度**：是一項常常被低估的資產，然而，知名度向來都會對人們的感受，甚至品味造成影響。人們喜歡熟悉的事務，並且總是對自己所熟悉的事務抱持著正面的態度。

2. **品牌接受度**：是一種特別的聯想形式，部份是由於它會在許多情況下影響品牌聯想性，另外一部份的原因則是，經過實證顯示，它會對獲利能力產生影響。

3. **品牌聯想性**：是任何可將顧客與品牌予以連結的事物。它包含著使用者心中的想法、產品特質、使用場合、組織性聯想、品牌性格與品牌符號。品牌管理中有許多層面，均涉及應決定發展何種聯想，以及創造出可將聯想性與品牌相結合的計劃。

4. **品牌忠誠度**：是所有品牌價值的核心。此一觀念在於加強各個具有忠誠度區隔的規模與程度。客層規模小但極度忠誠的品牌會具有相當大的品牌權益。

三、品牌靈魂

「品牌靈魂」是品牌的核心價值，它代表一個品牌最核心、最獨一無二的要素，能讓消費者明確地、清晰地識別並記住品牌的利益點與個性，成為品牌區別競爭對手的最重要標誌。「品牌靈魂」當一個品牌開始在市場上有影響力時，將能在市場上產生某種程度的記憶。「東京著衣」粉絲團於 2019 年 7 月 3 日公開貼文表示：新的名字 Yoco Collection 做出發，但這樣的舉動在擁有 78 萬名粉絲的品牌 Facebook 粉絲團上，居然只有 10 餘人按讚，看在行銷人眼裡，更名的舉動，品牌靈魂已蕩然無存，宣告「東京著衣」的落幕。一個品牌是否成功，其中一個關鍵在於是否曾感動人心並留下深刻的記憶。很多品牌往往在消失的那一天，能引發我們的追思。

四、企業識別系統（CIS）

www.google.com.tw   tw.yahoo.com   www.yam.com

許多企業會將產品品牌套用到整個企業對外展現的各個層面上，舉凡職員所穿的制服、與外界溝通用的信紙等，都使用相同的字體、顏色及符號設計，此稱為企業識別系統（Corporate Identity System, 簡稱 CIS），同一集團旗下的關係企業也常用這種方式。

企業識別系統還可細分為理念識別、行為識別與視覺識別。理念識別來自品質差異化，行為識別來自銷售方式差異化，而視覺識別則涉及外觀差異化。

對消費者而言，同樣等級的商品，消費者會優先選擇具有品牌名稱及企業識別系統（CIS）的商品。對企業而言，為了讓消費者看到某些企業色系自然聯想到某個企業或網站，建立網站識別色系不啻是區隔競爭對手，凝聚目標社群向心力，且又能有效吸引消費者注意力的方式。

五、網路蟑螂

網路蟑螂係指利用知名企業的名稱，搶先申請網域名稱，然後再以高價販售該網域名稱以圖利自己。

11-6 網路商品相關議題

一、長尾效應與冷門商品

「網路商品適合論」認為，越是適合在網路上銷售的產品，代表其對傳統市場交易模式的衝擊越大。

2004 年 10 月美國連線雜誌（Wired Magazine）總編輯安德森（Chris Anderson）發表「長尾效應」（Long Tail）一文，長尾效應（Long Tail）意指所有非主流的冷門商品累加起來，會形成一個比流行主流商品還要大的市場。所謂「長尾效應」，簡單地說就是，經由網路科技的帶動，過去一向不被重視、少量多樣、在統計圖上像尾巴一樣的「冷門商品」（或小眾商品），卻能變成比大賣的「暢銷商品」有更大的商機。如圖 11-14 所示。

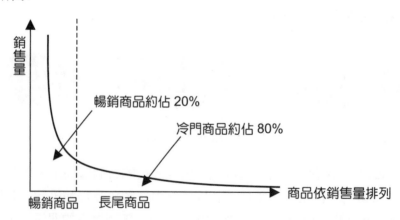

圖 11-14 長尾效應

冷門商品靠網路長銷，業績不輸熱賣貨。就以音樂 CD 的銷售為例，過去因為賣場空間有限，只有最暢銷大賣的 CD 才有上架展售的機會。但就算全世界最大的量販店沃爾瑪（Wal-Mart）也只能有 4,000 種 CD 上架，這只占全部音樂 CD 種類的 1%左右，其他 99%少量多樣的音樂 CD，卻因無銷售管道而難有市場商機。如今透過網路就大不相同了，Amazon 因不受賣場限制，就有 80 萬種 CD 在買賣，雖然每種 CD 數量不多，但幾乎各種 CD 都會有人喜歡，因此這個種類繁多的小眾市場，就像一條很細很長的尾巴，由於它的項目夠多、尾巴夠長，「冷門商品」的交易總額往往比「暢銷商品」還要大。

二、數位化商品的定義

所謂「數位化」（Digitize）是指將聲音、文字、圖形、訊號等，利用電腦加以編碼，轉換為 0 與 1 的排列組合，並可再利用電腦加以解讀還原。因此只要能以數位化型式存在的商品，都可稱為「數位化商品」。

三、數位化商品的特性

數位化商品有三個互為表裏的基本特性：

1. **不具毀損性：** 由於不具毀損性，因此數位化商品一旦被製造就永久維持它的形式與品質，所以無所謂耐久財與非耐久材的區別。對此一極端耐久的數位商品而言，消費者理論上只會在產品生命週期中購買該數位商品一次，廠商若想賣更多，就必須降價求售，然而消費者也可能預料到價格有向下探底的趨勢，所以延緩購買。

2. **重製性：** 數位商品容易複製、儲存與傳輸，因此除了依賴智慧財產權的保護外，企業必須藉持續改變與改良來推陳出新數位產品，以維持獲利。

3. **變化性：** 一旦生產者採取一些機制抑止非法的拷貝，則可能破壞重製性。

🔲 數位化商品的成本結構

數位化商品的「開發成本」可說是相當的高，但是其「重製成本」卻非常的低廉，就如同一本電子書在出版之前，可能需要花費作者相當長的一段時間，耗費心力來寫作，但是當電子書出版後，接下來的再製就相當的便宜。

🔲 數位化商品為一種經驗財

經濟學上所謂的經驗財，是指使用者必須親身使用過該項產品後，才能得知產品的價值。對數位化商品而言，以使用者的角度來看，幾乎每次都是在購買一種經驗財。

使用者能夠清楚的知道他今天所買的經濟日報,是否真的值 15 元嗎?答案是否定的,除非使用者已經閱讀過內容,否則不會知道這份報紙的價值所在。

鎖住與轉換成本

鎖住(Lock-in)與轉換成本(Switching Cost)是指當使用者已習慣於使用某一項資訊產品時,便很難轉換為其他資訊產品來使用;而在轉換的過程中,所需要付出的代價,即為轉換成本。例如對於慣用微軟 Windows 作業系統的使用者而言,可能就很難轉換使用 Linux 系統,而微軟本身也針對舊版使用者提供優惠的升級購買價格,來加強舊使用者對原有作業系統的依賴性。

正向回饋與網路效應

正向回饋就好像拿著擴音器講話一樣,會產生一個放大的效果,簡單的說,就是強者愈強的意思,這個情形在網路經濟中又最為常見。而資訊產品在網路經濟的發展下,透過網路的傳遞與應用,使得其產品越來越多使用者使用,而新的使用者對產品的價值是取決於使用人數的多寡,此即為網路效應(Network Effect),或稱為網路外部性(Network Externality),這種經濟上的效益連帶的加強了正向回饋的效果。資訊產品的發展,透過上述效應,使得名氣越大的廠商越能在市場上佔有一席之地,最著名的例子為 Internet Explorer(IE)與 Netscape 的瀏覽器市場爭奪戰,當微軟急起直追並打敗 Netscape 成為市場佔有率較高的一方時,新加入的使用者也越來越傾向於使用 IE,使得 Netscape 與其他廠商的佔有率越來越小。我們可以利用圖 11-15 來說明上述的效果:

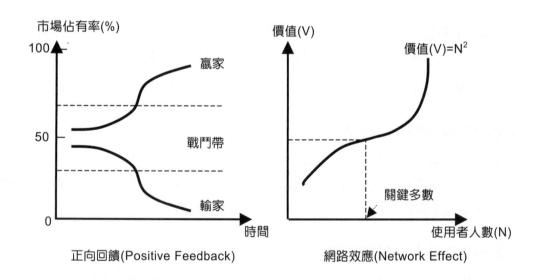

圖 11-15　正向回饋與網路效應

交易成本的降低

透過網路來傳遞與應用的數位化商品，最大的經濟效益當屬交易成本的降低，可將數位化商品的主要網路交易成本型態分為五點：

1. **搜尋成本（Searching Cost）**：指在尋找買賣雙方的過程中，所需花費的成本。

2. **資訊成本（Information Cost）**：為了得知買賣雙方對其產品品質的資訊，以及交易信譽與產品需求，所需花費的成本。

3. **訂約成本（Contracting Cost）**：指買賣雙方在交易的過程中，對交易項目的協商及訂立規範交易的合約所需花費的費用。

4. **執行成本（Enforcing Cost）**：基於在不確定性的因素會影響交易的前提下，對於合約實施的規範與控制，以及履行合約項目所發生的差異與制裁的實施費用。

5. **維護成本（Maintenance Cost）**：讓交易從此階段到下一個階段，過程中間所需使用資源的成本。

學習評量

1. 何謂數位化商品？

2. 何謂「產品」、「產品品項」、「產品線」、「產品組合」？

3. 何謂「Product Market Fit」？

4. 請說明新創商品開發的六個階段？

5. 何謂「品牌」？

6. 何謂「長尾效應」（Long Tail）？

7. 何謂「資料型產品」（Data Product）？

網路行銷組合 — 定價（Price） 12

導讀：Netflix、Disney+ 都虧損，串流平台好難做

Netflix 2022 年第一季財報顯示，退訂人數 360 萬人創下新高，加上廣告市場惡化，2019 年以前 Netflix 獨大但現在串流媒體平台五花八門，消費者「訂閱疲勞」，這種趨勢將延續到 2023 年。

為減少虧損，Netflix 2022 年 11 月推出比 Netflix「基本訂閱方案」價格更低的「廣告版訂閱」（Basic with Ads）方案，Disney+ 也在 2022 年 12 月推出支援廣告、價格更低的方案。

Netflix「廣告版訂閱方案」美國地區定價為每月 6.99 美元，比「基本訂閱方案」便宜 30%左右。「廣告版訂閱方案」最高支援畫質為 720p HD，以及每小時內容插入 4 到 5 分鐘廣告，廣告長度約為 15 或 30 秒，將在內容播放前或播放期間插入。

Disney+ Basic 廣告基本版美國地區定價為每月 7.99 美元，與之前的無廣告的基本版訂閱費相同。但 Disney+ Basic 廣告基本版的限制比 Netflix 來得小，最高支援 4K 畫質高品質串流影片。

　　本章先藉由對定價因素的了解，進而說明一般定價方法，最後則探討網路行銷的定價策略。

12-1 定價時應考慮的因素

價格決定了商品在網路上競爭的實力。美國行銷會（AMA）對價格（Price）所下的定義是：每單位商品或服務所收付的價款。

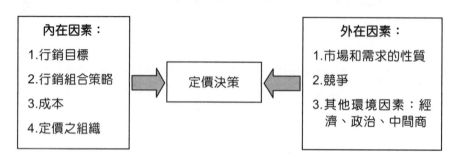

圖 12-1 影響定價決策的因素

一、影響定價決策的內在因素

🟦 行銷目標

一般定價的目標有：

1. **求生存**：大規模減價，只要售價高於變動成本而可彌補固定成本，這樣就可以使公司繼續生存一陣子。

2. **求本期利潤最大**：估計各種價格下的需求和成本，選擇一種價格能使本期利潤，現金流入量和投資報酬率最大。

3. **求市場佔有率的領先**：儘量壓低價格，而擬出的行銷定價行銷方案。

4. **求產品品質或研發的領先**：通常要以較高的價位來分擔高品質和研發費用。

5. **牽制競爭者**：跟隨競爭者定價或以較低價格牽制競爭者，以避免競爭者坐大。

🟦 行銷組合策略

價格決策須與產品設計、配銷、促銷決策互相協調，以組成一套一致而有效的行銷方案。例如：

1. **市場區隔**：路邊攤還是五星級飯店。

2. **產品特性**：日用品還是奢侈品。

3. **配銷通路**：中間商的利潤與廣告費用。

🔹 成本

成本係公司為產品定價所設的下限。公司的成本有兩種型態：

1. **固定成本**：係指不隨產量或銷售收入而變動的成本。

2. **變動成本**：係指隨產量或銷售收入而變動的成本。需注意的是，變動成本會隨著經驗曲線（Experience Curve）或學習曲線（Learning Curve）效果變動而變動。

🔹 定價之組織

公司須決定組織裡的哪些人要負責定價程序及定價決策？而其定價的主要三個考慮點如圖 12-2 所示：

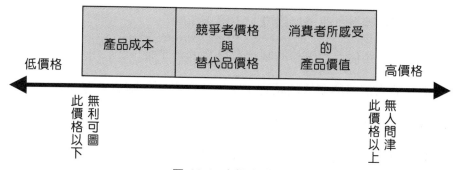

圖 12-2　定價光譜

一般而言，消費者所感受的產品價值（認知到的價值）會決定價格的上限。

3. 當消費者的知覺利益＜知覺犧牲，則消費者不願購買。

4. 當消費者的知覺利益＞知覺犧牲，則消費者才有購買意願。

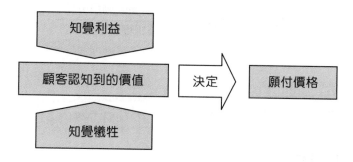

圖 12-3　消費者的願付價格

二、影響定價決策的外在因素

市場和需求的性質

成本係定價的下限，而市場和需求則為其上限。

1. 不同型態市場的定價

   - **完全競爭市場**：買賣雙方皆為市場價格的接受者。賣方並不重視行銷策略，因為只要市場依然維持完全競爭狀態，則行銷研究、產品發展、定價、促銷、配銷策略等幾全無用武之地。

   - **壟斷性競爭**：賣方有能力使其產品有別於其他競爭產品（產品異質），買方感覺有所不同，故願付不同的價格。

   - **寡佔競爭**：競爭者跟降，不跟漲。

   - **完全獨佔**：對價格的制定有最高的自主權。

2. **消費者對價格與價值的感受**：定價決策必須是購買者導向的。

3. 分析價格與需求量的關係

   - **價格因素的影響**──同一條需求曲線上點的移動。

   - **非價格因素的影響**──整條需求曲線的移動。

4. **需求價格彈性**：彈性大則價格的小幅度變動會造成需求的大幅變動；彈性小則價格的變動不太會影響需求。產品越獨特或越不容易取代時，價格彈性越小，越適合定較高的價格。

$$需求價格彈性 = \frac{需求量變動百分率}{價格變動百分率}$$

競爭

1. 競爭者的產品價格
2. 競爭者的產品功能、品質與服務

其他的外在因素

1. 經濟因素：經濟成長率、物價指數
2. 政府法規：例如稅制、水電、運輸、瓦斯費
3. 中間商態度

三、網路定價的困難所在

1. 網路行銷者並不知道產品的需求曲線，無法預估產品的價格彈性。

2. 不同的顧客對產品或服務所負擔的價格理應不同。

3. 顧客常購買多種互有關聯性的產品，如使用 Apple 習慣的顧客會使用同一品牌的手機及其周邊商品。

四、價格敏感度與定價

1. **獨特價值效應（Unique Value Effect）**：獨特的產品特徵或特值（消費者能從中獲得的利益）會降低購賣者的價格敏感度，增加購買者的購買意願，這種現象稱為獨特價值效應。

2. **替代認知效應（Substitute Awareness Effect）**：表達價格敏感度與替代品之間的關係。即使是最高檔的產品或服務也可能具有高的價格彈性，若市面上只有一種產品且無替代品，則此產品的價格敏感度必低；反之，若市面上的替代品到處可見，則其價格敏感度必高。

3. **分擔成本效應（Shared Cost Effect）**：主要在說明當產品的購買決定者與實際支付者不是同一人時對價格的敏感程度。例如您因公採購，則比較不會在乎價格，反之，如果出錢的人是您自己，那麼對價格的敏感度就會比較高。

4. **價格-品質效應（Price-quality Effect）**：當購買者第一次面對新的公司、新的產品或新的服務時，購買者通常會利用價格來判斷品質。而價格-品質效應正說明了此一現象，對品質的不易判斷，會降低購買者的價格敏感程度。

5. **存貨效應（Inventory Effect）**：當產品可以被購買者儲存，而且不佔空間，沒有使用期限時，則其價格敏感度就會高；反之，當產品的儲存不易，不論是空間或時間上的限制，對購買者而言，價格敏感度就會高。例如當鮮奶價格下降時，因只能儲存七天，對購買者而言，他可能只買一瓶，因為買多了他無法在期限內喝完，因此鮮奶的價格敏感度就低。

6. **價格無差異區間效應**：所有產品都有其定價無差異區間。所謂定價無差異區間係指，在一定範圍內的價格變化，並不影響購買者的購買意願。例如，同等地段同樣坪數的幾千萬房屋，差個幾百元或差個幾千元，並不會影響購買者的購買意願。

五、數位產品的定價因素

數位產品的成本結構

資訊產品的製造成本可說是相當的高，但是其重製成本卻非常的低，例如一套軟體在上市之前，也需要工程師不眠不休的努力撰寫程式，以及公司龐大的資金需求與軟硬體開發環境，當軟體已經完成可以上市銷售，其軟體的再製成本可能只有光碟與包裝費用等。

同樣的，對一個以提供訊息內容為資訊產品的網路內容提供者（ICP）而言，在生產資訊之前亦需投入大量資金建設硬體，並透過專業人才來蒐集資訊加以分析，當資訊內容完成後，所花費的成本僅可能是管理資料庫的費用，或是儲存媒體所需要的電力而已。因此學者認為資訊產品的製造具有高固定成本，以及低邊際成本的特性，簡單的說，即製造第一份資訊產品的成本極高，但當資訊產品開始再製時，其再製成本則微不足道。

這種成本結構有著許多重要的隱含意義：當產品數量極大時，新增一單位產品的成本可能接近於零，此時運用過去以單位成本為基礎的訂價模式則顯的毫無用武之地，因此在資訊產品的訂價上，並不是透過產品的成本來做為訂價的考量，而是要搜尋顧客價值（Customer Value）來做為主要的訂價依據。

數位產品的鎖住與轉換成本

鎖住（Lock-in）與轉換成本（Switching Cost）是使用者在使用資訊產品時另一個常面臨的問題，這裡所謂的鎖住，指的是當使用者已習慣於使用某一項產品時，便很難轉換為其他產品來使用；而在轉換的過程中，所需要付出的代價，即為轉換成本。

例如過去利用唱片（LP）或卡帶（Cassette）來欣賞音樂的使用者，如今線上直接付費就可以下載來欣賞，若產品本身並沒有很大的誘因驅使使用者轉換，則使用者可能傾向於使用原本的設備。

在資訊產品的市場中，鎖住與轉換成本的例子隨處可見，如對於用慣微軟的作業系統 Windows 的使用者而言，可能就很難轉換為 Linux 系統，而微軟本身也針對舊版使用者提供優惠的升級購買價格，來加強舊使用者對原有作業系統的依賴性。

六、網際網路影響定價的因素

有許多網際網路的因素會造成定價的上揚：

1. **配銷成本**：因為實體商品在線上下單後都必須宅配到目的地，這些成本比傳統零售店的物流成本還高，網路零售商對於這些商品都負擔著相當沉重的配銷成本。有些網路零售業者會將宅配成本轉嫁給消費者，並且有些業者甚至抬高運費，以補償他們所提供的一些折價品甚至樣品或試用品。

2. **聯盟計畫（Affiliate Program）**：有些網站會與其他網站簽訂聯盟計畫，若訂單經由其聯盟網站而來，則必須支出推薦佣金，一般是 7% 至 15%。就像傳統通路，這類佣金都會影響到商品的定價。

3. **網站的發展與維護（Site Development and Maintenance）**：根據調查指出網站的發展與維護成本並不便宜，這些或多或少都會影響到商品的定價。

4. **行銷與廣告**：網路上的行銷與廣告成本，比傳統行銷與廣告成本來得昂貴。例如，亞馬遜花費年收入的 24% 來行銷與廣告它的品牌，而龐諾實體書店卻只花費年收入的 4% 來行銷與廣告它的品牌。

當然，也有許多網際網路的因素會造成定價的下降：

1. **自助式的訂單處理**：消費者在網路上直接下單，對企業而言，節省了訂單輸入及紙張的成本，以及錯帳機會的減少。

2. **零庫存**：有些網路零售商甚至沒有庫存，他們讓消費者在網路上下單以後，直接將訂單後傳給供貨商，由供貨商直接出貨，因而節省下鉅額倉儲及運輸成本。

3. **行政業務費**：網路零售業者通常不需在精華商業區租借昂貴的店面或安置辦公人員，這通常可以省下企業的行政業務費。

4. **自助式的顧客服務**：傳統上顧客服務平均要花 15 至 20 美元，但網路上的自助式顧客服務卻只需 3 至 5 美元。

5. **印刷及郵寄**：企業不必再印製商品型錄，寄送郵件。相對之下，線上型錄的成本非常低，而且不需郵寄。

6. **數位商品配銷成本**：數位化商品可以在網路上直接配送，其配銷成本極低。

7. **網路上的禮物經濟學（Gift Economy）**：網站提供資訊，並不要求消費者有直接的回報，而是從其他方面獲得間接的報酬。在定價方面，電子商務企業必須分辨什麼是吸引人潮的「禮品」，以及為匯聚錢潮的「商品」，如果所產生的集客力無法達到網路外部性，且沒有企業願意對所聚集的人潮付錢，則無法獲利。

12-2 定價方法

一、一般定價的方法

產品成本是定價的下限，消費者對產品價值的感受是定價的上限。

🔷 成本導向定價（Cost-based Pricing）

1. **成本加成定價法（Cost-plus Pricing）**：大部份企業最常用的定價方法是「成本加成定價法」，即依據產品的單位成本加上某一標準比例或成數而制定價格，而加成幅度則視產業傳統或是經驗法則而定。但要注意的是，消費者願意支付的價款，並不是按照產品的單位成本來決定的，而是依照產品效能及其對消費者所產生的價值而定。

2. **損益平衡分析與目標利潤定價法（Breakeven Analysis and Target Pricing）**：係依據某一目標利潤來訂定其產品價格。

🔷 購買者導向定價（Buyer-based Pricing）

購買者導向定價又稱為消費者感受定價法（Precieived-value Pricing），係依購買者的感受價值，而非產品的成本來定價。當商品同質性高無法產生明顯差異時，就可利用高度行銷包裝及廣告，塑造商品在消費者心目中的特殊認同感與定位，並且利用附加的品牌價值提高產品價格，所以有時又稱為「品牌價值訂價法」。

🔷 競爭者導向定價（Competition-based Pricing）

1. **現行價格定價法（Going Rate Pricing）**：係指依據競爭者的價格來定價，較不考慮成本或市場需求，它的價格或許與主要競爭者的價格一樣，也可能稍高或稍低。

2. **投標定價法（Sealed-bid Pricing）**：採投標定價法的公司考慮的重點是競爭者會報出何種價格，而不拘泥於成本或市場需求。就大公司而言，它所投的標很多，並不靠其中任何一個特別的標來維持生計，故用期望利潤的準則來選擇投標是合理的，它不必靠運氣，即可獲得公司的長期最大利益。然而對某些只是偶而投標或急需獲取合同來週轉的公司，期望利潤的準則也許不太適合。

二、網路行銷的定價策略

網路行銷的定價策略主要如下：

1. **購買者需求定價策略**：傳統行銷非常強調購買者導向定價，但這種定價方式是建立在對購買者消費資訊的預測上，帶有很大的主觀性。在傳統行銷活動中，企業通常會將「目標市場」進行「市場區隔」，根據不同的「市場區隔」，生產不同的產品或服務，並進而訂定不同的價格，以滿足不同「市場區隔」購買者的需求。網際網路的互動性使企業可以更為即時獲得購買者的需求資訊，為滿足購買者個人化的需求，企業可以根據購買者對產品或服務的不同需求，靈活地為每一購買者提供差異化的產品，並索取不同的價格。這種方式對企業來說非常有利，企業可以獲得更多的消費者剩餘價值，對購買者而言，也可以獲得更高的滿意度。

2. **線上拍賣策略**：線上拍賣提供一種新的、虛擬的、不受空間與時間限制的交易場所，它可以在短時間內聚集大量的買家，使交易可以在更大範圍內進行，提高了拍賣的產品種類和成功率，並降低交易成本。

3. **差別定價策略**：係指企業以不同的價格將同一種產品出售給不同的購買者。

4. **流行水準定價策略**：通常購買者會上網比較各直接競爭者產品的價格，因此企業可以上網搜尋競爭者的價格資料，並進行定價。

5. **即時定價策略**：網際網路的興起大幅增加了產品的價格透明度，有利於購買者進行比較和選擇，迫使企業採取更為即時的定價策略。

6. **搭售（Bundling）策略**：「搭售」強調的是兩種以上產品的組合銷售。關聯性商品（例如刮鬍刀與刀片、相機與軟片、數位相機與記憶卡）的搭售趨勢，不能單獨考量價格的個別因素，必須確立個別商品在產品組合中的角色，並針對整套產品線來思考定價，而非單純考慮個別商品。

三、價格／品質的定價策略

行銷學者柯特勒在價格／品質考量下，提出了「九宮格式」訂價分類。

價格	高	打代跑策略	價超所值策略	登峰造極策略
	中	經濟而不惠策略	中庸策略	物超所值策略
	低	經濟實惠策略	犧牲打策略	超高價值策略
		低	中	高
			品質	

圖 12-4 價格 / 品質定價策略

四、價格 / 品牌的定價策略

行銷人員可藉由檢視品牌的新舊、產品類別及價格高低這幾個要項,可繪出如圖 12-5 所示之價格 / 品牌定價策略圖。

價格	高	品牌高級化	高貴品牌
	低	品牌低階化	犧牲品
		現有品牌名稱	創新品牌名稱
		品牌	

圖 12-5 價格 / 品牌定價策略

五、收益管理

收益管理(Yield Management)是一種謀求收入最大化的經營管理技術。收益管理主要透過建立「即時預測模型」和對以「微區隔」為基礎的消費者需求行為進行分析,以決定最佳的銷售價格。其核心是「差別定價」(Price Discrimination),就是根據客戶不同的「需求特性」與「價格彈性」向客戶收取不同的價格標準。這種劃分標準的主要作用在於,藉由「差別定價」將那些願意並且能夠消費得起的客戶和為了使價格低一點而願意改變自己消費方式的客戶區分開,以極大化開發市場的潛在需求,提高整體效益。

收益管理要想成功,必須對於不同的「微區隔市場」需求,界定不同的價格區隔,價格較不敏感區可訂較高的價格;價格敏感區可訂較低的價格。

六、訂閱制

🔳 案例一：momo 快銷品訂閱制

momo 2019 年針對快銷品推出「週期訂購商品」，概念如同訂閱制，可選擇天數與配送次數，而且週期訂購價格不會高於首次購買時的促銷價。momo 週期訂購商品 2019 年 7 月 PC 上線試營運，2019 年 8 月手機 app 上線試營運。

momo 認為像是衛生紙、牙膏、洗髮精這類「週期訂購商品」快銷品，消費者不太會更換品牌，消費頻率也高，若能促使消費者進行回購，除了利潤以外，同時也會提升消費者的服務體驗。

🔳 案例二：《蘋果日報》的線上網站《蘋果新聞網》訂閱制告終

《蘋果日報》的線上網站《蘋果新聞網》從 2019 年 4 月開始實施會員制，2019 年 7 月宣布全面收費，內容僅限付費會員觀看，一開始只收取 10 元，到了 2019 年 9 月會員必須每月支付 120 元才能看新聞。

經過約一年的嘗試，《蘋果日報》於 2020 年 7 月 1 日宣布恢復全面免費閱讀。其背後原因在於不堪嚴重虧損。實施訂閱制後《蘋果新聞網》虧損持續擴大，2019 上半年虧損約新台幣 11.8 億元，較前年同期增加 9%。《蘋果新聞網》訂閱數下跌至不到 60 萬人，流量也大幅下滑，流量調查網站 Alexa 的數據顯示，《蘋果新聞網》在台灣網站的排名跌至 67 名。

內容未差異化導致讀者瞬間流失。台灣網路即時新聞幾乎沒有業者實施訂閱付費制，消費者有太多免費和替代內容可以看，《蘋果新聞網》在這方面並未做出顯著的差異化，因此消費者的轉換成本很低，一旦你不夠特別，消費者可以一鍵退訂或一秒退訂。

在網路新聞訂閱制服務中不是件容易的事，即使最成功的《紐約時報》，付費訂閱用戶數也只有 300 萬用戶，《紐約時報》的目標受眾是廣大的英語市場，《蘋果新聞網》的目標受眾卻有台灣、香港，市場相對受限。

12-3　產品組合定價策略

假如產品係屬產品組合策略的一部分時，定價即須修正。在這情況下，產品的價格應該在求整個產品組合的利潤最大，而不是單一產品的局部利潤最大。

1. **產品線定價（Product-line Pricing）**：在決定價格差距時，必須考慮同一產品線各型產品的成本差距、顧客對不同功能的評價，以及競爭者的價格等。然後為其產品線精心設定幾個不同等級的價格點（price point）。賣方必須使買方感受到不同等級間，產品確實有所不同，進而讓買方認同不同等級的產品有不同的價格是合理的。

2. **備選產品定價（Optional Product Pricing）**：例如顧客除了購買汽車之外，可能同時訂購電動控制器、衛星導航系統、除霧器、調光器等，公司必須決定哪些該包含在汽車售價？哪些應另行銷售與定價？

3. **後續產品定價（Captive Product Pricing）**：例如剃刀片、照相軟片、墨水匣，公司通常將主產品（即剃刀、照相機、噴墨印表機）的價格訂低，利用後續產品的高額加成來增加利潤。

4. **副產品定價（By-product Pricing）**：製造商會想辦法找尋副產品的市場，只要價格高於儲存與運輸成本，就可以出售，這樣有助於降低主產品的價格，加強競爭能力。

12-4 新產品的定價策略

一、市場榨取定價

市場榨取定價（Market-skimming Pricing）係訂定高價格，以先從此市場「榨取」相當的收入。市場榨取定價法適用於：

1. 有相當多的顧客對該產品有高度需求。

2. 生產較少量的產品時，其單位生產及配銷成本並不會高出許多，因此大量生產所獲得的好處並不重要。

3. 高價格不致吸引更多競爭者。

4. 高價格可製造高品質的產品形象。

二、市場滲透定價

市場滲透定價（Market-penetration Pricing）係將創新產品訂定略低的價格，以吸引大量的購買者與使用者，爭取市場佔有率。在下列情況下採取市場滲透定價策略是有利的：

1. 市場對價格相當敏感，低價可刺激市場快速成長。

2. 累積的生產經驗足以使生產與配銷的單位成本降低。當廠商因低價策略而導致銷售量大增，每單位固定及變動成本下降，而且如果成本下降速度大於價格下降速度，就算降價，銷貨毛利仍然會上升。

3. 低價格可以打擊現有與潛在的競爭者，以及替代品。如果競爭者實力不強，例如它們的成本結構過高，或受制於現有的通路合約，不能任意調降價格等，就可以考慮以低價策略打擊現有及潛在競爭者。

12-5 價格調整策略

一、折扣與折讓定價

1. **現金折扣（Cash Discount）**：對即時付現的顧客，給予現金折扣。

2. **數量折扣（Quantity Discount）**：係指顧客大量購買時，公司通常會給予價格的減少。

3. **功能折扣（Function Discount）**：亦稱為中間商折扣，係指給予執行行銷功能之配銷通路成員的折扣。

4. **季節折扣（Seasonal Discount）**：對在非旺季購買產品的顧客，公司通常會提供季節折扣。

5. **折讓（Allowance）**：折讓亦是減價的一種形式。例如：

   ■ **抵換折讓（Trade-in Allowance）**：顧客在購買新型產品時，可用舊型產品抵換。抵換折讓多見於舊換新活動。

   ■ **促銷折讓（Promotional Allowance）**：係指給參與廣告或促銷活動之經銷商的一種報酬。

二、差別定價

差別定價係以兩種以上的價格出售同一產品或勞務，而這價格不一定完全反應成本上的差異。其有下列幾種方式：❶依顧客不同而不同、❷依產品形式不同而不同、❸依地點不同而不同、❹依時間不同而不同。

當市場區隔明確時，可針對各個市場分別訂價，定價問題相對比較簡單。不過由於網路上的消費者可以全球化採購，網路行銷人員在不同市場的差別定價空間更形縮小。

三、心理定價

個別顧客的付款意願是各不相同的。只有在認知價值（若以金錢來衡量）高於定價的時候，顧客才會掏出腰包。面對多重選擇時，顧客會選擇淨值（認知價值超出價格的部份）最高的商品。例如：異常的貴就顯得與眾不同。有些消費者心理上認為 299 還在 200 多元的範圍，而非 300 元範圍。心理折扣術（Psychological Discounting）銷售者事先將產品價格提高，再打折扣。

四、促銷定價

例如：公司以某些產品為「犧牲打」（Loss Leader），以吸引消費者。公司在某些季節舉辦「大特賣」或「週年慶」，以吸引消費者。

五、地理性定價

1. **統一交運價格定價法（Uniformed Delivered pricing）**：不論位居何處，公司均收取一樣的價格和運費。

2. **分區價格定價法（Zone Pricing）**：即公司劃定兩個以上的地區，同一地區的價格統一，地區愈遠價格愈高。

3. **基準點價格定價法（Basing-point Pricing）**：係選定其所在城市為基準點，向所有顧客收取自此至目的地的運費，不考慮實際上由何處交運。距工廠愈近的顧客愈是多付了一些運費，愈遠的則反之。

4. **不計運費定價法（Freight Absorption Pricing）**：有時公司為了急於爭取某一位或某一地區顧客，可能會負擔一部分甚至全部的運費，此乃認為銷售量增加所降低的成本，足以彌補所負擔的運費。常見於採市場滲透策略，或在競爭日趨劇烈的市場中想維持佔有率的公司。

六、搭售

以往，所有的產品服務都會搭售在具有實體的產品或服務上面。但是網際網路興起，漸漸地企業將搭售的商品延伸到虛擬產品或網路服務。此外，過去的搭售重點，大多集中在企業內的商品或服務，但網際網路的興起，促使企業間的資訊交流更為方便，也逐漸興起所謂的跨企業搭售風潮。例如旅遊網站上的一大堆套裝行程，就是最標準的搭售行為。

就 4C 中的顧客成本而言，某些搭售對企業而言只是成本，但成本與售價之間一定存在利潤，因此對顧客而言，若搭售的商品具有顧客認知價值，其會覺得搭售絕對會比單買便宜許多。也因此，在所有價格調整策略中，搭售是最不傷及企業利潤，相對較具有成效的策略。

12-6 價格的改變

所有產品的價格並非一成不變。但要如何改變，就是非常重要的課題。許多企業拋棄了定價的責任，讓「市場」決定價格，要不就是「和競爭者同步」的態度，或輕率行事，將成本以某個百分比加成就算數，這些企業正不經意地讓一分一毫的小錢給溜走，聚沙成塔，有時候流失的可能數以千萬計。

一、主動改變價格

主動提高價格

只要將某個平均單位價格為 10 美元的商品，漲價一毛錢，也就是調漲成 10.1 美元，便等於平均單價高了 1%，創造更高的獲利。實務上，不一定每一項商品的定價都調高 1%，有些多收 2%，有些則多收 5%，只要平均值是 1%即可。當然，這必須建立在原有銷售量不變的前提之上。

如果在可口可樂公司，定價調高 1%會讓公司的純利增加 6.4%；如果是富士軟片公司，則為 6.7%；雀巢食品公司，17.5%；福特汽車公司，26%；飛利浦公司，28.7%。這對某些企業而言，甚至可能是獲利與虧損的差別。

就單位毛利率低的產品而言，銷售量的增加無法有效提升利潤，在這種情況下，應該以降低成本或調高價格或是雙管其下來提高毛利。

1. 主動提高價格主要原因可能是通貨膨脹 — 應付通貨膨脹的策略：

   - 採取延後報價：公司在產品完工或出貨之後，才決定最後的價格。適用於生產前置時間長的行業。

   - 載時伸縮條款：公司要求顧客除了支付現金價格之外，在交貨前若物價上漲，也必須負擔全部或一部份的差價。適用於期限長的合約。

   - 將商品與服務分開，分別定價。

   - 減少折扣或贈品。

■ 取消低利潤的產品、訂單、顧客。

■ 降低產品品質、功能特色、服務。

2. 使價格上漲的另一個原因是過度的需求。

主動降低價格

1. 當生產能量過剩時。

2. 當想利用降價以增加銷售量，以增加市場佔有率，以降低成本，而爭取市場上的絕對優勢。

不過要注意的是，就短期而言，廠商以為降價可以改善其市場佔有率，但是如果競爭對手也跟進的話，這些美景就有可能變成泡影。一般而言，變動成本較高的商品價格調降時，銷售量必須巨幅增加，才能抵銷因降價所產生的負面效果。不過要注意的是，有時為了抵銷單位貢獻減少所必須增加的銷售量，往往會超過企業產能極限。

「降價影響的不對稱現象」。價格較高、品質較高的品牌會奪取同一品質，以及次一等級之其他品牌商品的市場佔有率；價格較低、品質較差的品牌會奪取相同等級，以及次一等級品牌之市場佔有率，但是不會對高於其等級的市場造成重大影響。

購買者對價格改變的反應

對價格下降顧客的看法：

1. 此項產品可能會被稍後將出現的某種新款樣式所取代。

2. 此貨品有瑕疵，銷路不好。

3. 該公司遭遇財務困難，未來不再製造這類產品，以後維修可能困難。

4. 價格可能會降得更低，過一陣子再買會更有利。

5. 品質可能變差了。

對價格上升顧客的看法：

1. 該貨品一定是熱門貨，要趕快買下，否則將來買不到。

2. 該產品價值非比尋常。

3. 商人貪心，趁著大家搶購，把價格抬高了。

🔲 競爭者對價格改變的反應

競爭者對該公司價格下降的看法：

1. 該公司想要奪取市場。

2. 該公司經營情況不好，需要增加銷貨量。

3. 該公司希望引起同行降價，以刺激總需求。

二、對競爭者價格改變的反應

對於競爭者的價格改變，企業應有周密的反擊計畫。首先應考慮以下問題：

1. 競爭者何以改變價格？它的意圖為何？

2. 競爭者的價格變動是暫時性的？還是永久性的？

3. 如果公司不理會競爭者的價格變動呢？

4. 競爭者及其他公司對各種價格的改變又會採取怎樣的反應呢？

12-7　網路商品與服務的定價模式

一、數位商品的定價模式

早期，網路上許多的數位服務與資訊都是免費的，如果免費，數位商品要如何賺錢呢？如果要收費，數位商品與服務又要如何收費呢？

在資訊有價的觀念尚未普及之前，要在網路上向人們索取費用，得要先建立起使用者付費的觀念，但提供數位資訊服務的業者並不敢輕易嘗試，原因是競爭對手太多，且資訊服務的內容同質性太高，如果提供的數位資訊不具特別競爭力，很快就會被取代而喪失競爭優勢。

數位資訊服務想要具有競爭力，內容的優劣與特殊性是最重要之因素，但資訊服務的定價也是不容忽視的因子，甚至包括實體產品的電子交易也是如此。根據調查顯示，基於網路安全與對產品品質的考慮，國內網路交易金額大都位於 2 千元以下（例如拍賣網站），所以在網路銷售產品定價之際，要特別注意價位不可太高，以免所賣的產品銷路不佳。

若干數位資訊服務過去可以維持免費的原因，在於希望吸引人潮，有了人潮，就有其他的商業機會（例如廣告），如此便不一定要直接對消費者收費。尤其是網路上

許多消費者是所謂的「網路衝浪者」（Web-surfer），沒事到處閒逛，根本不可能向其收費，一旦想要收費，消費者立刻就會改而投向其他網站的懷抱。但是如果免費的資訊服務吸引了許多人潮，網站就可以向企業索取廣告費用。這類模式在過去還算可行，但一遇上經濟不景氣，便只剩下少數網站可以賴以生存。

因此，若能建立資訊有價的使用者付費觀念，至少對經營者是基本的保障。使用網路者有一部分人具有特殊目的，如果網路上的數位資訊與服務能夠長期滿足使用者需求，確實有機會可以直接向使用者收費。一般而言，網路上數位產品與服務的定價策略，可有以下幾種不同的型態：

1. **吃到飽：**只要付了一定額度的費用，便能在限制的時間內，無限制地使用。許多數位資訊服務都採用類似的固定費用制度，允許在期限內不限次數使用，這種模式簡單易用，使用者只需擁有一組帳號密碼即可，系統設計也很容易。

2. **點餐式：**就像點餐一樣，吃多少，買多少。用實際使用的時間或是資料量大小收費，例如每閱讀一則新聞收費 1 元。一般而言，可以採用「帳單式」或「預付式」兩種收費的方式。帳單式即一段時間再結一次帳，像是現在的電話費或水電費帳單。預付式則比照預付卡，消費者繳交一筆錢購買一定點數，使用資訊後扣除。

3. **混合式：**這種方法比較像是現在的水電費，用戶要付基本費，超過了基本度數，再依照超過的度數來收費。「兩階段式」的收費方式在數位網路服務上相當普遍，算是綜合前兩種方式的優點。其他計費方式還包括依不同時段來收費，像電話費的尖峰與離峰時段收費方式；或甚至針對不同的個人及企業而有不同定價方式。

對於數位資訊服務，業者也可以多加利用轉換成本來鎖住使用者，避免本身的顧客流失。常見方式有所謂的「會員制」。一旦會員已繳交一定費用，利用會員制增加使用者的轉換成本，再讓不同定位的會員資格，可以享有不同品質的內容服務優惠。這種方式因為增加了用戶的轉換成本，相對也就減少用戶離開的機會。

🔲 價格與需求的連動關係

雖然經濟學理論指出：「價格是由供給與需求來決定」，不過，數位化資訊服務卻有不同特性，由於它易於複製、修改與傳送，複製時的邊際成本低，而且一路遞減，因此並沒有供給的問題，甚至可以如此指出，數位資訊服務係由「價格決定需求」或是「需求決定價格」。

中華電信的隨選多媒體視訊服務（MOD），在用戶的家庭中安裝一台機上盒，機上盒連接寬頻線路，並連結到電視機上面。用戶在家中只要透過遙控器，即可遙控選擇想看的節目，確認付費之後即可觀看，用戶只要在指定的時間內看完即可。用戶選擇的節目影片價格不一，每個月收到電話費的帳單後，再行繳費即可。

有線電視業者採取「吃到飽」的收費模式，用戶每個月繳交一定金額（大都是600元，預繳半年或一年有折扣），至少可以看數百個頻道節目。

🔲 建立有價資訊付費觀念

只有建立「資訊有價」的觀念，才會有更多更好的網路資訊服務。「資訊有價」是公認的事，但是在技術上還有若干需要解決的問題，例如：哪些資訊內容可以收費、資訊價值為何、如何定價、智慧財產權管理、線上小額付款機制等，但只要大方向確定，技術與策略不會是障礙。Netflix 就是成功案例。

二、網路服務的定價模式

Leanne P. Breker (1996)在探討網路定價方案（Scheme）時，將網路服務的定價分為靜態與動態定價模式兩大類，整理如下：

🔲 靜態定價模式（Static Pricing）

先定出資源的單位價格，再依照所使用的單位計價。根據 Leanne P. Breker (1996)整理出的靜態定價模式，有下列四種：

1. **單一定價（Flat Pricing）**：訂定單位價格，依照所使用的單位計價。這種方式完全沒有考慮使用者所需服務層級的差別或是優先等級的高低，而是採用先到先服務 FIFO（First In First Out）的方式提供資源。

2. **依照優先順序定價（Priority Pricing）**：其主要的意義在於高優先權的使用者對每一 Byte 所付的價位較高，所得到的服務會比優先權低的使用者好。

3. **預定模式（Reservation Based）**：主要是假設使用者可以預先知道自己所需的資源，如使用時間、服務的等級、頻寬大小等，利用預先提出的需求，便可以依據網路的現況來對使用者計價。最簡單的例子就是將服務分成數個等級，越高的等級計價越昂貴。

4. **時段差別定價（Time of Day, Pricing）**：主要是希望能夠分別出尖峰和離峰時段的定價，利用價格來降低尖峰時段的需求。尖峰時段的需求較多，所以如果使用者想在這時間連線，必須付出較高的費用。相反的，離峰時刻的網

路資源使用率較低，例如清晨以及半夜，所以收費就比較低，希望藉此吸引使用者在這些時候利用資源。

動態定價模式

動態定價模式（Dynamic Pricing）是依據經濟理論中供給均衡的觀點而產生。通常當資源的價格升高則使用需求降低；但資源提供者願意提供的數量卻增加。動態定價是利用「價格」影響使用者的需求，達到廠商利益最大或是網路使用效率最高的狀態。這種策略的做法則是先決定出資源的單位價格，再以網路狀況作調整，所以比靜態定價複雜，也需要較多的計算，但比較符合使用者付費的實際情形，而且可以針對使用者特性、網路流量做更深入的控制。

1. **傳輸拍賣（Transport Auction）**：基本的概念是價格應該隨著使用者的需求而改變，這樣才能提高網路設備的使用率，進而提升收益。在 Transport Auction 策略中，使用者擁有一個 agent，由這個 agent 來決定使用者可以運用的網路資源以及資源的單位價格。這種做法類似競價的方式，當使用者所提出願意付的價錢等於或高過目前價格時，則獲得使用權限。

2. **動態頻寬（Dynamic Bandwidth Allocation）**：這種策略的想法是運用供需均衡的原理。假設使用者的行為是為了獲得對其最大的利益，且當使用者可以用的網路頻寬越大則對他越好。依據這樣的假設，則可對每個使用者畫出一條利益曲線（Benefit Curve），這條曲線一般來說是邊際遞減的，因為第一個頻寬單元對使用者的利益最大，之後雖然會遞增，但會漸趨緩和。然後這條曲線再和目前的網路價格線形成交集，就可以找出使用者在這一段時間願意什麼價格購買網路資源。其主要的概念也是在於當網路單位價格低的時候會刺激使用者使用網路資源，當價格提升時，使用者的需求則會下降。

另外，差別定價也是網路服務可採用的定價方式之一，差別定價是將產品或服務分成多個等級，分別給予差別的價格。在電子商場上，消費者將可考慮商品品質與遞送方式的差異，而有不同的價格考量。有六種差別定價（Discriminate Pricing）的模式：

1. **數量折扣（Quantity Discounts）**：購買較多的消費者，會有較低的價格。數量折扣可以揭露出消費者其購買量與價格間的關係。

2. **二階段費率（Two-part Tariff）**：整個價格包括固定費用，以及依使用量而決定的變動價格。固定費用的部份在於擷取消費者剩餘，或用來排除部份的消費者。

3. **區段費率（Block Tariff）**：不同購買量，以不同的單位價格計算。購買量越大，則每單位的價格就越低。也是數量折扣的一種方式。不應將區段定的過多，而使消費者不容易了解。

4. **產品間具有部分可替代性的產品線定價（a Product Line of Partial Substitutes）**：同樣也是針對不同的消費者，訂定不同的價格。但要避免產品線中各產品互相侵蝕市場的現象。同時，也應該考慮引進產品的方式與順序。如果產品間的互相侵蝕情況很嚴重的話，則應該考慮自產品線中撤除某部份的產品，以提高利潤。這對於處於競爭市場中的加值網路服務公司而言，特別具有意義。

5. **搭售定價（Boundling Pricing）**：以一個價格來同時提供消費者兩種或是多種的服務，而這價格應該比個別購買各項產品的各別價格的加總還低。也就是說，組合定價包含有價格折扣（Discount）。在組合定價之下，廠商往往可以獲得較高的利潤。組合定價可以盡量避免掉分攤聯合成本或是共同成本的困擾。同時，公司所提供的各項服務之間常常是具有很高的相關性的。

6. **時間性的差別定價（Temporal Price Discrimination）**：設定較高的產品導入價格，以吸引保留價格較高的消費者；然後，再漸漸地降低價格，以吸引保留價格較低的消費者。目的是在產品導入時，即能獲得較高的收益。但是，高保留價格消費者與低保留價格消費者，其對於產品的渴望程度應該要相同或接近。

🔷 運用數位分身動態定價

運用數位分身技術，普利司通輪胎公司發展出以公里數計價（Price Per Lilometer, PPK）的輪胎訂購商業模式，顧客不再需要購買輪胎，而是向普利司通購買讓車輛行駛的公里數。普利司通輪胎公司已經成功將此商業模式推銷給車隊經營者。此商業模式過去難以推動的原因，在於訂出有競爭力又能獲利的每公里訂購費率非常困難，主要原因是輪胎的壽命會受到相當多的因素影響，包含道路狀況、汽車負載量、車速、駕駛習慣等許多變數的影響。

數位分身技術是一套可同時考量許多變數的運算模式技術，透過在車輛或輪胎上安裝感測器，蒐集回傳的數據並不斷地模擬測試，普利司通輪胎公司找出對自己的企業客戶（車隊經營者）最適費率，並運用蒐集來的資訊向車隊經營者提供使用的輪胎型號建議，以及減少輪胎磨損及汽車停駛情況的建議。

人工智慧（AI）驅動的動態定價

不同於固定定價，「動態定價」是一種採取變動價格的定價方式。例如，像 Uber 這類線上叫車平台已利用其即時回傳數據進行動態定價。這就是為什麼用戶在同一城市的不同地區，或一天當中的不同時段看到不同乘車價格的原因，Uber 採用的就是 AI 驅動的動態定價技術，基於當時有關駕駛員供應的即時回傳數據，以及有關客戶位置，區域交通，天氣狀況等的預測，再應用 AI 進行調整即時乘車價格。例如 Uber 在深夜或下雨時段，在顧客有高需求的情境下，提高車資定價，鼓舞司機前往載客，以達到供需平衡、雙方合意的服務品質。相對地，也用相同手法降低價格，使司機在閒置時間能有更多載客機會。

例如，以色列 Wasteless 公司推出同名「Wasteless」電子貨架標籤（Electronic Shelf Label, 簡稱 ESL），該電子貨架標籤的特色是能持續監控商品的庫存量，並針對接近保存期限的商品，會藉由以 AI 機器學習為基礎的價格設定引擎，依供需量、地區、季節等 43 項因素，即時變動售價（AI 動態定價）。簡單來說，消費者可以正常價格，購買離有效期限尚有一段時日的商品，或者選擇以折扣價格，購買保存期限快到期的商品。儘管這種情況在日常生活中相當稀鬆平常，但過去多以人工來調整，十分耗工費時，也容易出錯，而電子貨架標籤能夠自動包辦一切，節約人力和時間。此外，當庫存量低時，「Wasteless」電子貨架標籤也可以透過即時推播通知，讓員工能夠即時補貨，避免讓消費者買不到想要的商品，進而影響到業績。

對實體通路來說，傳統上要想實現動態定價是困難的。線下的實體通路，最需要結合 AI 動態定價概念的就是便當、肉類、蔬菜水果等易報廢的鮮食。根據 Wasteless 實測結果，以電子貨架標籤顯示動態定價，可激勵 2/3 的顧客願意購買即期品，並有效減少 33%的報廢量、增加 6.3%的銷售額。

1. 定價時應考量哪些因素？

2. 請簡述一般定價的方法為何？

3. 產品組合的定價策略為何？請簡述之。

4. 新產品的定價策略為何？請簡述之。

5. 價格的調整策略為何？應注意些什麼？

6. 價格的改變策略為何？應注意些什麼？

7. 價格敏感度與定價之間有何關係？

8. 常見的網路行銷定價策略有哪些？請簡述之。

9. 何謂資訊產品的「鎖住與轉換成本」？

10. 請簡述 AI 動態定價？

網路行銷組合 — 全通路（Omni-Channel）

13

導讀：台灣女裝電商霸主「美而快」 為何要開實體店？

2023 年 Cookie 就要退場，在未來網路行銷廣告只能盡量瞄準新客戶，而舊客戶的回購經營，要看各電商業者經營「會員」本事。「美而快」開出實體店的目的，就是要做到線上線下融合互相「會員」導流，流量變現，以面對「後 Cookie 時代」的衝擊與競爭。

2022 年 9 月「美而快」開出旗下第一間實體店「PAZZO 形象概念店」，創造高回購率，預計 2023 年要再開出 6 間實體店。以 2022 年 9 月至 12 月的經營成效來看，這間實體店有 32％為實體新客戶，68％客戶來自原有的線上會員；而有在實體店消費過的客戶中其回購率達 30％，比純線上客戶的 24％還多；在實體店的新客戶中，更有 72％會在 30 天內訪線上商店回購，證明確實有線下線上互相導流「會員」的效果。

在競爭激烈的商業環境中，企業想取得競爭優勢，若僅單靠行銷組合的 4P 策略中的產品（Product）、價格（Price）及推廣（Promotion）將愈來愈難，既使能取得優勢也極易被模仿，而在短期內被競爭對手趕上。相較於其他 3P 而言，第四種 P — 配銷（Place）擁有較大之潛能來增加企業之競爭優勢，且其所構建之競爭優勢也較持久；主因配銷策略是長期的、結構性的，且須奠基於許多相互關係上。在網際網路興起的今天，若從通路的角度來看網際網路：

網路通路 = 資訊通路 + 行銷通路 + 交易通路

13-1 行銷通路的基本概念

一、行銷通路的定義

大多數生產者皆透過行銷中間機構將其產品移轉到消費者手中，這些行銷中間機構（Intermediaries）即組成行銷通路（Marketing Channel），或可稱為經銷通路（Trade Channel）、配銷通路（Distribution Channel）。中間機構的存在可使產品或服務的流程順暢，並可消弭生產者所生產之產品組合與顧客所需求之產品組合間之差異，此差異主要是來自生產者大量少樣生產，而消費者往往是要少量且多樣之購買。行銷通路為一個結合許多機構而具有組織性的網路系統，以執行連結生產者和消費者之間所有活動來達成行銷任務。

對某些數位商品而言，其配銷通路可以完全藉由網際網路。例如消費者可以在線上直接購買軟體，廠商就將軟體經由網路傳送到消費者端的電腦上。

網際網路的初期，許多專家預測網際網路會消除「行銷中間機構」，並形成一個無需行銷中間機構的配銷通路。但相反地，實際上在網際網路這個新環境上，卻形成另外許多新型態的行銷中間機構。網路行銷人員應從不同的角度來分析行銷通路，以便對其有更多的瞭解。一般而言，可由三個角度來加以探討：

1. **中間機構的種類**

    ■ **批發商**：由製造商處取得商品，再轉售給零售商。

    ■ **零售商**：由批發商處取得商品，再賣給最終消費者。

    ■ **經紀商**：經紀商促成買家與賣家之間的交易，但不代表任何一方，其創造了市場，但不具貨物的所有權。

    ■ **代理商**：一般而言，代理商不是代表買方就是代表賣方，製造商的代理人代表賣方，而採購的代理人代表買方，他們通常並不擁有商品的所有權。他們的存在只是在簡化買賣間的交易複雜性。

2. **行銷通路的功能**

    ■ **交易性功能**：包括聯絡買家、行銷傳播、配合顧客需求推廣商品、價格談判，以及交易處理等。

    ■ **後勤功能**：包括交通運輸、存貨儲存、聚集貨源、後勤委外等。

    ■ **促合性功能**：包括消費者的行銷研究以及購買時的資金籌措。

3. **商流、物流、金流、資訊流。**

二、行銷通路的型態

通路結構最典型探討構面包括通路長度（整個通路流程中，配銷商層級的數目）以及通路廣度（每層通路層級中，配銷商的數目），茲說明如下：

通路長度

一般而言，若經過的中間商層級越多，則通路越長；層級越少，則通路越短。具有中間機構之通路稱為長通路或間接通路（Long or Indirect Channel），而製造商直接銷售予最終消費者之通路稱為短通路或直接通路（Short or Direct Channel）。若以通路階層數目（Channel Level）表示通路長度，可分為下列四種：

1. **零階通路（Zero-level Channel）**：又稱直效行銷通路（Direct Marketing Channel），係由生產者直接銷售到最終消費者。如郵購、電話行銷、生產者直營店等。

2. **一階通路（one-level Channel）**：透過一個銷售中間機構，如零售商。

3. **二階通路（Two-level Channel）**：包含兩個銷售中間機構，如批發商及零售商。

4. **三階通路（Three-level Channel）**：包含三個銷售中間機構，如批發商、中盤商及零售商。

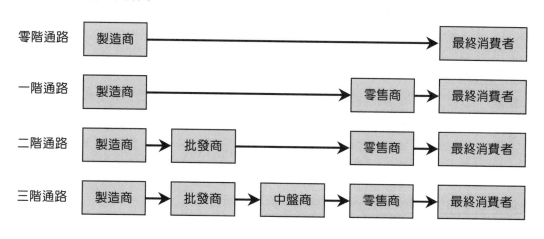

圖 13-1　通路長度

隨著通路階層數增加，若要取得最終消費者的資訊與掌握通路控制權，通路成員將需要投注更多的努力於通路經營上。

通路密度

配銷範圍策略就是密度策略，亦即在同一通路階層中，通路成員所選擇的合作夥伴數目多寡。通路結構可分成下列三種：

1. **密集式配銷（Intensive Distribution）**：儘可能利用同一分配層次中所有的中間商，包括零售及批發商都一樣，以作到到處有售，使消費者獲得最大便利。

2. **選擇性配銷（Selective Distribution）**：謹慎選出同一層次的部份配銷商，為其經銷或新設想取得配銷商品之公司，在此策略下，對顧客而言，因非到處有售，故需付出較多時間及費用去採購。

3. **獨家配銷（Exclusive Distribution）**：與某中間商協議，在一定範圍內，其產品限由一家中間配銷商配銷，通常這家也會承諾不經銷其他競爭品牌。

三、傳統行銷通路功能 vs. 網路行銷通路功能

在電子商務衝擊下行銷通路發生結構性的改變。行銷通路在於執行將產品由生產者移轉到消費間的工作，必須克服存在於產品、服務與使用者之間的時間、空間及所有權等障礙。在行銷通路中的成員執行許多關鍵性的功能，並參與下列的流程：❶資訊（Information）、❷推廣（Promotion）、❸接觸（Contact）、❹媒合（Matching）、❺協商（Negotiation）、❻實體配送（Physical Distribution）、❼財務融通（Financing）、❽承擔風險（Risk Taking）。

表 13-1 傳統行銷通路之功能與網路可取代的功能比較表

功能	傳統行銷通路	網路可取代之功能
資訊	蒐集有關行銷環境行為和因素的必要行銷研究資訊，以供規劃與促成交易。	網路上的資訊傳遞無遠弗屆，任何資訊上了網站，瀏覽者可以一覽無遺。
促銷	發展與傳播產品的說服性溝通訊息。	在網路上的促銷活動，可以透過網頁設計的呈現吸引更多的消費者，並傳達商品說服性溝通訊息，成本較低，但成效難衡量。
接觸	尋找潛在購買者並與之接觸溝通。	購買者或會員會主動與網站接觸溝通。
媒合	使提供之產品能配合顧之需求，包括製造、分級、裝配及包裝等活動。	提供的產品也能透過顧客的反應來配合顧客的需求。

功能	傳統行銷通路	網路可取代之功能
協商	在價格及其他條件上作成最後協定，以推動產品所有權之移轉。	由於網路上的價格較為一致，消費者較有議價空間，但由於價格透明化容易和競爭者間產生競相削價的現象，使得市場容易形成完全競爭市場。
實體配送	運送及儲存產品。	網路購物的物流方面，還必須建構良好的配送系統來使網路購物更為便利。
財務融通	資金的取得及週轉，以供通路工作的各項成本。	由於中間商的減少，存貨不會產生滯銷於中間商的情形。
承擔風險	承擔完成通路工作所帶來的風險。	有商品需求才向供應商訂貨，通路的風險幅度降低。

四、去中介化與重新中介化

在日本，有些消費性商品的通路階層高達 10 階，以致於末端售價高達生產成本的 5 倍。因此科技進步、上網人口增加及網際網路的應用興起了一股去中介化（Disintermediation）與重新中介化（Reintermediation）的思潮（圖 13-2），直接模式的網路購物型態興起，稱為「線上行銷通路」（Online Marketing Chanel），也就是「虛擬通路」（Virtual Channel）。

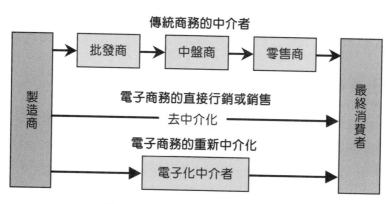

圖 13-2　去居間化與重新居間化

五、對於網路銷售通路的迷思

一般人會以為網路銷售通路，最直接面對消費者，這是一個迷思，因為其實網路銷售的通路鏈非常的長。根據人類記憶理論，一般人只能記 7±2 個網址，您認為您的企業網址會是那數千萬網址中，常被人們記憶的那 7 個嗎？我想可能很難！

從流量統計報表來看，不少企業網站的瀏覽人數並不多，甚至很少破千，因此有人想到網網相連可拉抬網站人潮，希望把其他網站的人潮流量導引到自己的網站上，這是網站策略聯盟的開始，但除非對方的網站流量真的很大，而其他的瀏覽者對您企業的商品或服務也有興趣，才能把人潮導引到您企業的網站，否則效果不彰，問題是對方如果流量很大，那為什麼要跟您這個流量小的企業網站交換連結？其次，不斷超連結的結果，消費者可能會迷失在網海之中，這可比傳統上三階或四階通路更嚴重，「資訊通路」就經過太多層了，更別說還要加上「產品通路」，如此完全背離了縮短企業與消費者距離的理想。

六、宅配與退貨

發展電子商務網站，尤其是購物網站時，宅配（最後一哩）是最大的問題，必須要注意顧客「接觸點」的問題，這裡所謂的「接觸點」就是通路。企業若欲追求通路品質，就必須改善現有供應鏈的鬆散與昂貴之處。換句話說，網路行銷通路與傳統行銷通路都必須朝通路扁平化 — 縮短通路來努力，通路進化已成為企業成功與否的關鍵。目前常見的網路訂貨之配銷通路有：

1. 網路訂貨，送貨到府。
2. 網路訂貨，到店自取。
3. 網路訂貨，到店選購。
4. 網路訂貨，到日常必經之地取貨，如火車站、公車站、捷運站、高鐵站等。

七、配送速度成關鍵：愈晚送到退貨率就愈高

在「全通路」零售的趨勢下，多元通路可以滿足消費者的購物需求與習慣，有業者直接把實體據點當倉庫，燦坤主打 4 小時，金石堂送書更只要 3 小時。雖有條件限制，但網路購物平台為了爭搶市場商機，也開始思考應對之道；後發網路平台品牌如閃電購物網，率先推出 6 小時送達，迫使 PChome 也不得不跟進。

快速到貨可以增加消費次數與營業額。PChome 之前推出 24 小時到貨服務，縮短了四分之一到貨時間，結果營業額在一年內從每月 200 萬元，衝上 2 億元；2013 年底台灣大哥大 myphone 購物，推出大台北地區最快 3 小時到貨，倉儲成本雖增加兩到三成，但單月下單量立即提升一倍。

綜觀台灣的網路零售業者，紛紛喊出 24 小時、6 小時，甚至是 3 小時到貨，多著重在「拚速度」方面，但「全通路」零售趨勢，未來更進一步的致勝關鍵仍將回歸「顧客服務」。

八、電子商務對行銷通路的影響

在電子商務環境中，網路行銷「通路」承擔著企業越來越多的競爭壓力，在服務成為企業競爭王牌的情況下，對於企業的發展而言，網路行銷的「通路」是極其關鍵的因素。在電子商務的影響下，網路行銷通路的創新主要表現在以下幾個方面：

1. **通路模式的創新 ── 虛擬通路的興起：**電子商務使數位化產品、產品信息、交易過程、物流信息、客戶服務等可以透過電子商務網路傳播，它們共同構成了虛擬通路的實際內容。在大多數情況下，虛擬通路並不能完全脫離實體通路功能而獨立運行，而是對實體通路的優化、改善、相互促進、相互協調和提高通路服務水準的作用。網路商店透過網路銷售產品，然後透過物流配送將產品送達到顧客手中，便是通路模式的創新表現。而今各個行業企業根據自己的產品特點、通路基礎、電子商務應用水準和行業約束條件等形成了各具特色的新通路模式。例如實際物質產品的網上零售、網上批發、網上拍賣、網上交易市場和網上客戶服務等；軟體、圖書、音樂等可數位化產品的「純」虛擬通路；金融市場中金融產品及其衍生產品，透過網路交易平台的流動、各種證券交易等。

2. **電子商務使通路扁平化成為可能：**在傳統的通路中，溝通、記錄、傳遞和滿足各別客戶個人化需求，以及大量客製化產品和服務傳遞過程的實現十分複雜，企業很難將有限資源投入到全面、大規模的市場推廣中，因此需要借助通路中間環節的資源，實現市場推廣的目的。電子商務產生後，使客戶關係的個人化管理成為可能，企業資源的利用效率和效能也大為提高，為了擴大企業的利益空間，企業通常透過減少通路環節降低通路成本，加強客戶溝通與提高服務水準，使通路的扁平化具有實際經濟意義。

3. **電子商務促使了通路鏈資源優化整合，有助於穩定、緊密的通路關係的形成：**在傳統的通路鏈上，各環節彼此信息封閉，為了自身利益的最大化，和上下游之間的利益爭奪激烈，彼此關係的基礎傾向於互不信任，通路運行不穩定。電子商務使通路各環節的訊息蒐集、分析能力增強，同時為了快速回應的競爭壓力，通路環節不得不改變過去觀念，由相互提防轉而彼此協同運作，力求雙贏和多贏結果。在此基礎上，通路利用電子商務手段，整合業務流程、訊息資源、人員協同過程，共享通路設施、設備，形成穩固且富有競爭力的通路鏈，進而實現與整個供應鏈的集成。

4. **個人化產品和服務的提供，是在電子商務環境中最能令人感觸得到的網路行銷通路創新：**產品和服務的個人化包括產品本身的個人化（形狀、外觀、重量、體積、功能等）和服務過程的個人化（包裝、再加工、交付的即時性等）。

電子商務對個人化或客製化的貢獻在於暢通的客戶溝通，個人化需求訊息的蒐集、處理，個人化產品生產、形成的過程、傳遞過程的控制、追蹤等，而為支持這一策略所進行的資源整合，業務過程重組，仍然離不開電子商務的新通路支持。

5. **服務的快速回應優勢逐步取代了產品的品質、價格、成本等優勢，成為企業市場競爭的焦點**：在電子商務的作用下，服務的快速回應所依賴的市場敏感性增強，即企業直接從最終市場獲取客戶實際需求訊息，並對其做出快速回應的能力大為增強；服務運作可視化增強，通路鏈各環節可以對自己、上下游環節乃至最終用戶的活動、資源狀況、客戶訂單和處理進度了如執掌；而為靈活適應生存環境所建立的彈性化組織、虛擬組織、動態策略聯盟等都是建立在電子商務基礎之上，企業間緊密協同運作，實行訊息共享與交換，共同管理訂單，實現優勢互補，以快速回應客戶需求。

6. **企業借由網路開展網路行銷活動的創新形式和手段不斷增多**：例如網路廣告形式（橫幅廣告、按鈕廣告、文字廣告、彈出廣告、Flash 廣告等）、搜索引擎行銷（一般搜索、固定排名、競價排名等）、網路公關、網路互動傳媒、E-mail 網路行銷等，使企業在行銷訊息發佈、通路支持、用戶互動、效果監測方面的能力增強，網路行銷效率和效果獲得顯著提高。

7. **電子商務使網路行銷通路更易管理與控制**：在電子商務環境下，產品組合、搭售的表現力更強，產品展示效果更能對客戶形成吸引；會員制、積分制促銷突破了傳統商場、超市一次性交易的局限性，會員規模更加擴大，積分規則的制訂更加靈活，積分計算和查詢更加方便，數字產品和實物產品搭配極大豐富了獎品種類；促銷活動的設置、調整更加容易；對客戶的意見、客戶的反應、促銷過程的分析、實際銷售數量等促銷效果的監測更加具有可見性和可操作性；對通路環節的銷售獎勵、信用評等、折扣制訂與調整等更加具有可控性、即時性，便於通道的管理和控制。

當然，電子商務對網路行銷通路的影響並非僅有上述幾項，隨著通路經營者透過電子商務應用獲得豐厚收益，通路創新將表現出更加豐富多彩的內容。

九、直播帶貨

直播帶貨（Live Streamed Shopping）是透過直播主在鏡頭前近距離向社群直接展示、試穿或使用商品，並且提供商品諮詢、即時回覆訊息，與網友同步互動，藉由導購促使網友即時下單，將社群「流量」轉換為實際「訂單」（流量變現），是一種「直播」結合「電商」的通路銷售模式。

13-2 影響通路發展的因素

一、影響通路發展的因素

研擬通路策略最好是從分析最終購買者的需求開始，這樣可以使通路納入整體行銷方案的規劃。影響通路發展的因素很多，包括消費者的特性、產品的特性、企業本身的特性、中間商的特性及外在環境。如圖 13-3 所示。

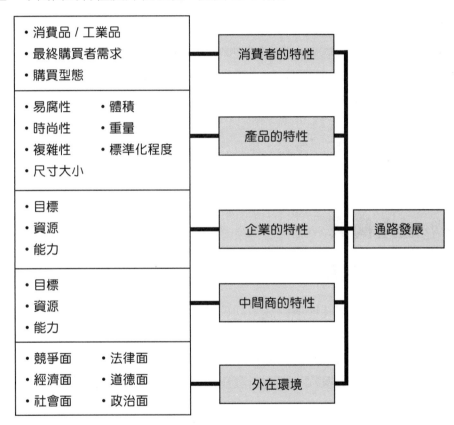

圖 13-3 影響通路發展的因素

二、通路與定價

好的通路不應該只會賣低的價格。例如 7-11 便利商店賣的東西價格沒有比較便宜，卻還是台灣營收第一的便利商店，年營收超過 2,000 億新台幣。

三、通路與商品組合

電商短鏈物流改變了不只是「速度」，更改變了「商品組合」。一旦電商短鏈物流佈局完成，各地衛星倉內可設置恆溫、低溫倉儲，配合短距離又深入小巷的機車快送，打通線上線下，30 分鐘內配送生鮮、蔬果不成問題。

電商短鏈物流促使冷凍食品電商通路再進化。例如：momo 網購 500 款冷凍食品全家便利商店門市取貨。2020 年 7 月 6 日電商平台 momo 宣布與全家便利商店展開合作，推出冷凍即食品、生鮮肉品、水產海鮮、冷凍滴雞精、冷凍水果、甜點冰品等超過 500 件指定商品「冷凍店取」服務，主攻 30~49 歲女性消費者。又例如：全家便利商店冷凍店型 3.0 加上 foodpanda 24 小時外送服務。2020 年 7 月 8 日全家便利商店於新北市新店慶民店推出「冷凍店型 3.0」，以「破百項小份量、易保存冷凍即食商品」、「現場代客料理服務」、「24 小時外送」三大策略，主要針對住宅區商圈中，無暇備料、不擅調理的雙薪家庭、小家庭、單身族。此外，該店也提供 foodpanda 24 小時的外送服務。

13-3　通路衝突

一、通路衝突的定義

當某通路成員知覺到其他通路成員妨礙其達成自身目標或經營績效，即產生通路衝突。通路組織因為利益追求與經營考量的不同，而會與其他成員發生通路關係上的衝突。因此，通路衝突可視為通路關係中，因為預期與實際結果不一致，或其他通路成員妨礙自身達成目標與績效，因而引發雙方的緊張關係或挫折感。

傳統認為所有衝突都是不好的，組織必須盡可能避免衝突的發生，不過，有些學者並不同意這樣的看法。就有學者將衝突區分為功能性衝突與非功能性衝突，認為功能性衝突可以刺激通路成員修正原本欠佳的通路行為與活動，提升通路績效。因此，通路衝突不見得會對通路結構產生負面影響，功能性的通路衝突反而可活化通路成員間的關係，增進通路成員的工作效能，產生更好的通路品質。

二、通路衝突的成因

🧊 態度層面

係指通路成員接收、執行與通路結構、通路環境相關的資訊時，雙方因為知覺上的差異與溝通不良，所引發出情感上的挫折與仇恨。

1. **角色（Role）**：角色規定佔據某特定位置之通路成員的行為。角色不同，通路成員的權力與義務也不相同。當通路成員認為其角色受到侵害，或其他成員對其要求過多時，就會產生通路衝突。

2. **認知（Perception）**：自身態度與價值觀會影響通路成員的認知，當通路成員的認知不協調，或在某見事物上的出現歧異的看法，則會產生通路衝突。

3. **預期（Expectation）**：當通路成員預期將有不利於己的事情發生，而預先採取報復行動，就會引發原先預期的通路衝突。

4. **溝通（Communication）**：由於選擇性知覺與缺乏溝通網路，導致通路成員間無法充分了解與互相協調，因而產生通路衝突。

結構層面

通路成員在利益上的對立，包含歧異的目標、自主性的追求，與稀少資源的競爭，都會產生行為上的通路衝突。此時通路成員衝突行為不只反映在情緒上，更會以實際行動傷害其他通路成員來表達其不滿。

1. **分歧的目標**：當兩個組織的成員必須在某些事情上合作，卻無法達成共識或進行合作，則會產生目標上的衝突。

2. **尋求自治權**：當特定通路成員想要控制某些活動，而另一個成員認為這些活動屬於自身的內部統制權，或想逃避對方的控制，則兩者間就會產生自治權上的衝突。

3. **稀少資源的競爭**：當通路中的資源分配無法滿足通路中的所有成員，通路成員間容易因為資源分配不均而產生通路衝突。

三、通路衝突的類型

通路衝突類型可區分為水平衝突、垂直衝突與業態間的衝突三大類：

1. **水平式衝突（Horizontal Conflict）**：係指同一通路階層中，經營相同業務範圍的同類型中間商，因為彼此競爭所引發的衝突。

2. **業態間衝突（Intertype Conflict）**：係指同通路中位於相同通路階層的不同類型中間商，因為彼此間的競爭所引發之衝突。

3. **垂直式衝突（Vertical Conflict）**：則是指同通路中位於不同通路階層的通路成員彼此之間的衝突，發生在上下游成員之間的衝突。

四、通路權力與通路衝突

研究發現控制資產特殊性、擁有通路權力的通路成員，可要求被控制成員順從其要求或命令，容易引發通路成員間的緊張氣氛，因而引發通路成員間的衝突。資源依賴增加通路權力，因為不同的資源能力會促使權力不平衡，導致潛在衝突。因此，通路權力越大越容易引發通路衝突。

五、通路依存度與通路衝突

因為依靠被依賴成員所提供的資產特殊性投資來達成目標，所以依賴成員會服從被依賴成員的要求與決策，以減少通路衝突的發生，導致資源依賴的關係受影響。因此，當通路成員間的依存度提高，則依賴成員會因為依賴被資源提供者的資源提供與資產特殊性投資，所以會盡量避免交易雙方發生通路衝突，以免破壞資源交換的關係。

六、通路衝突的解決

網際網路使得某些現有配銷通道與某些銷售技術變得落伍，在這種情況下，便容易產生通路衝突。因現有的銷售力量和經銷商，並不樂見他們的收入流向新的通路，因而會很激烈的反對那些新的通路。但當舊的通路中間商，擁有較大的通路權力時，將會利用其權力使通路結構不改變，於是便成為實體企業在進入電子商務的一個阻礙。學者提出了以下解決通路衝突的方法：

1. 網路上的訂價不低於其他通路夥伴的零售價。

2. 在網路上的訂單轉向通路夥伴去履行。

3. 在網路上只提供產品資訊，而不接受線上訂購。

4. 在網路上推銷它的通路夥伴。

5. 鼓勵通路夥伴在它的網路上作廣告。

6. 在網路上對於提供產品的訂購作限制。

7. 在網路上對於所提供的產品，使用獨特的品牌名稱。

8. 在網路上提供產品，於較早的需求生命週期。

9. 更有效地溝通協調於所有內在的（外在的）配送策略，供應商將感受到較低的內部（外部）通路衝突。

10. 更有效地溝通於所有內在的（外在的）配送策略，供應商將感受到較大的內在的（外在的）通路協調。

11. 使用更高的內在的（外在的）目標，供應商將感受到較低的內部（外部）通路衝突。

13-4 行銷通路概念的發展

一、網路行銷通路發展

羅凱揚認為，行銷通路概念的發展從過去的「單一通路」，發展到虛實整合「多元通路」、「跨通路」，再進入到虛實融合「全通路」模式，說明如下：

1. **多元通路（Multi-channel）**：企業發展多種通路，包括：實體店面、網路商店、行動購物等，與消費者進行交易。例如：一家公司同時擁有實體店面與網路商店。

2. **跨通路（Cross Channel）**：企業在多種通路之間，進行交叉銷售（Cross Selling）。例如：消費者在大潤發的實體商店進行消費，銷售人員同時介紹其購買大潤發網路商店上的產品。

3. **全通路（Omni Channel）**：以消費者為中心，透過實體通路與虛擬通路的融合（OMO），提供消費者多元接觸點無縫交易服務。例如：無論消費者曾經在企業的哪一種通路消費過，企業都能透過不同的通路或接觸點，提供消費者一致的購物訊息、協助消費者進行採購、並做好售後服務。

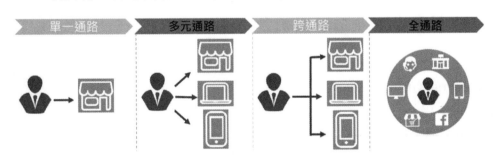

圖 13-4 行銷通路概念的發展

資料來源：修改自周晏汝

通路 1.0 到通路 4.0 的演變：

1. 通路 1.0 時期：單店經營（Single-Channel）的傳統通路。

2. 通路 2.0 時期：多元通路（Multi-Channel）多店經營，其中大規模者形成連鎖企業。

3. 通路 3.0 時期：跨通路（Corss-Channel），例如虛實整合通路（O2O）。

4. 通路 4.0 時期：全通路（Omni-Channel），無所不在的通路／接觸點。

二、O2O 代表虛實通路的進一步整合

O2O 是 Online to Offline 的英文縮寫，是指線上行銷線上購買帶動線下經營和線下消費。換句話說，就是「消費者是在線上購買、線上付費，再到實體商店取用商品或享受服務」。經過多年的發展 O2O 也出現許多變形，包括 O2O 的反向：Offline to Online（實體到網路）。因此可將 O2O 廣義的定義為「將消費者從網路線上帶到線下實體商店」或是「將消費者從線下實體商店帶到網路線上消費」。

圖 13-5　O2O 概念圖

三、OMO 代表虛實通路無縫融合

「線上線下融合」（OMO）是 Online-Merge-Offline 的英文縮寫，是線上線下的全面無縫融合，線上線下的邊界消失。

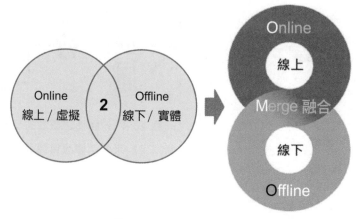

圖 13-6　OMO 概念圖

四、顧客接觸點融合也是行銷全通路的一環

　　注意，顧客接觸點（Contact point / Touch Point）融合也是行銷全通路（Omni Channel）策略的一環。很多企業誤認為網路行銷通路只有購物網站，其實任何與顧客接觸點都是一種行銷通路，必須 OMO 加以融合。

五、跨境電商通路

　　跨境電商（Cross Border E-Commerce）是以網路平台進行跨境電子商務交易的國際貿易行為。換句話說，跨境電商是買賣雙方在不同的關稅區域或國境，透過網路平台，進行電子商務交易，並藉由跨境物流遞送商品，完成買賣。

　　跨境電商物流的營運有三大驅勢：

1. 海外網購跨境電商盛行，「**空運快遞**」扮演重要角色。「空運快遞」速度快，但高成本。空運快遞公司以 DHL、FedEx、UPS 為代表。

2. 拚時效、降成本，「**海運快遞**」應運而生。由於低單價商品衍生的低 CP 值漸漸難以攤付高價的「空運快遞」成本，因此「海運快遞」的新興運輸概念興起，「海運快遞」的主角不是大噸數的大型貨櫃輪，而是以小型高速貨輪，用來處理「輕薄短小」的快遞貨物，例如往來台灣與中國之間的海峽號與麗娜輪快速輪，主要航線有「台北港 -平潭島」（航行時間 2.5~3 小時）與「台中港-平潭島」（航行時間約 2.5~3 小時）。「海運快遞」的兩地距離必須非常鄰近，越鄰近越好，航程最好不要超過 250 海浬，且最好使用快速輪或高速船多班次對開，雙方都要有快速通關系統對接辦理通關。至 2020 年 7 月，台灣共有四座海運快遞專區（台北港 3 座：台北港國際物流空公司、台灣港務物流公司、台北港貨櫃碼頭公司，以及高雄港 1 座：第一郵聯通運有限公司）、12 條通關線，每月平均清關能量約 10,400 噸。

3. 建「**海外倉**」整合服務，縮短發貨時間：若商品在當地具有相當市場潛力，就適合建海外倉。《MBA 智庫百科》定義，「海外倉」是指建立在海外的倉儲設施。在跨境電商中，海外倉是指國內企業將商品先透過大宗運輸的形式運往目標市場國家，在當地建立倉庫、儲存商品，然後再根據當地的線上銷售訂單，第一時間作出回應，即時從當地倉庫（海外倉）直接進行分揀、包裝和配送。

六、通路共享與流量共享

《不捕魚了，我們養牛：從魚塘到牧場，整個世界的零售模式正在改變！》一書提出「通路共享」的概念，指用共享來替代過去的獨佔。不管是供應鏈、通路還是流量，過去都是被獨佔的，例如：京東、阿里巴巴等電商平台總是希望能獨佔流量。但是，行動商務時代來臨，消費者破碎的時間空間解體了過去電商平台的流量，讓流量變得零碎化和小眾社群化，這樣就沒有電商平台可以獨佔流量。

要做到供應鏈、通路、流量的共享，就要把更多優質的供應鏈、通路、流量凝聚到供應鏈的服務平台，以虛擬空間與實體空間（O2O／OMO）的「共享」取代「獨佔」；以「透明」取代「封閉」；以「柔性供應鏈」取代「僵化供應鏈」；最後以「平台」取代「鏈」。因此，實體空間將由過去線下的核心要素：選址、銷售、B2C 物流、實體貨幣和管理，變成線上的核心要素：流量／導購、C2B 供應鏈、第三方物流、線上客服、數位貨幣／多元支付、運營／第三方代操，這將會是未來銷售的新模式。

13-5　網路行銷的通路策略

一、網路行銷通路策略

網路行銷者在通路策略方面主要有兩種選擇：由製造商直接銷售、由製造商透過其網路中間商進行配銷。「由製造商直接銷售」是指製造商透過網路直接銷售產品，形成一對一市場。「由製造商透過其網路中間商進行配銷」對於缺乏足夠的市場優勢和品牌知名度的中小企業，透過網路中間商進行網路間接銷售，可能是一種較好的選擇。

二、設計網路行銷通路的四個步驟

1. **分析網路消費者的需要與慾望**：分析網路消費者可接受的等候時間，通常不同網路消費者會有不同的等候時間容忍程度。

2. **建立網路行銷組合的通路目標**：依網路消費者的需要與慾望，決定網路行銷通路的服務水準。

3. **尋找可行的網路行銷通路方案**：例如要找那一家宅配合作廠商，在台灣主要有「宅急便」、「宅配通」與「中華郵政」等。

4. 評估並決定所要採行的網路行銷通路方案。

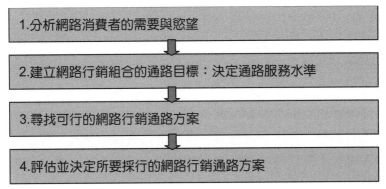

圖 13-7 設計網路行銷通路的四個步驟

三、直運 / 一件代發

Dropshipping（直運）是電子商務領域的專有名詞，這種商業模式是投資最小、風險最低的商業模式，這對想跨入電商的新手來說，是一個門檻低、易操作的模式。

Dropshipping 是一種另類供應鏈管理方法，小賣家不用進貨，也不用庫存，拿到買家下單後，直接轉單給供應商，讓供應商直接寄送到指定買家。小賣家不需要囤積庫存，當有買家在你的電商平台上下單後，賣家將客戶訂單和裝運細節轉單給供應商，供應商就會把貨物直接發送給客戶。整個訂單完成過程中，小賣家不用實際接觸商品，只要做一件事，那就是轉單給供應商發貨即可。這有時稱為「一件代發」或「代銷」的商業模式。直運小賣家賺取由供應商議定支付的某百分比作為銷售佣金。不過，若遇到退貨會是一個問題，由於是從供應商直接發貨，品質問題而引起退貨時，就比較難處理。

四、P2P 銷售通路 ─ 社交電商

所謂「社交電商」（Social e-commerce）是結合「電子商務」（E-commerce）與「社群媒體」（Social Media）的銷售方式，不靠平台本身的廣告，改以社群軟體為媒介，例如 Line、WhatsApp、Facebook 等，透過使用者之間（P2P）的分享、評論及導購促成電商平台上的交易過程。

五、直播帶貨

2016 年「直播」興起，於 2018 年短視頻平台開始出現「購物車」功能。2020 年進入後電商時代，電商從「網路思維」（資訊流角度）向「零售思維」（商流角度）

轉變。「直播＋電商」形成一種新的行銷通路，以「直播」為銷售通路，電商為基礎，重塑交易的「人」、「貨」與「場」（場景）。

1. 人：直播保留人與人互動（P2P）的原始趣味，以及無修飾的真實，能更有效地傳達商品特色，直播主與粉絲形成的信任連結，也讓消費者從主動購物變為被動因人（直播主）帶貨。

2. 貨：以往產品的製造商大多無法直接接觸到終端消費者，必須依賴通路的中間商進行銷售。直播帶貨讓消費得以跳過傳統中間商，有流量想要變現的直播主，與有產品卻無流量的製造商形成互補，拉近消費者與製造商的連結。

3. 場景：有流量的地方就是通路，就是接觸點（銷售點）。消費場景不再局限於單一電商平台，而是跟著流量移動。

> 傳統通路：製造商→傳統中間商→終端消費者
>
> 直播帶貨：製造商→直播主→終端消費者

六、直銷電商

直銷是台灣相當常見的商業行為。印度網路新創公司 Meesho 將「直銷」結合「電子商務」，利用「在家工作（Work From Home）就能賺大錢」的行銷技巧，觸及到印度當地真正的「庶民」市場，創造國際電商巨頭（Amazon、阿里巴巴、Flipkart）都難以達到的銷售成果。印度電商產業深具潛力，但礙於語言複雜、種族與階級多元的因素，國際企業難以打入印度市場。Meesho 沒有在主流媒體或電視廣告中出現過，只靠著口碑相傳在短短 2 年內迅速崛起。Meesho 成立短短 2 年內，就擁有 15,000 間供應商，並超過 200 萬個會員銷售通路。

Meesho 用戶透過社群軟體分享，像是 Line、WhatsApp、Facebook 等，直接分享 Meesho 平台的商品照片與商品資訊給群組內的親朋好友，詢問他們下單的意願，接著以代購的方式替親朋好友在 Meesho 的平台上訂貨，並賺取中間價差。不過，收到訊息的親朋好友不能直接透過你分享的連結到 Meesho 網站購買商品，分享到親朋好友群組的純粹只是商品圖片與商品介紹資訊，沒有直接購買的連結。

Meesho 營運模式有點像「多層次傳銷的電商版」，因為用戶的動機並不是降低商品價格，而是作為經銷商獲利。Meesho 提供工廠直營的批發價，用戶有點像是批發商可自由訂價，再透過 APP 向 Meesho 平台上的供應商訂貨，並銷售商品給親朋好友，

從中獲取價差利潤，也可以推薦其他親朋好友加入 Meesho，成為 Meesho 的批發商會員，從被推薦人的銷售中抽成。Meesho 將傳統直銷中多層次傳銷的概念徹底與電子商務結合。

Meesho 將這些透過社群軟體分享、銷售商品，最後賺取零售價與批發價中間價差的群眾稱為批發商（Reseller）— 他們的工作便是不斷分享商品給朋友、群組以及周遭的人，向他們推銷來賺取其中的價差。

Meesho 的金流採取「貨到付款」（Cash on Deliver, 簡稱 COD）模式，商品送達顧客住址時才由送貨人員以現金的方式收款，完成交貨後，錢會由 Meesho 計算後一併匯入該批發商會員的銀行帳號中。因為大部分的印度人沒有銀行帳戶，因此印度電子商務付款方式有高達 75% 是採用「貨到付款」。

Meesho 的下線推薦制度（Referral）讓會員人數爆增至 400%。單一使用者的銷售通路有限，為了擴寬更大的銷售網路，Meesho 採取推薦制度，也就是俗稱的「拉下線」，經銷商利用「推薦碼」邀請朋友一同成為經銷商。如果朋友成功加入，推薦者則可以獲得被推薦者前 5 筆訂單的 20% 銷售金額抽成；前 6 個月抽 5% 以及往後 18 個月 1% 的抽成，分潤可維持 2 年。

Meesho 平台的商品多半為女性相關商品，銷售主力為服飾、化妝品與鞋子，主要購買的客群多為女性。Meesho 的主要使用者是印度 3、4 線城市的全職家庭主婦，這個族群平日在家沒事做，或是需要照顧寶寶，但這個族群熱衷使用社群平台（例如 WhatsApp 及 Facebook）分享生活，累積大量的親朋好友群組，Meesho 這一款直銷電商平台正好提供她們賺取業外收入的機會。

Meesho 將這些人脈群組轉化成業外收入來源，加上口碑相傳與推薦制度，越來越多婆婆媽媽成為會員，使得會員快速增長，從 2018 年的 50 萬會員到 2019 年突破 200 萬會員。

七、跨通路銷售 — 無頭商務

隨著「全通路」銷售需求發展，對賣家來說，增加不同的銷售通路帶來許多挑戰，導致營運管理困難，例如官網和各通路商品上架非常耗時、耗人力成本、庫存複雜、金流複雜、物流複雜、各通路的資料分散導致資訊不同步（資訊流複雜），這時就需要無頭商務的協助。

無頭商務（Headless Commerce）的核心概念是將「前端消費者購物介面」與「後端賣家後台系統」脫鉤，以較高的彈性架構讓賣家能快速在多個接觸點，為顧客帶來

全通路購物體驗。無頭商務讓賣家可以串連不同的前端平台，而串連的關鍵，就是 API。API（Application Programming Interface，應用程式介面）是一傳遞資料的介面。

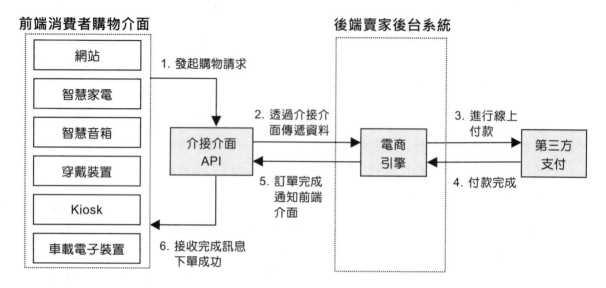

圖 13-8　無頭商務架構的電商模式

八、案例：全聯數位化轉型實體電商

什麼是「實體電商」？按照全聯數位化轉型藍圖的說法，也就是圍繞原本實體門市優勢的數位服務。全聯強調要做的是「e-Service」（e 化服務），不是「e-Commerce」（e 化商務）。

全聯數位化轉型實體電商的三部曲，達到線上線下實虛 OMO 融合：

第 1 部曲「金流通」：顧客可透過 PX Pay，線上線下輕鬆買。2019 年 5 月推出支付工具 PX Pay，上架短短 14 天就吸引 1 百萬用戶。截至 2020 年 4 月已超過 6 百萬名用戶，相當於台灣每四個人中就有一位是全聯 PX Pay 用戶。顧客在智慧型手機下載 PX Pay 後，可綁定實體福利卡與虛擬福利卡累積點數，還可綁定信用卡儲值，再用 PX Pay 結帳，並搭配各大銀行推出的信用卡促銷方案。PX Pay 打通全聯線上與線下金流，是全聯數位轉型、虛實整合首部曲。

第二部曲「物流通」：顧客可選擇「門市取貨」、「宅配到府」，甚至「跨門市分批取貨」。2019 年 11 月推出電商平台 App「PX Go」（全聯線上購）。PX Go 主打的是「分批取貨」，讓顧客可以促銷價一次購買大批量，之後再分次到門市取貨，能跨全台各門市分批提領，大大提升便利性。部分商品在 PX Go 上也推出整箱購買、宅配到府的服務。

第三部曲「數據通」：打通門市與電商的數據，顧客可以隨時查詢、領貨、贈送。做實體電商，最重要的就是「進、銷、存」數據要對。2020 年 7 月推出「實體電商」，以全聯全台逾千家的實體門市為核心，涵蓋各門市附近範圍，讓顧客可以在台灣任何地方線上購物、付款，之後再到實體門市取貨。這意味包括生鮮商品，顧客網購後，最快只要兩個小時就能門市取貨，且顧客還能透過 PX Go 查看各實體門市庫存狀況，目的就是要打造完整的線上線下虛實整合。此外，於 2020 年 10 月提供機車宅配服務，將由大型店、都會區店優先導入，顧客在「PX GO」消費滿額即可免費外送，配送服務範圍以實體門市為中心的兩公里內。

全聯跨足實體電商，推出「實體電商」核心 e 化服務：線上購物、線上結帳、門市取貨。全聯認為電商的優勢是販售「長尾商品」，是購買頻率比較低的商品，因此所有商品統統可以放上電商平台去賣，因為電商的上架成本低。但全聯做的是實體電商，主要還是以全聯原本就有的一萬多種品項為主，這些品項是主流商品，不是長尾商品。

九、案例：PChome 成立網家速配

「搶時間就是搶錢」，台灣電商平台二大龍頭紛紛在電商物流下功夫。2018 年，PChome 成立百分百持有的電商物流公司「網家速配」，為台灣電商界首創先例。

「網家速配」是 PChome 轄下的自主車隊，以服務雙北（台北市與新北市）地區消費者為主力，拚雙北 6 小時送達。2019 年初期投入 250 名人力、200 部車（貨車與機車各 100 部），並建置 8 間轉運中心，約佔 PChome 所有運能的兩成；其餘八成運能仍得靠郵局、黑貓、宅配通及嘉里大榮等合作物流業者配送。2019 年這 8 間轉運中心（物流營業所）集中設在雙北，目的是要比「倉庫」（PChome 有 7 座倉庫，多數集中在桃園）更接近消費者，實現雙北 6 小時到貨。

十、案例：momo 成立富昇物流

2020 年 5 月 21 日，台灣線上零售龍頭 momo 因應電商業務成長，與補足市場服務需求，宣布成立「富昇物流」公司，並協同既有 14 家運輸公司策略合作，讓其電商「短鏈物流」最後一哩路的佈局更為完善。

從 2017 年起，momo 即逐步開拓電商物流服務，於 2017 年投資逾 40 億元打造「北區自動化物流中心」，領先業界的自動化物流設備。2018 年強化「短鏈物流」布局，啟動「衛星倉」綿密網絡佈建計畫，並於 2019 年著手規劃「南區物流中心」，至 2020 年第 1 季 momo 的「主倉」加上「衛星倉」已達 23 座。

　　「富昇物流」首要任務是拓展 momo 短鏈物流綿密佈局，業務區域範圍橫跨台北市、新北市、桃園市、台中市、台南市、高雄市等六大都當日的配送（一日配）服務，致力於未來 momo 超快速配送服務，其車隊規模含貨車與機車已破百輛，物流配送人員達 200 人，2021 年將再擴增配送運能。

　　自主車隊讓調度更靈活。Momo 這次不僅投資倉儲設備建置，車隊，人員擴編，也導入一些新科技，不僅運用大數據分析，安排企業客戶訂單至距離較近的區域倉出貨，更藉由在「富昇物流」車隊上裝載「電子地圖」，AI 規劃最佳配送路線，並結合「二程接駁」深入大街小巷進行直配服務，降低物流車因往返所損失的時間與效能。

13-6　全通路零售

一、全通路零售的概念起源

　　史隆管理學院布倫喬爾森（Erik Brynjolfsson）等三位教授，在 2011 年 12 月份的史隆管理評論（Sloan Management Review）提出「全通路」（Omni Channel）零售的概念，用以探討在網路購物日益發達的情況下，傳統零售業者正面臨存亡危機。他們認為：「實體店面與網路店面之間的界線將會逐漸消失，世界變成一個沒有隔牆的展示間」。傳統零售業者擁有網路業者沒有的「實體店面」，應透過結合數位與實體體驗，並以「全通路零售」（Omnichannel Retailing）服務顧客，才有機會反敗為勝。全通路零售的概念包含幾個特點：

1. **多元通路銷售**：消費者可透過網路、電話、實體商店或虛擬商店、紙本型錄或線上型錄等多種方式向同一家企業購買商品。

2. **社交式購物（Social Shopping）**：消費者在購買決策過程中會以社群媒體來蒐集商品資訊、表達或交換意見，進行社交式購物。

3. **消費者的購買決策模式與傳統方式有所不同**：消費需求產生、資訊蒐集、商品評估與購買等將可在多元通路中交錯、激盪或反覆，不會只專注在單一通路。企業必須同時管理所有與潛在顧客互動的接觸點，讓他們有一致且滿意的消費體驗。

4. **消費者的基本需求並沒有太大改變**：這也是最重要的一點，消費者的基本需求其實沒有太大改變，只是變得更嚴苛與難以滿足，也變得更沒有品牌忠誠度。

二、全通路零售的定義

所謂「全通路零售」是指零售業者將能透過多元通路與顧客互動，包括網站、實體商店、攤位、線上型錄與紙本型錄、客服中心、社群媒體、行動裝置、遊戲主機、電視、聯網家電及上門服務等。傳統零售商必須徹底更新觀點，以便將各種多元通路，整合成天衣無縫的全通路體驗，否則很可能將被時代淘汰。

三、全通路零售的策略

進入全通路零售時代，零售業有以下七項致勝策略：

1. **提供用心整理過的線上內容與令人心動的價格**：以亞馬遜網站為例。網友會跟亞馬遜買東西，除了因為價格較低；也因為亞馬遜網站用心整理商品的線上內容，整齊有系統地以顧客想要的方式呈現。這些做法簡化了消費者的購買決定，讓消費者不會迷失在商品的大海中。

2. **利用資料與分析的威力**：進入全通路零售時代，資料量爆炸，零售業有機會更了解顧客的購買行為，並直接與他們互動（例如在臉書上按的「讚」）。因此，現在零售業面臨的不是蒐集不到想要的資料，而是有沒有能力彙整多種來源的資料，進行特定地點與時間的分析與行銷。例如根據消費者的購買紀錄，寄給他一份專屬的行動廣告。

3. **應避免直接比價**：全通路零售時代，消費者非常容易線上比價。零售業要想避開低價競爭，可以技巧性地把多個商品包裝成組合販售，亦即進行多元「搭售」應用，增加消費者直接進行單一商品比價的難度。當然也可以藉由推出「獨家版」商品，降低直接比價的競爭壓力。

4. **增加販售小眾商品或冷門商品**：網路上販售小眾商品或冷門商品較占優勢，因為實體店面販售這些商品不符成本。過去，若顧客要到店面購買介於熱賣型與小眾型之間的商品，因為難以預期到底買不買得到，很花時間。現在，因為可以隨時上網查詢，使得購買這種介於中間地帶的商品容易得多。零售商可以增加販售這一類的商品。

5. **不只重視「商品」本身，更要重視「商品資訊」**：現在消費者可以從一個通路了解商品（例如百貨公司），從另一個通路（例如團購網站）購買商品，因此企業應該整合「商品資訊」，在多元通路（包括網站、實體商店或虛擬商店、攤位、紙本型錄或線上型錄、客服中心、社群媒體、行動裝置、遊戲主機、電視、聯網家電及上門服務等）上分享，吸引喜歡跨通路購物的消費

者。如果企業不同通路的「商品資訊」混淆，甚至互相衝突，將會引起消費者不滿。

6. **築高「轉換成本」（Switching Costs），以降低對手競爭：** 所謂「轉換成本」是指消費者從購買甲品牌轉換到購買乙品牌時，所需付出的代價。當「轉換成本」越高，消費者越不會轉購其他品牌。因此企業應設法提高「轉換成本」，以降低消費者投奔敵營的可能性。例如：提供競爭對手沒有、而消費者內心又想要的服務。

7. **擁抱競爭：** 在搜尋容易、透明度大增的全通路零售時代，唯有提供更好的產品或更佳的服務才能勝出。若企業刻意避開「產品或服務」本身的正面競爭，即便成功也是短暫的。只有把產品、服務與價格等各方面都做得更好，才是長久之計。

四、全通路零售與 O2O 結合

隨著網路愈來愈普及，網路消費者的習性也漸漸在改變，現今網路消費者會先到實體商店中先體驗商品，然後再到價格較低的網路商店購買，讓實體商店儼然成了「展示中心」或「試衣間」，逛的人可能很多，但實際提袋的人卻漸漸減少。未來唯有能進行 O2O（Online to Offline）線上線下虛實多元通路整合，並能滿足消費者的內心真實需求的企業才能勝出。

消費者的基本需求並沒有太大改變，消費者仍要求商品品質要好，但價格要低、服務要好、安心、方便、速度快等，上網裝置給予他們強大的力量，激發他們精明購物的潛能。因此，當消費者在實體商店看上某商品時，他會想上網買更便宜的同樣商品。當上網買商品時，他又希望能立刻拿到。消費者總是希望透過科技與資訊去讓生活與購物更滿意，現在他們有更多的選擇，但要求更高。

網路世界雖然可以輕易的比較價格，並瀏覽龐大的「商品資訊」，消費者卻難以體驗商品的實際使用感受。再便利的網路購物機制，有時也很難讓消費者安心做出最後購買決策。而實體店面若未能跟上網路時代，善用自身優勢創造出獨特利基，最終也將被「展場化」的潮流吞沒。

全通路零售的真正精神是讓「商品資訊」透明，快速流通，並讓顧客更滿意、更安心。例如：實體商店主動在店內提供上網裝置，讓消費者立刻現場比價，並能查詢網友對此商品的評價與網路上詳細的商品資訊，如此就能兼備虛實商店的優勢，讓消費者快速買單。O2O 虛實整合趨勢不可擋，企業必須快速轉型，未來唯有虛實整合者才能成功。

五、虛實通路整合創造獨特顧客體驗

　　過去，零售過程是線性的，產品從企業內部的設計、開發，到包裝、行銷、廣告、銷售，每個環節都可由企業單方面周密規劃，操縱消費者的購買偏好。如今，零售業的銷售過程是以消費者的內心需求為中心；行動裝置和網路的普及讓消費者擁有隨時可取用、比較的資訊和即時進行交易的平台，而社交網絡發達則提高消費者的自主權與影響力，促使企業須提供更好服務及更優質產品。

　　藉由「智慧零售」進行虛實多元通路整合，並進而創造獨特顧客體驗。智慧零售的概念，是打造與消費者互動的平台，提供個人化的購物體驗，讓消費者透過「全通路」與單一品牌做到無縫連結。在前端，消費者無論用何種上網裝置進行互動，都要能隨心所欲地存取商品資訊，並得到即時準確的回饋。

　　打造個人化的購物體驗，需仰賴關鍵的「3C」：顧客（Customer）、情境（Context）、內容（Content）。首先，認識顧客：從顧客的歷史交易資料中看到其需求，進行分析預測，再予以歸檔。第二，確認情境：擷取顧客即時互動資料與歷史交易資料結合，預測顧客的下一次消費模式。第三，提供個人化內容：根據顧客背景及關連性分析，準確命中顧客購物決策關鍵，提供個人化行銷或優惠訊息，完成絕佳個人化服務並強化購物體驗。

六、智慧物流

　　「智慧物流」是指以資通訊科技（ICT）為基礎，在物流過程中的運輸、倉儲、包裝、搬運、加工、配送等環節，建立感測系統，蒐集分析資訊、即時調整，也透過網際網路、物聯網、物流網，整合物流資源，充分發揮現有物流資源供應方的效率，不僅降低成本，也讓買方能夠即時獲得訂購商品，符合網路發展浪潮，讓物流自動化、網路化、可視化、即時化，實現物流規整智慧、發現智慧、創新智慧和系統智慧的目標，有利於降低物流成本、控制風險，進而達到提高環保效益與配送效率的效果。

13-7　場景與接觸點

一、場景的概念

　　依《場景革命》作者「吳聲」的說法，「場景」本是一個影視用語，指在特定時間、空間內發生的行動，或者因人物關係建構而成的具體畫面，是透過人物行動來表現劇情的一個個特定過程。從電影角度講，正是不同的場景組成了一個完整的故事。

趙振從行銷的角度，將場景定義為「在時間、地點、場合、情感等構成的特定情境中，即時提供商品或服務來滿足消費者需求並增強消費體驗，由品牌、消費者及其他相關主體間的關係、行為所構成的具體畫面或特定過程」。

場景分為「場」和「景」兩部分。「場」是時間和空間的概念，一個場就是時間加上空間，消費者可在這個時空裡停留和消費。「景」就是情景和互動，當消費者停留在這個「時間＋空間」裡，要有「情景」讓觸發消費者的情緒進而「互動」，這就是場景。

二、場景五大構成要素

通俗來說，「場景」就是什麼人、在什麼時間、什麼地點、做了什麼事情、產生什麼交互事件。場景的構成要素：時間、地點、人物、事件和連接方式，缺一不可。這五個構成要素，任一構成要素發生改變，場景隨之發生改變。

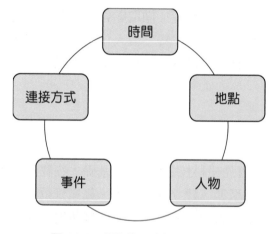

圖 13-9 場景的五大構成要素

1. **時間**：消費場景的本質是佔有時間，擁有場景，就擁有了消費者的時間。

2. **地點（空間）**：是指消費場景的全通路接觸點。只要能接觸到消費者的空間，就是場的地點，例如，官網的介面，品牌 FB 的粉絲專頁、實體門市等。

3. **人**：場景是以人為中心的體驗細節。很多時候，消費者喜歡的並不是產品本身，而是產品所處的場景，以及場景中消費者自己浸潤的情感。「哥吃的不是麵，而是 "寂寞"」。

4. **事件**：消費者體驗情節的構成，離不開「事件」。「題材」是消費場景之體驗情節的基本面，消費場景之體驗情節是一些按時間順序排列之「事件」的集合體。

5. **連結方式**：場景是一種連接方式，任何消費場景都需要透過連接產生價值，任何連接也都是基於具體的消費時空場景。在互聯網時代，「微信」連接人與人，「百度」連接人與信息，「淘寶」連接人與商品，「foodpanda」連接人與食物，「Uber」連接人與搭車服務。新商業模式通常是透過跨界和連接而來的新場景，共享經濟就是新場景的商業典範。

舉例來說，中國信託 2020 年為打造隨時、隨地、隨需的支付服務，依據場景的五大構成要素：時間（什麼時間消費？）、地點（哪裡消費？）、人（消費者是誰？）、事件（消費事件是什麼？如：叫車、購物、訂閱頻道）、連結方式（當下適合的支付工具是什麼？），持續不斷地發展差異化服務，以目標消費者個人為中心，建立符合其需求及偏好的支付場景。

三、場景多元化 — 接觸點

「場景多元化」（Pluralistic）是指消費場景會越來越分散，品牌與消費者的接觸點（Touch Point）不再偏限於單一的商場、網站等高流量入口，而會變得十分豐富。

由時間、地點、人（用戶）、事件（活動）、連接方式（接觸點互動方式）共同形成的場景，稱為服務或體驗「接觸點」（Touch Point）。

四、應用科技重新定義消費場景

1. **實體通路變身體驗館**：在電子商務越來越成熟的時代裡，實體商店的「體驗」功能就越發重要。加拿大卡爾加里大學教授 Thomas Keenan 認為，「未來的商店將變得更像體驗館，人們會去那裡觀賞、學習並且被娛樂。」

2. **物聯網裝置讓你更懂消費者**：國內外零售業者都紛紛導入 Beacon，藉由 Beacon 收集到數據，再透過大數據分析消費者購買行為，零售業者不僅可以分析人流，還可以做到更精準的行銷。

3. **交易支付方式更多元**：隨著多元支付的興起，台灣的消費者漸漸習慣無現金支付。

4. **無人機、機器人都來送貨**：更省時間、更省人力的物流新方案，各家廠商都在嘗試。

5. **不只是通路更是溝通管道**：零售業者紛紛打造線上、線下社群，加強消費者的參與和連結。

學習評量

1. 何謂「行銷通路」？

2. 何謂「行銷中間機構」？

3. 何謂「O2O」？

4. 何謂「OMO」？

5. 何謂「場景」？「場景」的五大構成要素為何？

6. 何謂「通路衝突」？其成因為何？

7. 何謂「全通路（Omni-channel）零售」？

網路行銷組合 —— 推廣（Promotion）

導讀：聊天式商務 ChatGPT 崛起！

Facebook 在 2016 年 6 月宣布釋出聊天機器人（Chatbot）的 API 及 Messenger 平台計畫，瞬間引爆聊天機器人風潮。

OpenAI 於 2022 年 11 月 30 日發布聊天機器人 ChatGPT，開放公眾免費測試。開放試用一週就衝出百萬用戶。推出短短 2 個月，至 2023 年 1 月其月活躍用戶就突破 1 億用戶，成為史上成長最快的消費者應用程式。 ChatGPT 介面有像線上聊天室，只不過使用者聊天的對象是人工智慧 AI，隨意問個問題，ChatGPT 幾秒內就能回覆數百字大致正確、文字通順的高品質答案。

14-1 網路行銷溝通組合

一、行銷溝通組合

行銷推廣組合（Marketing Promotion Mix）又稱為行銷溝通組合（Marketing Communication Mix），是一種包括廣告、人員銷售、銷售推廣、公共關係、直效行銷組成的特殊組合，用來追求其行銷目標。五種主要的行銷溝通組合工具的定義如下：

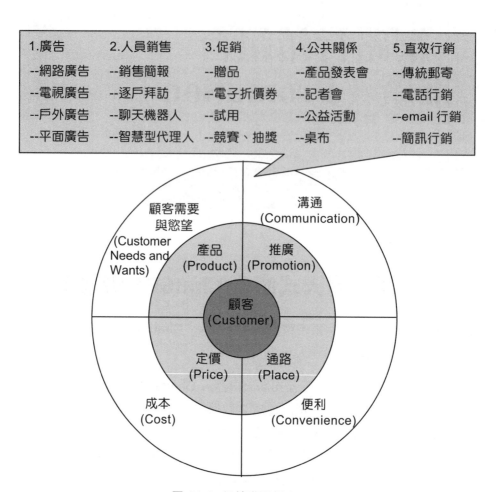

圖 14-1 行銷溝通組合

1. **廣告（Advertising）**：任何由特定提供者給付代價，以非人員的方式表達及推廣各種觀念、商品或服務者。任何來自於組織、產品、服務或明確贊助商的構想，所支付的非個人化溝通管道。

2. **人員銷售（Personal Selling）**：由公司的銷售人員對顧客做個別報告，其目的在促成交易與建立顧客關係。應用銷售人員與客戶面對面溝通，以期立即傳送訊息給客戶，或是藉由人與人的互動，立即回應客戶的問題。

3. **銷售推廣（Sales Promotion）**：俗稱「促銷」，屬短期的激勵措施，以刺激商品及服務的購買或銷售。提供額外的動機給消費者，以刺激達成短期銷售目標。

4. **公共關係（Public Relation）**：藉由獲得有利的報導、塑造良好的公司形象、避開不實的謠言、故事和事件，與各種群體建立良好的關係。藉由獲得有利

的報導、塑造良好的公司形象、避開不實的謠言、故事和事件，與各種群體建立良好的關係。

5. **直效行銷（Direct Marketing）**：與謹慎選定的目標個別消費者做直接溝通，期能獲得立即的回應 —— 即使用郵件、電話、傳真、電子郵件及其他非人身接觸的工具，直接與特定的消費者溝通，或懇求獲得直接的回應。

當這些行銷溝通組合移植到網際網路（Internet）上來，就變成了網路廣告、網路人員銷售（網路智慧型代理人銷售）、網路促銷、網路公共關係和網路直效行銷。

二、行銷溝通組合的任務目標

一般來說，行銷溝通組合（行銷推廣組合）的任務目標可分為四：

1. **告知（Inform）**：傳遞產品或服務的基本訊息。

2. **說服（Persuade）**：用來改變顧客態度、信念與偏好。

3. **提醒（Remind）**：用來提醒消費者對產品與品牌名稱的熟悉。

4. **試探（Testing）**：用來尋求新的行銷機會，尋求潛在顧客或測試新行銷訴求。

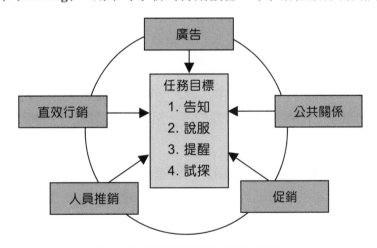

圖 14-2 行銷溝通組合的任務目標

三、溝通的過程

要了解網路行銷溝通組合，必須先了解溝通的過程。簡單的說，溝通是在資訊由一個人傳送到另一個人時產生的。溝通的發起者稱為發訊者（Sender），傳送者經由管道（Channel）或媒介將訊息傳送給收訊者（Receiver），在溝通的過程還有二個重要的部份：回饋與干擾（Feedback and Noise）。

在這個最基本的溝通過程中，始於發訊者想把某些訊息讓收訊者（目標視聽眾）知道，這些資訊必須先經過編碼（Encode）成一個可被傳送的方式（例如文字、語言）。這訊息經由各種不同的管道或媒介（如電視、信件或網路廣告）傳送給收訊者。收訊者解讀這些資訊後，可能也會傳回一些訊息做為對傳送者的一些回應。在溝通的過程中常會有一些噪音或干擾（Noise）阻礙溝通的進行，如電話鈴聲、受人干擾，甚至語言問題等都是溝通的障礙。如圖 14-3 所示。

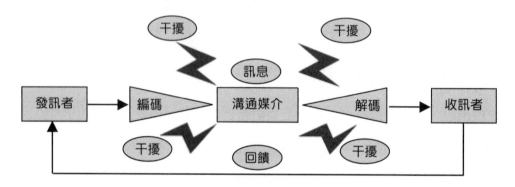

圖 14-3 溝通的過程

1. **發訊者（Sender）**：有意和其他人或組織進行溝通的一方，也就是訊息來源。一組訊息的發訊者可能由組織與個人所組成。

2. **編碼（Encoding）**：發訊者將所要傳達的訊息轉換成文字、圖形、語言、動畫或活動的過程，也就是訊息製作。

3. **訊息（Message）**：一套文字、圖形、語言、動畫或活動的組合，也就是收訊者所看到、聽到或感受到的內容。例如：網路商店內的橫幅廣告、網路促銷的折價券等。

4. **溝通媒介（Message Channel）**：就是負載訊息的工具。例如：網際網路、手機簡訊、電視、報紙、宣傳手冊、戶外看板、廠商贊助的活動等。

5. **解碼（Decoding）**：就是訊息解讀。收訊者接受訊息之後，會因個人的經驗、認知等而賦予訊息某種特殊意義。在這階段，收訊者的選擇性注意與選擇性曲解會影響解讀結果。

6. **收訊者（Receiver）**：訊息的溝通對象。包含 E-mail 直效行銷的收件者、電視的觀眾、報章雜誌的讀者、廣播的聽眾、活動的參與者、街上行人等。

7. **反應（Response）及回饋（Feedback）**：收訊者在解讀訊息之後，會產生某些正面或負面的反應，這些反應會回饋給發訊者，以便用來判斷溝通的效果，或作為修改訊息的參考。

四、發展有效行銷溝通的步驟

行銷溝通者應做以下列的決策，才能發展出有效的溝通策略：

1. **確定目標視聽眾**：行銷溝通者必須開始就明確的定出目標視聽眾。視聽眾可能是公司產品的潛在購買者或目前的使用者，是決策者或影響者，是個人或群體，是特殊公眾或一般公眾。因為不同的目標視聽眾對溝通者各項決策的影響甚深，如訊息的內容、方式、時間、地點及訊息傳遞者的人選。

2. **確定溝通目標**：目標視聽眾一旦確定，行銷溝通者即應界定所預期的反應目標。當然，最終的反應是購買行為，但購買是消費者漫長決策過程的最後結果。目標視聽眾可能處於六個購買準備階段，行銷溝通者必須知道目標視聽眾目前所在位置與對不同階段者應採取何種行動。這些階段包括：知曉、了解、喜歡、偏好、堅信、購買。

3. **設計訊息**：確定想由目標視聽眾得到哪些反應後，溝通者接著就要擬定訊息。一個理想的訊息應設法引起注意、維持興趣、激起慾望及促成行動（此即所謂 AIDA 模式的架構）。事實上，幾乎沒有任何訊息可以使消費者從知曉階段一下子就到達購買階段，但是，AIDA 的架構可用來提示訊息所應有的特質。設計訊息的步驟包含訊息內容、訊息結構與訊息格式：

   ■ **訊息內容**：溝通者必須提出某種訴求或主題以產生預期的反應。訴求可分成理性、感性與道德三大類。理性訴求係針對目標視聽眾自身利益的追求，而設法證明產品能帶來預期的好處。感性訴求係用來刺激正面或負面的情感，以激發其購買。溝通者可能使用正面的感性訴求，如愛、榮耀、歡樂及幽默。道德訴求在使視聽眾了解何者為「善行義舉」。通常用來勸導人們支持某些社會運動，如淨化環境、種族平等、男女平等與協助貧困人家。

   ■ **訊息結構**：溝通者必須決定如何處理三個訊息結構問題。第一，是否要導出明確的結論，或給視聽眾去判斷？第二，是否應提出片面或雙面的論證？第三，是應提出最堅強的論證，或是到最後才提出？

   ■ **訊息格式**：溝通者也要能以有效的格式傳達訊息。

4. **選擇媒體**：溝通者現在可以著手選擇有效的溝通通路。溝通的通路可分兩類──人員與非人員。

5. **選定訊息來源的特性**：訊息對視聽眾的影響也受視聽眾對溝通者的知覺情形左右。來源可靠的訊息總是比較具有說服力。

6. **蒐集回饋**：訊息傳遞出去後，溝通者還要探究其對視聽眾的影響。通常包括調查目標視聽眾，詢問其是否能辨認或記得訊息、看過幾次訊息、還記得哪些要點、對訊息的觀感如何、過去和目前對產品與公司的態度如何。最後，溝通者也希望能蒐集視聽眾的行為反應 — 如有多少人購買該產品、喜歡該產品，或將該產品的訊息轉告他人。

五、網路行銷溝通

網路行銷溝通的定義

所謂網路溝通（Network Communication）是指利用電腦做為訊息傳送接收的設備，透過網際網路將數位化的資料與訊息，在使用者之間自由的傳遞與交換，藉由網際網路溝通的應用系統軟體讓使用者彼此產生實質的互動，使單向、雙向，甚至多向的溝通能順利進行。

網路溝通是隨著網際網路資訊科技而興起的溝通形式，而網路也成為一種具有多種面貌的社群媒體，其可用不同溝通形式連接人際溝通及大眾溝通的特質。電腦網路的出現不僅重整了人類的思考模式，也改變了傳統的溝通型態。

網路行銷溝通的助益

在消費者助益方面：

1. 消費者在決策時有許多隨時更新的資訊可供參考。

2. 網際網路互動的本質允許較傳統深入且非線性的搜尋管道。

3. 網路也提供了重要的娛樂功能。

在企業助益方面，包括配銷助益、行銷溝通助益、作業性助益：

1. 配銷助益

   - 對出版業，資訊服務與數位產品來說，配銷與銷售成本趨於零，使配銷管道更有效率，也減少人工成本與時間花費。

   - 在銷售的過程中，經由線上下單與表格填寫，促進交易的效率，透過線上交易所獲得的資訊是蒐集顧客偏好極有成效的方式。

2. 行銷溝通助益

- 網際網路可傳送公司資訊給顧客，不僅對外部溝通有利，也促進內部溝通。互動的本質可以促進顧客關係，因此網路的互動潛力也增進了關係行銷與顧客服務支援的成效。

- 網際網路提供了產品在價格因素以外的競爭機會，因為網際網路可以強調行銷組合中的任一項差異，如品牌已被視為一項重要的競爭項目。

3. 作業性助益

- 網際網路可以減少資訊處理過程中的錯誤、時間與人工成本。

- 線上資料庫減少與供應商間的成本。

- 使銷售得以較易進入新市場(特別是地理差距大)與快速進入新市場等。

- 由於網際網路跨越性的特質，使廠商更容易接觸潛在顧客，與減少營運流程中不必要的延遲。

六、AIDA 模式與效果階層模式

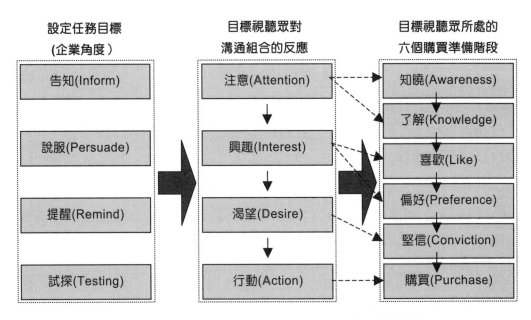

圖 14-4 行銷溝通組合任務目標、AIDA 及購買準備階段

網路行銷的中心觀念是，企業透過網際網路提供產品或服務之資訊，以吸引消費者之注意、引發其興趣，並使其產生購買慾望，最後導致購買行為之產生，也就是所謂的 AIDA 模式，期望能讓消費者以最短的時間及最低之成本，購買或獲得其想要之商品或服務，滿足其需求，並使長期的顧客價值與企業利潤得以最大化。

- **A — 注意（Attention）**：您的廣告、促銷、公關活動是否能引起消費者注意，或者視而不見呢？如何引起消費者注意的廣告，在網路上有很多研究，常見的方式如抽獎（贈品）、腥羶標題、免費、把廣告做得類似網站按鈕，使消費者誤觸…等，都是策略之一，不外是要提高消費者對產品的注意。

- **I — 興趣（Interest）**：當消費者注意到產品訊息，是不是產生興趣，是相當重要的問題。如何讓消費者產生興趣，和產品及消費者本身有重大的相關。產品是否具有 USP（獨特銷售主張），引起消費者興趣。消費者本身對此產品是否關心與重視則是是另一關鍵。

- **D — 渴望（Desire）**：消費者看到廣告很有興趣，不一定會產生慾望（Want）—「我需要這樣產品」，所以廣告行銷中，強化消費者購買慾望，使其產生「我想買這產品」是重要的一環。

- **A — 行動（Action）**：行銷的目的即在促使消費者產生行動，因此加速消費者行動的廣告，也常出現在日常生活中，如「前一百名加送價值 500 元禮券」的廣告，都是在鼓勵有需求的消費者，立刻採取行動的做法。

網路行銷是擁有極快速回應的行銷系統，並且可以一次達成，注意、興趣、慾求、購買（行動）的媒介，能結合消費者行為和良好網路行銷與銷售技巧，及顧客服務才是網路行銷的極致表現。

此外，在目標視聽眾確定後，行銷人員就要界定所要求的回應。企業在了解讀者的需求（Demand）與慾望（Want）之後，企業行銷溝通組合必須配合這些需要與慾望。如果企業可以讓消費者認為這些溝通組合長期受用，他們將會更容易接受企業的各項行銷活動。雖然這些是企業推廣與溝通活動所要努力的方向，但是企業應了解的是廣告或促銷活動未必會呈現立即的效果，因為任何一位消費在決定購買之前可能處於六個購買者準備階段（Buyer Readiness Stage）之一：知曉（Awareness）、了解（Knowledge）、喜歡（Like）、偏好（Preference）、堅信（Conviction）、購買（Purchase）。以下將分別說明這六個階段。

1. **知曉（Awareness）**：首先要確認目標聽眾對企業或企業產品的知曉程度，有時候讀者並未注意到企業品牌或企業產品的存在，那麼此時的促銷方向應放在如何讓目標市場注意到你企業的品牌或商品。

2. **了解（Knowledge）**：目標視聽眾可能注意到企業品牌或企業產品的存在，但卻不知道所提供的產品屬性或特殊功能，此時企業就應將產品屬性或特殊功能的資訊提供給讀者。

3. **喜歡（Like）**：假使目標視聽眾了解了企業所提供的產品與服務，但是不一定喜歡，這時企業需要去了解消費者為什麼不喜歡，並予以改善，然後再宣傳其優點。

4. **偏好（Preference）**：目標視聽眾雖然已喜歡企業的產品與服務了，但不見得有偏好（喜歡是喜歡，可能購買的時候還是會購買競爭者的商品），此時行銷人員的任務便是建立消費者的偏好，強調使用本公司產品或服務所獲得的利益。

5. **堅信（Conviction）**：目標視聽眾有了偏好，但卻不太具有信心，此時行銷人員要增強讓消費者信心，購買與消費本公司的產品是一項正確的抉擇。

6. **購買（Purchase）**：目標視聽眾可能下定決心要消費本公司產品了，但卻遲遲未見具體行動，或打算慢一點行動。此時行銷人員就要激勵消費者採取立即的購買行動。

七、網路行銷溝通組合之效果衡量

以下幾點可以提供給廣告主做為參考：

1. **決定自身的市場策略**：網際網路的普及已無庸置疑，線上使用者持續增加中，面對著如此龐大的使用者，如果沒有設定目標視聽眾的話，那廣告將毫無意義。因此在刊登網路廣告前不能不知為何要刊登廣告、廣告的目的為何、要刊登什麼樣的廣告內容、以何種方式呈現廣告、刊登廣告媒體為何及目標的族群為誰等，這些是在刊登網路廣告前所必須先行訂定的市場策略。

2. **訂定行銷活動的目標**：市場策略制定後，訂定行銷的活動目標是很重要，這也是日後評估網路廣告效益的依據，因 AIDA 是指潛在消費者在接觸到廣告時及一直到完成某種消費的行為中的幾個動作，所以在訂定廣告行銷活動的目標可以利用 AIDA 公式來制定。

- ■ **A — 注意（Attention）**：透過網路溝通組合（廣告、促銷、公關、人員銷售、直效行銷）是否能引起目標視聽眾的注意。

- ■ **I — 興趣（Interest）**：係指目標視聽眾在接收到廣告主所傳達的訊息後，因廣告中提供給消費者有價值的利益，引起消費者的興趣。當目標視聽眾注意到廣告訊息，並不一定會對該廣告的商品產生興趣。

- ■ **D — 渴望（Desire）**：係指當目標視聽眾因廣告主提供的利益有興趣，且對他們有很大的吸引力，消費者會有想要得到這樣一個東西的渴望。當目標視聽眾對於廣告的商品有興趣，但並不代表會產生慾望去擁有這樣一件商品。

- ■ **A — 行動（Action）**：係指目標視聽眾完成某種消費的行為，也是在整個行為中最重要的一環，即使前三項的目的都達到了，若沒有實際購買，那這則廣告還是白費的。

3. **刊登適當的網站廣告**：訂定行銷活動的目標之後，下一步就是決定適當的網路廣告，有了很好的行銷目標及明確的廣告訴求，接下來就是決定適當的廣告內容及媒體來宣傳該則廣告。在廣告的內容方面，應搭配著行銷活動，彼此相互支援，才會達到極佳的效果；廣告內容確定後，所選擇的媒體就很重要的，例如一支以女性為訴求的化妝品廣告就一定要選擇以女性族群較多的媒體，否則刊登在以男性為多數的媒體上，其效果就可想而知了，所以選擇適當的網路媒體來刊登非常重要。

4. **依原定目標檢驗效果**：並不是將廣告送上網路就可以了，接下來檢驗廣告的效果也是非常重要的，而檢驗是依據當時所設定的行銷活動的目標來衡量，而不是以曝光率及點閱率的高低來決定廣告的效果好壞，若評估出和原先預定的目標較差時，則需考慮更換另一組更合適的廣告，才不會白白花費一筆費用而沒有得到應有的回饋。

14-2　網路廣告

一、網路廣告的涵義與特質

所謂網路廣告（Internet Advertising），網路廣告就是以網路為媒體，在網路上播放廣告。網路廣告包含網站廣告（Web Ads，或稱網頁廣告）、電子郵件廣告…等類型，但由於網站廣告是網頁廣告最為流行的形式，因此在本文稍後所談到的網路廣告所指的即為網頁廣告。因此對於網路廣告，可以定義它為：「在全球資訊網上，以網站為媒體，使用文字、圖片、聲音、動畫或是影像等方式，來宣傳廣告所欲傳達的訊息」。

網路廣告能夠受到各方的注意，並對其極具信心，原因在於網路廣告擁有其他媒體所沒有的優勢，茲說明如下：

1. **高互動性**：以網際網路為廣告媒體，最大的優勢就是在於與使用者的互動程度。透過網路互動的功能，使用者可以選擇想要看的內容，或是要求想要的訊息，這些高互動性的網路廣告，亦能夠產生較佳之廣告效果。

2. **網路無國界**：沒有時間、地域的限制，一直就是網際網路的特點之一。也是因為這個特點，使得網際網路消彌了國界的概念，也使得網路廣告能發揮極大的效用。

3. **能迅速得知廣告效果**：網路廣告的另一項特點就是當使用者點選廣告或是瀏覽目的網頁時，即能迅速得知網路廣告的效果，這是其他廣告媒體所做不到的事，如此可以提供廣告主或網路廣告業者即時且確實的廣告效果。

4. **廣告成本效益較佳**：有別於其他大眾媒體如：電視、廣播、報紙，網路廣告較能掌握使用者的特性，也使廣告主容易進行市場區隔，針對目標市場進行行銷，讓每一分錢都能花在刀口上，進而使廣告成本效益提高。

除了以上幾點，網路廣告還有跟其他媒體的許多不同之處，詳見表 14-1。

表 14-1　網路媒體與其他傳統媒體比較表

類別／項目	網際網路	平面媒體	廣播	電視
訊息接收者	集中-廣大	廣大	廣大	廣大
時效性	不定	延遲	立即	立即
訊息種類	文字、圖片聲音、影像	文字、圖片	聲音	文字、圖片聲音、影像
資料傳播方式	推吸力兼具	推力	推力	推力
價格	低	中	中	高
隱密度	高	低	低	低

項目＼類別	網際網路	平面媒體	廣播	電視
更新速度	隨時	慢	中	中
互動性	雙向	單向	單向	單向
廣告效果	立即	延遲	延遲	延遲

二、網路廣告的類型

　　網路廣告主要有兩種方式，包括電子郵件廣告及網頁廣告，在應用上各有其優缺點。電子郵件廣告多以 HTML 及圖片為基礎，附在目標視聽眾的郵件中。相對地，網頁廣告則常包括多媒體內容，在網頁上可以加以運用的有：標題廣告、贊助廣告、分類廣告、按扭廣告、插播廣告、動態廣告等。

橫幅廣告

　　網路橫幅廣告（Banner Ads）是常被使用，也是常見的網路廣告方式。橫幅廣告主要利用在網頁上的固定位置，提供廣告主利用文字、圖形或動畫來進行宣傳，通常都會再加入連結以引導使用者至廣告主的宣傳目的網頁。常用的橫幅廣告尺寸是 486×60 或 486×80 像素，使用靜態或動態的 GIF 格式。網路橫幅廣告的版位又可分為兩大類：

1. **固定式版位（Hardwired）**：固定式版位和平面廣告的概念類似，即廣告固定出現在某個網頁上的特定版位，在刊登期間之內，網友在任何時候瀏覽該頁面看到的都是同一則廣告。

2. **動態輪替式版位（Dynamic Rotation）**：廣告版位由數支廣告輪替播放，網友每次瀏覽該網頁都會看到不同的廣告，甚至網友按下「重新整理」（Reload）或者「上一頁」（Back）鍵時，都會在網頁上看到不同的廣告。至於廣告的輪替方式則由遞送軟體控管，遞送軟體會根據每支廣告當初的目標設定，例如播放時段、內容版面或瀏覽器等條件來決定何時遞送廣告。

按鈕廣告

　　網路按鈕廣告（Button Ads）為較小型的標題式網路廣告，形狀似方形按鈕，定位在網頁中，通常是不動的，可經由點擊連結到廣告主的廣告內容頁。常用的尺寸大小有四種：125×125、120×90、120×60、88×31。由於尺寸較小，因此通常表現手

法較為簡單，而其優點就在能簡單明瞭的傳達訊息，但是由於所佔的版面小而且不顯眼，因此效果通常不明顯。

分類廣告

所謂網路分類廣告（Classified Ads），即網站利用類似電話簿黃頁（Yellow Page）的廣告分類方式，將廣告依廣告主登記的類型分為食品、餐廳、房地產、徵才等資訊，提供顧客來瀏覽。

插播式廣告

網路插播式廣告（Interstitial Ads）就是當使用者點選連結之後，會彈跳出另一個視窗，用以播放廣告訊息，並強迫使用者接受，容易對使用者造成困擾，根據網路使用調查，在吸引使用者的廣告類型中位居最後一名。

彈出式廣告（Pop-up Windows Ads）是插播式廣告的一種特殊形式，它是一個網頁下載過程中，出現在一個新開的小瀏覽視窗廣告，廣告格式可以是任何 Web 標準，例如 HTML、GIF、JPG、FLASH 等。

捲軸廣告

捲軸廣告的設計理念基本上是希望達到如影隨形。它的位置會隨著捲頁軸而不斷上下捲動，所以無論網友捲到網頁的任何地方，都一定還是可以看到捲軸廣告。此外，網友在捲動廣告時，多半會用滑鼠去點捲軸，同時目光也會不自覺得移到捲軸的滑鼠游標處，那麼要不看到捲軸廣告也難。

贊助式廣告

網路贊助式廣告（Sponsored Ads）其類似於傳統廣告中的贊助方式，廣告主經由提供網路上各種活動的贊助，獲得網路廣告宣傳位置或活動冠名資格。通常可分成三種形式：內容贊助、節目贊助、節日贊助。

1. **內容贊助**：係指在廣告商擬定的內容中，放置廣告並發佈廣告主資訊的一種贊助形式。

2. **節目贊助**：係指廣告主出資贊助網站特別推出的活動，在該活動中放置廣告並發佈廣告主資訊的一種贊助形式。

3. **節日贊助**：係指廣告主出資贊助網站在特別日期或特別節日推出的活動，在該活動中放置廣告並發佈廣告主資訊的一種贊助形式。

贊助式網路廣告大多採用策略聯盟的方式，例如宏碁戲谷網站與和泰汽車進行策略聯盟，宏碁戲谷網站推出賽車遊戲，由和泰汽車出資，宏碁戲谷網站則提供和泰汽車在網站與遊戲中宣傳其產品。

三、網路廣告收費模式

1. **千人印象成本（Cost Per Thousand impression, 簡稱 CPM）收費模式**：廣告商對廣告主的廣告曝光每萬人次所收取的費用。

$$CPM= \frac{廣告購買成本}{含有廣告頁的訪問次數} \times 1000$$

例如：某廣告主付出 40 萬元之成本，向某知名網站購買網路廣告，該網站之訪客率為 200 萬人次，該網站廣告提供的千人印象成本（CPM）為 200 元。

$$CPM= \frac{400,000}{2,000,000} \times 1000 = 200$$

2. **每次點選成本（Cost Per Click-through, 簡稱 CPC）收費模式**：廣告商是依照廣告被點選的次數來計價。一般來說，CPC 的費用比 CPM 的費用高得多，但是，廣告主往往更傾向選 CPC 這種付費方式，因為這種付費方式反映了消費者確實看到了廣告，並且進入廣告主的網站。

3. **點選（Click）收費模式**：一段時間內，一個網站所有連結被點選的次數收費。

4. **固定（Flat Fee）收費模式**：制式收費，每週、每月。

5. **每筆銷售（Cost Per Sales, 簡稱 CPS）收費模式**：每筆交易成功，交易一筆算多少錢。廣告主為規避廣告費用風險，只有在廣告帶來產品的銷售後，才按銷售筆數付給廣告商較一般網路廣告價格更高的費用。

四、網路廣告效果評估

評估網路廣告的效果，常見的有：

1. **曝光數（Impression）**：曝光數指的是廣告被成功遞送的次數，假如廣告刊登在固定版位（Hardwired），那麼在刊登期間獲得的曝光數越高，表示廣告被看到的次數越多。

2. **每千次曝光成本（Cost Per Mille, 簡稱 CPM）**：遞送一千次廣告曝光所需要的成本，廣告主可藉由此數值進行網路與傳統媒體的效果比較。CPM 雖然是效果評估指標之一，但現也有許多網站將 CPM 當成一種計價方法。

3. **點選（Click）**：網友在「點選」廣告後，通常會連結到廣告主的網頁，獲得更多的產品訊息，而點選次數（Click Through）除以廣告曝光總數，可得到「點選率」（Click Through Rate, 簡稱 CTR），這項指標也可以用來評估廣告效果。

4. **轉換率（Conversion）**：廣告的主要目的不外是銷售商品，若以「網路下單成交筆數除以點選次數」可以得到轉換率，這項數據是點選率還更進一步的效果評估指標。影響轉換率的兩個因素：

■ 點閱率（Click Through Rate, 簡稱 CTR）：點閱次數和廣告曝光次數之間的比值。

■ 成交率（Look-to-Buy Rate, 簡稱 LBR）：指進站的人潮中在網站上直接下訂單的比例。

轉換率 ＝ 點閱率(CTR) × 成交率(LBR)

例如：假設 CTR=1% , LBR=2% 則 Conversion Rate=0.02%，也就是廣告曝光 100 萬次，可形成 200 次交易。

5. **網站流量衡量指標**

■ **網路頻寬**：依該網站向 ISP 業者所承租的頻寬去計算同一時間可能的最大瀏覽人數。（不易拿到）

■ **上網人數**：最可能作假（自己 Reflesh 或寫程式自動 Reflesh），較好的方式就是運用會員制，或是查詢 IP Address，設定 Cookie 程式可鎖定訪客是否來自同一部電腦。

■ **鍵閱率（Hit Rate）**：網站的「Hit」指的是瀏覽器向網站伺服器要求下載的檔案數，包括文字、圖片、影片、聲音，每個被索閱的檔案都算是一次「Hit」。所以「鍵閱」（Hit）數跟網頁設計大有關係，相似的內容，多放幾個圖檔，伺服器所記錄的 Hits 數就會增加許多；上站人次多，Hits 數當然也會隨之增多，而且 Hits 數通常是上站人次的數十甚至數百倍，不可硬把這兩者畫上等號。有些網站常常把它們的鍵閱率當做是上站人次，來增加網站的知名度。其實這是錯誤的，而且重要的是一個網站「鍵閱」次數如果很大，這只能代表主機很忙碌，卻不能證明其他事

情，因為一個網站通常包括許多「鍵閱」，所以 Hits 根本無法正確代表網站流量。

■ **網頁曝光（Page Impressions）**：英國「發行稽核局」電子媒體稽核部門主席李察·方恩於 1997 年 1 月 24 號表示，由澳洲、巴西、德國、日本、馬來西亞、西班牙、瑞典、英國及美國等國 ABC 所共同組成的「國際發行稽核局聯盟」已同意採用「網頁曝光」作為網站流量的稽核標準。「網頁曝光」成為公認衡量網站流量的標準，就像報紙雜誌的發行量、電視廣播的收視率一樣，廣告主可以據此選擇適當的媒體組合，對於網路的市場大有助益。網頁曝光在英文裡，除了前面提到的「Page Impressions」外，有時也被稱作「網頁閱讀」（Page Views）或「Page Requests」，事實上意思都一樣。

14-3　網路人員銷售

人員銷售（Personal Selling）是以「一對一」及「面對面」的小眾式溝通，銷售的人員就是訊息傳播的媒介，此種方式可以針對不同顧客提供不同的訊息，針對目標群體的特性，修正訊息傳達的方式與內容，是十分有效的溝通方式，不過時間與成本也是最高的。在電子商務的環境中，一對一的行銷溝通變成了十分方便的方式，可以針對不同的需求提供不同的資訊內容，同時也減少人員銷售的龐大人事成本與時間的種種限制。

人員銷售在消費者購買過程的某些階段 — 尤其在建立購買者的偏好、堅信與行動之際 — 係最有效的一種推廣工具。而且比起廣告來說，更具有三項特質：面對面的接觸、與人結交、引起反應等。人員銷售是五種推廣組合中唯一一種雙向溝通，也是瞄準客群最直接、互動效果最佳的推廣方法。

一、推銷與拉銷

推銷（Push）策略是行銷人員將產品透過一種正向行銷通路的努力方向，由總公司→經銷商→零售商→消費者，或者是由總公司直接推銷到消費者的一種推動力量。其推銷的重點係透過人員銷售（Personal Selling）的方式，介紹產品的特性（Features）與利益（Benetits）給消費者，對於市場的顧客，採取重點選擇的方式，先由點連成線，由線連成面，再由面連成空間。

拉銷（Pull）策略則是行銷人員透過各種可能的大眾傳播媒體，將產品的所有訊息傳遞給消費者大眾，再讓消費者大眾自行到各地總公司所設的採購點購買，這是讓消費者透過「逆向」的行銷通路：消費者→零售商→經銷商→總公司，產生一種「指名購買」的拉銷力量。其市場的顧客是全面性、廣泛性，行銷公司企圖以一種「一網打盡」的方式，達到其行銷的目的。

二、人員銷售之任務

人員銷售所擔負的任務，不外乎下列六項：

1. **發掘**：開發新顧客。

2. **溝通**：促進消費者對產品特性的瞭解。

3. **推銷**：促使顧客接受新產品。

4. **服務**：提供技術性服務以促進銷售。

5. **蒐集情報**：蒐集競爭者及顧客資訊。

6. **互動**：維持顧客忠誠度。

三、人員銷售之步驟

有效人員銷售之步驟如下：

1. **尋求商機**：找出潛在的消費者。

2. **篩選商機**：過濾不好的潛在消費者，考量要項通常包括確認消費者需求、購買力、接納意願、所在位置、限制條件等。

3. **事前準備**：產品或服務、顧客及其需求、主要競爭者、本身條件…。

4. **推介與示範**：銷售人員的儀表、開場白、接下去的話題。銷售人員推介商品的過程通常係按 AIDA 模式 —引起注意、保持興趣、激發慾望、促使行動 — 為之。

5. **處理異議**：解答顧客疑問。

6. **結束銷售**：提供減價、服務等促使顧客購買。

7. **跟催**：確保交易條件與商品品質如先前承諾。

四、智慧型代理人

智慧型代理人具有獨立行事（Autonomous）的能力，可以接受使用者與其他智慧型代理人的委託，代辦各類事項。智慧型代理人是一個電腦程式，如同現實世界中的業務助理，會一直在網際網路上活動，可以在既定地規則與授權範圍內，沒有時間與空間的限制下，幫助其委託人進行資訊收集整理過濾、線上交易、行程安排、會議協調、拍賣叫價，甚至休閒旅遊的安排等工作。

智慧型代理人很適合擔任中間商代理人與銷售人員的角色。Resnick (1998)認為代理人中介的電子商務，有益於減少下列的問題：

1. **搜尋成本（Search Cost）**：買賣雙方的互相尋找，可以因為代理人的中介輔助而減少花費的時間與成本。

2. **不完全的資訊（Incomplete Information）**：有些資訊是買方或賣方會盡力去隱藏的，例如：賣方對於價格資訊、產品品質資訊等，會儘量隱藏不讓買方知道，而買方也會儘量隱藏消費者偏好等資訊，以避免價格歧視之下，被剝削消費者剩餘；代理人中介的電子商務中，買方的代理人可以長期在網路上廣泛地蒐集相關的資訊，而賣方的代理人也可以藉著對於使用者輪廓（user profile）的記錄與分析，獲得使用者偏好的資訊。

3. **合約的風險（Contracting Risk）**：買賣雙方有可能因為擔心付款或交貨的問題，而無法進行交易，代理人中介的電子商務中，可以透過和信任的第三者之代理人的保證、保險、處罰等機制，克服這方面合約的風險。

4. **定價的無效率（Pricing Inefficiencies）**：即使是供需雙方的價格相符合，仍有些交易可能因為錯失了機會而無法完成，例如：二手房屋的買賣等。代理人可以幫助委託人在網路上，透過長期地經營、資訊的蒐集過濾等方式，改善這個問題。

5. **隱私權（Privacy）**：有時候進行交易的買方或賣方不希望透露自己的身分資訊，透過智慧型代理人的中介，可以將資訊保留在代理人，而不會影響到隱私資訊的保密。

由於上述五種中介的角色，再加上智慧型代理人可以 24 小時全年無休地幫助委託人在網際網路上工作，因此可以應用的範圍與功能，還有更多可以發揮的空間。

五、聊天機器人：聊天式商務的重要服務介面

聊天機器人（Chatbot）也是一種智慧型代理人。電子商務啟用聊天機器人的意義在於舒緩機器與人間的溝通介面，讓過去需要螢幕、鍵盤與滑鼠才能溝通的細節透過聊天機器人就可以完成，透過自然語言處理、前後語意與邏輯分析，可以更無時無刻「無痕」地服務。各家科技大廠提供的聊天機器人如下：Apple Siri、IBM Watson、Google Now、Microsoft Cortana、Amazon Alexa、Facebook Messenger Chatbot 以及 Line Clova。

聊天機器人對於網路賣家的助益：

1. 隨著網路即時通訊的發展，網路賣家面臨越來愈多「沒有耐心」的消費者，尤其是年輕世代的消費者，他們講求快速、即時，一旦提出問題，他們希望能更快的收到回覆與處理，而這項便是聊天機器人可以填補的一塊，它能快速的回復消費者的需求，同時也能減少更多的人力隨時在線。

2. 透過這些線上的聊天紀錄，可以用於直接的數據蒐集、客戶分類及即時反饋。由於這些對話數據都在線上，因此更容易地擷取數據做為日後的分析和改良；同時藉由客戶回答的基礎問題中，更容易去界定客戶的偏好、基本資料，能夠作為之後的廣告投放；同時聊天是即時且較直覺性的，可以促使消費者藉由問答，立即取得反饋。

3. 聊天機器人可以隨時在線上「Online」，就像是賣家專屬的網路商店「店員」，隨時傾聽客戶的問題，當客戶沒有需求時，它就會默默在角落邊等待。不但可以讓客戶感覺到安心，也可以讓真正的客服人員面對客服問題有更多的緩衝時間。

聊天式商務（ChatCommerce）又稱為「對話式商務」（Conversational Commerce），是建立在聊天機器人（Chatbot）之上的電子商務服務。

六、直播與網紅

自 Facebook 開放直播後，不少品牌躍躍欲試，透過直播和粉絲近距離互動，「直播」和「網紅」都是 2016 年以來的熱門話題。直播平台的兩大特性：即時性、互動性。網路直播出現後，除了人人都能直播外，也改變了新聞媒體環境。觀看線上直播就像看現場節目一樣，除了內容即時外，更有不可預測性，任何時刻都可能出現「爆點」，網友的好奇心就是直播最大賣點。直播的重點是「內容」跟「互動」。

直播的「即時性」與「互動性」吸引大量網友觀看、也製造出一批又一批網路紅人（網紅）。隨時隨地都能直播的情況下，「網紅」可以用很輕鬆的方式，傳遞各種內容，當看到網友留言時，能馬上回應網友的問題；也因如此，這些生活化的互動拉近網紅和粉絲間的距離，這是傳統媒體無法達成的事。網路直播日漸盛行，有愈來愈多的網紅順勢竄起，這群網紅背後有一群向心力強的粉絲，同時和粉絲有一套既定的互動模式。

直播就是一種表演，其結合「主題」、「粉絲互動」、「線下活動」等元素。雖然「直播」就一定要看起來「夠素」，但絕對不是毫無包裝，直播的內容品質很重要，也就是直播應該要播什麼內容，主要有六大類：生活分享、主題談話、舉辦活動、體驗開箱、活動參與、幕後花絮。

14-4 網路促銷（Sales Promotion）

一、促銷的定義與特質

促銷能直接的給予促銷對象誘因，刺激立即的購買行為。美國行銷協會（American Marketing Association）認為凡不同於人員銷售、廣告及公開報導的推廣活動都屬促銷活動。因此對於網路促銷可定義為：「在一個全球性的資訊傳播網路上，利用各式各樣、尤其是短期性質的誘因工具，刺激目標顧客對特定產品或服務，產生立即或熱烈的購買反應。」根據學者對促銷之定義，可歸納出促銷具有以下特質：

1. 促銷基本上是一種短期、暫時性的活動，通常都有一定期限。

2. 促銷目的在刺激促銷對象的立即購買行為。

3. 是針對特定對象的活動。而依照促銷對象的不同，可分為消費者、零售商及經銷商三類。

4. 無法歸屬於人員銷售、廣告以及公開報導的推廣活動都屬促銷範圍。

二、促銷的分類

促銷可以促銷方法、促銷時間、促銷期間、促銷對象等四個構面加以分類：

1. 依促銷方法分類

   ■ **特價**：大拍賣、積點券、優待券等。

   ■ **氣氛營造**：服裝秀、店舖改裝、包裝等。

- **贈品**：附獎、有獎徵答等。
- **產品接觸**：試用、試銷、展示會、新產品發表會、商展等。
- **服務**：停車券、送貨、記入姓名等。

2. **依促銷時間分類**

- **定期**：指定期舉辦促銷活動。
- **不定期**：指不定期舉辦促銷活動。

3. **依促銷期間分類**

- **年度促銷**：即一年一度的促銷活動，如週年紀念、創業紀念。
- **季節促銷**：以季節為單位促銷，如清涼特賣即屬之。
- **月間促銷**：以月為單位的促銷活動。
- **旬間促銷**：以十天為單位的促銷活動，可分上、中、下旬三種。
- **週間促銷**：以週為單位的促銷活動。
- **特定日促銷**：即在一月中選定一日作為特賣日的促銷活動。
- **特定時間促銷**：即在一日中選定某時段特惠優待，如午茶時間。
- **聯合促銷**：即換季期間或特定紀念日舉行聯合促銷。

4. **依促銷對象分類**

- **對企業內部**：可分為對銷售相關部門促銷及對一般部門促銷。
- **對經銷商**：指對通路商之促銷，可在分為對批發商促銷、對零售商促銷、對代理商促銷。另外，還可進一步再細分為對機構促銷以及對機構之推銷員促銷。
- **對消費者**：包括可能購買者、使用者、一般消費者等。

三、促銷的工具

　　網路促銷常見的促銷工具，包含折價促銷、折價券、試用、贈品、抽獎與競賽等。在這當中，折價券、試用、抽獎與競賽在網路中已被普通應用。根據調查網路促銷比直接郵寄的回應要高出 3 倍。

1. **折價促銷：**折價促銷是讓消費者直接獲得經濟誘因，以刺激銷售的促銷方式。然而，折價促銷並非適用於所有產品種類，需搭配特定產品特性方可使用，調查指出在降幅相同的情況下，知名度高、佔有率高的產品與佔有率低的產品相比，回收效果更好。

2. **折價券促銷：**折價券（Coupons）可說是極為普遍的一種促銷方式，研究顯示折價券促銷與降價有截然不同效果，通常折價券所提高之購買量會是降價的數倍，學者認為兩者差異在於降價促銷是臨時性購買，折價券促銷則是計劃性購買。

3. **試用：**此促銷方式是將商品給目標消費群試用，期望消費者在試用過後，引起對該產品購買意願。學者指出處於導入期產品，由於市場滲透率還低，因此採用試用促銷方式對擴大客層極有幫助。就產品類別而言，以消耗量大的民生必須品，如洗髮精、乳液等較能提高拆封使用機率，原因在於此類產品使用頻率高、試用風險低，甚至具保留至特殊時機使用之價值，所以不失為一項極佳促銷方式。

4. **贈品促銷：**贈品促銷即是以贈送產品以外商品或提供其他額外好處吸引消費者，與試用不同之處在於，贈品贈送之物並非商品本身，不像試用可以免費取得。研究指出贈品效果在於使消費者產生回饋義務，通常當贈品價值愈高，消費者回饋意願愈高；贈品需與商品形象相輔相成，因此如何提供正確的贈品比贈品本身經濟價值更為重要。

5. **抽獎：**抽獎活動與贈品促銷最大不同在於獲取抽獎促銷之利益具有機率性，並非所有購買產品消費者均能獲得獎品，正因無法預期最終結果，增添抽獎活動刺激感與趣味性。抽獎活動的促銷方式明顯地比無線上促銷活動效果大，會誘使消費者購買較多的商品。

6. **競賽：**此種促銷活動是邀請消費者參與競賽活動，如徵文、猜謎、建議等，在由評審決定得獎者，予以實質獎勵。通常，競賽式促銷可將產品相關訊息納入，使消費者透過活動增加對商品瞭解，甚至可藉由競賽活動建立品牌形象，讓產品定位更為鮮明。

四、電子折價券

何謂電子折價券（e-Coupons）

企業使用折價券以進行產品的促銷已經有很長的歷史，而折價券的定義為：持有人可以憑此券購買特定產品，並享有券上所載明之折扣優惠。

廣義來說，所謂電子折價券乃是將折價券之性質與功能應用於網際網路的技術或平台上。

電子折價券的分類

依據電子折價券使用媒介的不同，可以區分為三種不同的類型：

1. **網上列印**：將廠商或是通路商所提供之電子型態折價券，透過印表機的列印，所獲得的實體電子折價券，例如肯德基等速食餐廳所提供之食品優惠等。這類的電子折價券雖然透過虛擬通路的傳播，但是仍然必須轉換為實體的紙張證據，才可以到商店享受折扣優惠，對於廠商來說，優點是可以節省折價券列印所產生的成本，但是卻將之轉嫁於消費者。

2. **手機下載**：消費者到實體商店進行消費時，透過手機下載可用的折價券訊息，並出示予販售人員觀看，即可獲得商品服務上的折扣。

3. **上網購買**：這類折價券是在相關網站或是電子報等網路傳播媒介中，刊登折價券的廣告，雷同於傳統折價券於報上的刊登，但是其使用之商店亦為網路上之虛擬商店，而折扣的條件乃是連結網頁後即可獲得優惠，此形式之折價券可以說是一種變形的折價券手法。

電子折價券與傳統折價券的差異在於（表 14-2 所示）：

表 14-2　傳統折價券與電子折價券比較

	傳統紙本 折價券	網際網路 電子折價券	行動電話 電子折價券
發行方式	紙本	圖形檔案	簡訊
發送方式	寄送、派送、夾報、刊登於印刷媒體	網站、電子郵件傳送	逐一發送簡訊、廣播發送簡訊
折抵方式	持紙本折價券折抵	將折價券印出後持紙本折價券折抵	出示行動電話上的簡訊
消費者持有折價券成本	幾乎無	列印費用	若為廠商主動發送，則無。若為消費者主動下載，則需負擔簡訊費用
結帳時銷售點之帳務處理	將折價券收下作為折抵依據	將折價券收下作為折抵依據	直接在帳單折扣
消費者對折價券真實性評價	易於判斷折價券真實性	不易判斷電子折價券真實性	可追蹤通聯記錄，因此不易有偽造情事

	傳統紙本 折價券	網際網路 電子折價券	行動電話 電子折價券
折價券的附帶廣告效果	高，消費者可能保留該產品廣告以備未來抵用	高，消費者可能保留該產品廣告以備未來抵用	較低，因為簡訊能傳達的訊息過少，廣告效果有限
發行量控制	可	否	不易控制
在使用者間流通方式	通常不再流通	使用者間自由流通	通常不再流通
發行成本	高	低	低
仿（偽）製、竄改	較難	易	易
可複製	通常不可	可	可

電子折價券的功能

不論電子折價券的類型或是形式為何，其所能發揮的功能大致如下：

1. **刺激試用**：透過價格的折扣，降低消費者使用新商品的風險，刺激潛在消費者進行商品的試用。

2. **增進使用**：使商品試用者增加商品的使用，進而建立慣性或是忠誠，轉換成為長期的忠實用戶。

3. **傳遞訊息**：有效的將促銷的訊息傳遞到大多數潛在顧客和既有顧客手中。

4. **顧客維持**：在不斷的銷售促進活動下，抓緊維持現有之忠實顧客。

5. **促進銷售**：根據經濟學原理，價格下降將導致購買量的提升，可以增加既有顧客的購買量。

6. **產品推廣**：透過電子折價券的相關連結，幫助顧客進入公司或產品的網頁，進而瞭解產品與企業的資訊與形象。

7. **互動參與**：消費者可以對折扣商品與優惠幅度的決策進行參與及建議，增加公司與顧客間的互動。

8. **資料蒐集**：結合會員制度，建立良好的顧客資料庫。

14-5 網路公共關係（Public Relation）

在 1990 年代出現了「行銷」與「公共關係」結合的學術領域—「行銷公共關係」（Marketing Public Relation）。對企業而言，行銷公共關係不僅可以使消費者聽見企業的訊息，也可使消費者在心中留下印象；而企業透過行銷公關活動贊助各項藝文等活動時，則會贏得消費者的注意與尊重。

公共關係在行銷中的角色，有日形重要的趨勢，好的行銷公關活動，不僅可以提高產品與品牌的知名度，還可以增進消費者對產品與品牌的認識與認同。許多行銷活動的進行均仰賴公共關係之建立。

網際網路的特性改變了公共關係從業人員使用媒介，以及與目標大眾溝通的方式，將公共關係推向另一個新紀元。公共關係與新科技的相互輔佐應用將成為一個絕佳的策略工具，其應用有：

1. **預測公共關係的效果**：透過網際網路的討論區或社群意見，可以得知相關公眾對企業或產品的印象與評價。

2. **符合科技與專業的新需求**：利用科技的傳播基數可以使目標聽眾的範圍縮小並更精準，並可以追蹤目標聽眾對議題的態度與意見。網際網路與資訊科技也使即時傳播及資料庫分析變得可行。

3. **以科技獲取力量**：網際網路與資訊科技可以控制知識的傳播與擴散，使傳播資訊更具時效性。

一、原則

Kent 與 Taylor (1998)提出經由網際網路建立公共關係對話的五項原則，如下：

1. **建立對話迴路**：專業與立即的回應。品牌必須指派具有專業的特定人選作為線上接觸的公關人員，這樣才能夠回答問題、解釋企業政策。此外，也必須隨時監看自己的官網或 FB 粉絲專頁等，以便瞭解情況並適時作調整，這樣才能讓溝通活動更有效。

2. **提供有效的訊息**：網站必須致力於提供所有的公眾具有普遍價值的資訊，例如組織的背景、歷史及本身的相關資訊等。有用的資訊意指具有層次與結構的概念。受到使用者青睞的網站是因為本身具有「前進」（On-going）的價值，所以使用者才會光臨。因為公眾依賴企業網站所提供有用的、值得信賴的資訊，所以這個特徵建立了對話關係的基礎。企業網站的公共關係目的不止在於栽培與公眾間的關係，還要注意公眾的利益、價值與關心的事務。為

公眾提供有效的資訊不是為了消除爭論或贏得讚賞，而是讓他們能夠與組織對話，而其對話的感覺就像是在跟消息靈通的伙伴溝通一樣。另外，要確定網站資訊經常更新，並且是容易取得的，這樣才可以確保資訊的可靠有效性。

3. **吸引訪客回流**：根據 Forrester (1998)在 Alertbox 針對企業網站的「致命缺點」調查，最致命的兩個缺點為：第一，使用者無法在網站中找到想要的東西；第二，使用者第一次使用的經驗不佳，從此不再上門。因此，好的網站應該要有一些吸引使用者再度光臨的特質，例如：隨時更新的資訊、改變的議題、特殊的論壇、新的評論、線上問答區域及為有興趣的訪客回答問題的線上專家。

4. **介面的直觀及簡易使用**：不管使用者是為了尋求資訊或是好奇而光臨一個網站，都希望很容易在這個網站找到想要的東西，而且很容易瞭解這個網站。目錄表（Index）或網站地圖（Site Map）很有用，這些資訊都必須作妥善的規畫與分層，盡可能讓使用經驗變得更容易、更直覺。網站應該要讓所有的人都能夠接近，介面設計盡量不要使用超過一般使用者常用的軟體，也不要超過使用者電腦效能能夠負荷的程度。

5. **明確的指引**：網頁的設計者應該要注意連結的設計以免讓使用者在網站中迷路，必須提供清楚的引導與選擇。對於對外的連結，必須設想訪客在網站中所希望的是能夠在這個網站中尋求想要的資訊，而不是短暫地「經過」。如果組織的網站是為了建立與促進與公眾間的對話關係，而不是為了「娛樂」他們，那麼網站就應該只加入「必要的連結」，而且在這些連出去的網頁上也要有清楚的路徑讓訪客得以回到組織本身的網頁。

二、互動與應用

網際網路為公共關係從業人員提供了一個高度互動的媒介，因此公關從業人員不只是單方面對公眾發送訊息，未來更可以直接與公眾溝通，在線上交換訊息；例如：對內編輯訊息傳送員工通訊、對外介紹企業、推出新產品和服務、標示設計、市場調查、發佈新聞、監測媒體報導、製作發送年度報告等。企業網站與網頁對於這樣的公關功能所提供的服務還包括：作為發佈新聞的通路、研究公眾、傳散組織訊息、立即反應組織問題及危機等。這樣也有利於降低企業的傳播宣傳成本，並使公關的不少內容趨於規範和程序化。因此，企業與公眾的雙向傳播交流將變得更即時、更充分，也真正實現了對話而結束過去的獨白狀態。

互動網站是種大規模的網路公關，提供給使用者資訊，並增強他們對網站的回應性。常見的網路公關互動功能有，娛樂（遊戲下載、免費電子賀卡、桌布）、建立社群（網路活動、聊天室、討論區）、消費者溝通管道（聯絡我們、顧客回應、線上支援）、提供資訊（新聞室、最新消息、新品推薦）、協助網站導航（Site Map、產品搜尋）等。

三、網路企業識別系統（Web CIS）

企業識別系統（Corporate Identity System, 簡稱 CIS）概念產生的背景，乃由於不斷進展的資訊化時代中，過多的資訊及商品的相似，更突顯品牌形象差異化有其必要性，加上企業組織不斷擴大，企業內部的訊息傳遞活動不再靈活，面對這種現象，企業開始尋找因應之道，因而考慮到企業識別系統的形成。另一方面是因為時代的變遷，社會價值觀的變化，消費型態也隨之產生重大轉變。

從 1945~1960 年，即二次世界大戰結束後，社會經濟屬於物質缺乏期，企業只要生產產品就能順利賣出。由 1960 年到 1970 年，企業只要推出品質優良而價格便宜的商品，就一定能暢銷，這樣的時期是單靠「商品力」的行銷時代。但到了 1980 年時，商品僅以「物美價廉」為號召，已起不了多大作用，此時須有行銷通路及行銷手法，才能造就良好的銷售業績，這是個依賴「商品力」和「銷售力」的時代。而進入 90 年代，除了「商品力」、「銷售力」，還必須加上「形象力」。因為在現代社會中，商品及企業均處於相同條件下，由消費者同時做選擇，在這種情況下，如何使商品產生差異化，就在於形象了，而企業強化形象力的做法，也就是企業識別系統作業的追求。

企業識別系統在結構上可分為視覺識別（Visual Identify, 簡稱 VI）、理念識別（Mind Identify, 簡稱 MI）、活動識別（Behavior Identify, BI）及聽覺識別（Hearing Identify, 簡稱 HI）等要素，企業識別系統在運用時就是足以代表企業圖騰的標誌系統，目的是使顧客在接觸到此標誌時，能產生認同的反應與認知的行為。

1. **視覺識別**（VI）為靜態的識別符號，具體化、視覺化的傳達形式，項目（Item）最多、層面最廣、傳播力量與傳染效果最具體而直接。

2. **理念識別**（MI）是企業識別系統的基本精神所在，其內涵有經營信條、精神標語、企業風格文化、經營哲學與方針策略。

3. **活動識別**（BI）乃立基於經營理念的導引，而採取的業務活動，諸如企業內部的活動、制度與外部的社會公益活動、消費者服務等。

4. **聽覺識別**（HI）普及性困難度較高，主要為搭配識別，以歌曲、音樂、旋律等為主。

企業識別系統為塑造企業印象之主要工具，企業體必須藉著企業識別系統，透過規劃的程序將其企業體各方面之特徵及其經營理念以一整體的方式表現出來，以在眾多的競爭者中脫穎而出，獲得其顧客、投資者、員工及其他周圍群體之注目，塑造其獨特之企業印象，進而影響其決策行為。

網際網路使得大眾跨越了時間和空間的障礙，交換取得各種資訊，為了要使企業識別系統更加迅速廣泛獲得大眾的了解和認同，並且正確無誤的快速推廣開來，將企業識別系統和網路網路結合就成了重要趨勢，利用網際網路的特色來輔助企業識別系統的運作，更可加強企業識別系統的效果，並且也提供了另一條更有利的管道來傳播企業識別系統。

14-6　網路直效行銷

一、直效行銷的基本概念

直效行銷（Direct Marketing）起源於 1961 年，起初的概念是起源於郵購訂單（Mail Order），之後由於電腦運算技術的發達，使得直效行銷進一步成為一套可以追蹤與分析消費者購買與付款行為，並能以一對一為行銷基礎的行銷方法。而直效行銷的定義隨著科技的進步與環境的改變，也由以往較狹義的範疇，轉變到現在較為廣義的定義。直效行銷在 1980 年代較狹義的定義如下：「直效行銷是一種配銷的方法，在買方與賣方交易的過程中沒有銷售人員與銷售據點的介入。」

而現今直效行銷則是更強調多樣化媒體接觸方式的運用以及更多樣化的銷售通路。現今的直效行銷，根據美國直效行銷協會（Direct Marketing Association, 簡稱 DMA）對其所下的定義如下：「直效行銷係指一種互動式（Interactive）的行銷模式，藉由一種或多種的廣告媒體，對不管身於何處的消費者產生影響，藉以獲得可加以衡量的反應或交易，並將活動所獲得的資訊存放於資料庫中，以便日後修改行銷計劃之用。」直效行銷大致具有三種獨特的特徵：

1. **直效行銷是非公共性的（Nonpublic）**：訊息通常只呈現給某特定的人員。

2. **直效行銷具有立即性（Immediate）與客製化（Customized）**：訊息可以針對特定的消費者來訴求非常快速地傳送。

3. **直效行銷具有互動性（Interactive）**：允許行銷人員與消費者之間進行對話，且訊息會依消費者的回應而加以改變。

由此可知，直效行銷適用於高度目標行銷的活動，並進而建立一對一的顧客關係。而直效行銷發展的方向有：

1. 直銷行銷應結合諮詢顧問、代理商以及資訊科技等多元服務，同時直效行銷也將廣泛應用在不同產業。

2. 直銷行銷可使企業與目標顧客之間的溝通更直接、更具影響力。直接針對目標顧客，而非經過大眾傳播工具。

3. 直效行銷除了具有訊息傳達功能以外，也可同時達成品牌建立效果，為了得到更多的經濟效益，直效行銷不僅限於一對一的溝通方式，也可將具有相同特質的分眾獨立出來成為溝通對象。

4. 廣告已經不是建立品牌的唯一工具，透過直銷行銷工具與目標顧客一對一的接觸將日益重要。

若要有效執行直效行銷計劃，行銷者必須要先了解下列五點：

1. 蒐集與辨別顧客和潛在消費者的相關資訊。

2. 運用資料庫直效行銷技術。

3. 運用大數據分析顧客與潛在消費者的行為模式，進行分群分眾直效行銷。

4. 評估執行直效行銷的收益。

5. 積極尋找直效行銷機會，發展與維繫顧客關係。

二、直效行銷與資料庫

直效行銷在執行時十分重視資料庫的使用，適當的使用資料庫可以幫助企業達到：❶減少行銷費用：藉由資料庫的使用，以增加新名單中的消費者與原有顧客的回應率、消費金額以及減少在接觸時的費用。❷創造更多銷售：藉由資料庫的分析，適當區隔與辨認不同消費者的消費習性，並依據相關習性提供符合消費者興趣與需求的商品。❸掌握並預測未來的商機：藉由資料庫分析以往行銷活動的結果，瞭解活動成功與失敗的原因，以助日後行銷活動執行時的效率，避免發生同樣的錯誤。簡單的說，資料庫就是有效行銷執行的關鍵，沒有資料庫就沒有所謂的直效行銷。

而資料庫中所需建立的資料，一般而言，需包括來自企業內部與外部的資料，企業內部的資料包括現有顧客的消費記錄、現有顧客或消費者的生活型態、人口統計與財務信用資料、以往對潛在消費者（Prospect）的宣傳記錄以及其他與行銷決策有關的

資料。外部資料則需要設法獲得新的消費者宣傳名單，與一些輔助性資料，如：市場調查、研究報告、消費者行為調查等資料，這些資料蒐集的來源與方法如下：

從公司內部蒐集

對企業現有的顧客而言，可以蒐集的資料包括：❶有關顧客與企業間的交易記錄資料，如：購買頻率、最近幾月內的購買情形、購買的金額等，此方面的資料不管在任何行業中都會有記錄，是最基本的顧客資料。❷非交易資料的其他資料，如：以往的宣傳狀況、消費者服務的互動情況等、取消訂購的情形、商品退回的記錄、顧客抱怨記錄、公司內部經營某客層時所花費的成本等。❸顧客的回應資料，回應資料包括顧客回應索取資料與顧客回應購買何種商品的資料。

向第三方資訊蒐集公司購買

在美國，這類資料的來源主要是來自於美國戶政調查局（The U.S. Census Bureau），另外還包括將資料進一步做分類與分析的資料公司所提供。而這些公司所提供的主要服務包括提供可依不同的人口統計、生活型態、行為態度與財務型態特性要求的名單資料。為了方便不同市場規模的公司行銷人員需求，這些資訊通常還可以進一步分為不同地區、郵遞區號、街、郵件遞送路線。

學習評量

1. 何謂「行銷溝通組合」？其包括哪五種工具？

2. 請簡述有效行銷溝通的步驟。

3. 何謂「網路廣告」？有何優勢？

4. 何謂「促銷」？何謂「網路促銷」？

5. 請簡述常見的網路促銷工具有哪些？

6. 何謂「電子折價券」？

7. 何謂「直效行銷」？

網路行銷工具 — 社群媒體

導讀：華人最大電玩動漫社群（ACG）平台巴哈姆特 27 歲了！

華人最大電玩動漫社群（ACG）平台巴哈姆特 27 歲了，比 2004 才創立的臉書還要資深。近年來隨著臉書（Facebook）、推特（Twitter）、Instagram 等新社群平台興起，傳統以電子佈告欄系統（Bulletin Board System, 簡稱 BBS）為基礎的社群平台大多已經沒落。然而，巴哈姆特卻沒有隨著時間而被淘汰，反而使用人數更多了。主要因為巴哈姆特掌握了社群經營的一些要素：

1. 營造開放的氛圍，緊貼電玩動漫社群 ACG 次文化人的需求，讓這群有自己共同語言的人，在巴哈姆特找到歸屬感，與網友產生共鳴。

2. 重視玩家話語權。除非文章踩到紅線，否則巴哈姆特絕不砍文刪文。並且杜絕業配文，所有廣告都在固定版位，盡可能杜絕廠商或網軍的人為操作。

3. 服務 ACG 愛好者的整個生命週期。從 ACG 愛好者獲取資訊到購買周邊，只要 ACG 愛好者想要的服務或需要的服務都儘可能加以滿足。

4. 不只提供線上社群服務，更舉辦線下活動凝聚 ACG 愛好者社群力，例如：巴哈姆特「週年站聚」、「巴哈市集」等，強化社群黏著度。

15-1　社群媒體

一、何謂「自媒體」

2003 年 7 月，由夏恩・波曼（Shayne Bowman）與克里斯・威力斯（Chris Willis）在美國新聞學會提出的研究報告中，對「We Media」如此定義：「自媒體是普通大眾經由強化數位科技、與全球知識體系相連之後，一種開始理解普通大眾如何提供與分享他們本身的事實和新聞的途徑。」

「自媒體（We Media）」一詞來自於英文的 Self-media 或 We Media，又被稱為「草根媒體」。在網際網路興起後，由於部落格、微網誌 / 微博、共享協作平台、社群平台的興起，使得個人本身就具有媒體、傳媒的功能，也就是人人都是「自媒體」。此外，「自媒體」也有「公民新聞」之意。即相對傳統新聞方式的表述方式，具有傳統媒體功能，卻不具有傳統媒體運作架構的個人網路媒體，又稱為「公民媒體」或「個人媒體」。

二、自有媒體、付費媒體、贏得的媒體

企業應該整合自有媒體（Owned Media）、付費媒體（Paid Media）與贏得的媒體（Earned Media）/ 口碑媒體這三者，讓它們協同發揮更大的作用，而不是社會化媒體熱，只跟著熱門媒體起舞。

1. **自有媒體（Owned Media）**是指品牌自己創建和控制的媒體管道，例如品牌官網、品牌部落格、品牌微網誌、品牌 YouTube 頻道、Facebook 粉絲專頁、Facebook 社團、電子報（EDM）等。

2. **付費媒體（Paid Media）**是指品牌付費買來的媒體管道，例如電視廣告、報紙廣告、雜誌廣告、電台廣告、Google 廣告、Facebook 廣告、付費關鍵字搜尋。

3. **贏得的媒體（Earned Media）**/ 口碑媒體：是指客戶、新聞或公眾主動分享品牌內容，透過口碑傳播您的品牌，談論您的品牌，例如 Facebook、Instagram、Twitter、Google+、Line 這類社群媒體。這是品牌做出各種努力後，由消費者或網友自己「主動」將話題或訊息分享出去，所吸引到的目光或關注。換句話說，贏得的媒體是他人主動給予的。

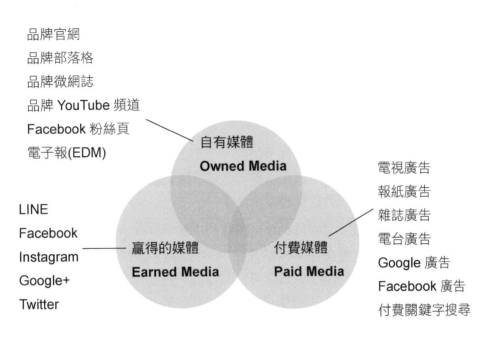

品牌官網
品牌部落格
品牌微網誌
品牌 YouTube 頻道
Facebook 粉絲頁
電子報(EDM)

自有媒體
Owned Media

電視廣告
報紙廣告
雜誌廣告
電台廣告
Google 廣告
Facebook 廣告
付費關鍵字搜尋

LINE
Facebook
Instagram
Google+
Twitter

贏得的媒體
Earned Media

付費媒體
Paid Media

圖 15-1 Paid Media、Owned Media、Earned Media

品牌要好好思考如何利用各種行銷管道接觸顧客，梳理你的數位資產有哪些：自有媒體（品牌官網、購物官網、自營部落格、自營論壇...）、付費媒體（簡訊、EDM、LINE@...）和「贏得的媒體」，藉由社群力量宣傳，請老客戶和忠實粉絲幫你做宣傳導購。若要借重老顧客的口碑行銷，要先做好「自有媒體」與「付費媒體」，才能談到後面「贏得的媒體」。

三、小群效應

當所有社群平台，都出現「大社群鬆散沉默，小社群緊密活絡」的特徵時，與其在大社群中盲目亂竄，不如找出「能病毒擴散、可變現」的關鍵小社群。

關鍵小社群利用四步驟，找到最關鍵的「連結者」：

1. 建立一個員工小組（市場部門和商務部門經常扮演這個角色），在微信和微博上找到真實用戶（或目標用戶），這個數量通常在 500～5,000，將他們一一添加為好友。

2. 閱讀目標顧客群近半年來的朋友圈或微博貼文，將細節記錄到一張工作表格中，需要留意的細節包括：

   (1) 他／她關注了哪些帳號和關鍵意見領袖（Key Opinion Leader, 簡稱 KOL），又被哪些人所關注？在朋友圈和微博中經常討論什麼話題？曾經分享了什麼連結網址？這些連結網址來自哪些內容帳號或 APP、企

業？這些連結網址和其他發文所顯示出的語言風格是什麼樣的？貼文屬什麼類型？標題是什麼？經常在什麼時間段發文？

(2) 他／她還參與過什麼線上或線下活動？活動是由哪家企業舉辦的？通常一些成功的活動結束後，企業都會發布新聞稿宣傳這次活動。搜尋這家企業發布的新聞稿，看看這家企業出於什麼原因舉辦這次活動，是如何策畫和思考的，以及效果如何。了解這家企業處在什麼樣的發展階段、前後是否還舉辦過其他活動等。更多問題還能不斷窮舉出來，需以經營團隊當下關注的重點和需求為準。

3. 觀察粉絲討論文，這些訊息會告訴我們，當下目標顧客期待什麼類型和主題的活動，他們又聚集在哪些帳號或 APP 周圍，以及採用什麼樣的風格表達自己的訴求等。利用這些訊息可以製作成一張工作表格，包括連結者們、關鍵意見領袖（KOL）、目標合作 APP 或企業、用戶活躍時段、興趣喜好、語言風格、閱讀習慣，及不同行業的活動／傳播資料庫等。

4. 大數據分析強化對這些關鍵訊息的掌握，形成不一樣的理解深度，幫助品牌更加了解目標顧客群。

有時候你認為的忠實客戶，並不是你所想的那個族群。當這些結論被搜集整理在多張工作表格中，並不斷被更新、完善時，有助團隊理解目標顧客，也幫助團隊率先找到一些可以扮演「連結者」角色的客戶。這和做客戶訪談、用戶田調的本質類似，只是由「聽」用戶說變成了「看」客戶說。由此，品牌能知道哪些名人、明星是影響目標顧客的關鍵意見領袖（KOL），更重要的是，發現真正能影響他們的「連結者」和「局部意見領袖」，可能就是他們身邊的朋友。

15-2 網紅行銷

一、網紅

社群時代，消費者養成利用各大社群平台吸收和交流資訊的習慣，使得品牌重視起網紅行銷（Influencer Marketing）帶來的龐大效益。「網紅」是透過網路的擴散、傳遞，而吸引群眾關注、互動、甚至追隨的人。但實務上，一個人可以是網紅，一個虛擬人物也可以是網紅，甚至是一隻動物也可以是網紅！簡單來說，網紅就是透過網路所創造出來的明星，傳統明星必須靠大眾媒體，如電視媒體報章雜誌累積名氣，是少數人的專利，而現代網路普及人人都有這機會成為網路明星（網紅），傳統明星靠著大眾媒體版面跟粉絲溝通，現代網紅透過社群平台跟粉絲溝通，現今網紅能造成的影響力已遠大於中後段明星。

二、關鍵意見領袖（KOL）

「關鍵意見領袖」（Key Opinion Leader, 簡稱 KOL），其通常代表的是在特定領域、議題、群眾中，有著發言權以及強大影響力的人，他們的意見受到族群的認同及尊重，足以推動或改變群眾的決定。在自媒體發展下，人人都有可能成為網紅、經營自媒體，許多品牌紛紛開始與網路關鍵意見領袖合作 — 業配文。合作對象不再僅限於名人代言，而是與更貼近消費者生活的部落客（Blogger）、YouTuber、Instagramer、播客、FB 社團以及 FB 粉絲專頁經營者等進行「品牌 x 網紅」合作。

三、網紅行銷的效益

1. **建立信任創造口碑行銷效果**：網紅與追蹤者（粉絲）的關係建立於「信任」之上，當網友願意按下 Like、留言、開啟頻道小鈴鐺（推播新片通知），等於網友願意接受對方分享的內容和觀點，並願意信任對方。社群平台的多元化讓粉絲能與網紅直接互動，像是朋友又像是榜樣般正向的存在。當品牌與網紅合作時，網紅與追蹤者的信任關係、真實互動，無形中會相對提升品牌被信任與被選擇的機率。

2. **小眾行銷更專注**：網紅本身的頻道定位自動地幫品牌分出了不同的消費族群，在品牌選擇與 A、B、C 網紅合作時，便是針對了這些網紅的追蹤者投放廣告與傳遞消息。因此，挑選與品牌匹配的網紅進行行銷，可以幫助品牌更快、狠、準地吸引目標客群或是滲透到目標市場。

3. **內容創作更吸睛，降低廣告排斥感**：每位網紅都是內容創作者，都有屬於自己的風格與定位的方向，他們瞭解粉絲在乎什麼、想看什麼、對什麼感興趣，而創造出各式各樣的內容，因為都是粉絲切身的內容，進而降低廣告排斥感。

四、挑選網紅合作的三大關鍵

1. **設定行銷訊息的傳達目的與目標顧客群**：行銷最主要的目的是為了把訊息傳達給消費者。首先，必須要思考清楚「訊息」的目的，是想要單純推廣新產品呢？結合新活動資訊呢？提高品牌曝光度呢？還是建立品牌形象與定位？確認訊息的目的後，思考目標客群是誰，是大學生、上班族、小資女還是家庭主婦等等，再根據目標客群的喜好下手，花時間了解他們喜歡哪些網紅，進而選擇對的訊息傳遞者（網紅）。

2. **找尋適當的社群媒體平台**：不同社群媒體平台的網紅，會帶來不同的效益，在瞭解想要傳遞的訊息內容與目標顧客群後，選擇目標顧客群最常出現的社

群媒體平台才能以最小成本達到最大利益。例如：部落格 — 部落客通常提供完整的圖文內容，有助於 SEO 自然引流。文字敘述加上照片輔助，有助於搜尋者獲得詳細的資訊。資訊內容不易受限於發表方式、字數限制、產業方向，品牌可透過部落客分享獲得較高的曝光率及搜尋次數。

(1) Facebook — FB 是台灣使用率高的社群平台之一，因此品牌可利用與 FB 經營者的合作，分享短期活動資訊以最少預算獲得最大的短期曝光。

(2) Instagram — 是以精緻的圖片和短片分享為主的平台，讓 Instagramer 加上一點短描述吸引粉絲目光，特別適用在服飾、美食、旅遊等不需要大量解釋的內容。Hashtag 的標籤功能讓粉絲更輕易地可以連結到相關內容或是他人所分享的圖片。

(3) YouTube — 無論是全職或是兼職的 YouTuber 多數都是自製影片 / 剪片 / 發想主題等，清楚地頻道定位，群聚了對特定主題有興趣的粉絲，例如健身、美食、美妝、遊戲等，故可接觸有特定的興趣社群，相對來說其忠誠度較高。

3. 選擇匹配的網紅 — 網路意見領袖：如何在有限預算達到最大的宣傳效果與轉換率，絕非只是看合作對象流量的表面數字，更需要確認網紅的風格、表達方式、目標受眾群符合品牌形象。

15-3 部落格行銷

一、部落格簡介

部落格是英文 Blog 的中文譯名，是由英文的 Web Log 簡化而來，而寫部落格的人被稱為部落客（Blogger）。Blog 於 1997 年開始在美國以線上日誌的型式出現，通常超連結網路新聞再加上 Blogger 的簡短介紹或個人評論，以及讀者的回應。Blog 其實是一個網站，只是這個網站是將資訊或新聞依日期新舊順序排列，而且 Blogger 通常會提供相關的超連結；與一般網站不同的是，讀者看完 Blog 上的內容後，可以加以回應或加入討論。

部落格（Blog）是繼 BBS、E-mail、即時通後，第四個改變世界的網路殺手級應用。2005 年以來，Google 等網路龍頭紛紛開始鼓勵網友到他們的網站上成立個人部落格，各大企業也逐漸把生意頭腦動到部落格身上，運用部落格來推展行銷、廣告與公關任務。

傳統上，行銷人員將精心設計的訊息，透過大眾媒體傳遞給社會大眾；但在部落格出現後，每一位部落客都可以發表自己的言論，透過網路無遠弗屆的特性，廣泛的轉寄、連結，吸引人潮上部落格觀看且造成自發性地討論。甚至許多媒體都會根據部落格上的訊息來產製新聞，如同《紐約時報》所言，在網路上公開事實的真相，無論好事與壞事，散播的速度都將超過以往。

常見的部落格行銷方式，是企業將試用品或產品活動放到部落格上，吸引消費者上站瀏覽、討論，例如 Nissan 在推出新車時，就設立部落格邀請車主分享相關心得，讓車主或潛在消費者彼此互動，這些討論也是企業十分珍貴的參考資料。Nike 更是運用部落格行銷的經典案例，利用創新的手法，獲得媒體廣泛的矚目與報導，創造了數萬人次的點閱，成功地提升企業品牌形象。

失敗案例七喜汽水（7 Up）。早在 2003 年 3 月，七喜就已經嘗試要用部落格（Blog）來做行銷。當時為了宣傳新調味乳產品「狂牛」（Raging Cow），成立「狂牛部落格」，配合全美的巡迴行銷活動，請消費者以「狂牛」身分來寫部落格，分享飲用經驗，因此獲得消費者熱烈迴響。但不到半個月的時間，就有部落客發現，在狂牛部落格中，有 6 名大力讚美的部落客是七喜安排的。七喜造假的消息，違反了部落格在網路上真誠表現自我的精神，這個訊息開始在各部落格之間傳遞，進而有部落客開始發起「抵制狂牛」（The Raging Cow Boycott）活動。儘管真正抵制的人數不得而知，但卻對七喜的品牌與形象造成傷害，後來七喜的「狂牛部落格」也以關站了結。一旦部落格行銷操作不善，殺傷力的速度與威力由此可見。

二、部落格是一種網路行銷工具

基本上，部落格可以協助網路行銷從事四個方面工作：

1. **網路事件行銷**：這有點像是傳統行銷人員在操作「事件行銷」一般，透過 Blog 可以對一群有特殊同好的網路社群進行線上事件行銷，例如，日產汽車（Nissan）2005 年重量級新車 Tiida，就成立部落格（http://blog.nissan.co.jp/TIIDA/），邀請車主上來分享駕駛心得、開車旅遊經驗、試駕會活動感想、車隊活動照片等各種文字、照片、影片，讓車主或潛在消費者彼此互動，部落格上的討論也可直接反映給日產參考。

2. **線上服務重度使用者**：一般來說，對您企業商品有高度好感的這些人，都是您的免費宣傳者，也是您企業商品的死忠派。基本上，這群人對您的商品也最有話說，因此如果在網路上為他們建立一個特區，讓他們有機會為您發聲，對他們來說是一種線上服務，對您企業來說則是一種免費的宣傳。

3. **深耕社群**：以書商為例，可以在 Blog 張貼新書書評、排行榜、得獎書單，邀請讀者參與式寫作，分享書評或閱讀心得。建立線上讀書會，請讀者推薦導讀等等。

4. **支援與連結社群**：Blog 可以為各類網路社群量身訂做，也為特定網路社群提供特殊服務。以民宿業者來說，可以為該地方建立觀光部落格，張貼該地相關美美的旅遊照片或相關旅遊服務資訊，這都有利於該地區整體的民宿發展。

15-4 微網誌行銷

一、何謂微網誌

根據維基百科的定義，「微網誌」（Microblog）是一種允許用戶即時更新簡短文本（通常少於 200 字），並可公開發佈的部落格形式。

微網誌的使用者透過這「140 字元（70 個中文字）」的短文，輕鬆、即時地向眾人傳達心情、發佈資訊、得到陪伴、獲得生活中的安慰。微網誌不同於一般的網誌，是一種自我抒發的管道，使用者在這個平台上不只抒發自己的感受，還會加入大家的話題，與眾人說早安、晚安更是必備習慣之一。微網誌的代表性網站是「Twitter」。

微網誌最大的特色在於：

1. **簡短**：不需像部落格般地長篇大論。

2. **即時**：只要透過手機等移動式通訊設備，隨時隨地都能發抒感言，不需要被綁在電腦前。

3. **接觸面廣**：不像即時通訊軟體 MSN 或 Messenger 那樣，會有私密性的考量，讓人們可以自在地與陌生人在平台上自由互動。

4. 有即時性，又沒有維護網誌的壓力。

微網誌最明顯的特色，除了限制文字字數外，就是粉絲與好朋友的概念。成為粉絲是無需經對方同意，因此，是自願性接受對方的訊息。反之，成為朋友需對方同意，同意後，除了會接受到對方訊息外，自己的訊息亦可以傳達給對方。更簡單地說，粉絲是單向地接受訊息，相反地，朋友則是彼此雙向地接受與傳達訊息。這個概念，給企業的網路行銷帶來了一個不討人厭的效果。

微網誌是一個開放性的公共場域，因此，這種貼近感不是一對一的，而是可以形成一對多的貼近感。您可以想像一下，當您有一百位、一千位、一萬位、甚至像川普那樣子有一百多萬位朋友加粉絲時。等同於您的一篇訊息發在微網誌，就會同時有上百萬人可能接受到此訊息。

二、微網誌行銷與部落格行銷有何不同

「微網誌行銷」與「部落格行銷」有所不同。網誌（Blog）是單向的獨立發聲管道，讓企業恣意揮灑的行銷媒體平台。冠上了一個「微」字後，除了意謂更簡短的內容，也更強調雙向的溝通。透過發起一個引人入勝的話題，吸引網友踴躍討論、回應，培養出一群互動密切的忠實粉絲。還能藉由社群串聯，接觸到朋友的朋友，讓群眾範圍無限延伸，使個人媒體不斷壯大成穩固的社交圈。

因此「微網誌」與「部落格」不同的是，企業加入微網誌世界時，重要的不是寫出一篇吸睛的好文章，而是如何和網友展開對話，怎麼維持溝通的品質。企業最常見的微網誌行銷手法是發佈官方公告或促銷訊息。據路透社報導，Dell 透過在 Twitter 上發送訊息，已賺進超過 300 萬美元。其在 Twitter 上共註冊了 34 個帳號，並依功能分成了六大類，每個帳號皆由專人負責管理，像一個一對多的線上客服窗口，讓客戶能得到豐富而即時的訊息，還能同時看到其他用戶的問題做為參考。

140 字能創造出多驚人的廣告效益？很多傳統行銷的廣告人感到好奇。其實，140 字的限制，讓微網誌的文章產量大且時效短，加上網友們可以隨時隨地透過行動裝置掌握最新訊息，傳播速度快得驚人，也大大縮短網路行銷的反應時間。其實，微網站行銷有點像是「在人多的地方，拿著大聲公攬客」。

三、微網誌所重視的不是點閱率，而是影響力

進入 Web 2.0 的時代，社群影響力的衡量指標主要有二：

1. 微網誌的朋友與粉絲數

2. RSS FEED 訂閱數

簡單的說，假若該部落格排行在前二十大，但是，噗浪好友加粉絲數低於 100 位、RSS FEED 訂閱數低於 500 位。這可以很肯定的說，這個部落格的排行，就口碑行銷的角度來看影響力是不足的。因為，其所象徵的意義在於該部落客的忠誠讀者群過少，並且疏於經營個人的社群。以此狀況觀之，即便該部落格的搜尋引擎優化（SEO）做

的不錯,因此搜尋引擎來的散客很多。但,真正信任他或者會受到他的文章影響者,絕對不若噗浪好友加粉絲數高於 1,000 位、RSS FEED 訂閱數高於 500 位之部落客。

注意,要成為網站關鍵的影響人物,有些事必須做:

1. 必須讓人認識你

2. 塑造迷人的特質與風格讓人追隨

3. 要交很多很多的網路朋友

4. 能夠不斷回應、建立社群關係

以上四個條件成熟才能夠開始運用你各種想做的公關行銷方法,什麼口碑行銷、活動行銷、體驗行銷等才施展的出來。

四、微網誌行銷的四部曲

1. **用誰的帳號來噗**:企業必須先決定在微網誌中面對網友的形象為何,例如商業周刊的「桑粥阿宅」、BenQ 的「阿基獅」,都是網友熟悉的噗浪虛擬角色。此外,實際在背後經營噗浪的操盤手也很重要,企業可思考要選用內部員工,或是請外部的行銷、公關公司負責。

2. **耕耘期(第 1 個月)**:選擇性的加朋友,以擴展知名度,例如媒體工作者、網路名人或近期內有在噗浪談論你的網友,初期要鎖定可以產生連結的人。

3. **經營期(第 2 到 9 個月)**:設計活動,讓訊息轉噗,或是去知名噗浪回應,增加曝光度。

4. **成長期(9 個月以後)**:舉辦網聚,讓噗友從虛擬走到實體世界,朋友數達到 1,000 人是一個經營門檻。

五、四大指標評估微網誌行銷成效

1. **參與度**:觀察每則浪後面的回應數量,一個浪平均有 10 個人回應就算成效不錯,代表這個帳號有 1%(以 1,000 位朋友數為例)的參與度。

2. **粉絲魅力**:朋友數與粉絲數的比例維持在 2:1,許多網友會和你維持朋友關係,但不見得會追蹤你的訊息,因此粉絲數對於企業行銷而言較為重要。

3. **互動力**:企業在噗浪的回應數(不管是回應自己發的或別人發的),最好是張貼則數的 7 到 10 倍,忌諱開啟話題卻不回應,代表只是上來做廣告而已。

4. **品牌吸引力**：行銷人員應觀察檔案檢視次數，可知道有多少人看過，其中又有多少人願意成為你的朋友。例如檔案檢視次數有 1,000 次，朋友數有 200 人，代表有 200 人成功被企業所吸引。

六、把微網誌當成線上客服中心

微網誌是否會搶走了部落格的市場？若就網路行銷的角度來說，根本上是完全不會的。因為，部落格是部落格、微網誌是微網誌，兩個並非是互斥性的網路服務。會如此誤解，最終的根源還是出自於「微網誌」這個名字中，帶了「網誌」兩字。但實際上「微網誌」不像是「網誌」（部落格）、反而比較像是公開給大眾看的即時通訊息。因此，就本質來看，可將微網誌看作通訊系統看待，而非是像部落格一樣的內容管理系統。

就通訊系統的角度來看，微網誌相較於一對一的方式，它更具有獨特的一對多之特質。企業能利用此一對多的特質來建立一個線上的單一服務窗口，使得客戶不致於搞亂了與企業連絡的方式。這也就是說，即使微網誌後面有不同的員工負責不同種類的客服，但客戶只需要面對負責微網誌的那個帳號就行了。另外，除非是隱私性的訊息，不然在微網誌之中，企業與 A 客戶微網誌的溝通訊息，是可以被 B 客戶、甚至其他客戶做為參考，如此的運作正好在無形之中可形成一個客戶服務的訊息資料庫，為客戶服務達到更好的綜效。綜合上述所言，才會認為微網誌是一個絕佳的線上客服中心工具。Dell（戴爾電腦）就是善用微網誌的這些線上客服中心之特質，來做為該公司客服運作的核心功能之一。

15-5 Twitter 社群行銷 — 網路大聲公

一、Twitter 簡介

Twitter 擁有超過 3.28 億使用者，並將原本 140 字的發文限制，提升到 280 字，讓用戶有更多的空間來表達想法與點子。在 Twitter 上，每天有超過 5 億則海量 Tweets 推文，有高達 80%的全球用戶會使用行動裝置，因此 Twitter 行動裝置推廣的轉化率特別高。不過，在台灣對大部份的網友而言，Twitter 大概是有接觸但是不常用的平台。

Twitter 比起其他社群平台能進行更多的對話。然而要注意瞭解轉推（Retweets）、回覆（Replies）與直接訊息（Direct Messages）之間的差異。

1. **轉推（Retweets）**：能讓你分享其他人的推文，並能選擇是否要寫評論；選擇「引用推文」（Quote Tweet）代表你在某人的貼文上加了留言，若只是按下「轉推」則代表你只是想將它發給你的追蹤者，看而不留下任何評論。

2. **回覆（Replies）**：是公開顯示你想對某人推文的回覆，後面也能讓追蹤者繼續看下面的對話。

3. **直接訊息（Direct Messages）**：是讓你私訊某人；如果你想私訊某人的話，他必須要追蹤你，或他有在設定中調整能讓任何人私訊自己。群組對話則是方便你在群組中溝通的方法。

二、Twitter 社群行銷工具的特性

1. Twitter 具有強大的新聞傳播性，用戶也更願意透過 Twitter 搜尋資訊。在其他社交平台用戶期待的是「Look at me.」，讓家人或親朋好友知道「我做了什麼事」，而 Twitter 則是「Look at this.」，Twitter 讓世界各地的用戶知道「有什麼事正在發生」。Twitter 用戶的使用心態非常不同，用戶更專注於吸收新資訊或新訊息。

2. Twitter 有點像大聲公，極適合即時訊息發布，用戶不會錯過即時資訊。因此很多品牌選擇 Twitter 進行新品發表、重要資訊發布。

3. Twitter 是匿名制，用戶更會表達真實想法。品牌可利用 Twitter 的社群傾聽（Social Listening）瞭解消費者心聲。Twitter 是公開的對話平台，使用者不需要追蹤、關注就可以展開對話，可以看到更多不一樣的聲音

4. Twitter 是高度對話性的平台。Twitter 有許多與用戶直接對話直接互動的功能，用戶期待最新資訊、即時性、用戶願意傳達真實想法等 Twitter 特性，更讓 Twitter 成為高度對話性的平台。

此外，Twitter 早已不是單純的文字或訊息平台，上頭每天至少有 16 億部影片可以看，Twitter 用戶觀看影片的時間，比其他主流社群平台用戶多出 13%以上，而這些都是品牌的一大機會。

根據 Twitter 的內部調查，Twitter 的影音廣告觀看完成率在 6 秒內高達 39％、15 秒為 10％、30 秒則降於 2.7％。因此，Twitter 建議品牌，短影音廣告更聚焦簡潔內容、品牌清晰可見、強烈視覺效果，透過短影音呈現品牌故事，是品牌經營市場的重要行銷手法。

Twitter 在日本大約有 4,500 萬名用戶，遠超過 Facebook 及 Instagram，平均每人每天開 7 次 APP，原因是 Twitter 總能帶給日本用戶最即時的新聞訊息，無論是娛樂、影視的流行文化還是第一手天災訊息，Twitter 在短短五小時內，就能觸及到全日本 1/5 的民眾，另外韓國利用 Twitter 社群行銷，成功將 BTS 防彈少年團及韓國影視推廣到全世界。

15-6 Instagram 社群行銷 ─ 重視覺美感

一、Instagram 簡介

Instagram 有超過 8 億用戶，功能主要圍繞著照片、影片、標題和標籤而建立，如果你的品牌是以吸引消費者視覺美感為導向，Instagram 應該是不錯的選擇。網路流傳一句話，「FB 留給老人用，IG 才是王道」，Instagram 廣受年輕族群喜愛。

二、Instagram 社群行銷手法

1. **洞悉使用者並了解受眾**：經營 Instagram 社群必須先剖析使用者與受眾，才能為品牌帶來最大的價值。根據 Nielsen Media Research 的調查，Instagram 是個比較能展現自我並尋找靈感的平台，其中有 40% 的使用者指出視覺的美感，在貼文中是相當重要的，因此切記視覺語言對經營 Instagram 社群的重要性。不過，不同的地區，其特性又有些許不同，以台灣而言，18-34 歲的女性使用者是最活躍於該平台的使用者。在主題上，不管是美術、設計、旅遊、汽車、甚至是動物，你都可以在 Instagram 中容易找到擁有相同興趣的使用者，進而展開共同話題，增加互動機會。

2. **確立品牌風格，Instagram 主頁就像品牌第二官網**：在過去，當網友接觸一家新的品牌，也許會先從 Google 搜尋開始。但對於年輕族群而言，認識品牌的第一步是由 Instagram 社群軟體下手。在經營 Instagram 時，品牌可以利用 Instagram 行銷平台 Later 提供調動主頁照片的功能，藉此讓整體品牌調性一致。此外，Instagram 的「Stories Highlight」功能，能讓限時動態能出現在主頁上。企業可將特殊、有意義的限時動態儲存至「Highlight」資料夾中，這些精選限時動態便會出現在 Instagram 主頁上，使整個頁面看起來更豐富且活潑，也讓品牌更有機會將新的用戶導入官網，創造更多流量。

3. **具創意的呈現方式**：成功的案例如 Mazda，該品牌透過 Instagram 獨有的九宮格貼文呈現模式，打造令人耳目一新的「The Long Drive Home」系列貼文。Mazda 在貼文中適時顯示出贊助的活動、與時事連結、當地風俗、訊息

傳遞、甚至透過影片展現 Mazda 車子的性能,將所有的內容都在一條不間斷、蜿蜒漫長的道路中呈現,也因此在這一系列的貼文發布後,追蹤者的成長率是過去的 302%,更為 Mazda 帶來更多與追蹤者互動的機會,保有競爭優勢。

4. **貼文內容呈現前後一致**:當然,若能效法 Mazda 極富創意的「The Long Drive Home」系列貼文,是使品牌追蹤人數在短時間內明顯增加的好方法,但這種方式不論時間或成本都所費不貲,必須事前有非常詳盡的規劃才做得到的。其實,最簡單的方法就是讓保持真實性,讓你的貼文圖像內容、文字語氣都具有一致性,主題風格連貫不突兀,才是品牌長久經營 Instagram 社群的王道。成功的案例如時尚品牌 nude,其貼文內容的呈現走簡約路線,白色背景與鮮明的主題,每一則貼文都像一張張精心設計過的藝術照,令人賞心悅目。

5. **著重圖像呈現的視覺美感與品質**:Instagram 是十分注重圖像呈現美感與品質的社群平台,品牌著重的焦點應該是貼文圖像的視覺美感與品質,而不是文字內容,更不是貼文數量,因此經過精心設計的貼文圖像才能吸引目標受眾的目光,更給予追蹤者視覺上的感動。

6. **善用 Instagram 數據分析**:Instagram 的粉絲專頁提供了非常詳細的洞察報告,而且免費,但帳號擁有者必須要先有一個粉絲專頁,將 Instagram 帳號與粉絲專頁兩者串連在一起。Instagram 的洞察報告會提供詳細的追蹤數、年齡層、居住地、熱門貼文、熱門限時動態、並且提供每一則貼文的詳細數據。此外,對品牌來說,Instagram 商用帳號可提供「撥號」、「電子郵件」、

「路線」資訊，讓消費者直接聯繫。Instagram 提供的貼文數據資訊，包括商業檔案瀏覽次數、追蹤人數、觸及人數、曝光次數，說明如下：

(1) 商業檔案瀏覽次數：你的粉絲專頁檔案被瀏覽的次數。

(2) 追蹤人數：開始追蹤你的用戶數量。

(3) 觸及人數：看過你任一則貼文的不重複帳號數量。

(4) 曝光次數：你的貼文被查看的總次數。

7. **使用「限時動態」述說一個具有特色的品牌故事，引導消費者行動：**Instagram 於 2017 年 3 月推出限時動態，短短幾個月便獲得廣大用戶的歡迎。限時動態特性在「快」，發布後只能存在 24 小時，品牌可以運用限時動態說故事。

三、Instagram 標籤工具的行銷操作

Instagram 的一則貼文大約可放 30 個標籤（Tags），建議品牌放好放滿，才容易被搜尋到，也更能衝上熱門榜。Hashtag 不是想到什麼就放什麼，而要有結構與策略才能有效增加曝光度。「Hashtag 三階層金字塔」的概念，分為大眾標籤、中眾標籤、小眾標籤三個階層。

1. **大眾標籤**：範圍最大，概念涵蓋最廣，例如：「#台灣必吃」、「#台灣美食」。

2. **中眾標籤**：比大眾標籤再小一點範圍，但較小眾標籤再擴大一些範圍，例如「#台北必吃」、「#台北美食」。

3. **小眾標籤**：用量、範圍較小的標籤，但最貼近使用者，像是「#萬華必吃」、「#萬華美食」。

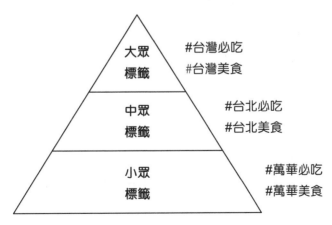

圖 15-2 Hashtags 三階段金字塔

資料來源：修改自電商人妻

Instagram 標籤排名機制的運作方式，是標籤彼此相互影響。若你的小眾標籤吸引粉絲互動，排名往前，就會拉拔該篇貼文的中眾標籤、大眾標籤往熱門榜推進。由於小眾標籤進入熱門榜需要的互動數，比中型標籤和大眾標籤少，能以小力達到大效益。因此建議在同一篇貼文內，放上以上 3 種 hashtag。

學會 Instagram 標籤的排名行銷技巧後，還需要回過頭檢視發文內容的品質。由於 Instagram 的演算法著重在「互動率」，愈能引起粉絲留言、分享互動的貼文，愈能衝上熱門榜，不妨多多朝這個方向努力，勢必能為品牌提高行銷曝光度。

15-7　FaceBook 社群行銷

一、Facebook 簡介

Facebook 擁有超過 20 億用戶，在所有社群網站中最具有影響力。它能夠很便利地連結起你的親朋好友。

Facebook 的真正價值，並非是讓品牌累積粉絲與免費推播廣告訊息，也非增進一對一互動（即便是大品牌也沒資源一天到晚跟幾萬粉絲一對一互動），而是 Facebook 平台具備全世界最精準的「分眾 / 區隔」（Segmentation）能力。Facebook 的分眾 / 區隔能力，強大到甚至有單一型號的產品，都能有自己的 Facebook 社團，而且社團人數更可能高達上萬人，例如 Panasonic 的麵包機，愛好者進入專屬社團，主動分享食譜與使用方式的文章高達數千篇，互動與觸及之熱烈程度遠遠高與 Panasonic 自身 Facebook 粉絲專頁。

二、Facebook 粉絲專頁（粉絲團）

「Facebook 粉絲專頁」的演算法：依據越多互動，FB 才會把你的內容給越多人看。演算法權重是 Facebook 內部的機密，但通常品質越好的文章才能得到更高觸及。Facebook 定義的互動是：留言、分享、按讚、點擊，大致權重如下：1. 留言：權重最高。2. 分享：權重第二。3. 按讚：權重第三。4. 點擊：權重第四。5. 滑過去都不看：倒扣分。而權重還有一些細節：

1. 互動數並不是單純的高低，而是相對他給你的觸及數比例，比如一萬觸及人數有 1,000 人按讚，成效會高於一萬觸及有 200 人按讚。

2. 留言和分享，權重可能是按讚、點擊數的 10 倍以上。

3. 各種互動之間連動性也會連帶影響權重，比方說一個按讚又點連結的權重，會遠高於單獨按讚加上單獨點連結。

4. FB 會檢測閱讀時間，如果是掛羊頭賣狗肉的騙點內容，會從很快退出內容的比例過高抓到。同理，閱讀時間長可能也有加乘。

三、「Facebook 粉絲專頁」與「Facebook 社團」的功能與用途

一般來說，「Facebook 粉絲專頁」的設立是為了建立獨立風格內容的個人品牌或企業品牌，Facebook 粉絲專頁可以有多個人共同管理，任何人都可以在 Facebook 搜尋到你的粉絲專頁，到你的粉絲專頁看你的貼文內容並給予回應，而你也可以下廣告推廣你的貼文或是商品、服務。

「Facebook 社團」可以邀請使用者「加入」，它設立的主要目的大部分是因為這群成員他們有共同的偏好、興趣或身份，比方說「主婦購物社團」、「日本代購團」、「二手拍賣團」、「食譜分享團」、「xxx 大學校友會」。你可以設定社團的隱私性、管理員身份，並設定成員回應的規範，不過不能針對 Facebook 社團下廣告。

表 15-1 Facebook 粉絲專頁跟 Facebook 社團的差別

功能	Facebook 粉絲專頁	Facebook 社團
隱私	**無隱私設定** Facebook 粉絲專頁資訊與貼文屬於公開性質，一般而言，Facebook 的所有用戶都看得到。	**有隱私設定** 除了公開設定外，Facebook 社團更多隱私設定可以使用。在私密與不公開社團中，只有社團成員才能看見貼文。
廣告受眾	**不下廣告幾乎沒人看** 任何人都可以對 Facebook 粉絲專頁按讚並與其聯繫，取得動態消息更新，而且沒有限制對 Facebook 粉絲專頁按讚的人數。	**不可下廣告** 您可以調整 Facebook 社團隱私，以要求必須由管理員來批准或新增成員。當社團達到某個規模時，部份功能會有所限制。
溝通	**可能僅 10%按讚用戶看得到，內容決定觸及高低。** 管理 Facebook 粉絲專頁的用戶，可以代表在粉絲專頁發佈貼文。粉絲專頁貼文會出現在對專頁按讚用戶的動態消息中。粉絲專頁擁有者也可以替粉絲專頁建立自訂應用程式，並查看粉絲專頁洞察報告，以追蹤粉絲專頁的成長情形及活動紀錄。	**預設情況下，社團成員都會收到通知** 在 Facebook 社團，當任何成員在社團中貼文，在預設情況下，所有成員都會收到通知。社團成員可參與聊天、上傳相片到共享相簿、一起協作社團文件，以及邀請身為成員的網友參加社團活動。

資料來源：修改自 https://www.facebook.com/help/155275634539412

通常，「Facebook 社團」的涉入程度比「Facebook 粉絲專頁」來得高。若你是 Facebook 的重度使用者，又沒有特別設定關閉提醒通知，應該會發現，每當有人在「Facebook 社團」裡更新貼文時，你就會自動收到 Facebook 的通知；相較之下，「Facebook 粉絲專頁」的貼文則是根據演算法出現在使用者的動態牆上。因此，如果你的「Facebook 粉絲專頁」人氣不是特別高，又發佈的內容不是屬於與粉絲會與你有高度互動或是高度涉入，也不是被粉絲設為「搶先看」、沒有下廣告，那麼「Facebook 粉絲專頁」的涉入程度勢必會比起「Facebook 社團」來得低，因為使用者是「相對被動」在接收資訊的。因為「Facebook 社團」通常有較高的主題專一性，因此使用者大多都是針對該主題具有高度興趣的愛好者，又或者他們共享同樣的某種性質，這群加入「Facebook 社團」的人大多都是對這些事情有熱枕的。

許多品牌將「Facebook 粉絲數」、「月流量」當作 KPI（關鍵績效指標），但若只是追求粉絲數，卻沒有照顧到粉絲品質和效度，將難以商業變現、缺乏品牌忠誠度。

四、Facebook 直播

直播最早起源於電視轉播，直播或實況（Live），是指電視、電台等傳播媒體節目的錄影與廣播同步進行的動作。可分為電視直播與電台直播。自 YouTube 開放直播以來，不斷出現自稱「實況」的視訊，不少上傳者自稱「實況主」。而實際上這些實況主進行的是「線上直播」，非媒體術語之「現場直播」。直播與影片不同的地方：

1. 直播是現場的實況轉播不能後製剪接。

2. 直播更有臨場感和時效性，並且可與訪客互動。

3. 觀眾和直播現場相隔兩地卻能同步所有訊息，增加討論的話題性。

直播跟一般影片最大差別在於即時分享，讓朋友或粉絲們能零距離感受現場氣氛，就好比新聞或運動賽事 LIVE 轉播，而觀賞直播的網友也能夠留言。直播比影片更加真實。就因為沒有時間去後製，所以更能讓觀眾感到興奮！

五、Facebook 直播 5 大要點

《GEMarketing》Wendy 提出，Facebook 直播 5 大要點：

1. 內容有料：是指要有「明確主題」，並非要有艱深的內容，主題從閒聊到活動都可以，但要讓粉絲在看到直播後能馬上進入狀況，知道你今天想分享些什麼內容。

2. **讓粉絲有參與感**：直播最大的好處之一就是能拉近與粉絲的距離，適時的詢問粉絲意見、開放提問、轉述粉絲留言、回應粉絲等可以讓粉絲有參與感，進而加深粉絲的好感度與黏著度。

3. **事先預告&事後提醒**：事先預告很重要，簡單的在粉絲頁上告知粉絲什麼時候預計要開直播，可避免有興趣的粉絲因不知情而錯過直播，如果是一段時間會固定直播的內容，也可以在每次直播結束前跟粉絲約好下回見，就算時間還不確定也沒關係，重點是讓粉絲知道並有期待感。

4. **展現自然但不隨便**：直播時要展現最自然的一面，但這個自然並不是真的要你什麼都不準備，事前的主題規劃、鏡頭角度、網路狀況等都必須先確認好，就好比化妝中的裸妝，看似脂粉未施實際上所有步驟一應俱全，粉絲喜愛你「猶如日常」的自然展現，但如果真的隨便，恐怕粉絲會失望而去。

5. **確保隱私**：其實不僅在臉書實況直播時，平時在網路上就必須留意避免隱私外洩，以免遭受有心人士利用。有大批追蹤者的明星藝人在保護隱私時都有一套方法，在粉絲頁中常見利用延遲發文時間來避免有心人士跟蹤，但臉書實況直播講究時效性，無法使用延遲發文，因此在分享時更需要留意隱私外洩的危險。

六、Facebook 直播注意事項

直播長度很重要，直播時間如果太短，很多人會來不及加入，理想的長度為 15~30 分鐘，這樣即使你的粉絲們沒有從頭開始也能中途加入，當然如果你的內容媲美電視節目，高潮迭起，一個小時也不嫌長，但 Facebook 限制一次直播最長 90 分鐘。

記得要在每一段的開始簡單說明現場狀況，並在每一段最後總結之前談論的重點，讓中途加入的觀眾也能立即進入情況。可以把一個平淡無奇的故事說得引人入勝的直播主也相當重要，建議事前需要測試彩排和練習。此外，分享是擴散的關鍵，要事先設計會讓他們願意分享直播給親朋好友的視覺重點或資訊重點。

除了手機直播外，如果要追求更高的影片質感，也可使用電腦甚至是使用專業軟體連接設備進行直播。此外，確保你的影片不靠聲音也能吸引人，在手機捲動動態消息時，Facebook 預設影片會自行無聲播放，研究顯示大概有 85 % 的 FB 影片是在無聲的狀態下被播放的，但是為了要讓他們在滑動時看到會停下來，你只有三秒的時間用視覺吸引他們。

15-8　Line 行銷

一、Line 簡介

　　LINE 在台灣擁有超過 2,100 萬用戶，且平均每天使用時間超過 70 分鐘，加上購物、支付、新聞、影視等服務，已經建構了一個包圍用戶生活的生態圈，讓 LINE 從單純的通訊軟體，變成生活圈入口，LINE 的台灣用戶黏著度之高，也讓 LINE 成了品牌行銷的必爭之地。台灣也是全球使用 LINE 使用率最高的國家。

二、經營 LINE 官方帳號 2.0

　　2019 年 2 月，LINE 正式公佈全新官方帳號 2.0 計畫，改變如下：

1. **再也沒有 LINE@ 這個名稱：**原先的 LINE@ 生活圈、LINE 官方帳號、LINE Business Connect、 LINE Customer Connect 等產品進行服務及功能整合，並將名稱改為「LINE 官方帳號」。

2. **改依訊息發送量計價，好友數無上限：**改為「以發送訊息量」來收費，全面根據訊息量的多寡來收取固定費用和加購訊息費用。相較於過去以好友數為主的收費方式，新的計費不再是以目標好友數及是否開啟 API 為依據，而是以每月發送的訊息量計價，如此可以有效的消弭原本 LINE@ 跨入官方帳號（Offical Account）費用的巨大差距，轉向根據每家企業自己的使用量計費。

3. **零元開啟帳號，全面性開放過往進階功能：**LINE 官方帳號 2.0 將入手門檻降低，任何人都能夠從零元開啟帳號經營社群，並開放後台 CMS（內容管理系統）的全部功能，同時自動開啟 Messaging API（API 即為應用程式介面），讓大家免費地去串接自家系統或是第三方服務，不需負擔額外的費用。

4. **主動行銷型成本可能會大增：**假設有 20,000 名好友，每位好友每個月傳送 3 則訊息，那麼每個月的訊息量將會有 20,000 x 3 = 60,000 則。以舊收費計算，每月僅需支付 \$798（入門版）。以新收費計算，每月則需支付固定月費 \$4,000（高用量）＋\$4,850（加購訊息費用）= \$8,850。每個月僅僅發三則訊息，費用竟然成長了 10 倍以上，過往的經營方式將受到非常大的挑戰。面對群發推播的巨大成本，精準的分眾行銷才是經營 Line 官方帳號 2.0 的唯一解藥。

5. **被動客服型成本大減：**被動客服型帳號是受到計費模式改變而優惠的一群，不主動廣發推播的帳號，完全不需要付費，同時過往需要付費的圖文選單與進階影片訊息，都變成可以免費運用的工具。

6. LINE 推出 LINE 官方帳號 2.0，其最主要考量是行銷工具一直在改變，從以前有傳單、eDM、簡訊等工具，曾經有效果很好的時候，但因為被大量發送，消費者過度接收，難以消化而造成行銷效果變低落。因此，LINE 重新定義 LINE 官方帳號 2.0，要給行銷人有效的「分眾」行銷工具。升級 LINE 官方帳號 2.0 後，系統就會自動增加分眾功能，但預設的分眾功能暫時只有「性別、年齡、地區、裝置」等選項，預設的分眾功能還很陽春。

15-9　Podcast 行銷

一、Podcast 簡介

Podcast 是一種隨選點播收聽（Audio on Demand, 簡稱 AOD），中文翻為「播客」，是聲音版的 YouTube，想聽就聽，收聽可隨時暫停，聽不清楚可重聽，是一種不受時空限制之隨選點播收聽服務型態。「Podcast」是由 iPod 跟 Broadcast（廣播）結合而成，簡單來說，就是事先錄好廣播節目放在串流平台上，讓聽眾可隨選收聽。

YouTube 需要腳本、拍攝、上鏡頭、視覺效果、後製、首圖視覺等元素，顯然 Podcast 入門門檻低得多，更加具有如部落格般的平易近人。Podcast 比起其他的社群平台有許多優勢，例如進入門檻低，人人都能輕易成為內容創作者；聽眾黏著度高，Podcast 作為社群媒體的深度影響力不容小覷。

二、播客原則

相當「播客」（Podcaster）並不難，《INSIDE》建議要先了解五件事：

1. **精準定位頻道主題：**跟以往廣播截然不同，經營 Podcast 是一件競爭的事。廣播只要定頻之後，聽眾通常不習慣立刻轉台，若聽眾正在駕車則更是隨意播放下去。然而聽眾收聽 Podcast 的行為卻不是如此，因為是隨選（On Demand），聽眾每次一開啟 APP 就是懷抱著「主動收聽意識」而來，聽眾會習慣性點取常聽的頻道，但對於不夠明確、不甚吸引人的頻道封面、名稱，卻容易略過，因此若是頻道名稱、視覺設計不夠一目瞭然，很可能會淹沒在綜多頻道裡，無法獲得聽眾注目。知名主持人因為有過往的光量和形象累積，聽眾在點擊之前往往已有預期內容的心理準備；相比之下，素人主持人若要吸引人，更加必須仰賴明確的主題性，才能快速吸引潛在聽眾。

2. **主持人口條精進**：當 Podcast 頻道越來越多，市場競爭越來越激烈，聽眾有數以萬計的選擇，壞印象節目往往不容易有第二次機會。當一位「播客」（Podcaster）好不容易獲取新聽眾的點擊或誤擊，若因為口條、語調、內容無味等而失去青睞便十分可惜。Podcast 這類聽覺媒體獨佔性極高，聽眾收聽節目的閒暇時間十分有限，必須抱持最好第一次就留住聽眾的心態來做節目，才不會流失收聽量。

3. **持續更新是關鍵**：如同經營其他自媒體，Podcast 也是需要持續不斷地更新，少則一週至少更新一次，最好一週至少更新兩到三次，因此 Podcast 的主題選材十分重要，必須持續不斷地追新，同時兼顧主題選材、內容品質、更新頻次等。

4. **與推薦演算法共處並結合多元社群媒體**：對所有的社群媒體來說，Podcast 平台的推薦演算法包含聽眾評分、聽眾互動、收聽頻次、收聽時間等要素。播客平台的目標是留住越多用戶越好，因此與聽眾互動分數越高的播客（Podcaster）節目越有可能曝光。當然不能光靠 Podcast 平台的主動推薦機制，若有心經營播客頻道，必須盡可能結合其他社群媒體來導流（例如臉書粉絲專頁、臉書社團、Instagram、Line 或是部落格等）才能加大導流的力道。就經營 Podcast 個人品牌而言，結合各種社群媒體形成一串「個人媒體生態圈」讓影響力達到加乘的效果。當然，播客彼此之間去對方節目當來賓，彼此導流，也是擴大雙方聽眾群的方法。

三、Podcast 的變現方式

一般來說，Podcast 有以下幾種的變現方式，各有優缺點：

1. **業配或置入**：在 Podcast 節目一開始由主持人念一段一到兩分鐘的品牌商品口播稿，唸完才進入節目正題。

2. **賣自有商品**：有些主播主不是為了幫別人賣商品，而是賣自己的商品或服務，例如診所醫生、律師、會計師、課程講師、營養師、股市分析師… 建立觀眾熟悉度、信任度與好感度後，自然而然地將聽眾轉化成潛在客戶。

3. **聯盟行銷**：聯盟夥伴的導流連結，再依據聯盟行銷約定的分潤方式來獲取收入，分潤方式例如：CPL（Cost per Lead 以搜集多少潛在客戶名單來收費）、CPS（Cost Per Sale 以銷售業績來收費）、CPA（Cost Per Acquisition 以獲取多少新客戶來收費）等。

4. **訂閱或贊助**：有點是使用者付費的概念，主要依賴忠誠聽眾的長期訂閱或贊助來維持營運。

1. 請簡述何謂「微網誌」（Microblog）？

2. 請簡述何謂「部落格」（Blog）？

3. 請簡述何謂「KOL」？

4. 請簡述何謂「自媒體」？

5. 請簡述何謂「自有媒體」、「付費媒體」、「贏得的媒體」？

6. 請簡述何謂「小群效應」？

7. 請簡述何謂「Podcast」？

行動商務與跨境電商

導讀：韓國電商龍頭 Coupang 來台，推出火箭跨境電商與火箭速配

韓國電商龍頭 Coupang（酷澎）2022 年 10 月 26 推出「火箭跨境」（Rocket Overseas）電商與「火箭速配」（Rocket Delivery）服務，讓台灣消費者可以用實惠的價格跨境選購來自韓國等地數百萬種海外商品，其中商品九成以上來自韓國，有些來自美國。「火箭跨境」電商消費滿 690 元，可享免運費直送到府，若未達免運費門檻僅需支付新台幣 195 元運費。「火箭速配」提供數萬種熱銷商品今日下單、隔日送達服務。「火箭速配」訂單金額滿新台幣 490 元可享免運費宅配；若未達免運費宅配門檻，僅需支付新台幣 75 元運費。

16-1　物聯網

一、何謂物聯網？

物聯網（The Internet of Things）的概念是在 1999 年提出的，所謂「物聯網」是指將各種資訊傳感設備，如無線射頻識別（RFID）裝置、傳感器、全球定位系統（GPS）、鐳射掃描器等裝置與網際網路結合起來而形成的一個巨大網路。其目的是讓所有的物品都與網路連接在一起，方便識別和管理。

顧名思義，物聯網就是「物物相連的網際網路」。這有兩層意思：❶物聯網的核心和基礎仍然是網際網路，是在網際網路基礎上的延伸和擴展的網絡；❷其用戶端延伸和擴展到任何物品與物品之間，進行訊息交換和通訊。

物聯網是利用無所不在的網路技術建立起來的，其中非常重要的技術是 RFID 電子標籤技術。物聯網是繼電腦、網際網路與電信網路之後的又一次資訊產業浪潮。專家預測十年內物聯網就可能大規模普及，這一技術將會發展成為一個上萬億元規模的高科技市場。

網際網路完成了人與人的遠端交流；而物聯網則完成人與物、物與物的即時交流。物聯網概念的問世，打破了之前的傳統思維。過去的思路一直是將物理基礎設施和 IT 基礎設施分開，一方面是機場、公路、建築物；另一方面是資料中心、個人電腦、寬頻等。在物聯網時代，二者將融為一體。

二、物聯網的三個特徵與三個階段

在 2009 年 10 月 5 日于瑞士日內瓦開幕的世界電信展（ITU World 2009）上，中國行動總裁王建宙發表演講時表示，物聯網有三個特徵：

1. **全面感知**：即利用 RFID、傳感器、二維條碼等隨時隨地獲取物體的訊息。

2. **可靠傳遞**：透過各種電信網路與網際網路的融合，將物體的訊息即時準確地傳遞出去。

3. **智能處理**：利用雲端計算、模糊識別等各種智能計算技術，對大量的數據和訊息進行分析和處理，對設備物實施智能化的控制。

此外，物聯網發展可分三個階段，第一個階段是「資訊匯聚」，第二個階段是「資訊處理」，未來的物聯網將採用多種傳感技術聚合處理資訊，最後一個階段是「泛聚合階段」，這也是物聯網最終的目標。

三、跨境物聯

對物聯網服務供應商來說，傳統上，全球物聯網服務必須面對全球各地的電信商，包含洽談資費服務、不同 SIM 卡的安裝與管理，漫遊資費成本高，受各國法規影響，設備連線狀況難以掌握等。

透過「跨境物聯」（Global M2M Connectivity）服務，可提供單一連線管理平台，即時掌握各國的設備連線狀況，還有各國在地資費。企業主不需再花費時間、精力與各國當地電信商協商資費方案。此外，協助跨境物聯網服務供應商及設備製造商管理設備連線狀態，即時查詢傳輸流量。

16-2 行動商務的基本概念

一、SoLoMo

2011 年 KPCB 合夥人 John Doerr 提出「SoLoMo」的概念。So 是指 Social（社交的），Lo 是指 Local（在地的），Mo 是指 Mobile（行動的），有效整合 Social、Local、Mobile，將資訊傳播社交化、在地化、行動化，也就是「在地化的行動商務社交活動」，許多行動商務的概念就是由此衍生而來。

Social 是由 Line、Facebook、Twitter、IG 等社群媒體所帶起的社交運動；Local 是智慧型手機定位資訊的應用，品牌得到的資訊將會越來越在地、適地，進而提供「適地性服務」（Location-based Service, 簡稱 LBS）；Mobile 是隨著 Mobile Internet 的崛起，Mobile Business 的應用，智慧型手機上網將超越桌機，成為消費者上網的主流方式。

二、商業結構移轉 — 從電子商業到行動商業

隨著電子商務的熱潮全面降溫，媒體、投資者和股市都把注意力移到了行動網路上，那問題來了「行動商業（M-Business）會不會出現？」、「它又會以什麼樣的形態出現？」、「企業又要如何利用無線科技經營其事業？」

這些變化都突顯出商業結構移轉的現象：電子商業（E-Business）— 固定式，以個人電腦（PC）為主的商業模式，將轉變成行動商業—行動化，以個人為主的商業模式。從歷史演化的角度來看，只要顧客一有新的習性和期望，就會形成新的商機和新的商業結構。顧客的習性很容易受到新科技的影響，所以企業才會競相成立新的公司，以補足其間的落差。問題是您準備好了嗎？

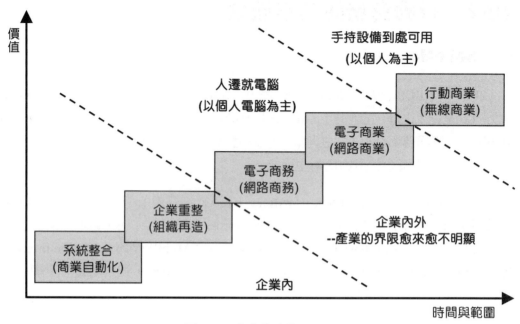

圖 16-1　商業的演進

資料來源：修改自 Kalakota & Robinson (2001)

　　圖 16-1 說明了過去 20 多年來所發生的商業結構改變。前兩次的改變主要在於系統整合與企業重整，主要影響為企業之內，而後三次的改變，則包括電子商務、電子商業與行動商業，主要影響為企業之內外。最後，則由人遷就電腦（以個人電腦為主），轉變成手持設備到處可用（以個人為主）。

　　電子商務（E-Commerce）是指透過網路買賣產品服務。電子商業的範圍比電子商務更為廣泛，泛指一切能讓企業從事電子商務交易的科技應用與經營模式。過去大部份電子商務與電子商業所設計與開發的應用程式，幾乎都是以個人電腦為考量，基礎設備主要以有線的形式存在。但隨著無線網路的興起與逐漸普及，這種固定式的電子商業典範將逐漸演化成行動商業。

　　那問題又來了？什麼是行動商業呢？簡單來說，就是：

　　行動商業是指業務上必須的應用基礎設備，業者可以靠行動設備維繫業務關係，並販售產品或服務。行動商業如果是幕前，那電子商業就是幕後所發生的一切商業行為。因此，行動商業是電子商業的衍生體，用以因應新的消費通路 Mobile 形態的挑戰。

此外，值得注意得是，行動商業會表現在三種層次之上：基礎設備和各式行動設備、消費者應用和體驗、協同關係與供應鏈。

所謂「行動化」有「離線」與「上線」兩種不同狀態：

1. **離線行動**：係指雖然不連接網際網路，但還是可以利用手持設備執行獨立的程式。注意，行動設備就算不接上網際網路，其用處還是很大地。

2. **上線行動**：通常又稱為「無線上網」，只要手持設備透過無線網路，可以交換電子郵件、簡訊，並接收網頁內容等，都屬於這個範疇。

三、何謂行動商務

Müller-Veerse (1999)認為，「行動商務」（Mobile Commerce）是透過無線通訊網路來進行交易的任何商業活動。Aberdeen Group (2000)認為，行動商務是由行動無線設備、無線網路、應用服務提供者、資訊與交易促成者四項基本元素互相配合所組成。

Kalakota & Robinson (2001)認為，行動商務是將無線科技連結網際網路，並加上電子商務功能，概念如下圖所示。

四、行動商務技術的演進

科技不斷進步，使得行動商務這幾年有重大的發展。行動技術演進過程如下表。

表 16-1　行動技術的演進

階段	訊號類別	時程	技術標準	適用服務	訊息內容
第1代 （1G）	類比訊號	1979~ 目前	AMPS、 TACS、NMT	基本語音傳輸	Voice
第2代 （2G）	數位訊號 （9.6K）	1992~ 目前	GSM、DMA、 CDMA、PDC	進階語音傳輸、 文字簡訊服務（SMS） EMail（純文字）	Voice

階段	訊號類別	時程	技術標準	適用服務	訊息內容
第 2.5 代 （2.5G）	數位訊號 （57.6K-384K）	2001~	GPRS、EDGE	文字簡訊服務（SMS） 網際網路	Voice/Data
第 3 代 （3G）	數位訊號 （384K-2M）	2001~	WCDMA、 CDMA2000	網際網路、影音傳 輸、多媒體傳輸	Voice/Data
第 3.5 代 （3.5G）	數位訊號 （約 30Mbps）	2005~	HSDPA	通話、簡訊、網際網 路、音樂串流	Voice/Data
第 3.75 代 （3.75G）	數位訊號 （約 30Mbps）	2005~	HSUPA	通話、簡訊、網際網 路、音樂串流	Voice/Data
第 4 代 （4G）	數位訊號 （約 100Mbps）	2008~	WiMax II、 LTE、UMB	通話、簡訊、網際網 路、1080p 影片串流	Voice/Data
第 5 代 （5G）	數位訊號 （約 10Gbps）	2020~	LTE-advanced	通話、簡訊、網際網 路、4K 影片串流、VR 直播、自駕車、遠距 手術	Voice/Data

　　5G 具有高速率（Speed）、低延遲（Latency）、廣連結（Connections）等三項特性，其中，低延遲與廣連結對產業發展影響較顯著。由於 5G 高頻毫米波容易被干擾，因此需佈置數量更多的 5G 基地台。

五、行動商務的應用範圍

　　行動商務的應用範圍主要可分為三大類：

1. **B2C 行動商務**：主要應用在企業與消費者間之連繫或交易，包括行動銀行／行動券商、行動購物、簡訊服務（SMS/MMS）、行動廣告等。

2. **B2B 行動商務**：主要應用在上、中、下游廠商間之連繫或交易，包括行動企業資源規劃、行動供應鏈管理、行動企業顧客關係管理與行動企業入口網站等。不論是訂單、原物料運送通知、訊息通知、配送查詢等，許多企業流程已經 e 化；而無線通訊科技可以進一步讓這些協同作業更有彈性且更即時，使企業及合作夥伴間的資訊流通更透明，提升協同作業的效率，並強化產業的價值體系（Value System）。

3. **B2E 行動商務**：能夠讓企業的員工透過無線上網連結企業內部系統（如企業資源規劃系統、顧客關係管理系統、供應鏈管理系統、知識管理系統等），隨時隨地查詢各項商品現況。B2E 行動商務也能讓企業的員工透過無線上網設備，隨時隨地收發電子郵件、處理公文、查閱與修改工作行事曆等等。

七、行動支付

《維基百科》定義，「行動支付」（Mobile Payment）是指使用行動裝置（例如智慧型手機、智慧手錶／智慧手環等）進行付款的服務。因此，任何透過行動置進行支付的行為，都屬於行動支付範疇。

最常見的行動支付方式主要有兩種，一種是 NFC 感應支付，另一種則是 QR Code 掃碼。

1. **感應式手機信用卡／裝置載體支付**：主要以國際三大 Pay（Apple Pay、Google Pay、Samsung Pay）為代表。在 iOS 及 Android 行動裝置上，透過近場通訊 NFC 功能，再加上軟、硬體的配合，將智慧型手機或智慧手環變身成感應式信用卡，輕碰一下即可進行付款，因此國際三大 Pay 的本質仍是信用卡支付。

2. **QR Code 掃碼支付**：通常是掃 QR Code 碼進行支付，台灣主要以 Line Pay、街口支付、台灣 Pay 為代表；中國主要以微信支付、支付寶（Alipay）、銀聯雲閃付為代表。

3. **電子票證的行動支付**：以悠遊卡公司的「悠遊付」為代表。

4. **電子支付的行動支付**：以街口支付、PChome 國際連、橘子支付（Gama Pay）、歐付寶（O'Pay）、簡單付（ezPay）為代表。

5. **第三方支付的行動支付**：以 PChomePay 支付連、Yahoo 奇摩輕鬆付、GOMAJI Pay、豐掌櫃為代表，第三方支付主管機關為經濟部，目前向經濟部登記的第三方支付業者有 6、7 千家。

16-3　行動經濟的潮流

一、行動經濟

行動商業最麻煩的部份顯然不是科技本身，而是要如何判斷消費者的接受速度與範圍。

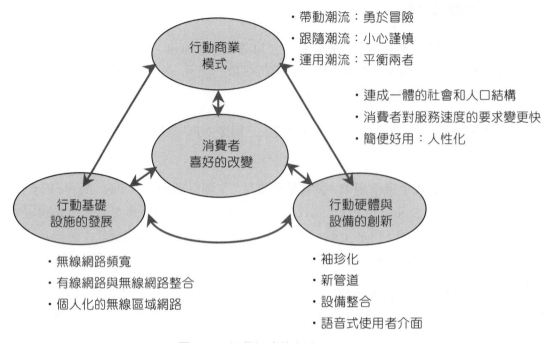

圖 16-2　行動經濟的潮流

資料來源：修改自 Kalakota & Robinson (2001)

消費者喜好的改變

有三種消費者趨勢會影響到行動經濟的塑造：

1. **連成一體的社會和人口結構**：消費者希望不管身在何處，都能保持通訊與取用資訊，讓人更緊密連結。

2. **消費者對服務速度的要求變更快**：時間就是金錢，消費者已厭倦等待服務，他們希望新科技能消除大排長龍的現象，並縮短等待服務的時間。

3. **簡便好用**：科技來自於人性，只有更人性化的產品與服務才是消費者想要的，而這種人性化的服務有兩個要件，一貫的程序與美好的體驗。

行動硬體與設備的創新

有四種行動硬體與設備的創新會影響到行動經濟的塑造：

1. **袖珍化**：消費者對手持設備的要求不斷提高，希望更精巧更省電，但功能更強大。

2. **新管道**：消費者互動的新管道正以智慧型行動設備的面貌出現，包括汽車、家電和玩具等。

3. **設備整合**：例如電話與電腦整合的智慧型手機、筆記型電腦與無線網路的結合，以及電話與平板的結合等等。

4. **語音式使用者介面**：更小更好，所以絕不可能再回頭使用鍵盤式輸入，因此新一代語音式使用者介面的輸入方式因應而生。

行動基礎設施的發展

有三種行動基礎設施的發展會影響到行動經濟的塑造：

1. **無線網路頻寬**：想要平穩的傳送影音，至少要有 128K 以上的頻寬，而比較平穩要 300K 以上，2014 年台灣第 4 代（4G）無線網路正式開始，2020 年之前無線網路的主流是 Wi-Fi 與 4G，2020 年 7 月 1 日起台灣 5G 正式開台。

2. **有線網路與無線網路整合**：有線網路上已充滿了多彩多姿的網路內容，唯有加快有線網路與無線網路的整合，行動商業的發展才會真正見到曙光。

3. **個人化的無線區域網路**：藍牙解決消費者滿地電線的問題，更形成了短程的無線個人區域網路（Personal Area Network）。

三種行動商業模式

在這場行動經濟中，企業有三種行動商業模式可以選擇：❶帶動潮流：勇於冒險、❷跟隨潮流：小心謹慎、❸運用潮流：平衡兩者。

二、行動價值鏈

行動商務價值鏈

「行動商務價值鏈」（Mobile Commerce Value Chain）最早是由 Veerse 學者提出，總共定義了 11 個在行動商務中的供應鏈角色，如圖 16-3 所示，詳細說明如下：

技術平台廠商　基礎建設與設備廠商　應用系統平台廠商　應用系統開發者　內容提供者　內容聚集者　行動入口網站　行動網路業者　行動服務提供業者　手機製造商　顧客

圖 16-3　行動商務價值鏈

1. **技術平台廠商（Technology Platform Vendors）**：提供裝置於行動設備的作業系統與瀏覽器等。

2. **基礎建設與設備廠商（Infrastructure and Equipment Vendors）**：提供無線網路架構與設備，以及開發行動商務環境所需之伺服器等。

3. **應用系統平台廠商（Application Platform Vendors）**：扮演無線網路應用系統之中介架構。

4. **應用系統開發者（Application Developer）**：開發執行於行動設備之作業系統的應用軟體，如 Android 或者 iOS 等。

5. **內容提供者（Content Providers）**：設計各式加值服務內容，讓行動用戶持用行動設備讀取資源，如行動購票、行動導航等資訊服務。

6. **內容聚集者（Content Aggregators）**：提供行動用戶搜尋資料或者分類資料的功能。

7. **行動入口網站（Mobile Portal Providers）**：集結各類應用軟體讓行動用戶使用，如收發 E-mail、傳送簡訊與社群交友等。

8. **行動網路業者（Mobile Network Operators）**：一般由電信業者所扮演，支援用戶透過行動設備連線，提供行動網路加值服務內容給行動用戶。

9. **行動服務提供業者（Mobile Service Providers）**：行動加值服務一般是由服務供應商提供，再經由與電信業者結盟，將服務供應商之內容置入電信業者的入口網頁，供用戶讀取或下載，如日本電信業者 NTT DOCOMO。

10. **手機製造商（Handset Vendors）**：專責製造支援各項協定的手機，例如 4G、5G 等不同協定電信系統的行動設備。

11. **顧客（Customer）**：泛指使用行動加值服務的使用者。

經由價值鏈分析，獲知供應鏈中的每個角色各司其職、專業分工，期能帶給行動用戶更便利的生活型態，並提供企業更佳的商業經營模式。

🔲 行動網路產業價值鏈

依據美林證券的研究報告指出「行動網路產業的價值鏈」可以區分成六個角色，分別為內容匯聚者、應用發展商、終端設備製造商、行動服務供應商、網路營運者、系統整合者，而貫穿整個價值鏈的核心價值在於打動消費者的「應用與內容服務」。整理成表 16-2 所示。

表 16-2　行動網路產業價值鏈

價值活動	功能	業者
內容匯聚者 Content Packaging	匯集各種與消費者相關的服務，提供搜尋、分類等功能	大哥大業者、網路業者
應用發展商 Application Development	發展行動商務相關的軟體及應用服務	甲骨文（Oracle）、賽貝斯（Sybase）、思愛普（SAP）
終端設備製造商 Terminal Manufacture	負責基礎建設的營運和維護，包括骨幹網路、行動電話網路、基地台與網路相連結的閘道	中華電信
行動服務供應商 Mobile Service Provider	提供消費者行動通訊服務的業者，其負責行動通訊服務的實際營運、行銷及客戶服務	中華電信、台灣大哥大、遠傳電信
網路營運者 Network Operation	整個行動通訊網路應用服務背後所需要的網路基礎建設和運作維護	中華電信
系統整合者 System Integration	建設行動通訊網路時，提供所需要的各種基地台設備、骨幹網路、行動電話網路傳輸設備，以及網路管理等系統設備	韓國三星

三、行動商務的未來 — 下一代行動商務

🔷 無所不在商務（u-Commerce）與無聲商務（s-Commerce）

行動商務（m-Commerce）只是改變的第一步，未來的世界將是一個無遠弗屆、無時無刻（Ubiquitous）、無線路或裝置限制（Untethered）、無溝通範圍（Unbounded）的商業型態，稱為「無所不在商務」（u-Commerce）。然而 u-Commerce 並不是用以取代電子商務（e-Commerce）或行動商務（m-Commerce），事實上，它與這兩者同時存在，只是企業所能交易或溝通的範圍會無限制地擴大。

在 u-Commerce 中的 u 是指無所不在的意思（Ubiquitous），泛指「不被實體線路或傳統商業交易定義所束縛的商務」。u-Commerce 涵蓋了企業及其員工、供應鏈夥伴以及所有相關零組件的資訊流動，代表隨時隨地的資訊交流。簡單來說，「u 化」是希望透過科技，創造一個「以人為中心」，提供各種服務的線上環境。

在 u-Commerce 的世界，所有的個人裝置與網路都被各式各樣不同的設備連結在一起，中間的媒介不只是手機，而可能是家裡的電視機、電視遊樂器或各種交通工具。人與人、人與機器設備，甚至是機器與機器間的溝通將不再有速度的問題或地點的限

制。例如也許有一天，你的車子會自動偵測出某個零件出了問題，自動與修車廠聯繫，然後根據你的時間表，自動跟修車廠預約一個修車時間。

無所不在商務另一個重大趨勢是無聲商務（Silent Commerce, 簡稱 s-Commerce）。無聲商務是藉由將物品變得具有智慧與互動能力，無聲商務開啟商業上的無限可能，創造嶄新的商業模式。在電子商務領域，討論的不外乎人們如何透過電腦、平板或手機的形式溝通。但不論使用的是哪一種工具，進行溝通的主角都是「人」。但「物品」對「人」或「物品」對「其他物品」溝通，這就需要沒有人力介入的「無聲商務」。

無聲商務運作的幕後功臣在此：一枚幾乎可附著或嵌入在任何物體上的無線射頻技術（Radio Frequency Identification Device, 簡稱 RFID）。這枚標籤能夠連結關於產品的各種資訊，包括製造地點及方式。

RFID 可以取代現今較為粗糙的條碼系統，因為每一個物品都會有獨一無二的身分，且資訊可以在不須掃描的情況下就被傳遞分享。當企業將 RFID 和可以同步感應、紀錄、傳遞物品資訊的微感應器加以結合，就能隨時確認貨品處理或儲存的現狀。故可以應用於檢查魚新不新鮮、啤酒的溫度或是精密器材是否遇濕受潮。居家、辦公室或廠房可以被遠端監控，或是事先設定在必要時做出各種應變。

以位置為基礎的服務（LBS）

以位置為基礎的服務（Location Based Service, 簡稱 LBS）：是透過行動電信服務廠商的網路（例如 4G 或 5G）獲取用戶的位置資訊（經緯度座標），在電子地圖平臺的支援下，為用戶提供相對應服務的一種行動加值服務。LBS 的主要應用有：緊急救援、個人定位、追蹤或導航、適地性廣告、基於位置的計費、交通阻塞報告、城市風光導遊等。LBS 服務大致可分成下列幾種用途：

1. **基本服務**：就像以往的 GIS 服務一樣，提供使用者目前位置的資訊。當您如果要前往其他地方時，走哪條路比較方便…等。這類目前在汽車導航上已經有相當的應用，例如 Google Map 服務。

2. **急難服務**：也是 LBS 服務能夠發展的原因。當有使用者發生山難或者迷路，自己也不知道身在何方；或者是使用者可能經過短暫通訊，來不及告知救難人員方位及喪失通訊時。這時就需要透過手機來得到初步的定位，縮小救難人員搜尋的範圍，減短搜救時間。

3. **被動的行動加值服務**：除了基本的位置資訊之外，可以再附加上其他有用的資訊，來做行動加值服務。例如：除了告訴使用者他所在的地點之外，還能

查詢周邊是否有電影院、餐廳、加油站、停車場…等資訊，方便使用者做搜尋，這已是目前很常見的服務。

4. **主動的行動加值服務：**除了等到使用者來搜尋離他所在地點附近的資訊外，另一方面，也可以跟系統及商家合作，做到主動性的加值服務。例如使用者經過 SOGO 百貨公司，系統商就主動將今天 SOGO 可能有的特惠活動，透過簡訊的方式來傳遞給使用者，又稱為「適地性簡訊廣播」。

5. **其他類的應用服務：**這類服務通常與使用者的「絕對位置」無關，而是利用使用者跟其他標地物的「相對位置」所做的加值應用。例如：讓使用者搜尋他附近的其他使用者，來做交友服務。或者利用使用者目前所在的方位，對應的其他遊戲中（例如寶可夢遊戲）的應用。

TikTok 的 Nearby「地點推播」也是 LBS 案例。迎戰 Google Map 交通旅遊規劃平台，以演算法推播短影音崛起的 TikTok，在影音內容中加入位置追蹤功能，推出「Nearby」附近地點推播，幫你找附近餐廳、哪裡好玩。讓用戶可以在發佈的短影音中，加入位置地點標籤。這項結合位置功能的推播，深具有廣告業務潛力。

16-4　行動商業的樣貌

想要在行動商業中獲利，經理人必須自問行動商業應言扮演什麼樣的角色？為了釐清，經理人必須思考三個關鍵問題：

1. **創新和顧客價值：**在無限寬廣的行動浪潮中，企業應該爭取哪些機會？哪些機會具有最大的效能或創造價值的潛力？企業目前又有哪些完整的核心能耐與資源？

2. **可獲利的營運模式：**許多新興的電子商務企業也都輸在這點上。如果缺乏獲利的合理機會，創新就失去了意義。為此因應行動科技的挑戰，經理人必須自問，企業要怎樣靠既有的創新獲利？企業還需要什麼本身才能保證獲利？哪些創新可以讓消費者願意掏出錢？

3. **投資焦點：**企業的資源與時間是有限的，經理人必須篩選出具有潛力的行動商業創新。同樣地，消費者的目光與時間也是有限的，經理人必須設法從眾多的競爭者中脫穎而出。

經理人如果要對行動商業提出完整的願景，首先就必須認清行動商業的樣貌。而行動商業的樣貌是由六個評估行動商業環境的架構所組成，如圖 16-4。

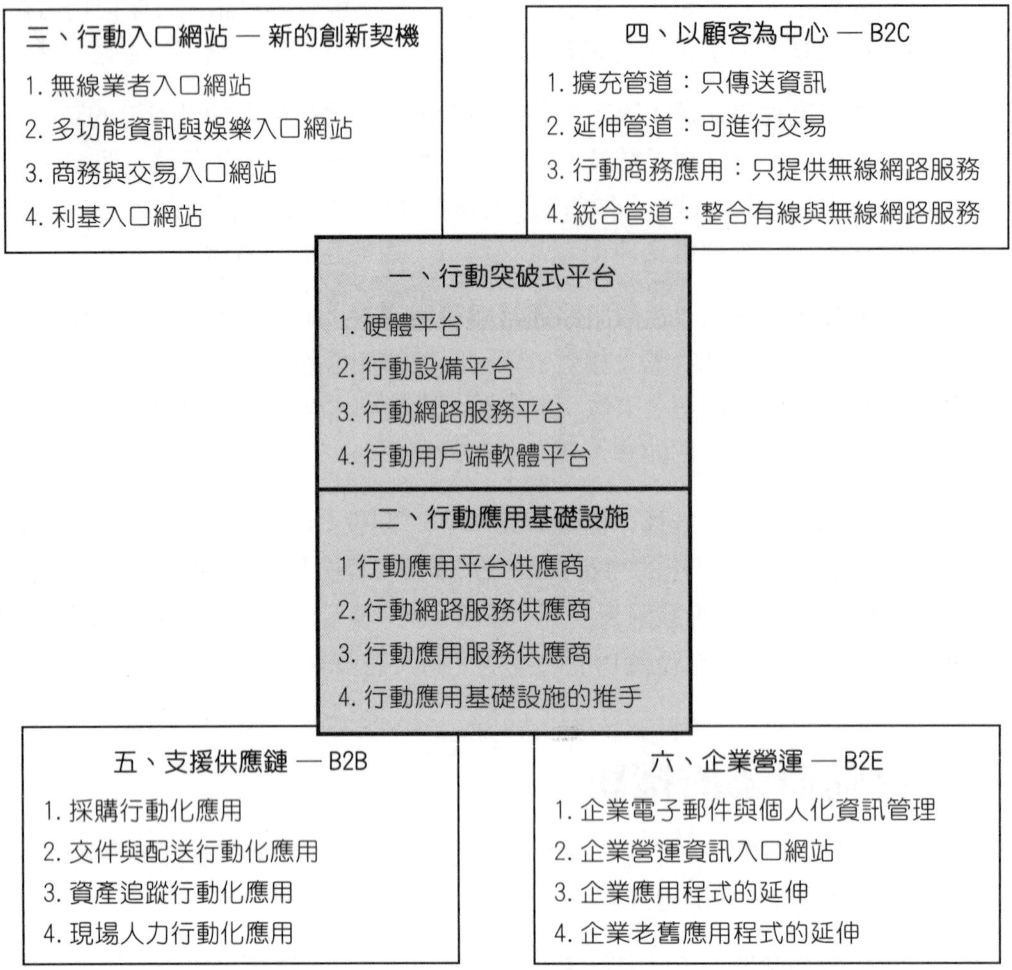

三、行動入口網站 — 新的創新契機	四、以顧客為中心 — B2C
1. 無線業者入口網站	1. 擴充管道：只傳送資訊
2. 多功能資訊與娛樂入口網站	2. 延伸管道：可進行交易
3. 商務與交易入口網站	3. 行動商務應用：只提供無線網路服務
4. 利基入口網站	4. 統合管道：整合有線與無線網路服務

一、行動突破式平台

1. 硬體平台
2. 行動設備平台
3. 行動網路服務平台
4. 行動用戶端軟體平台

二、行動應用基礎設施

1 行動應用平台供應商
2. 行動網路服務供應商
3. 行動應用服務供應商
4. 行動應用基礎設施的推手

五、支援供應鏈 — B2B	六、企業營運 — B2E
1. 採購行動化應用	1. 企業電子郵件與個人化資訊管理
2. 交件與配送行動化應用	2. 企業營運資訊入口網站
3. 資產追蹤行動化應用	3. 企業應用程式的延伸
4. 現場人力行動化應用	4. 企業老舊應用程式的延伸

圖 16-4　行動商業的樣貌

資料來源：修改自 Kalakota & Robinson (2001)

一、行動突破式平台

　　長久以來，軟體與硬體企業都知道不論在哪一個市場，最賺錢的辦法就是擁有平台，讓其他開發人員來撰寫相關的應用程式。對行動領域的很多企業來說，最重要的問題並不是開發哪些產品才符合市場的需求，而是要認清哪些產品未來可以當作其他產品的平台。行動平台企業提供了工具與基座後，其他人可依此建立本身的解決方案，例如新的：

1. **硬體**平台：微處理器、晶片組、數位信號處理器、快閃記憶體。

2. **行動設備平台**：行動手機、筆電、平板電腦、行動家電、智慧手錶 / 智慧手環。

3. **行動網路服務平台**：行動網路作業系統、工具、程式語言。

4. **行動用戶端軟體平台**：行動用戶端作業系統、工具、瀏覽器。

很多經理人都忽略了兩件事，一是決定自身產業適用何種行動技術平台，一是決定哪種行動平台可以為企業長期的產品與服務帶來最大商機。其實聰明的經理人只要仔細思考就會發現，若能善用長期的行動平台優勢，自能創造出很多具有商機的產品或服務。

二、行動應用基礎設施

行動應用基礎設施，這些企業扮演推動、傳遞與管理行動應用與服務的角色，共可分為四個不同的區塊，包括：

1. **行動應用平台供應商**：主要負責行動網路的安全存取服務、使用者管理服務、通訊服務、入口網路服務、行動商務交易服務。

2. **行動網路服務供應商（M-ASP）**：主要負責提供企業行動應用程式服務。

3. **行動應用服務供應商**：主要負責提供行動連線服務，讓行動設備連接無線網際網路。

4. **行動應用基礎設施的推手**：主要負責資料交易安全服務（如 Verisign）、資料同步化服務（如 Synchrologic）及內嵌式資料庫服務（如 Sybase）。

三、行動入口網站 ── 新的創新契機

1. **無線業者入口網站**：如 AT&T 的 WordNet、NTT DoCoMo 的 i-Mode。

2. **多功能資訊與娛樂入口網站**：如 Google 的 Google pay 能安裝各式各樣的手機 App。

3. **商務與交易入口網站**：從單純的資訊服務轉變成交易服務，如 amazon、eBay 等。商務與交易入口網站，又稱垂直入口網站，它是一個終點網站，可以讓買賣雙方同時在此溝通、交換意見、推銷、針對拍賣物出價、交易、協調存貨與交貨事宜。

4. **利基入口網站**：只針對某特定領域提供服務，如 Barpoint 專事整理 CD、書籍、影片等商品資訊資料庫，提供查詢、短評、價目表等服務；又如 WIX 專門打造 RWD 行動網站。

四、以顧客中心 ─ 企業對消費者（B2C）

企業可以透過四種管道傳達消費者行動體驗：

1. **擴充管道**：只傳送資訊。換句話說，企業透過行動管道，只是為了讓消費者更了解其產品與服務。但這種做法只限於「行銷」目的而無「銷售」作為，也就是只當作型錄式的解決方案。擴充管道的應用還包括行動折價券，以及顧客服務與回饋等。

2. **延伸管道**：消費者除了可以取用行動資訊外，還可以進行行動交易。例如可以 CDNow 的行動網站購買 CD，也可以下載相關評論和新聞報導等等。

3. **行動商務應用 ── 打造新的消費者體驗**：只提供無線網路服務，例如行動購票、行動購物、行動銀行、行動交易等。

4. **統合管道**：整合有線與無線網路服務，提供 O2O 或 OMO 服務。

五、支援供應鏈 ─ 企業對企業（B2B）

行動化的供應鏈管理應用包括：

1. **採購行動化應用**：是電子化採購的延伸，也就是利用手持設備來下採購單。

2. **交件與配送行動化應用**：例如聯邦快遞（FedEx）或優比速快遞（UPS）的送貨員在寫字板上塗塗寫寫，這種寫字板就是一種無線式的交件與配送行動化設備，可以把現場活動與企業內部營運作業整合起來。

3. **資產追蹤行動化應用**：不妨想像一下供應鏈，原料來自中國，到了台灣製成零件，接著再到新加坡組成產品，然後送到舊金山倉庫，再送紐約進行零售販賣，最後才送到顧客手中。幾十年來，產製的供應鏈都是這樣運行，您知道您的產品在哪裡嗎？企業顧客愈來愈希望按照自己的意思隨時隨地得知所訂物品的位置與狀況，希望能了解存貨的變動情形、存貨的閒置情形，並隨時檢視本身的資產，資產追蹤行動化應用這時就派的上用場了。

4. **現場人力行動化應用**：例如道路救援人力的派遣，美食外送平台的送貨員媒合派遣。

六、企業營運 — 企業對員工（B2E）

行動員工應用程式架構包括：

1. **企業電子郵件與個人化資訊管理**：例如微軟的 Exchange 及 Lotus 的 Notes。

2. **企業營運資訊入口網站**：例如業務人員可以靠個人化的企業入口網站取得並管理顧客資料、瀏覽產品目錄、檢查存貨餘額、下單訂購，並與同事、合作夥併或顧客往來。

3. **企業應用程式的向前延伸**：例如行動自動化銷售、自動補貨通知 App。

4. **企業老舊應用程式的延伸**：大部份的企業都有行之有年的老舊資訊系統，如何與行動商業系統整合，正挑戰各企業的智慧。

16-5　行動行銷與適地性行銷

一、行動行銷的定義

「行動行銷」可定義為「利用無線媒體與消費者溝通並促銷其產品、服務或理念、藉此創造利潤」。行動廣告為透過非固接網路的方式，將廣告訊息傳送至手機或平版等無線通訊設備上以達到廣告推播的效果。以文字為主的簡訊，只不過是行動廣告的一種媒介。行動廣告的特性為：「時效性高、具有恆網（Evernet）特質、可傳送個人化的即時訊息。」目前已發展出的行動行銷手法包括動畫式、插播式、文字式、交易式、回應式、贊助式、折價式、書籤式及橫幅式廣告等。

行動廣告將摒棄傳統將廣告「推」（Push）向顧客的做法，而是由使用者根據本身的需要，主動的向廣告商「索取廣告」，將廣告「拉」（Pull）到手機或平板電腦上閱讀或儲存使用。「廣告」將成為實用的資訊。

二、簡訊廣告

🔲 簡短訊息服務（SMS）

簡短訊息服務（Short Messaging Service, 簡稱 SMS）是透過行動電話傳送或接收文字訊息，而訊息是由文字或數字兩者混合所組成。無線廣告商業協會 WAA（Wireless Advertising Association）公佈 SMS 在 GSM 的規格，較大的 SMS 廣告為 Full Message，約 160 個字母（Character），較小的為 Sponsorship，約 34 個字母。非 GSM 系統的 SMS 廣告，Sponsorship 相同，Full Message 則為 100 個字母。WAP 廣告則分文字、

圖像、文字加圖像及插播式廣告，插播式廣告將在出現 5 秒後消失，也可選擇直接跳過。

多媒體簡訊服務（MMS）

傳統的簡訊服務（Short Message Service, 簡稱 SMS）只能傳送較少的文字與基本的圖形，多媒體簡訊服務（Multimedia Message Service, 簡稱 MMS）係以改良傳統 SMS 為目標，發展可以傳送多媒體內容的簡訊，包括各式各樣的彩色文字、圖片、動畫及聲音、影音短片。

三、適地性行銷（LBM）與適地性服務（LBS）

適地性服務（LBS）：人在哪，生意就在哪

所謂「適地性服務」（Location-Based Service, 簡稱 LBS）是指業者根據使用者所持行動設備的所在位置和其他資訊，提供給使用者相關的加值服務。常見的適地性服務有：行動導遊、車隊管理、地點查詢、資產追蹤服務以及電子優惠券等，都是屬於適地性服務的應用。

當網路與手機結合後，讓原本就已經打破過去大眾概念的個人化服務，更加受到重視，適地性服務也因此成為焦點。適地性服務整合 GPS 定位、行動通信和導航等多種技術，提供與空間位置相關服務的綜合應用業務。一開始用來做為緊急救援及企業外勤人員的控管，如今已拓展到生活層面的應用範疇，如社群、娛樂、餐飲、購物，都可以透過這樣的技術，精準掌握消費者的位置，進而提供最近距離的服務，因此相當具有商業開發潛力。

適地性行銷（LBM）：人在哪，行銷就在哪

所謂「適地性行銷」（Location-based Marketing, 簡稱 LBM）是指利用手持式設備 APP 應用程式中的「適地性服務」（Location-Based Services），幫助行銷者隨時隨地進行行銷活動，達到目標消費者在哪裡、行銷就在哪裡的境界。

行銷老手可能會這麼說：行銷就是在正確的地方、正確的時機提供適當的行銷資訊，給正確的人。「適地性行銷」是依據目標顧客所在的地點，派送適地的行銷資訊到目標顧客的行動裝置。這類技術的背後是目標顧客全球定位系統（GPS）的位置資訊。

16-6 跨境電商

一、何謂跨境電商

跨境電商（Cross-Border Electronic Commerce）是指買家和賣家在不同的關境（海關關稅法適用的領域，有時與國境一致，有時則否，例如一個國家有不同的經濟特區適用不同關稅），透過網路平台完成跨境交易、跨境支付與跨境物流配送的一種跨境商業活動。簡單來說，就是利用網際網路進行國際貿易。目前「跨境電商」的商業模式，主要分為 B2B（企業對企業）和 B2C（企業對消費者）兩種模式。

在考量跨境物流、跨境文化語言差異下，跨境電商的營運模式主要分為跨境直郵（購）、平台合作和落地經營等三大類：

1. **跨境直郵（購）**：是指網購買家透過網際網路向賣家下單後，商品以跨境物流方式，直接送達網購買家指定地址的一種跨境電商模式。此跨境電商模式較能自由上架、規避國外當地的法規限制，在跨入電商經營的門檻上較容易。然而，跨境直郵會因跨境物流的因素使得物流成本和消費者的等待時間增加，也因賣家商店是在虛擬網路上，商品須做行銷才能被看見，賣家也要承擔網頁被阻擋或網路速度較慢的風險。

2. **上架跨境電商平台**：是透過與國際跨境平台廠商合作（例如：Lazada、全球速賣通 Aliexpress、樂天市場 Rakuten），將商品上架於跨境電商平台上，以便買方直接於平台交易的一種跨境電商模式。採用此跨境電商模式，對品牌而言方式相對簡單（僅須符合平台的規則）。

3. **落地經營**：是指直接至當地開設公司，公司可於買家下單後，直接由當地公司寄出貨品。其優勢在於可以直接與買家接觸，能較快速的了解當地消費者行為，進而修正經營手法。然而，需面對商品整批商檢的流程，需克服當地語言及人才聘用問題，成本、薪資及風險都較高。

二、跨境電商平台

Lazada：東南亞當地最大 B2C 的電商平台

Lazada 專供東南亞的網路市場，有「東南亞的亞馬遜（Amazon）」之稱，是東南亞當地最大 B2C 的電商平台，原隸屬於德國知名電商集團 Rocket Internet，2016 年 4 月 12 日阿里巴巴以 10 億美元入股，營業據點遍及印尼、馬來西亞、越南、菲律賓、泰國、新加坡，是東南亞 B2C 電商的翹楚。

Lazada 主打東南亞市場的線上一站式網站,也就是在東南亞區域建立電商生態圈,除了扮演起通路平臺,也串連物流、金流、當地客服和零售的供應鏈一條龍服務。東南亞電商雖在全球電商站比不到 1%,但卻是個超級藍海,主因就是在於東南亞的網路使用率平均高達 45%左右,其中網購比例更是超過 60%,而 Lazada 在印尼、泰國、越南更是表現名列前茅,Lazada 能在短短三年內快速拓展的主因除了該平台背後有眾多投資者(例如阿里巴巴),更致力在電商生態圈的建立,並在服務上不遺餘力的提升,例如:Lazada 以貨到付款、各國當地語系客服系統、提供 7-14 天退換貨政策、更體貼手機使用者的介面等措施和自建的物流團隊,成功打入東南亞市場。

以東南亞電商市場發展而言,還在初期萌芽階段,跟中國市場比起,足足晚了八年。大部份電商的交易,仍採用貨到付款的方式,其中最大原因在於,東南亞地區連無現金交易,包含信用卡的使用都不普及,更遑論在網路上用另一個平台綁定銀行帳戶做交易。為此,阿里巴巴於 2016 年 4 月 12 日入股 Lazada,就是想利用「支付寶」結合 Lazada,打下東南亞市場。

Lazada 能協助台灣業者進軍東南亞,並協助其解決「語言客服、物流、金流」的問題。Lazada 在馬來西亞,也是在整個東南亞最主要的競爭優勢,在於能夠解決國外廠商難以解決的「貨幣及物流」問題。Lazada 已能解決跨幣種結算的問題,使賣家在不同國家的平台上收到的款項,能夠以當地貨幣存入其賬戶。

在物流部分,東南亞物流問題是許多業者不敢跨入東南亞市場的一大原因。針對物流,Lazada 推出 LEX(Lazadaexpress)以解決物流配送上的問題。除了 LEX 之外,Lazada 也與 70 多個物流服務商建立合作,並建立了自己的物流配送團隊,使得超過 60%的訂單能做到隔日到府。台灣賣家只要將商品寄到 Lazada 的集貨中心,接下來的撿貨、包裝、發票、支付、配送、貨到付款,都由 Lazada 一手包辦,賣家可在後台自行管理價格、存貨、訂單及促銷。

東南亞消費者喜歡用社群平台跟電話兩個管道,積極詢問商品內容才會下單,並且是使用當地語言發問,所以台灣業者過去一直無法打入當地市場。而 Lazada 的多語言客服,加上網站後台提供翻譯服務,能降低跨境的溝通障礙。

🔲 全球速賣通(Aliexpress)

全球速賣通隸屬於阿里巴巴集團,與阿里巴巴 B2B 網站搭配,作為全球 B2C 零售的平台。近年來全球速賣通快速竄起,特別是在俄羅斯、巴西、西班牙等新興市場,進入了當地網站前三強。全球速賣通(www.aliexpress.com)創立於 2010 年 4 月,是為全球消費者而設的零售網站,銷售至全球 200 多個地區與國家。網站的官方語言是英文,但也提供俄羅斯、巴西與西班牙等當地語言。其營運模式是讓世界各地的消費

者直接向中國批發商和製造商購買產品，用戶主要來自俄羅斯、巴西和美國，商品以服裝飾品、運動、娛樂、手機與通訊設備、美妝、保健、珠寶和手錶為銷售主力。

◆ 樂天市場（Rakuten）

樂天市場是日本最大電商平台，也是世界第五大平台，2013 年營收 170 億美元，全球有 28 個站點，包含日本、臺灣、新加坡、馬來西亞、印尼、泰國、澳洲、紐西蘭、奧地利、法國、德國、西班牙、英國、美國、加拿大與巴西等。樂天積極往全球跨境電商之路邁進，將各站點打通，成為樂天全球（http://global.rakuten.com/）。

2014 年台灣樂天看上台商布局東南亞市場的可行性，便正式提供跨境電商相關服務，包括商品翻譯上架、行銷協助及物流，為想要以跨境電商進入東南亞市場的台灣店家，解決一些複雜性的問題，首波前進的商家包括 27 個樂天市場購物網上品牌店家，共集結超過 5,000 件商品。

樂天跨境電商服務包含四大部分：第一，由新加坡樂天市場協助產品上架及翻譯，量身打造更能吸引當地顧客的產品文案；第二，協助商品行銷，台灣商家的產品將被曝光在專屬的「Rakuten Taiwan Direct」頁面上，同時也會有客製化的行銷活動，協助店家向新加坡消費者推薦台灣商品；第三，金流，購買台灣商品的新加坡或馬來西亞消費者，可用自己最常使用的金流方式直接付款，台灣賣家無需考量跨國金流問題；第四，在物流、通關與倉儲部分，台灣樂天指出，台灣賣家只需將商品送至台灣樂天的物流中心，台灣樂天在集結訂單商品後，便會將商品裝箱，以國際配送直送新加坡或馬來西亞，再透過當地物流送達消費者手中。

三、全球跨境電商三強鼎立：亞馬遜、阿里巴巴、日本樂天

美國亞馬遜（Amazon）、中國阿里巴巴（Alibaba）、日本樂天（Rakuten）因擁有龐大客群、流量、介接多元服務及琳瑯滿目的商品，成為跨境電商的代表。

亞馬遜全球活躍用戶超過 3 億人，包括超過 1.5 億有高回購率的 Prime 付費會員，全球擁有 175 間營運中心，占地面積達 1,700 萬平方公尺，能將商品配送至 185 國和地區。不同類型、不同規模的賣家，都可透過亞馬遜綿密的跨境電商物流網路，將商品銷往全世界。

阿里巴巴打出「全球買、全球賣、全球付、全球運及全球 FUN」五大口號，積極到海外攻城略地、結盟和購併，藉此經營不同地區的跨境電商市場，讓營收來源更多樣化。

以阿里巴巴為例，在跨境電商 1.0 時代，跨境電商平台扮演的是資訊交流平台；到了跨境電商 2.0 時代，跨境電商平台成為外貿綜合服務平台，必須協助買賣雙方進行跨境線上交易，並提供付款與履約等保障；到了跨境電商 3.0 時代，跨境電商平台轉型成真正的數位外貿平台，必須協助企業精準掌握客戶輪廓、交易及履約等數據。

阿里巴巴 2020 年因應 COVID-19 疫情，祭出「春雷計畫」，協助優質賣家完成數位升級，包括免費快速建站、商品發佈、影片拍攝、流量加碼、線上特區展位、平台培訓、顧問諮詢、體檢報告等，同時也將舉辦線上展會、網紅直播、360 度產品展示、線上訪廠、AI 智慧匹配等多元採購場景，藉以吸引買家眼球、拓展海外商機。

日本樂天創建於 1997 年創建，全球布局超過 30 國、70 多種服務，會員人數突破 13 億，相當於全球每 6 人就有 1 名是樂天會員，光日本就有超過 1 億名會員。透過全球通用的樂天超級點數，串聯起線上與線下的服務體系。

台灣跨境電商發展落後於國際同業，現今跨境電商平台主力在中國、美國、日本三大經濟體。中國在進口跨境電商方面，平台主力由天貓國際、京東全球購、網易考拉海購、唯品會、小紅書、洋碼頭等業者領頭，並且早已組成海外採購團隊，將全球優質商品引入中國國內電商平台。其中商品的進口來源以日本最多，占其進口跨境電商總額的 21.5%，其次是美國 16.4%、韓國 14.7% 及澳洲 11.4%。而台灣與香港、澳門合計，僅占約 7.7%。

四、來自台灣的跨境電商平台 PChomeSEA

2020 年 7 月 10 日 PChome 提供台灣廠商上架東南亞電商平台的一站式解決方案 PChomeSEA，只要單一帳號，就可上架到泰國 PChome Thai 以及越南本土第二大電商平台 Tiki，並且提供最低 0 元的金流手續費及國際運費全額補助優惠方案。

泰國電商市場有將近 40% 的消費者是利用 Instagram、Facebook 進行交易，比起以 Shopee、Lazada 為主的大型電商平台交易佔比僅 35%；其餘的 25% 則是以品牌官網為主。泰國消費者最在意品牌、價格以及產地。尤其是品牌知名度，沒有品牌知名度在泰國很難獲取消費者的目光。

泰國消費者最愛用的社群平台前五名分別是 Facebook（75%）、YouTube（72%）、LINE（68%）、Facebook Messenger（55%）以及 Instagram（50%）。網路社群交易的泰國消費者，多以現金交易為主，且網路商家大多會在自我介紹的地方附上 LINE 的帳號供消費者聯絡。

PChome Thai 是台灣知名電商集團 PChome（網路家庭）於 2015 年與泰金寶合作成立的泰國電商平台，2016 年取得泰國電子支付執照，成為第一家擁有金流代收服務的台灣業者，並推出 Ppay 收款服務。為了協助跨境電商最大難題「金流」，PChome Thai 2020 年將「Ppay」上架到泰國的 iOS 跟 Android 兩大系統。Ppay 提供 PChome Thai 賣家收款服務，只要賣家擁有 Instagram 帳號或是 Facebook 主頁，消費者都能透過 Ppay 的方式來付款結帳。賣家提供一組條碼給消費者，消費者可選擇傳統現金付款，也可選擇信用卡付款。

PChome Thai 讓台灣賣家跨境做生意就像在國內做生意一樣簡單！在促銷期，PChome Thai 提供賣家三大好處：❶免開通費、免年費、免上架費（泰國下單、台灣直送免運）。❷泰語、國語雙語客服，台灣賣家、泰國買家溝通無障礙。❸PChome Thai 跨境電商解決方案，提供台灣賣家完整金流、物流配套服務。當賣家在 PChome Thai 平台上架商品，泰國消費者下單後，賣家只需出貨到 PChome 台灣的集貨場，到買家收單之前所有的問題，都由平台負責決解。

五、東南亞電商龍頭 Lazada

東南亞電商市場正快速成長，2016~2018 年東南亞電子商務平台 Lazada 的跨境業務商品交易額已成長 4.6 倍。Lazada 於 2019 年 3 月宣布，為支持全球品牌商家在東南亞市場搶占先機、觸及更多東南亞消費者，將推出跨境電商四大升級戰略。

戰略 1： 開放全球商家申請入駐平台。2019 年 4 月起，跨境賣家不再需要通過邀請入駐 Lazada 平台，可在 Lazada 自助系統提交申請，審核完成後即可入駐成為 Lazada 商家。此外，Lazada 也推出「全球精選 2.0」升級版，希望透過搜尋推薦、導購、流量支持以及物流鏈支持等多方向支持賣家，讓賣家的商品更容易、更有效地接觸消費者。

戰略 2： 多國語言即時翻譯通訊上線。Lazada 同時經營 6 國市場（印尼、馬來西亞、菲律賓、泰國及越南），這 6 國市場有不一樣的文化和語言。多國語言成為經營東南亞跨境電商時，必須跨越的門檻。Lazada 以阿里巴巴多語翻譯技術為基礎，Lazada 上線「英文與泰文」、「英文與越南語」，以及「英文與印尼語」的即時翻譯，輔助買家賣家雙方的即時通訊溝通。

戰略 3： 增加海外倉，推 6 國物流 72 小時到貨。Lazada 經營 6 國市場約有近 6 億人口，國土面積狹長且島嶼眾多，跨境物流成為跨境電商的制約因素。2019 年 Lazada 在 6 國建立海外倉，拓展 6 國物流、提供跨境 72 小時到貨，滿足跨境物流時效需求。

戰略 4： 推出電子錢包提升購物體驗。除了阿里巴巴旗下的支付平台 AliPay 外，2016 年 Lazada 投資泰國公司 TrueMoney 支付公司，TrueMoney 在泰國提供借記卡和電子錢包服務；2017 年投資菲律賓小微支付公司 Mynt 以及收購 Lazada 的在線支付公司 HelloPay，之後更名為支付寶；2019 年螞蟻金服旗下的 Dana（印尼第三方支付市場排第三）準備與排第二的 OVO 合併，如果合併後，將在印尼的第三方支付市場有很高的占有率；2019 年 12 月，螞蟻金服收購越南電子錢包 eMonkey 的大量股份，向 eMonkey 提供線上支付技術，螞蟻金服選擇投資 eMonkey 是因為後者已經從越南國家銀行獲得了運營牌照。

學習評量

1. 何謂「行動商業」（M-Business）？

2. 何謂「適地性行銷」（Location Based Marketing）？

3. 何謂「適地性服務」（Location Based Service）？

4. 何謂「物聯網」？

5. 何謂「跨境電商」？主要跨境電商平台有那些？請簡述之。

電子商務與網路行銷(第八版)

作　　者：劉文良
企劃編輯：石辰蓁
文字編輯：王雅雯
設計裝幀：張寶莉
發 行 人：廖文良

發 行 所：碁峰資訊股份有限公司
地　　址：台北市南港區三重路 66 號 7 樓之 6
電　　話：(02)2788-2408
傳　　真：(02)8192-4433
網　　站：www.gotop.com.tw
書　　號：AEE040800
版　　次：2023 年 06 月八版
　　　　　2024 年 09 月八版三刷
建議售價：NT$520

國家圖書館出版品預行編目資料

電子商務與網路行銷 / 劉文良著. -- 八版. -- 臺北市：碁峰資訊,
　2023.06
　　面；　公分
　ISBN 978-626-324-501-3(平裝)
　1.CST：電子商務　2.CST：網路行銷
490.29　　　　　　　　　　　　　　112006367